气象标准汇编

2019

（上）

中国气象局政策法规司 编

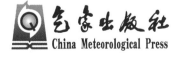

气象出版社
China Meteorological Press

图书在版编目(CIP)数据

气象标准汇编. 2019 / 中国气象局政策法规司编
. — 北京 : 气象出版社，2020.7
ISBN 978-7-5029-7215-8

Ⅰ.①气…　Ⅱ.①中…　Ⅲ.①气象-标准-汇编-中
国-2019　Ⅳ.①P4-65

中国版本图书馆 CIP 数据核字(2020)第 091627 号

气象标准汇编 2019

中国气象局政策法规司　编

出版发行:气象出版社

地　　址:北京市海淀区中关村南大街 46 号　　　　邮政编码:100081
电　　话:010-68407112(总编室)　010-68408042(发行部)
网　　址:http://www.qxcbs.com　　　　E-mail：qxcbs@cma.gov.cn
责任编辑:王萃萃　　　　　　　　　　　　终　　审:吴晓鹏
责任校对:王丽梅　　　　　　　　　　　　责任技编:赵相宁
封面设计:王　伟
印　　刷:三河市君旺印务有限公司
开　　本:880mm×1230mm　1/16　　　　印　　张:66.5
字　　数:2128 千字　　　　　　　　　　彩　　插:4
版　　次:2020 年 7 月第 1 版　　　　　　印　　次:2020 年 7 月第 1 次印刷
定　　价:256.00 元(上下册)

前　　言

　　标准是国家核心竞争力的基本要素,是规范经济社会秩序的重要技术保障,也是国家治理体系和治理能力现代化的基础性制度。党的十八大以来,以习近平同志为核心的党中央高度重视标准化工作,习近平总书记在多种场合多次提及标准化,并强调:加强标准化工作,实施标准化战略,是一项重要和紧迫的任务。气象事业属于科技型、基础性社会公益事业,气象工作关系生命安全、生产发展、生活富裕、生态良好,专业技术性强、工作涉及面广,标准和标准化渗透于气象事业发展的各个领域,在全面推进气象现代化、全面深化气象改革、全面推进气象法治中发挥着重要的作用。特别是在新时期、新形势下,紧扣建设气象强国的目标,对标发挥气象防灾减灾第一道防线作用以及加快科技创新、做到监测精密、预报精准、服务精细的要求,进一步加强气象标准化建设,提升气象标准化水平,对于推动气象事业高质量发展,更好地服务保障经济社会发展和人民安全福祉具有十分重要的意义。

　　为了进一步加大对气象标准的学习、宣传和贯彻实施工作力度,使各有关方面和广大气象工作者做到了解标准、熟悉标准、掌握标准、正确运用标准,充分发挥气象标准支撑和保障气象事业高质量发展的基础性、战略性、引领性作用,中国气象局政策法规司对颁布实施的气象行业标准按年度进行编辑,已出版了 15 册。本册是第 16 册,汇编了 2019 年颁布实施的气象行业标准共 74 项,供有关人员学习使用。

中国气象局政策法规司

2020 年 5 月

目　录

ICS 07.060
A 47
备案号：71175—2020

中华人民共和国气象行业标准

QX/T 10.3—2019
代替 QX/T 10.3—2007

电涌保护器
第3部分：在电子系统信号网络中的选择和使用原则

Surge protective devices—
Part 3: Selection and application principles of surge protective devices
connected to signaling networks of electronic systems

2019-12-26 发布

2020-04-01 实施

中 国 气 象 局 发 布

前　言

QX/T 10《电涌保护器》分为四个部分：

——第1部分：性能要求和试验方法；

——第2部分：在低压电气系统中的选择和使用原则；

——第3部分：在电子系统信号网络中的选择和使用原则；

——第4部分：在光伏系统直流侧的选择和使用原则。

本部分为QX/T 10的第3部分。

本部分按照GB/T 1.1—2009给出的规则起草。

本部分代替QX/T 10.3—2007《电涌保护器　第3部分：在电子系统信号网络中的选择和使用原则》。与QX/T 10.3—2007相比，除编辑性修改外主要技术变化如下：

——删除了引言部分；

——修改了范围（见1,2007年版的1）；

——修改了规范性引用文件（见2,2007年版的2）；

——修改了以下的术语及其定义：电子系统（见3.1,2007版的3.1）、限压元件（见3.4,2007年版的3.3）、限流元件（见3.5,2007年版的3.4）额定冲击耐受电压（见3.6,2007年版的3.11）、插入损耗（见3.7,2007年版的3.12）、回波损耗（见3.8,2007年版的3.13）、误码率（见3.9,2007年版的3.16）、纵向平衡（见3.10,2007年版的3.17）、近端串扰（见3.11,2007年版的3.18）、可恢复限流（见3.13,2007年版的3.8）、自恢复限流（见3.14,2007年版的3.9）等；

——增加了以下术语及其定义：电涌保护器（见3.2）、多用途SPD（见3.3）、防雷区（见3.15）；

——删除了以下术语及其定义：雷电防护级别（见2007年版的3.2）、无限流元件的SPD（见2007年版的3.5）、SPD的频率范围（见2007年版的3.14）、SPD数据传输速率（见2007年版的3.15）等；

——修改了被保护电子系统的相关技术参数（见4.1,2007年版的4.1）；

——修改了常用电子设备工作电压与SPD额定工作电压的对应关系（见4.2.3,2007年版的4.2.3），将电子设备改为信号网络设备，额定工作电压改为最大持续工作电压；

——将电涌保护器的主要技术参数修改为选择SPD时应考虑的分类、使用条件和主要技术参数（见第5章,2007年版的第5章），修改了SPD的分类（见5.1），使用条件部分增加了扩展温度范围和扩展湿度范围，修改了非正常使用条件内容（见5.2,2007年版的5.2.1），将SPD的基本工作参数改为最大持续工作电压U_c、电压保护水平U_p、冲击复位（如果适用）、绝缘电阻、额定电流（见5.3,2007年版的5.2.2），将SPD可能会影响网络传输性能的参数改为分布电容、插入损耗、回波损耗、纵向平衡、近端交扰（NEXT）、误码率（BER）（见5.3,2007年版的5.3），删除了串联电阻、特性阻抗、传输速率、频率范围（见2007年版的5.3）；

——修改了耦合方式和SPD按不同测试方法分类选用示例（见表D.1,2007年版的表5），将连接在线路附近的雷击S4的电流波形由5/300 μs改为5/320 μs,注中删除了由于距离增加可以显著减小场强,对于远距离雷电流的耦合效果可忽略；

——将风险管理、雷击类型及损害和损伤类型放入SPD的选择这一章的第一部分（见6.1,2007年版的第6章）；

——修改了第7章总则注中SPD的安装要求（见6.1,2007年版的7.1）；

——修改了安装在防雷区交界处的配置示例（见图1,2007年版的图2），包括修改了部分说明条款,增加了总等电位连接带(MEBB),在各防雷区的交界处的信号网络 SPD 后增加了(D1/D2、C2/B2、C1),信息技术设备后增加了(ITE);

——修改了 SPD 在各防雷区交界处配置的示例(见图 2,2007 年版的图 3),修改了 2007 年版的图 3 中各级防护的电压值范围,删去了 0.5 kV 的界定;

——修改了附录 A 中的部分元器件描述(见附录 A,2007 年版的附录 A);

——修改了附录 B 中的部分元器件描述(见附录 B,2007 年版的附录 B);

——修改了与电子系统有关的传输特性参数(见附录 C,2007 年版的附录 D);

——修改了评估计算程序(见附录 D,2007 年版的附录 C);

——增加了多用途 SPD 的内容(见附录 E)。

本部分由全国雷电灾害防御行业标准化技术委员会提出并归口。

本部分起草单位:黑龙江省气象灾害防御技术中心、北京雷电防护装置测试中心、深圳市气象服务中心、哈尔滨理工大学、江苏省气象灾害防御技术中心、上海冠图电气科技有限公司、宁夏中科天际防雷股份有限公司。

本部分主要起草人:吕东波、张春龙、张利华、邱宗旭、陈庆国、冯民学、赵军、臧绪运、高攀亮、李鹏飞、张峻、焦雪、吴蕴岭、董娜。

本部分所替代标准的历次版本发布情况为:

——QX/T 10.3—2007。

电涌保护器
第3部分:在电子系统信号网络中的选择和使用原则

1 范围

QX/T 10 的本部分规定了被保护的系统和设备,SPD 的分类、技术参数和使用条件,SPD 的选择和使用安装。

本部分适用于连接至额定电压交流值不超过 1000 V(r.m.s)或直流电压不超过 1500 V 的电子系统信号网络。

2 规范性引用文件

下列文件对于本文件的应用是必不可少的。凡是注日期的引用文件,仅注日期的版本适用于本文件。凡是不注日期的引用文件,其最新版本(包括所有的修改单)适用于本文件。

GB/T 18802.21—2016 低压电涌保护器 第 21 部分:电信和信号网络的电涌保护器(SPD) 性能要求和试验方法(IEC 61643-21:2012,IDT)

GB/T 21714.4—2015 雷电防护 第 4 部分:建筑物内的电气系统和电子系统(IEC 62305-4:2010,IDT)

GB 50057—2010 建筑物防雷设计规范

QX/T 10.1—2018 电涌保护器 第 1 部分:性能要求和试验方法

QX/T 10.2—2018 电涌保护器 第 2 部分:在低压电气系统中的选择和使用原则

3 术语和定义

下列术语和定义适用于本文件。

3.1

电子系统 electronic system

含有敏感的电子部件的系统,如通信设备、计算机、控制和仪表系统、无线电系统和电力电子设备等。

[GB/T 21714.4—2015,定义 3.2]

3.2

电涌保护器 surge protective device;SPD

用于限制瞬态过电压和泄放电涌电流的电器,它至少包含一个非线性的元件。

注:SPD 具有适当的连接装置,是一个装配完整的部件。

[QX/T 10.1—2018,定义 3.1.1]

3.3

多用途 SPD multiservice SPD;MSPD

在同一外壳体内有两种或更多保护功能的电涌保护器,例如,在电涌条件下,可对电源、电信和信号提供保护,这些保护共用一个参考点。

[GB/T 18802.12—2014,定义 3.1.42]

3.4

限压元件 voltage-limiting device

并联在被保护线路上的非线性元件,其两端电压不超过 U_c 时呈高阻状态;当电涌电压超过 U_c 时其提供一个低阻抗的通路泄放电流来限制过电压。

注:常见的限压元件参见附录 A。

3.5

限流元件 current-limiting device

串联在被保护线路上限制过电流的元件,它能阻断或降低流向被保护负载的过电流。

注:常见的限流元件参见附录 B。

3.6

额定冲击耐受电压 rated impulse withstand voltage

U_w

由设备制造单位对设备或设备的一部分规定的冲击耐受电压,它代表了设备的绝缘耐受过电压的能力。

注:本部分仅考虑在带电导线和接地之间耐受电压。

[GB/T 18802.12—2014,定义 3.1.47]

3.7

插入损耗 insertion loss

<电子系统信号网络>在系统中接入 SPD 前后系统的功率之比值。

注:单位用 dB(分贝)表示。

[QX/T 10.1—2018,定义 3.1.37.1]

3.8

回波损耗 return loss

AR

在高频工作条件下,前向波在 SPD 插入点产生反射的能量与输出能量之比,它是衡量 SPD 与被保护系统波阻抗匹配程度的一个参数。

AR 是反射系数倒数的模量,单位为分贝(dB)。当阻抗能确定时,AR 可用下列公式确定:

$$AR = 20\lg\text{MOD}[(Z_1 + Z_2)/(Z_1 - Z_2)]$$

式中:

Z_1 ——阻抗不连续点之前传输线的特性阻抗,即源阻抗;

Z_2 ——不连续点之后的特性阻抗或从源和负载间的结合点所测到的负载阻抗;

MOD——是阻抗模的计算,即绝对值。

[QX/T 10.1—2018,定义 3.1.51]

3.9

误码率 bit error ratio;BER

在单位时间内,信息传输系统中错误的传输比特数与总传输比特数之比。

[QX/T 10.1—2018,定义 3.1.48]

3.10

纵向平衡 longitudinal balance

骚扰的对地共模电压与受试 SPD 的合成差模电压之比。用来表示对共模干扰的敏感度。

[QX/T 10.1—2018,定义 3.1.52]

3.11

近端串扰 near-end crosstalk；NEXT

在受干扰信道中的交扰，其传播方向与干扰信道中的电流传播方向相反。在受干扰信道中产生的交扰，其端口通常与干扰信道的供能端接近或重合。

[QX/T 10.1—2018，定义 3.1.53]

3.12

非恢复限流 non-resettable current limiting

有限流功能的 SPD，它只具有一次限制电流的功能。限流元件多为熔丝，热熔线圈等。

3.13

可恢复限流 resettable current limiting

有限流功能的 SPD，它具有在骚扰电流消失后手动恢复原状的功能。

[QX/T 10.1—2018，定义 3.1.11]

3.14

自恢复限流 self-resetting current limiting

有限流功能的 SPD，它具有在骚扰电流消失后能自动恢复的功能。限流元件多为正温度系数（PTC）热敏电阻、PTC 陶瓷热敏电阻或 PTC 高分子热敏电阻。

[QX/T 10.1—2018，定义 3.1.12]

3.15

防雷区 lightning protection zone；LPZ

划分雷击电磁环境的一个区，一个防雷区的区界面不一定要有实物界面，如不一定要有墙壁、地板或天花板作为区界面。

[GB 50057—2010，定义 2.0.24]

4 被保护的系统和设备

4.1 被保护的电子系统

4.1.1 模拟信号系统(300 kHz 以下)

电话交换网(PSTN)、模拟仪表控制系统。

4.1.2 数字信号系统(1 MHz 级以上)

ISDN 网、xDSL 网、以太网、令牌环网、FF 总线(Foundation Fieldbus)、Profibus、HART、CAN 网、LonWorks 网。

4.1.3 视频系统

有线电视系统、视频监控系统等。

4.1.4 卫星通信系统

卫星通信系统一般由室内单元和室外单元组成，通过卫星转发器传输电视、数据等信号。

4.1.5 电子系统的传输特性

附录 C 给出了电子系统及其传输特性的资料。在选择连接至这些系统的 SPD 时应考虑这些传输特性。

4.2 被保护电子设备的耐受特征

4.2.1 电信网络额定冲击耐受电压 U_w 见表1。

表 1 电信网络额定冲击耐受电压

设备名称	额定冲击耐受电压 U_w	试验波形	说明
信息网络中心室外信号线端口	0.5 kV	10/700 μs	
	4.0 kV	10/700 μs	仅适用于与长度大于 500 m 的非屏蔽双绞线相连的端口,ITU-T.K20 建议的"一次保护"可用于此端口。
	1.0 kV	10/700 μs	仅适用于与长度大于 500 m 的非屏蔽双绞线相连的端口。
信息网络中心室内信号线端口	0.5 kV	复合波 U_{oc}:1.2/50 μs I_{sc}:8/20 μs	仅适用于与大于 10 m 的电缆相连时,冲击发生器的总输出阻抗应为 42 Ω。
非信息网络中心室外信号线端口	4.0 kV	10/700 μs	仅适用于与长度大于 500 m 的非屏蔽双绞线相连的端口,ITU-T.K20 建议的"一次保护"可用于此端口。
	1.0 kV	10/700 μs	仅适用于与长度大于 500 m 的非屏蔽双绞线相连的端口。
非信息网络中心室内信号线端口	0.5 kV	复合波 U_{oc}:1.2/50 μs I_{sc}:8/20 μs	仅适用于与大于 10 m 的电缆相连时,冲击发生器的总输出阻抗应为 42 Ω。
注:非信息网络中心指设备不在信息网络中心内运行,如无保护措施的本地远端局(站)、商业区、办公室内,用户室内和街道等。U_{oc} 是开路电压,I_{sc} 为短路电流。			

4.2.2 测量、控制和实验室内 I/O 信号/控制端口抗扰度试验的最低要求试验值见表2。

表 2 抗扰度试验的最低要求试验值

端口	试验项目	试验值	说明
I/O 信号/控制	冲击电压试验	1.0 kV	适用于线—地或长距离线的情况。
直接与电源相连的 I/O 信号/控制	冲击电压试验	0.5 kV	适用于线—线。
		1.0 kV	适用于线—地。

4.2.3 常用信号网络设备额定工作电压与 SPD 最大持续工作电压的对应关系见表3。

表3 常用信号网络设备额定工作电压与SPD最大持续工作电压的对应关系参考值

序号	通信线类型	额定工作电压 V	SPD最大持续工作电压U_c V
1	DDN/X.25/帧中继	＜6或40～60	18或80
2	xDSL	＜6	18
3	2 M数字中继	＜5	6.5
4	ISDN	40	80
5	模拟电话线	＜110	180
6	100 M以太网	＜5	6.5
7	同轴以太网	＜5	6.5
8	RS232	＜12	18
9	RS422/485	＜5	6
10	视频线	＜6	6.5
11	现场控制	＜24	29
12	卫星通信中频系统	15～18	24

5 SPD分类、技术参数和使用条件

5.1 SPD的分类

连接至电子系统信号网络的SPD的分类参照QX/T 10.1—2018的表4。

5.2 基本参数及可能影响系统正常运行的参数

用于保护信号网络,有电压限制功能的,或既有电压限制功能又有电流限制功能的SPD的基本工作参数如下:
——最大持续工作电压U_c;
——电压保护水平U_P;
——冲击复位;(如果适用)
——绝缘电阻;
——额定电流。
SPD应符合应用中的特定要求。某些SPD参数会影响网络的传输特性,参数如下:
——分布电容;
——插入损耗;
——回波损耗;
——纵向平衡;
——近端串扰;
——误码率。
SPD应按QX/T 10.1—2018中规定项目进行试验。
在电子系统信号网络中选用SPD时,应根据制造商在SPD本体上,或因受标注面积限制而标志在

小包装或说明书上的可能影响网络传输性能的技术参数值来选用。在不同系统中可能影响网络传输性能的技术参数见表4。

表 4　SPD 可能影响网络传输性能的技术参数

技术参数	模拟信号系统	数字信号系统	视频系统	卫星通信系统
分布电容		√	√	
插入损耗	√（较小影响）	√	√	√
回波损耗		√	√	√
纵向平衡	√	√	√	
近端串扰	√	√	√	
误码率		√		
注："√"表示该项是 SPD 可能影响网络传输性能的技术参数。				

5.3　使用条件

5.3.1　正常使用条件

周围空气温度在－5 ℃至＋40 ℃之间。

环境温度为＋40 ℃时,空气的相对湿度不超过 50%。在较低的温度下可以允许有较高的相对湿度,例如 20 ℃时空气的相对湿度可达 90%。对于由于温度变化产生的凝露应采取特殊措施。

气压在 80 kPa 至 106 kPa 之间。

5.3.2　非正常使用条件

对置于非正常使用条件下的 SPD 可按照制造商和用户的协议确定,如周围空气温度扩展至－40 ℃至 70 ℃时,应进行 QX/T 10.1—2018 的附录 M 中规定的试验。

6　SPD 的选择

6.1　评估

在电子系统中选择 SPD 时,首先应分析在电子系统中可能产生冲击源以及这些冲击源耦合进电子系统信号网络的方式,见图 1 所示,应根据耦合方式和雷击类型(参见附录 D 的 D.1.3)确定电子系统的损害和损失类型,对电子系统的风险进行识别和评估,风险管理可见附录 D。在被保护的电子系统不存在 S1—S4 型雷击类型的可能和交流的干扰时,如电子系统的建筑物不属一、二、三类防雷建筑物,同时信号线缆埋地引入时,可以不安装 SPD。

> 注:信号线缆架空引入时,如当地年平均雷暴日数少于 25 d,也可以不安装 SPD。其中对公众服务连续性要求较高的场所,宜选用 SPD 进行保护。对于火灾、爆炸场所,宜选用密封型 SPD 进行保护。

6.2　防雷区与 SPD 安装位置

在电子系统中,SPD 应安装在图 1 所示的防雷区交界处。其中 SPD1 安装在 LPZ0/1 区交界处(j),SPD2 安装在 LPZ1/2 区交界处(k),SPD3 安装在 LPZ 2/3 区交界处(l)(见图 2)。是否需要安装多级 SPD,应根据 SPD1 的 U_p 能否满足被保护电子设备的冲击耐受性和电子设备的通信线缆布置情况而定(见 6.4)。

QX/T 10.3—2019

通常 SPD 应安装在各防雷区交界处,但由于工艺要求或其他原因,被保护设备的位置不一定恰好设在交界处,在这种情况下,当线路能承受所发生的电涌电压时,SPD1 可安装在被保护设备处,而线路的金属保护层或屏蔽层宜首先于防雷区界面处做一次等电位连接。

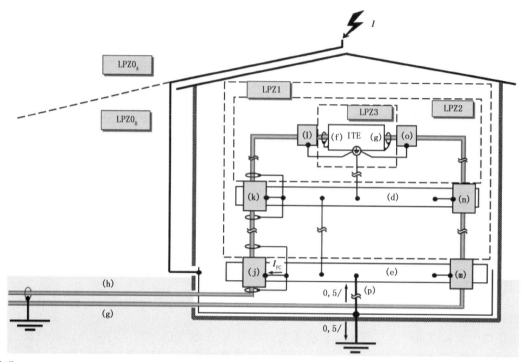

说明:
(d) ——在防雷区(LPZ1/2)交界处的等电位连接带(EBB);
(e) ——总等电位连接带(MEBB);
(f) ——信息技术设备(ITE)/电信端口;
(g) ——电源线/电源端口;
(h) ——信息线路/电信通信线路/网络;
I_{PC} ——局部雷电流;
I ——全部雷电流;
(j),(k),(l) ——各防雷区的交界处的信号网络 SPD(D1/D2、C2/B2、C1);
(m),(n),(o) ——各防雷区的交界处的低压电气系统 SPD(Ⅰ、Ⅱ、Ⅲ级试验产品);
(p) ——接地连接导体;
LPZ0$_A$—LPZ3 ——防雷区 0$_A$—3 区。

图 1　SPD 安装在防雷区交界处的配置示例

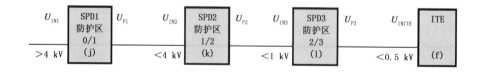

图 2　SPD 在各防雷区交界处配置的示例

6.3 SPD1 的选择

6.3.1 雷击类型为 S1 型时的选择

当雷电可能直击到建筑物上，在按 GB 50057—2010 划分的第一类防雷建筑物、第二类防雷建筑物和第三类防雷建筑物（含需防雷击电磁脉冲而该建筑物不属于第一、二、三类防雷建筑物且不处于其他建筑物或物体的保护范围内而宜按第三类防雷建筑物采取防直击雷措施的建筑物）安装外部防雷装置（接闪器、引下线和接地装置）时，其雷击类型为图 D.1 中所示的 S1 型。S1 型情况下，SPD 的参数选择如下：

a) 对 SPD1 保护特性参数的选择，应在电子设备信号线的建筑物入口处选择表 D.1 中 D1 类的 SPD，其主要技术参数应符合以下要求：

I_{imp} ——电子系统信号线与地或信号线与屏蔽层间所连接的 SPD 的冲击电流 I_{imp} 应选择在 0.5 kA～2.5 kA（10/350 μs）之间。具体值可按 GB 50057—2010 的 6.3.4 中"进入建筑物的各种设施之间雷电流分配"方法，再根据信号线缆中芯线的数量平均分配计算确定。

U_C ——SPD 的最大持续工作电压应高于系统运行时信号线缆上的最高工作电压，一般可取 $U_C \geq 1.2U_n$，或见表 3 中的具体规定。

$U_{p(f)}$ ——在用于保护电子系统时 SPD1 的电压保护水平 U_P 不应大于电子额定冲击耐受电压（见表 1－表 3）的 0.8 倍，当使用一组 SPD1 达不到要求时，应采用协调配合的 SPD2，以确保 SPD2 的有效电压保护水平不大于被保护设备 U_w 的 0.8 倍。

b) 对 SPD1 传输特性参数的选择，应能满足附录 C 或表 4 的要求。

6.3.2 雷击类型为 S2 型时的选择

当雷电可能击到邻近建筑物或建筑物附近地面时，如装有电子系统的建筑物本身无外部防雷装置，其雷击类型为图 D.1 中的 S2 型。S2 型情况下，SPD 的参数选择如下：

a) 对 SPD1 保护特性参数的选择，应在电子设备信号线的建筑物入口处选择表 D.1 中 C2 类的 SPD，其主要技术参数应符合以下要求：

U_{oc}/I_{sc} ——电子系统信号线与地或者信号线与屏蔽层间所连接的 SPD 的开路电压 U_{oc} 应选择在 2 kV～10 kV（1.2/50 μs）之间，相应的短路电流 I_{sc} 应在 1 kA～5 kA（8/20 μs）之间。具体值应根据信号线缆中芯线的数量计算确定；

U_C ——同 6.3.1 中 a) 的要求；

$U_{P(f)}$ ——同 6.3.1 中 a) 的要求。

b) 对 SPD1 传输特性参数的选择同 6.3.1 条中 b) 的要求。

6.3.3 雷击类型为 S3 型时的选择

当雷电直接击到电子设备的架空信号线缆时，其雷击类型为图 D.1 中的 S3 型。S3 型情况下，SPD 的参数选择如下：

a) 当架空信号线路使用木质电杆时，建筑物入口 SPD1 选择的主要技术参数宜参照 6.3.1 规定执行。

注：木质电杆的铁横担如已采取了符合规定的接地措施，可视为金属杆。

b) 架空线杆塔为金属材料杆（如单柱铁塔、双柱铁塔、钢筋混凝土耐张型杆、钢筋混凝土直线杆、预应力混凝土耐张杆、预应力混凝土直线杆和空心钢管混凝土直线杆等），且按架空线路设计规范采取防雷和接地措施时，建筑物入口处应选择表 D.1 中 D1 或 D2 类的 SPD，其主要参数应符合以下要求：

I_{imp} ——电子系统信号线与地或者信号线与屏蔽层间所连接的 SPD 的冲击电流 I_{imp} 应选择在 1 kA～2.5 kA(10/250 μs)或 0.5 kA～2.5 kA(10/350 μs)之间。具体值应根据信号线缆中芯线的数量决定。

U_C ——同 6.3.1 中 a)的要求。

$U_{P(f)}$ ——同 6.3.1 中 a)的要求。

c) 对 SPD1 传输特性参数的选择同 6.3.1 中 b)的要求。

6.3.4 雷击类型为 S4 型时的选择

当雷电可能击到电子系统架空线缆附近时，其雷击类型为图 D.1 中的 S4 型。S4 型情况下，SPD 的参数选择如下：

a) 对 SPD1 保护特性参数应在电子设备信号线的建筑物入口处选择表 D.1 中 B2 类的 SPD，其主要技术参数应符合以下要求：

U_{oc}/I_{sc}——电子系统信号线与地或者信号线与屏蔽层间所连接的 SPD 的开路电压 U_{oc} 应选择在 1 kV～4 kV(10/700 μs)之间，相应的短路电流应在 25 A～100 A(5/320 μs)之间。具体值应根据信号线缆中芯线的数量计算确定。

U_C ——同 6.3.1 中 a)的要求。

$U_{P(f)}$ ——同中 6.3.1 中 a)的要求。

b) 对 SPD1 传输特性参数的选择同 6.3.1 中 b)的要求。

6.3.5 瞬态源为工频过电压时的选择

当通信线缆暴露在由电力线路故障导致的过电压区域中时，通信线上产生工频瞬态过电压。瞬态源为工频过电压时，SPD 的参数选择如下：

a) 对 SPD1 保护特性参数，应在电子设备信号线的建筑物入口处选择表 D.1 中 A2 类的 SPD，其主要技术参数应满足：

——电子系统信号线与地或者信号线与屏蔽层间所连接的 SPD 工频短路电流应在 0.1 A～20 A 之间。具体值应根据可能发生故障的电力线路容量来决定。相应标准参见 ITU-T K.20、ITU-T K.21 和 ITU-T K.45。

——U_C 同 6.3.1 中 a)的要求。

——$U_{p(f)}$ 同 6.3.1 中 a)的要求。SPD 的 $U_{p(f)}$ 应考虑终端被保护设备的 U_w 值和 SPD 的连接方法。

b) 对 SPD1 传输特性参数的选择同 6.3.1 中 b)的要求。

6.4 SPD2(3…)的选择

按 6.3 条选择 SPD1 的 $U_{P(f)}$ 在不大于电子额定冲击耐受电压 U_w 的 0.8 倍、并能对信号线路下游和末端电子设备进行有效保护时，可仅在 LPZ0/1 或设备端口处安装一组 SPD1。如果存在如下因素之一，应考虑 SPD2 乃至 SPD3 的选择：

—— SPD1 的 $U_{p(f)}$ 大于电子额定冲击耐受电压的 0.8 倍，即 $U_{p(f)}>0.8U_w$；

—— SPD1 与受保护设备之间距离过长；

—— 建筑物内部存在雷击感应或内部干扰源产生的电磁场干扰。

在这种情况下宜按 6.2 中所述的防雷区与 SPD 安装位置和在表 5(同时宜参考第 7 章中关于配合的要求)中防护等级的要求来选择安装 SPD2、SPD3。

表5 在防雷区交界处使用的 SPD 时短路电流或开路电压范围及选型指南

防雷区		LPZ0/1	LPZ1/2	LPZ2/3
短路电流或开路电压值范围	10/350 μs 10/250 μs	0.5 kA~2.5 kA 1.0 kA~2.5 kA	——	——
	1.2/50 μs 8/20 μs	——	0.5 kA~10 kV 0.25 kA~5 kA	0.5 kA~1 kV 0.25 kA~0.5 kA
	10/700 μs 5/320 μs	4 kV 100 A	0.5 kA~4 kV 25 A~100 A	——
SPDs 的要求 (引自 QX/T 10.1—2018 表16)	SPD(j)	D1,D2 B2	——	与建筑物外部 无电阻性连接
	SPD(k)	——	C2/B2	——
	SPD(l)	——	——	C1
注1:LPZ2/3 栏下电涌值范围包括了典型的最低耐受能力要求并可安装于信息技术设备内部。 注2:SPD(j),SPD(k),SPD(l)的说明见图1、图2。				

6.5 多用途 SPD 的选择

当电子系统设备同时存在电源和信号端口时,可采用多用途 SPD 进行保护,多用途 SPD 的选择可参考附录 E。

6.6 SPD 的限制电压与被保护系统的兼容性

SPD 的差模和共模限制电压是不同的,应根据系统的保护要求(见图3)来确定是否需要限制差模电压,进行横向保护。

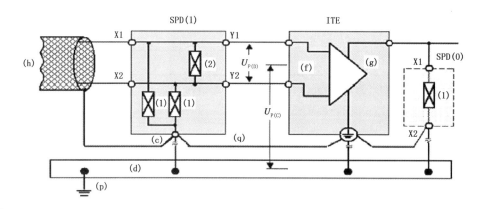

说明：
(c)	——SPD 的连接点,通常在 SPD 中所有的共模电压限压元件都以此为接地参考点;
(d)	——总等电位连接带(MEBB);
(f)	——信息技术设备(ITE)/电信端口;
(g)	——电源线接口;
(h)	——信息技术线路/电信通信线/网络;
(l)	——依据表 D.1 选择的 SPD(分类方法可见 QX/T 10.1—2018);
(o)	——依据 QX/T 10.2—2018 选择 SPD;
(p)	——接地连接导体;
(q)	——必要的连接(应尽可能短);
$U_{P(C)}$	——共模状况下电压保护水平;
$U_{P(D)}$	——差模状况下电压保护水平;
X1,X2	——SPD 的接线端子,在这些端子间分别接有限压元件(1,2),连接在 SPD 的非保护侧;
Y1,Y2	——SPD 保护侧的接线端子;
(1)	——依据 GB/T 18802.3xx 系列的限制共模电压的电涌防护元件;
(2)	——依据 GB/T 18802.3xx 系列的限制差模电压的电涌防护元件。

图 3 电子设备的信号(f)和低压配电输入(g)的共模电压和差模电压的防护措施示例

7 SPD 的使用安装

7.1 单端口 SPD 连接导线和连接要求

7.1.1 导线要求

SPD 的连接导体不宜小于表 6 中规定的最小截面积。导线最小截面积铜材最小可选 1.2 mm²,在实际连接中可按每 1 mm² 耐受 8 kA 电流冲击的值计算。对单个 SPD 而言,SPD 至等电位连接带的连线不应小于被保护线路的线径;在 n 个 SPD 使用一根接至等电位连接带的连线时,连线的线径可考虑 n 倍于被保护线径。

表 6 SPD 连接导体铜材最小截面积

单位为平方毫米

SPD 按不同实验方法分类	最小截面积
D	3
B/C	2
A	1.2

7.1.2 连接要求

安装时应使 SPD 两端连接导线最短,并应避免弯曲。

为了实现有效的限压效果应尽可能将 SPD 安装在靠近设备处。避免使用长的连接导线并尽量减少在 SPD 的连接端子 X1、X2 间不必要的弯曲(见图 4)。连接导线长时宜采用图 5 的凯文连接方法。

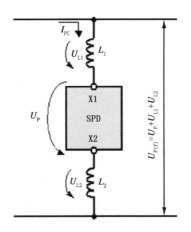

说明:

L_1,L_2 ——连接导体的电感;

U_{L1},U_{L2} ——由电涌电流在连接导体感应产生的电压降;

X1,X2 ——SPD 的接线端子;

I_{PC} ——部分雷电流;

$U_{P(f)}$ ——在电子设备输入处(f)的电压(有效电压保护水平),其大小由 SPD 的电压保护水平 U_P 和连接电涌保护器和受保护设备之间导线上的电压降决定;

U_P ——SPD 输出端的电压(电压保护水平)。

注:对限压型 SPD,$U_{p(f)}=U_p+\Delta U$,$\Delta U=U_{L1}+U_{L2}$;对开关型 SPD,$U_{p(f)}$ 取 U_p 或 ΔU 中较大值。

图 4 由 SPD 两端连线上电感导致的电压降 U_{L1} 和 U_{L2} 对电压保护水平 U_p 影响的示例

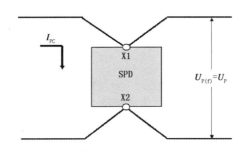

说明:

X1,X2 ——SPD 的接线端子;

I_{PC} ——部分雷电流;

$U_{P(f)}$ ——在 ITE 输入处(f)的电压(有效电压保护水平),其大小由 SPD 的电压保护水平 U_P 和连接电涌保护器和受保护设备之间导线上的电压降决定;

U_P ——SPD 输出端的电压(电压保护水平)。

图 5 SPD 导线连接方法(凯文方式)的示例

7.2 多接线端子 SPD 的连接

多接线端子 SPD 的连接导线和连接要求除应符合 7.1 的要求外,尚应注意如下事项:
——对被保护设备的有效电压保护水平取决于 SPD 的 U_p,同时受到 SPD 与被保护设备的连接导线布设的影响,见图 6;
——在电子系统信号线缆内芯线相应端口安装 SPD 的同时,应将电缆内芯的空线对接地连接。

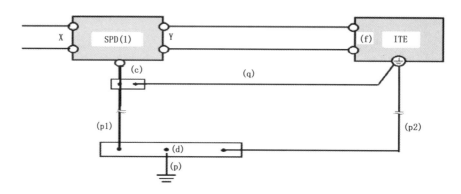

说明:
(c) ——SPD 的共用连接终端,通常 SPD 中所有的共模限压元件都以此作为接地参考点;
(d) ——等电位连接带(EBB);
(f) ——信息技术设备(ITE)/电信端口;
(1) ——符合表 7 的 SPD(同时参见 QX/T 10.1—2018 中表 4);
(p) ——接地连接导体;
(p1)、(p2) ——接地导体(尽可能短),对于远程供电的电子设备,(p2)可能不存在;
(q) ——必要的连接(尽可能短);
X、Y ——SPD 的接线端子,其中 X 为输入端、Y 为输出端。

图 6 为减小对 SPD 电压保护水平影响的连接示例(连接至电子设备的三个、五个或多个连接端口)

为减少干扰附加的措施有:
——连接至被保护端和未被保护端的线缆不应平行靠近布线;
——连接至被保护端的线缆和接地连接导体不应靠近布设;
——SPD 的保护端至被保护的电子设备的连接应当尽可能短或者采用屏蔽措施。

7.3 由振荡和行波产生的保护距离 l_{po}

如果 SPD 和设备之间的线路太长,电涌的传播可能导致振荡现象。在设备终端开路的情况下,将使设备终端处的过电压升高到 $2U_p$。因此,即使选择了 U_P 小于被保护额定冲击耐受电压的 0.8 倍,也可能出现设备故障。

当 SPD 与被保护设备之间的保护距离 l_{po} 小于 10 m 或 U_p 小于 $0.5U_w$ 时,可以不考虑保护距离 l_{po} 的问题。

振荡现象产生的保护距离 l_{po} 的计算,见 QX/T 10.2—2018。

7.4 雷电感应过电压对建筑内部系统的影响

在建筑物内可能存在雷电感应过电压,其可通过多种耦合方式进入内部网络。这些过电压通常是共模形式,也可能以差模形式出现。这些过电压能造成绝缘击穿或电子设备元件故障。

可以采取的措施如下:
——在 SPD 接地连线和被保护设备之间使用等电位连接带,以降低共模电压;

——使用双绞线来减小差模电压；

——利用线缆屏蔽来减小共模电压；

——不同环路和结构中磁场强度的计算方法见 GB/T 21714.4—2015 中的附录 A。回路感应要求 SPD 的保护距离 l_{pi} 的计算,见 QX/T 10.2—2018。

7.5 SPD 之间及 SPD 和被保护设备之间的配合

为了实现在过电压情况下的多个 SPD 及 SPD 和被保护设备之间的良好配合,SPD1 的输出电压保护水平不应超过 SPD2 和设备的额定冲击耐受电压。

满足下列条件即可实现两级 SPD 的配合:$U_P < U_{IN}$ 及 $I_P < I_{IN}$(见图 7)。如果不能达到这些条件,可以通过退耦元件来实现配合。退耦元件的参数可以通过测量来确定。关于配合问题详细的资料参见附录 F。

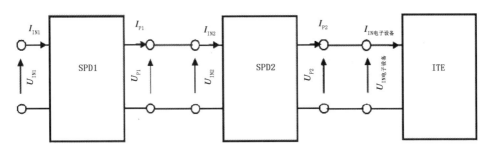

说明:

$U_{IN2}/U_{IN电子设备}$——流入 SPD2/被保护设备用于验证配合的开路电压;

$I_{IN2}/I_{IN电子设备}$——流入 SPD2/被保护设备用于验证配合的短路电流;

U_P——电压保护水平;

I_P——流向 SPD1/SPD2 后端的电流(I_{P1}/I_{P2})。

图 7 SPD 之间及 SPD 和被保护设备之间的配合试验示例

由于 SPD 含有一个(或以上)非线性元件,所以其保护端输出的电压(U_{P1}/U_{P2})是测试用的混合波发生器(CWG)施加的开路电压(U_{N1})的畸变。因此无法简单利用"黑盒子"SPD 特性来判断其配合。最安全的方法是使用被保护设备制造厂推荐的 SPD。他们可以通过计算或测试来判断 SPD 是否能很好地配合。在考虑 SPD 和被保护的电子设备时,应参考该电子设备生产厂所提供的技术资料或检测报告。

附　录　A

（资料性附录）

限压元件

A.1　电压限制型元件（箝压元件）

A.1.1　金属氧化物压敏电阻（MOV）

MOV 是由金属氧化物制成的非线性电阻。在大部分电压限制域范围内，MOV 两端的电压将随电流的增加呈非线性的增大。在达到最大电流水平时，材料的体积电阻起主要作用，使其特性实际上转变呈线性。

MOV 元件适用于 U_c 不小于 5 V 的电压，通常 U_c 允许变动约±10％。在大电流冲击条件下，MOV 的限制电压将显著上升。限制电压的上升能有助于 SPD 串联拓扑的配合，但也可能因此导致被保护设备暴露在高的电压保护水平下。

MOV 有很短的响应时间，这使得其适合用于快速地限制快速瞬变电压。它具有较高的热容量，并能吸收相当高的能量。遭受多次的额定电流冲击或几次超过器件额定值的过电流冲击会导致 MOV 劣化。其劣化主要表现为 U_c 的降低，在使用这种元件时应考虑其劣化的作用。

MOV 有较高的电容。该特性限制了其在一些高频电路中的应用。

A.1.2　硅半导体

A.1.2.1　正向偏压 PN 结二极管

正向偏压 PN 结二极管有一个大约 0.5 V 的正向电压（V_f）。在大部分电压限制范围内，二极管的电流随着施加的电压快速增加。在大电流情况下，正向电压值 V_f 可能到 10 V 或更高。

在施加电压快速上升的情况下，二极管可能会显示出一些电压过冲。该过冲值（正向恢复电压，V_{frm}）可能比大电流时的正向电压高。在正向偏压极性时，该二极管有较高的电容。其电容值的大小取决于信号和直流偏压水平。如果该二极管反向偏置使用，其电容将会减小。用于较高工作电压系统和设备保护时，该元件串联组成的组件也将会因为串联而明显地降低电容。

A.1.2.2　雪崩击穿二极管（ABD、又称抑制二极管）

ABD 是反向偏压的 PN 结（工作在反向击穿区），其阀值电压或击穿电压在 7 V 或 7 V 以上。在其大部分工作电流范围内，典型的 ABD 端电压随电流改变很小。

ABD 有非常快的响应时间，这使得其适合用于限制陡度大的瞬态电压。无论是信号或直流工作电压，ABD 的电容和其击穿电压成反比，同时也和施加的电压成反比。

单结的 ABD 是单向的。为了制作双向元件，将一个反向偏压的 ABD 和另一个 ABD 的阴极串联起来。该元件在任一极性作用下像是一个雪崩 ABD 和一个正向偏压的二极管的串联。这两个元件可以封装在一个单个的壳体呈 NPN 或 PNP 结构。

A.1.2.3　齐纳二极管

齐纳击穿二极管的反向偏压 PN 结的击穿电压大约为 2.5 V～5.0 V。与 ABD 不同，齐纳二极管的端电压将随电流显著增加。这个增加值可能达到击穿电压的两倍。

A.1.2.4 穿通二极管

穿通二极管是 NPN 或 PNP 结构。其利用中间区域耗散层随着施加电压增加而扩展的现象,从而使两个 PN 结之间的空间电荷区域导通。其击穿电压可能低至 1 V。穿通二极管被用作齐纳二极管在低电压、低电容情况下的替代品。

A.1.2.5 折返二极管(负反馈二极管)

负反馈二极管是 NPN 或 PNP 结构,其通过利用晶体管的作用产生一个再进入或"负反馈"限制电压特性。一旦达到击穿电压,随着电流的增加其两端电压将快速下降至击穿电压的 60%。在此后更高的电流则将导致更高的电压降。和 ABD 相比在同样击穿电压下,负反馈二极管有更低的限制电压。

负反馈量取决于击穿电压。对于 10 V 的元件,负反馈量是非常小的。

A.1.3 限压原件的电路

这种并联连接至被保护线路上的限压型 SPD 元件是非线性元件。它可通过提供一个低阻抗的泄放电路来限制超过给定电压的过电压(图 A.1)。

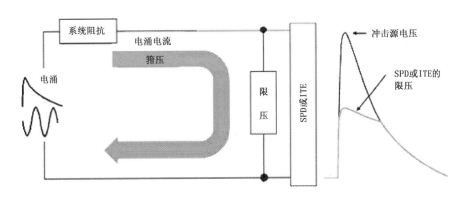

图 A.1 限压元件的电路

A.2 电压开关型元件

A.2.1 气体放电管(GDT)

气体放电管内由装在陶瓷或玻璃圆柱管内的两个或更多金属电极组成,电极间隙约为 1 mm 或更小。放电管内充满惰性气体混合物,压力高于或低于大气压力。当加在管内间隙两端的电压值达到一个给定值时,一次放电过程便开始了。这个电压值主要由电极间距、气体气压和混合气体成分决定。这一放电过程迅速导致两电极间形成电弧,同时元件两端的残压跌落至低于 30 V 的典型值。产生放电过程时的电压被定义为该元件的放电电压(击穿电压)。

如果施加的电压迅速上升(如瞬态电压),则放电/电弧形成过程所需的时间可能允许瞬态电压超过击穿电压要求的值。这个电压被定义为冲击击穿电压,通常其是施加电压(如瞬态电压)上升速率的正函数。

由于 GDT 的开关作用和坚固的结构,GDT 在电流承载能力超过其他 SPD 元件。许多类型的 GDT 能承载峰值为 10 kA 的 8/20 μs 电涌电流。

由于气体放电管的结构,其电容非常低,通常小于 2 pF。该特性允许其在许多高频电路中使用。

当 GDT 动作时,可能产生能影响敏感电路的高频辐射。因此需将 GDT 安装在与被保护电子设备有一定距离的地方。这个距离取决于电子设备的敏感程度和其屏蔽性能。另外一种降低影响的方法是将 GDT 安装在一个屏蔽外壳中。

A.2.2 放电间隙(SG)

这种元件的工作原理类似于气体放电管。它们的不同之处在于结构上,正如其名称所示的,放电间隙电极间的气体是周围的空气。结构上的不同包括一个更小的间隙(通常只有 0.1 mm 的量级)和石墨电极而不是金属电极。环境空气中的粉尘和水分以及在燃弧过程中产生的石墨粉尘的共同作用会快速减少此类设备的使用寿命。而且,粉尘颗粒可以桥接间隙,导致电阻变化在电信网络应用中造成噪音干扰。

由于使用空气作为气体介质,此元件的实际最低击穿电压的典型值为 350 V。与其相比气体放电管约为 70 V。但是由于间隙更小,其冲击比或冲击击穿电压与击穿电压的比要比气体放电管低,因此,仍在广泛应用中。

A.2.3 电涌抑制晶闸管(TSS)——固定电压型(自控式)

固定电压型 TSS 利用其内部的 NP 结的击穿电压来设定其电压阈值。此电压在 TSS 制造时被设定。当电流大于给定的击穿电流时,NPNP 结正反馈并切换至低电压状态。发生击穿的电压峰值被称为转折(或溢出)电压(V_{BO})。为了使 TSS 关断,系统提供的电流应低于 TSS 的限制电流参数。TSS 的所有参数都是热敏的,这一点在使用 TSS 作为 SPD 元件时应该注意。

双向性 TSS 元件可以是对称的也可以是非对称的。单向性 TSS 元件只在一个极性切换。在另一个极性时,TSS 元件可能阻碍电流流过。在二极管(PN 结)被并联集成时能导通大电流。此种单向性为某些应用提供了便利。

TSS 的多 PN 结降低了总电容,其值从几十到几百个 pF。对于所有 PN 结元件,其电容取决于直流偏置电压和信号幅值。击穿电压取决于电流上升速率。工频电压被用于确定低上升速率下的击穿电压。在高上升速率条件下,冲击转折电压可能会上升 10% 到 20%。

当 TSS 动作时,可能产生会影响敏感电路的高频振荡。在使用其保护时应注意将耦合进邻近电路的干扰最小化。

A.2.4 电涌抑制晶闸管(TSS)——门控式

电压控制的 TSS 使用一个门控电极连接至 NPNP 结构的中心 P 或 N 区。门控电极连接至外部的基准点使 TSS 的阀值电压调整到一个最小值。这种形式的 TSS 使用在要求将过电压限制到接近外部的基准值的场合。外部的基准值可能是电子设备的电源电压。P-门控式 TSS 提供负极性电压保护,而 N-门控式提供正极性电压保护。可以制成双向和单向器件。

A.2.5 电压开关型元件的电路

这种并联连接至被保护线路上的开关型 SPD 是非线性元件。它通过提供一个低阻抗的泄放电路来限制超过给定电压的过电压(图 A.2)。

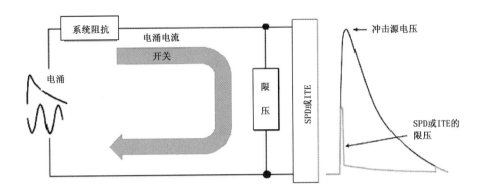

图 A.2　电压开关元件的电路

附　录　B
（资料性附录）
限流元件

B.1 电流中断型元件

B.1.1 概述

这类元件是串联在被保护线路中的，正常时导通电路的电流。在过电流条件下，元件会断开电路，阻断流过的过电流（图 B.1）。此类元件属非恢复限流。

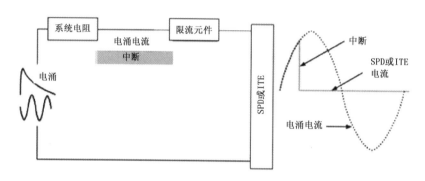

图 B.1 中断元件的电路

B.1.2 可熔断电阻

此类元件是组合了过电流熔断功能的线性电阻，熔断功能可直接整合在电阻器技术中或作为一个独立元件与单元集成在一起。其中：

a) 厚膜电阻：这类元件通过把电阻性的通道沉积到陶瓷基片上制成，使用激光修正来精确调整电阻值。在某些情况下，基片的一面可能有两种功率电阻，以适合于（匹配）平衡线应用；而另一面可能有一个供其他系统使用的电阻阵列。厚膜电阻的排列和热容量使该电阻是对冲击能量不敏感，这类元件主要在长时间的交流过电流情况下切断电流。有时厚膜电阻也称为脉冲吸收电阻。交流过电流情况下产生的热量会在陶瓷基片上引起严重的热梯度。如果该梯度达到极限值，则陶瓷基片会爆裂或变成碎片，断开电阻通道从而切断电流。在某些情况下，增加一个串联的低温焊锡合金熔丝以降低长时间熔断电流特性。

b) 绕线式可熔断电阻：这类元件是线绕电阻，通常是组合了熔丝、可熔断的弹簧或连接物的无感绕线组。

B.1.3 熔断器（熔丝）

熔断器是用于保护线路不受过电流损坏而热熔断的元件。也可通过装在玻璃管内的熔丝熔断来切断电流。

B.1.4 热熔断器

这类元件有时又被称为热切断元件（TCO），通过周围温度升高而断开电流来进行过流保护。热熔断器有非恢复限流和可恢复限流两种型式。

B.2 电流降低型元件

B.2.1 概述

降流元件是串联元件,正常时导通电路的电流。过电流时由于元件的电阻增加,从而降低流过的电流(图 B.2)。

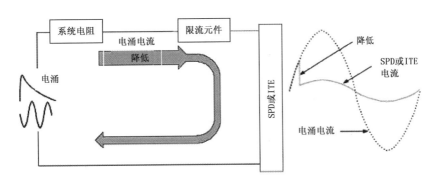

图 B.2 降流元件的电路

正温度系数的热敏电阻(PTC)通常被用作降流元件。PTC 是一个电阻元件,当 PTC 本身温度超过某一特定突变温度值(典型值为 130 ℃)时,其电阻值将以几个数量级的幅度增加。当 PTC 冷却到基准温度(通常为 25 ℃),其电阻值降至突变前的值。PTC 常采用直接(内部)加热的模式,电路电流流过 PTC 使得元件加热并使温度升高。冲击电流的加热往往太小不足以引起 PTC 的动作。电流值越高,突变的时间(PTC 的响应时间)越短。当突变时,PTC 的高阻抗使电路电流降低为低电流。如果电源具有足够的电压,PTC 将保持在高电压、低电流的动作状态。当干扰电压消失,PTC 将冷却并恢复到低电阻值。PTC 需标定最大(未启动)涌入电流和最大(启动)电压,超过此值 PTC 可能损坏。

B.2.2 热敏电阻

热敏电阻分为以下两种:
a) PTC 高分子热敏电阻:这种典型的 PTC 由聚合物与导电材料(通常为石墨)混合制成。这类 PTC 的典型电阻值从 0.01 Ω 至 10 Ω。突变前电阻值随温度变化基本上是恒定的。在突变及冷却后,电阻可能高出原来值 10% 至 20%。突变后 PTC 的电阻变化的偏差将改变系统线路平衡值。PTC 高分子热敏电阻相对于 PTC 陶瓷热敏电阻有较小的热容量,这样使其具有较短的响应时间。
b) PTC 陶瓷热敏电阻:这种典型的 PTC 由铁电物质的半导体材料制成,通常的电阻值从 10 Ω 至 50 Ω。在大部分未突变温度范围中电阻随着温度的增加略有减少。在突变及冷却后,电阻恢复到原来的电阻值,属于自恢复限流型。PTC 陶瓷热敏电阻适合于平衡线使用场合。

B.2.3 电子限流器(ECL)

这类串联连接的电子元件在电流低于阈值电流时呈低阻抗状态,高于阈值电流时转变为高阻抗状态,如图 B.3 所示。允通电流即阈值电流。电流在电路里面流过,直到达到阀值电流。在某些方面其具有类似 PTC 热敏电阻的功能,但从结构上区分,它是由电子电路组成的。因此,其与 PTC 热敏电阻有如下区别:

——ECL 只需要很小的功率就可以保持在高阻状态;

——当不超过 ECL 的最大额定电压时,其不受多次电涌的影响;

——快速响应时间确保在冲击和交流电涌条件下,能与上下游的 SPD(或 SPD 组)及电子设备的配合,此外,能阻断地电位抬升的传播;

——ECL 由过电流而非温升驱动,能到达限制电涌电流和工频电流的作用。

ECL 的主要参数包括正常条件下的电阻、阈值电流、响应时间和高阻状态时的最大耐受过电压值。

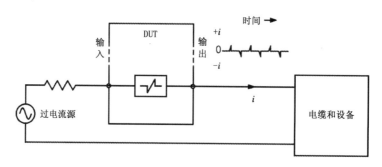

图 B.3 二端口电子限流器

B.3 电流分流型元件

B.3.1 概述

电流分流型元件的电路见图 B.4,在负载中有效的跨接负载设置了短路,短路是由于元件温度上升或感知负载电流而发生的。

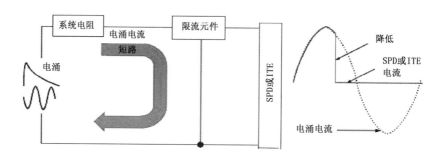

图 B.4 电流分流型元件的电路

B.3.2 热熔线圈

热熔线圈是热驱动的机械器件,与受保护线路串联。在应用中热熔线圈的功能是对地泄放电流,从而防止过电流流过受保护设备。通常,它们由一个接地触头构成,接地触头通过焊接保持在非工作位置。热源(通常为一个电阻丝线圈和弹簧)使接地触头在焊点熔化时接地。

热源是不需要流过电阻丝线圈的线路电流。通信系统使用的热熔线圈的电阻常用值为 4.0 Ω,也可设置在 0.4 Ω 至 21 Ω 范围内。当热熔线圈触头动作时,接地触头的设计可使电流通过旁路使线圈接地。

热熔线圈通常是非恢复限流元件,除了更换包含热熔线圈的 SPD 外,没有其他方法使线路恢复至工作状态。热熔线圈可设计成可手动重新设置状(属可恢复限流),不需要更换 SPD。这类器件的使用通常限制在经常发生来自 50 Hz/60 Hz 电源的感应电流频繁发生的场合。

也可以制成电流断开型的热熔线圈,在过电流时断开电路。

B.3.3 电子触发型电流限制器(电流动作型门极晶闸管)

电流动作型的电涌抑制晶闸管(TSS)有一个门极,连接至 PNPN 结中心的 P 区或 N 区。门极和相邻的保护端与电路串联连接,使电路电流流过门极。当电路电流超过门极触发电流值时,TSS 发生开关并产生泄放电流,如图 B.5。门极与相邻保护端的电位差在触发电流时约为 0.6 V。

实际上,门极触发电流值可能低于正常电路电流。为了避免误触发,采用一个跨接在门极和合适的主端子的低电阻值电阻器(通常为 1 Ω 至 10 Ω)来分流部分电流,从而提高开关电流值。

电流动作的 TSS 元件能制成接通单一极性电流或双极性电流。P-门极型 TSS 只能开闭正极性电流,而 N-门极型式 TSS 只能开关负极性电流。具有复合 P-门极和 N-门极的 TSS 型式能开关双极性的电流。

电流动作型 TSS 被用在要求快速进行电流泄放场合。当超过电流触发电平时,在几个微秒内发生电流泄放,对雷电脉冲以及交流过电流提供过电流保护。这种快速动作的电流泄放通常对后面负载提供了自动保护配合。这类电流动作型 TSS 同样具有固定电压型 TSS 的功能,提供双重的过电压和过电流保护。

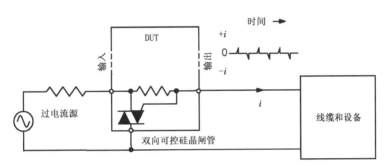

图 B.5 三端口电子触发型电流限制器

B.3.4 热开关

这类开关是安装在限压器件(一般为气体放电管 GDT)上的热驱动机械器件,它们是典型的非恢复限流元件。有三种常用的驱动技术:熔化塑料绝缘体,熔化焊锡球和热脱口装置。

——基于熔化塑料绝缘体的开关,包括一个带塑料绝缘体的弹簧,塑料绝缘体把弹簧触头与限压元件的金属导体隔开。当塑料熔化时,弹簧接触两个导体并使限压器件短路。

——基于熔化焊锡球的开关,由一个弹簧机构组成,弹簧机构用熔锡小球把线路导体与接地导体隔开。在热过载的情况下,焊锡小球熔化并使限压元件短路。

——常用的热脱口装置,使用一个弹簧组件,通过一个焊接的连接把弹簧组件保持在断开位置。当达到其开闭温度时,弹簧组件将限压器件短路。当焊锡熔化时,开关脱扣并使限压元件短路。

当承载连续流过的电流时,由于限压器件热过载状况的温度升高使得焊锡发生熔化。当开关动作时使限压元件短路,典型的是对地短路,导通原先流过限压元件的电涌电流。

附　录　C

（规范性附录）

与电子系统有关的传输特性

电信系统、信号传输、测量和控制系统、有线电视系统的传输特性分别见表C.1—表C.3。

表 C.1　电信系统接入网的传输特性

系统	误码率 MBit/s	带宽 kHz	信道	参考的标准	特性阻抗 Ω	最大允许衰减 dB（在 kHz 下）	备注
POTS	—	3,4 (16)	—		Z_L（复数）	变化的	模拟
PCMx	0.784	～600	上限 12×64 kbit/s	ITU-T G.961 [32] ETSI TS 101 135 [11] ETSI TS 102 080 [13]	135	上限 31@150	
ISDN PMXA	2	～5000	30×64 kBit/s 1×64 kBit/s	ITU-T G.962 ANSI T1.601-1999（R2004）	130	40@1000	除美国以外地区使用
ISDN PMXA	1.5	～5000	23×64 kBit/s 1×64 kBit/s	ITU-T G.963 ANSI T1.601-1999（R2004）	130	40@1000	美国地区使用
ISDN-BA	0.16	～120	2×64 kBit/s 1×16 kBit/s	ITU-T G.961 [32] ETSI TS 102 080 附录 B[13]	150	32@40	EURO-ISDN 物理层上相同
SDSL	2.3	～800	变化的	ETSI TS 101 524 [14]	135	变化的	
HDSL	2.3	～1000	12～32×64 kBit/s	ETSI TS 101 135 [11]	135	31, 27 或 22@150	
ADSL	8	～1104	变化的	ITU-TG.992.1 附录 B[33]	100	变化的	ADSL-over-POTS
ADSL2	16	～1104	变化的	ITU-T G.992.3 [34]	100	变化的	ADSL-over-POTS
ADSL2＋	25	～2208	变化的	ITU-T G.992.5 [36]	100	变化的	ADSL-over-POTS or over ISDN

表 C.1　电信系统接入网的传输特性(续)

系统	误码率 MBit/s	带宽 kHz	信道	参考的标准	特性阻抗 Ω	最大允许衰减 dB (在 kHz 下)	备注
VDSL	30	～12000	变化的	ITU-T G.993.1[37]	135	变化的	
VDSL2	100	～30000	变化的	ITU-T G.993.2[38]	135	变化的	
g.fast	1000	～106000	变化的	ITU G.9701	100	变化的	

表 C.2　用户端的 IT 系统的传输特性

系统	误码率 Mbit/s	等级	近端交扰 dB	标准	特性阻抗 Ω	最大允许衰减 dB (在 MHz 下)	备注
千兆以太网 (1000 Base T)		D(5e)	30,1@100 MHz	EN 50173-1 [17]	100	24 @ 100 MHz	最大长度 100 m ACR1) [dB] 6,1@ 100 MHz
以太网 (100 Base T)	100	D(5)	27,1@100	ISO/IEC 8802-5 [18]	100	24 @ 100 MHz	最大长度 100 m
高速以太网 (10 G Base T)	10000	EA(6A)	27,9@500 MHz	ISO/IEC 11801 Ed.2 [44]	100	49,3@500 MHz	最大长度 100 m/屏蔽
ATM	155	D(5)	27,1@100	EN 50173-1 [17]	100	24 @ 100 MHz	最大长度 100 m
令牌环网	16	C(3)	19,3@16 MHz	ISO/IEC 8802-5[18] EN 50173-1 [17]	150	14,9 @ 16 MHz	最大长度 100 m/150 m

注：近端串扰(NEXT)为信道性能。

表 C.3 有线电视系统的传输特性

系统	带宽 MHz	回波损耗 $f>50$ MHz dB	最小插入损耗 （在 50 MHz 时用户端） dB	标准	特性阻抗 Ω	在 450 MHz 最大允许衰减 （取决于线缆类型） dB /100 m	备注
宽带电视分配网（1）	47～450[a]	根据线缆类型回波损耗为从 $\leqslant24$～26 dB -1 dB/ 倍频程	$\leqslant20$ dB～1.5 dB/倍频程	National (DE)	75	2.9 dB 4.1 dB 6.2 dB 12.2 dB	输出端系统载波信号电平 47 dB～77dB
宽带电视分配网（2）	47～862[b]	根据线缆类型回波损耗为从 $\leqslant24$～26 dB -1 dB/ 倍频程	待确定	National EN 50083 -1[19]	75	2.9 dB 4.1 dB 6.2 dB 12.2 dB	
[a] 宽带电视分配网（1）带宽国内为 47 MHz～500 MHz。 [b] 宽带电视分配网（2）带宽国内为 47 MHz～750 MHz。							

附　录　D
（资料性附录）
风险管理

D.1　风险识别和分析

D.1.1　风险分析

风险分析应考虑到以下电磁现象：
——电力线缆感应；
——雷击放电；
——地电位升高；
——与电力线接触。

D.1.2　评估方法

风险评估应考虑以下因素：
——通信效率：安装 SPD 后可能影响网络的传输特性，影响电子系统的通信效率，应评估或测试安装 SPD 是否有影响或是否可以承受。
——费用：当采用防雷措施（含外部防雷：接闪器、引下线、接地装置；内部防雷：等电位连接、综合布线、间隔距离，防 LEMP：屏蔽、安装 SPD）后仍可能发生的雷击损害的损失价值 C_{RL} 与采用防雷措施的成本（含建设和维护投资）C_{PM} 之和低于没有采取防雷措施可能出现的损失额 C_L 时，即：$C_{RL}+C_{PM}<C_L$ 时，应采用含 SPD 安装在内的综合防雷措施。
注：关于风险管理的进一步信息参见 GB/T 21714.2—2015。
——预期的使用情况。
——设备中已有的防护措施。
——对公众服务连续性的要求。
——设备维修的难易程度（如设备安装在高山）。

电子系统是否需要采用 SPD 进行保护，应在完成直接、间接损失评估和建设、维护投资预测后认真综合考虑，做到安全、适用、经济。应从存在的风险分析（如电力线缆感应，雷击放电 S1—S4 型、地电位升高，与电力线接触）出发。同时，在需要采用 SPD 进行保护时，在何位置和采用什么类型的 SPD 及 SPD 具体保护性能参数、传输性能参数的选择见本标准的第 6 章。

D.1.3　耦合方式和雷击类型

对电子系统造成主要威胁的瞬态（冲击）源来自雷击和电力系统。耦合方式包括：
——直接雷击；
——与电力线接触；
——前两种瞬态源的电容耦合、电阻耦合、电感耦合和辐射耦合；
——前两种瞬态源导致的地电位升高。

图 D.1 描述了雷击类型 S1—S4 及雷电和交流电源的能量耦合进入建筑物的途径（1）—（5）。应注意由直击雷导致的对 SPD 的更严格的要求（参见表 D.1），虽然建筑物遭受直击雷的概率很低。为了简化起见，在图 D.1 中假设直击雷通过单根引下线传导入地。但实际中，一套防雷装置（LPS）会有多根引下线,雷电流将在这些引下线间分配。这种电流分配会使由磁场感应耦合出的电涌电压值随之减小。图 D.1 中 e1、e2 和 e3 应采用共用接地系统。

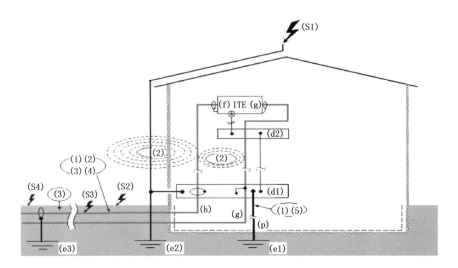

说明:
(d1) ——总等电位连接带(MEBB);
(d2) ——局部等电位连接带;
(e1) ——设备接地;
(e2) ——防雷接地;
(e3) ——屏蔽电缆接地;
(f) ——信息技术设备(ITE)/电信端口;
(g) ——电源线/电源端口;
(h) ——信息线路/电信通信线路或网络;
(p) ——接地连接导体;
(S1) ——建筑物上的直接雷击;
(S2) ——建筑物附近的雷击;
(S3) ——信息线路/电信线路上的直接雷击;
(S4) ——信息线路/电信线路附近的雷击;
(1)—(5)——耦合方式,见表 D.1。

图 D.1 建筑内电气和电子系统的干扰源和耦合方式示例

图 D.1 中示例的是一个典型建筑物,该建筑物中有 LPS(包括接闪器,等电位连接网和接地装置),进线设施(可能是电话线或其他电信连接(h)和电源线或电源端口(g))以及已安装的设备。在这种推荐配置中可以看出,所有进入建筑物的线缆,均在建筑物入口处被连接至总等电位连接带(d1),(d1)与接闪器的引下线相连,并接至防雷接地装置(e2)。该图同时说明了位于或靠近设备处的局部等电位连接带(d2),所有进入该区域的线缆都通过该点(可以通过 SPD 连接或直接连接)达到等电位,(d2)与(d1)直接相连。

表 D.1 所示为瞬态冲击源和耦合方式(例如直击雷的电阻性耦合)与按不同测试方法分类选用示例。其中 SPD(A、B、C 和 D 类)的电压和电流波形及测试类别引自 QX/T 10.1—2018 的表 16。

表 D.1 耦合方式和 SPD 按不同测试方法分类选用示例

瞬态源	对建筑物的直接雷击（S1）		在建筑物附近的雷击（S2）	对连接线路的直接雷击（S3）	在连接线路附近的雷击（S4）	交流电的影响
耦合	电阻性（1）	感应（2）	感应 a（2）	电阻性（1,5）	感应（3）	电阻性（4）
电压波形 μs	—	1.2/50	1.2/50	—	10/700	50/60 Hz
电流波形 μs	10/350	8/20	8/20	10/350 c,10/250	5/320	—
优选的测试类别 b	D1	C2	C2	D1,D2	B2	A2

注:耦合方式(1)—(5)见图 D.1。

a 也适用于邻近的供电网络开断所造成的电容/电阻耦合。

b 宜选的测试类别见 QX/T 10.1—2018 表 16。

c 用来模拟直击雷测试脉冲的波形,在 GB/T 18802.1 中用峰值电流 I_{imp}、总电荷量 Q 和比能量 W/R 三个参数表述。可以满足这些参数的一个典型波形是双指数脉冲,在本例中使用 10/350 μs 波形。

D.1.4 损害和损失类型

雷击类型和损害损失类型见表 D.2。

损害类型(D)中:

D_1——接触和跨步电压导致的人员伤亡;

D_2——建筑物或其他物体损害;

D_3——电涌导致的电气和电子系统的失效。

损失类型(L)中:

L_1——生命损失;

L_2——向公众服务的电力和通信设备的损失;

L_3——文化遗产损失;

L_4——经济损失。

表 D.2 雷击类型和损害、损失类型

雷击类型（如图 D.1 所示）	建筑物		通信线路	
	损害类型	损失类型	损害类型	损失类型
S1	D_1 D_2 D_3	L_1,L_4 b L_1,L_2,L_3,L_4 L_1,L_2,L_4	D_2,D_3 D_2,D_3	L_2,L_4 L_2,L_4
S2	D_3	L_1 a,L_2,L_4		

表 D.2 雷击类型和损害、损失类型(续)

雷击类型 (如图 D.1 所示)	建筑物		通信线路	
	损害类型	损失类型	损害类型	损失类型
S3	D_1 D_2 D_3	L_1, L_4[a] L_1, L_2, L_3, L_4 L_1[a], L_2, L_4	D_2, D_3 D_2, D_3	L_2, L_4 L_2, L_4
S4	D_3	L_1[a], L_2, L_4	D_2, D_3	L_2, L_4
[a] 为医院和有爆炸风险的建筑物的情况。				
[b] 为农业财产情况(牲畜损失)。				

D.2 由雷电闪击引起的风险

D.2.1 风险评估

对由于雷电而可能导致损失的评估因子由下列评估因子组成,这些评估因子与所考虑的安装地点有关:

——地闪密度;

——土壤电阻率;

——装置的方式(埋地电缆,架空电缆,屏蔽或非屏蔽电缆);

——被保护额定冲击耐受电压。

完成这些评估将能确定是否需要保护措施,例如是否需安装 SPD。

如果需要采用保护措施,将根据所获得的信息以及建设成本和维修费用来选择这些保护措施。更多的信息和计算方法参见 GB/T 21714.2—2015。

D.2.2 雷电闪击风险分析

风险分析的目的在于把由于雷电产生的预期损失风险 R_P 降低到小于或等于可接受的损失风险 R_T。

如果 $R'_2 > R_T$,就需要采取防护措施以降低 R_P。

损坏的风险是那些导致通信和信号线(例如,绝缘击穿),所连接的设备损坏的事件,其中:

R'_V ——与通信网络直接雷击有关的风险因子,由于雷击电流的机械和热效应,这些闪络造成通信线路的物理损坏;

R'_Z ——与发生在建(构)筑物附近或进入建(构)筑物的通信线路上的直击雷有关的风险因子,造成在通信线路上感应过电压导致线路绝缘损坏,即 S2 和 S3 型;

R'_B ——与进入建(构)筑物的通信线路附近发生的地闪有关的风险因子,造成在通信线路上感应过电压导致线路绝缘损坏,即 S4 型。

通信网络预期的服务中断风险,R'_2,由下面的方程给出。

$$R'_2 = R'_V + R'_Z + R'_B$$

将风险 R'_2 与可忍受风险 R_T,估计的每年预期损坏率加上预期客户服务中断小时数的比较后,确定是否需要保护。

D.2.3 风险评价

D.2.3.1 风险标准

将电缆和连接设备的额定冲击耐受电压视为风险标准。其中：

a) 电缆的任何两个金属导体之间的额定冲击耐受电压采用下列值：

    1) 纸绝缘电缆，1.5 kV；

    2) 塑料绝缘电缆（包括接线端子排），5 kV。

b) 连接在信号线终端的设备预期承受下列最低值的共模电涌过电压：

    1) 连接在信号线末端的设备，1 kV 10/700 μs(ITU-T K.20 的要求)；

    2) 对于用户建筑物末端或沿线的设备，1.5 kV 10/700 μs(ITU-T K.21 和 ITU-TK.45 的要求)。

c) 在其他场合（信号网络），使用适用的产品标准或一般的 EMC 标准。

D.2.3.2 评价程序

为评价保护需求所遵循的程序如图 D.2 所示。

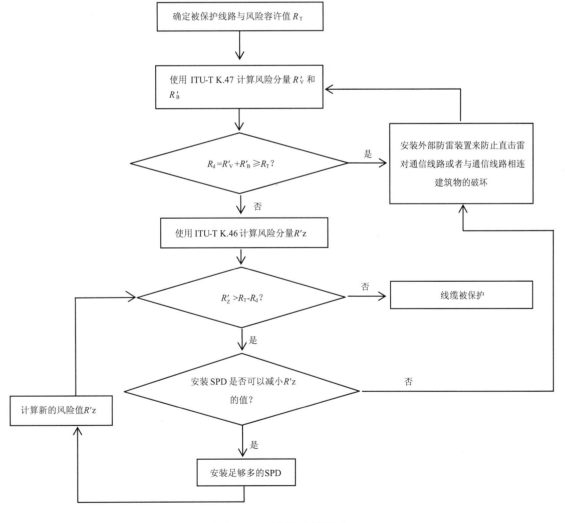

图 D.2　风险计算程序

D.2.4 风险处理

对于电信线或信号线,考虑采用下列保护措施(也可组合使用):

——使用电涌保护器(SPD);

——安装埋地电缆来代替架空线;

——屏蔽,即改善线路的屏蔽性能,选择屏蔽电缆替代非屏蔽电缆;

——提高电缆耐受能力,例如:选择塑料绝缘导体电缆替代纸绝缘导体电缆,并同时使用SPD;

——线路冗余设计。

使用上述保护措施降低下列设施的损失风险:

——电缆绝缘;

——连接到电信线或信号线上的设备。

如果不能改变电缆的型式和各线路段的布线条件,则SPD是唯一可用来保护设备的方法。

D.3 由于电力线故障引起的风险

D.3.1 交流电源系统

由于电力线路(供电电源和电力输送系统)故障引起的信号网络过电压的风险与下列几方面有关:

——信号线至供电电源之间的距离;

——土壤电阻率;

——输配电系统的电压级别和接地形式。

电力线的接地故障会导致不平衡的大电流流经电源线,并在与电力线相邻的平行走向的电信线或信号线中感应过电压。过电压可能上升至数千伏,由于在电力线上采用的故障清除系统工况,过电压的持续时间为200 ms至1000 ms(有时甚至会更长)。

当表D.3中的条件都能满足时,不需要对交流架空电力线路中的故障情况进行精确的计算。

表 D.3　交流架空电力线路

环境	土壤电阻率 Ω·m	距离 m
乡村	≤3000	>3000
乡村	>3000	>10000
城市	≤3000	>300
城市	>3000	>1000

当表D.4的两个条件都满足时,不需要对交流埋地电缆产生的故障情况进行精确的计算。

表 D.4　交流埋地电缆

环境	土壤电阻率 Ω·m	距离 m
乡村	≤3000	>10
乡村	>3000	>100
城市	不适用	>1

D.3.2 直流电源系统

当表 D.5 的两个条件都满足时,不需要对于直流架空电力线路故障情况进行精确的计算。

表 D.5　直流架空电力线路

环境	土壤电阻率 Ω·m	距离 m
乡村	≤3000	>400
乡村	>3000	>700
城市	≤3000	>40
城市	>3000	>70

当表 D.6 的两个条件都满足时,不需要对直流埋地电缆故障情况进行精确的计算。

表 D.6　直流埋地电缆

环境	土壤电阻率 Ω·m	距离 m
乡村	≤3000	>10
乡村	>3000	>100
城市	不适用	>1

附　录　E

（资料性附录）

MSPD 的选择和使用安装

MSPD 可以限制设备承受的电涌电压并为不同服务线路提供等电位连接。MSPD 用于配电线路和用于信号线路时均应符合 QX/T 10.1—2018 的要求。

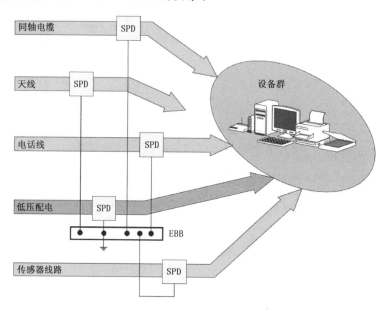

图 E.1　独立的 SPD

如图 E.1 所示,设备群终端连接了多项服务线路,布线工作可能导致线缆产生电磁感应电涌、地电位抬升和电源与通信之间的等电位连接不良。MSPD 可以保护如设备群免受上述困扰。

MSPD 设计和构造的一个关键特性是将用于各种独立服务设施中的 SPD 进行等电位连接,以使各种服务设施间的电位差最小化,见图 E.2。

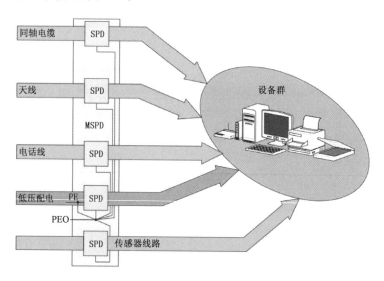

图 E.2　通过 PE 线连接的 MSPD

MSPD 可采用如下方法验证其等电位连接状况：在单独服务设施之间和每个单独的服务设施与 EBB 之间分别施加一次冲击，同时测量在 MSPD 被保护侧流过的电流，即横向和纵向保护的状况。

图 E.3 显示了通过直接等电位连接或电涌保护元件（SPC）实现接地基准点的有效等电位连接，SPC 在正常情况下具有绝缘特性，但是当一个系统内或两个系统间有电涌出现时能提供一个有效的等电位连接。这些 SPC 可以整合到 SPD 之中。

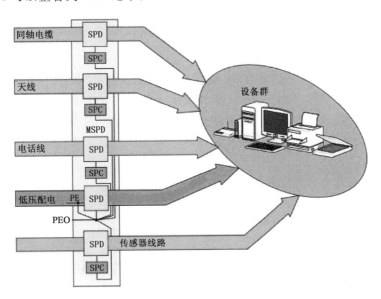

图 E.3 通过 SPC 和 PE 端子连接的 MSPD

MSPD 的安装要求应符合 GB/T 21714.4—2015 的规定，用于 LPZ1/2 或者 LPZ2/3 区交界处，尽量靠近被保护设备（计算机，电话等）安装。

除满足电源和数据端口的电压限制功能之外，MSPD 应满足其所保护的通信、数据设备的传输性能要求。

附 录 F

（资料性附录）

SPD 之间及 SPD 与电子设备之间的配合

F.1 一般要求

对于用户，最简便的方法就是使用生产厂推荐的协调配合的 SPD。由于生产厂了解 SPD 的电路，所以可以估计怎样才能实现配合或采用什么样的测试手段实现 SPD 的协调配合。如果用户了解 SPD 电路也能估计怎样才能实现配合。由于在通常分析中包括多项配置，所以在此不进行具体估算。

下列各项对"黑盒子"SPD 的分析是基于保守和非理想状态设计的线性假设。在此假设 SPD 的电气参数无论是来自生产厂还是来自测试都是真实有效的。有些型号的 SPD 要求对共模和差模过电压电压环境进行测试。在此有三个步骤：

——确定 SPD2 的输入接线端子耐受电压和电流波形；

——确定 SPD1 的输出保护电压和电流波形；

——比较 SPD1 和 SPD2 的值。

保护的输出开路电压 U_P 的测试流程见 GB/T 18802.21—2016 的 5.2.1.3。预期短路电流 I_P 的测试流程见 GB/T 18802.21—2016 中附录 E。

F.2 确定 U_{IN} 和 I_{IN}

如果 $U_{IN\ ITE}$ 和 $I_{IN\ ITE}$ 能从 ITE 生产厂或现行的 ITE 产品标准中得到，在 SPD2 和 ITE 之间就可能实现配合。假设 ITE 可接受 SPD2 的保护水平 U_{P2} 和其在额定条件下产生的电流 I_{P2}。ITE 的阻抗在保护条件下可能有很大差异，所以应当考虑 SPD2 在开路和短路条件下的输出端负载的极端值。

在额定冲击值条件下对 SPD2 进行测试，在其输入端会产生电压和电流耐受性波形。对于每种测试条件有两组波形；一组用于开路输出，另一组用于短路输出。配合的验证程序见图 F.1。

F.3 确定 SPD1 的输出保护电压和电流波形

SPD1 的用途是保护系统不致受电涌破坏，并且 SPD1 和 SPD2 要进行相同的试验，但试验电压更高。当 SPD1 在额定冲击值下试验时，在 SPD1 的输出端会产生电压和电流保护波形。对于每个测试条件有两组波形：一个对应于开路输出，另一个对应于短路输出。在较低电压试验等级下检查 SPD1 可能是合理的，以确保在额定条件下产生的保护水平是否能够达到最大值。

为了确保两个配合的 SPD 在过电压条件下能良好配合，SPD 输出保护水平在任何已知的和额定的条件下均不超过 SPD2 的输入耐受水平（见图 F.1）。

F.4 比较 SPD1 和 SPD2 的值

下列条件都满足便可实现配合：

—— $U_p < U_{In}$；

—— $I_p < I_{In}$；

—— U_p 波形被 U_{In} 波形包围；

——I_p 波形被 I_{In} 波形包围。

如果保护波形被包围于相应的耐受波形,则实现在时间上的配合。在此峰值和时间条件下便可实现配合。但是,有些元件对变化率很敏感(例如,TSS 有 di/dt 等级)并且有可能导致配合失效。

F.5 通过测试来验证配合的必要性

有下列任意一种情况都要求通过测试来验证 SPD1 和 SPD2 的配合:

——$U_p>U_{In}$;

——$I_p>I_{In}$;

——U_p 波形长于 U_{In} 波形;

——I_p 波形长于 I_{In} 波形。

如果 SPD 生产厂已给定配合条件,可通过测试来验证配合(见图 F.1)。

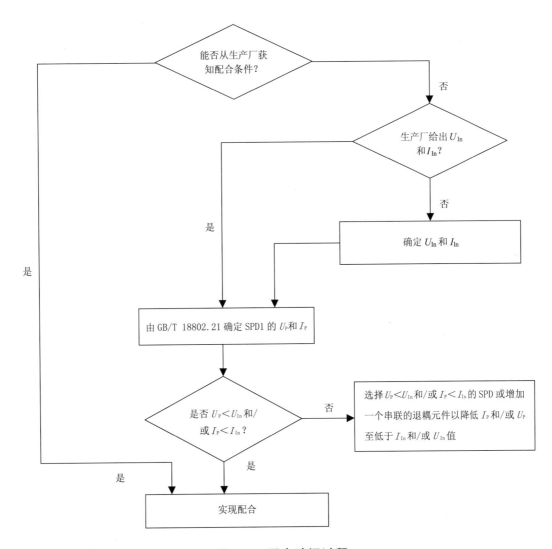

图 F.1 配合验证过程

QX/T 10.3—2019

参 考 文 献

[1] GB/T 18802.1—2011 低压电涌保护器(SPD) 第1部分:低压配电系统的电涌保护器性能要求和试验方法(IEC 61643-1:2005,MOD)

[2] GB/T 18802.12—2014 低压电涌保护器(SPD) 第12部分:低压配电系统的电涌保护器选择和使用导则(IEC 61643-12:2008,IDT)

[3] GB/T 18802.3xx 限制差模电压的电涌防护元件系列标准

[4] GB/T 21714.2—2015 雷电防护 第2部分:风险管理(IEC 62305-2:2010,IDT)

[5] IEC 61643-22:2015 低压电涌保护器 第22部分:电信和信号网络的电涌保护器——选择和使用原则

[6] ITU-T K.20:2015 电信交换设备耐过电压和过电流的能力

[7] ITU-T K.21:2015 用户终端设备耐过电压和过电流的能力

[8] ITU-T K.45:2015 安装在接入网络和干线网络的电信设备耐过电压和过电流的能力

ICS 07.060
A 47
备案号：71176—2020

中华人民共和国气象行业标准

QX/T 17—2019
代替 QX/T 17—2003

37 mm 高炮增雨防雹作业安全技术规范

Safety technical specifications for 37 mm anti-aircraft gun in precipitation
enhancement and hail suppression activities

2019-12-26 发布　　　　　　　　　　　　　　　　2020-04-01 实施

中 国 气 象 局　发布

前　　言

本标准按照 GB/T 1.1—2009 给出的规则起草。

本标准代替 QX/T 17—2003《37 mm 高炮增雨防雹作业安全技术规范》。与 QX/T 17—2003 相比,除编辑性修改外,主要技术变化如下:

——统一表述:将"防雹增雨"修改为"增雨防雹","人雨弹"修改为"炮弹","人工影响天气主管机构"改为"气象主管机构";

——增加了规范性引用文件(见第 2 章);

——删除了术语与定义(见 2003 年版的第 2 章);

——修改"人工防雹增雨作业点建设"为"作业点"(见第 3 章,2003 年版的第 3 章);

——修改了作业点选址和场地要求(见第 3 章,2003 年版的第 3 章);

——修改了作业安全相关内容(见第 5 章,2003 年版的第 5 章);

——删除了高炮管理、弹药管理、弹药库房安全、运输管理(见 2003 年版的第 6、7、8、9 章)。

本标准由全国人工影响天气标准化技术委员会(SAC/TC 538)提出并归口。

本标准起草单位:安徽省人工影响天气办公室、中国气象局上海物资管理处、安徽省阜阳市气象局。

本标准主要起草人:袁野、冯晶晶、陈庆、刘伟、王新泉。

本标准所代替标准的历次版本发布情况为:

——QX/T 17—2003。

37 mm 高炮增雨防雹作业安全技术规范

1 范围

本标准规定了37 mm高炮人工增雨防雹的作业点、空域安全和作业安全要求。

本标准适用于使用口径为37 mm高炮和人工增雨防雹炮弹（以下简称炮弹）进行的人工影响天气作业。

2 规范性引用文件

下列文件对于本文件的应用是必不可少的。凡是注日期的引用文件,仅注日期的版本适用于本文件。凡是不注日期的引用文件,其最新版本（包括所有的修改单）适用于本文件。

QX/T 18—2003　人工影响天气作业用37 mm高射炮技术检测规范

QX/T 165—2016　人工影响天气作业用37 mm高炮安全操作规范

QX/T 256　37 mm高炮人工影响天气作业点安全射界图绘制规范

QX/T 297—2015　地面人工影响天气作业安全管理要求

QX/T 329—2016　人工影响天气地面作业站建设规范

QX/T 339—2016　高炮火箭防雹作业点记录规范

QX/T 358—2016　增雨防雹高炮系统技术要求

3 作业点

3.1 选址

作业点选址应:

a) 根据当地气候特点、作业需求、地理位置、交通和通信等条件,在冰雹路径或人工影响天气受益对象的上风方向选址;

b) 避开地质不稳定地带和山洪、泥石流等地质灾害易发地带;

c) 避开人口密集区（城镇、村庄、学校等）、重要设施（油库、发电厂、化工厂、文物古迹、军事设施等）、交通要道（机场、航线、铁路、高速公路、国道等）;

d) 距离居民区不小于500 m。

3.2 场地

作业点场地应:

a) 地势较为平坦,土质坚实;

b) 与公共道路连接便利;

c) 视野开阔,炮口前方无影响射击的障碍物（电杆、电线、树木、建筑物等）;

d) 建立稳定可靠的通信连接;

e) 设立警戒标志和允许射击方位的标志。

3.3 建筑物

建筑物应符合QX/T 329—2016中5.1的规定。

3.4 射击平台

射击平台应符合 QX/T 329—2016 中 5.2 的规定。

3.5 标牌

应按 QX/T 329—2016 中 5.4 要求设立人工影响天气作业点标牌。

3.6 人员配置

使用经半自动化改造的 37 mm 高炮作业时,作业人员应不少于 3 人;使用其他 37 mm 高炮作业时,作业人员应不少于 4 人。作业人员中应有 1 人任炮长。

4 空域安全

4.1 作业空域申请

4.1.1 实施地面高炮对空射击作业前,县级以上气象主管机构或其授权的作业点应按照空域使用和安全保障协议的要求向相应空域管理机构提出作业空域申请。

4.1.2 未获得批准的作业空域申请一律不得实施作业。

4.2 通信联络

通信联络县级以上气象主管机构、空域管理机构、地面作业点之间应采取有线通信、无线通信、网络通信等两个以上互为备份的通信方式。作业期间通信设备应有专人值守。作业结束后,申请单位应立即向相应空域管理机构报告作业完毕。

4.3 作业时间

作业点应严格按照空域管理机构批准的时间实施作业。在批准的时段内未完成作业,应立即停止;被中止或撤销的作业如需再实施,应重新进行空域申请。

4.4 空域动态

作业时作业人员应密切观察作业空域状况,遇有异常应立即停止作业。

4.5 空域记录

作业指挥中心应按 QX/T 339—2016 中 3.5 规定记录空域申请、批复和使用情况。

5 作业安全

5.1 作业人员

5.1.1 作业人员应参加省级气象主管机构组织的技能培训、考核合格后方能作业;考核合格的人员每年应复训一次。

5.1.2 作业人员名单,应由所在地气象主管机构报送当地公安部门备案。

5.2 作业现场

5.2.1 作业前应对作业现场进行安全检查,排除危及或干扰作业安全的因素,无关人员不得进入作业现场。

5.2.2 作业时作业人员应穿戴安全护具。

5.3 作业装备

5.3.1 作业用高炮和炮弹应符合 QX/T 358—2016 中第 3 章的要求。

5.3.2 每次作业前应按 QX/T 18—2003 中第 4 章规定的检测项目对高炮进行安全检查,确认高炮处于完整技术状态后方可作业。

5.3.3 每次作业前应对作业使用的炮弹进行检查,不应使用锈蚀、变形、弹头松动、破损和过期的炮弹。

5.3.4 每次作业后,应按 QX/T 165—2012 中第 7 章规定对高炮进行擦拭维护。

5.3.5 年度作业完成后,应按 QX/T 165—2012 中第 9 章规定穿好炮身衣、压弹机衣和炮衣,对高炮进行封存。

5.4 作业操作

5.4.1 作业操作应按照 QX/T 165—2012 中的第 5、6 章的规定实施。

5.4.2 应按符合 QX/T 256 规定的安全射界图设定的范围实施射击。

5.4.3 采用大仰角(仰角不小于 60 °)射击时,炮手及作业点附近人员应注意顶空安全,防止破片伤害。

5.4.4 作业时一旦发生故障,应立即停止作业并及时上报。故障应由专业人员排除。

5.5 作业记录

应按照 QX/T 339—2016 中第 3 章规定进行作业记录并及时上报作业信息。

5.6 安全事故处置

作业中出现安全事故时,应按 QX/T 297—2015 第 10 章进行处置。

5.7 作业安全保障

5.7.1 作业单位应为作业人员办理人身意外伤害保险。

5.7.2 作业单位宜为人工影响天气活动购买公众责任险。

ICS 07.060

B 18

备案号：69056—2019

中华人民共和国气象行业标准

QX/T 82—2019

代替 QX/T 82—2007

小麦干热风灾害等级

Disaster grade of dry-hot wind for wheat

2019-04-28 发布
2019-08-01 实施

中 国 气 象 局 发 布

前　言

本标准按照 GB/T 1.1—2009 给出的规则起草。

本标准代替 QX/T 82—2007《小麦干热风灾害等级》。与 QX/T 82—2007 相比，除编辑性修改外，主要技术变化如下：

——修改了引言（见"引言"，2007 年版的"引言"）；

——修改了本标准规定的内容（见第 1 章，2007 年版的第 1 章）；

——修改了术语"气温""最高气温""风速""小麦干热风灾害"的定义（见 2.1、2.2、2.4、2.7，2007 年版的 2.1、2.2、2.4、2.5）；

——将术语"相对湿度""小麦干热风类型""干热风日""干热风天气过程"的名称分别修改为"空气相对湿度""小麦干热风灾害类型""小麦干热风日""小麦干热风天气过程"，并修改了其定义（见 2.3、2.8、2.9、2.10，2007 年版的 2.3、2.6、2.7、2.8）；

——增加了"土壤相对湿度""干热风"术语和定义（见 2.5、2.6）；

——增加了土壤相对湿度对高温低湿型干热风的影响分级及使用要求（见 3.1）；

——增加了高温低湿型干热风等级指标的中度指标（见表 1）；

——修改了高温低湿型干热风等级指标的部分区域、中度指标、重度指标（见表 1，2007 年版的表 1）；

——删除了高温低湿型干热风等级指标的时段、天气背景（见表 1，2007 年版的表 1）；

——修改了旱风型干热风指标（见表 3，2007 年版的表 3）；

——增加了旱风型干热风指标的使用要求（见表 3，2007 年版的表 3）；

——增加了高温低湿型小麦干热风天气过程及小麦干热风年型的中度指标（见 3.2）；

——修改了高温低湿型小麦干热风天气过程等级指标及小麦干热风年型等级指标（见表 4、表 5，2007 年版的表 4、表 5）。

本标准由全国农业气象标准化技术委员会（SAC/TC 539）提出并归口。

本标准起草单位：中国气象科学研究院、国家气象中心、河北省气象科学研究所、河南省气象科学研究所、山东省气候中心、安徽省气象信息中心、中国气象局应急减灾与公共服务司、陕西省农业遥感与经济作物气象服务中心、新疆维吾尔自治区农业气象台。

本标准主要起草人：霍治国、尚莹、王纯枝、姚树然、张志红、刘宏举、薛晓萍、盛绍学、姜燕、柏秦凤、杨建莹、郭安红、成林、李曼华、邬定荣、李新建、李森。

本标准所代替标准的历次版本发布情况为：

——QX/T 82—2007。

引　言

  小麦干热风指小麦在扬花灌浆期间出现的高温、低湿并伴有一定风力的灾害性天气。主要危害我国北方麦区的冬、春小麦。发生时间一般从 5 月上旬开始,由南向北、由东南向西北逐渐推迟,至 7 月中、下旬终止,冬麦区早于春麦区。小麦干热风危害轻的年份,减产在 10% 以下,危害重的年份减产在 10%～20% 或 20% 以上。

  近年来,受全国小麦种植布局、气候、灌溉、管理方式等变化的影响,QX/T 82—2007《小麦干热风灾害等级》,由于未考虑土壤墒情对小麦干热风的影响、分级缺少中度指标,致使土壤墒情较好的麦区灾害评估预警等级偏高。为适应现代农业气象业务服务的新需求,提升小麦干热风灾害等级评估预警的针对性和准确率,需要对 QX/T 82—2007《小麦干热风灾害等级》进行修订。

小麦干热风灾害等级

1 范围

本标准规定了小麦干热风灾害的类型、表征指标及其判定方法、等级划分、等级命名、使用方法。
本标准适用于北方麦区小麦干热风灾害的调查、统计、评估、预警和发布。

2 术语和定义

下列术语和定义适用于本文件。

2.1

气温　air temperature
地面气象观测中测定的百叶箱等防辐射装置内距地面1.5 m高度处的空气温度。
注:单位为摄氏度(℃)。

2.2

最高气温　maximum air temperature
给定时段内气温的最高值。
注1:单位为摄氏度(℃)。
注2:常用的有日最高气温、月最高气温和年极端最高气温。
注3:改写GB/T 35226—2017,定义3.7。

2.3

空气相对湿度　relative air humidity
空气中实际水汽压与当时气温下的饱和水汽压之比。
注:以百分率(%)表示。

2.4

风速　wind speed
单位时间空气移动的水平距离。
注1:单位为米每秒(m/s)。
注2:改写GB/T 35663—2017,定义2.2.4。

2.5

土壤相对湿度　relative soil moisture
土壤实际含水量占土壤田间持水量的比值。
注:以百分率(%)表示。
[GB/T 32752—2016,定义2.3]

2.6

干热风　dry-hot wind
在暖季的作物生长旺盛期出现的高温、低湿并伴有一定风力的灾害性天气,影响作物生长发育,造成减产和品质降低。

2.7

小麦干热风灾害　disaster of dry-hot wind for wheat
在小麦扬花灌浆期间出现的高温、低湿并伴有一定风力的灾害性天气,可使小麦水分代谢失衡,严重影响各种生理功能,使千粒重明显下降,导致显著减产。

2.8

小麦干热风灾害类型　disaster type of dry-hot wind for wheat

根据干热风气象要素组合对小麦的影响和危害的差异,对小麦干热风灾害的分类。

2.9

小麦干热风日　day of dry-hot wind for wheat

在小麦扬花灌浆期间,某日内实际出现的气象要素组合达到干热风发生的指标要求。

2.10

小麦干热风天气过程　weather process of dry-hot wind for wheat

在小麦扬花灌浆期间,出现 1 个或 1 个以上干热风日的天气过程。

3　小麦干热风灾害等级指标

3.1　不同类型的小麦干热风指标

我国小麦干热风灾害类型主要分为高温低湿型、雨后青枯型、旱风型三种,参见附录 A。

采用日最高气温、14 时(北京时,下同)空气相对湿度和 14 时风速组合,结合 20 cm 土壤相对湿度确定小麦干热风指标,见表 1～表 3。

表 1　高温低湿型干热风等级指标

区域	20 cm 土壤相对湿度 %	轻度			中度			重度		
		日最高气温 ℃	14 时空气相对湿度 %	14 时风速 m/s	日最高气温 ℃	14 时空气相对湿度 %	14 时风速 m/s	日最高气温 ℃	14 时空气相对湿度 %	14 时风速 m/s
华北、黄淮及陕西关中冬麦区	<60	≥31	≤30	≥3	≥32	≤25	≥3	≥35	≤25	≥3
	≥60	≥33	≤30	≥3	≥35	≤25	≥3	≥36	≤25	≥3
黄土高原旱塬冬麦区(陕西渭北、甘肃陇东和陇南等)	/	≥30	≤30	≥3	≥32	≤25	≥3	≥33	≤25	≥4
新疆冬麦区	/	≥32	≤30	≥3	≥34	≤25	≥3	≥35	≤25	≥3
内蒙古河套、宁夏平原春麦区	/	≥32	≤30	≥2	≥33	≤25	≥3	≥34	≤25	≥3
甘肃河西走廊春麦区	/	≥31	≤30	不定	≥33	≤25	不定	≥34	≤25	不定
首先判定 20 cm 土壤相对湿度,其次应同时满足日最高气温、14 时空气相对湿度、14 时风速三个条件。 20 cm 土壤相对湿度,首选当日 14 时,次选 08 时,再次选其他时次。 注 1:"不定"指 14 时风速不是限制性因素。 注 2:"/"指不考虑 20 cm 土壤相对湿度。										

表 2 雨后青枯型干热风指标

区域	时段	天气背景	日最高气温 ℃	14 时空气相对湿度 %	14 时风速 m/s
北方麦区	小麦灌浆后期,成熟前 10 d 内	有 1 次小到中雨或中雨以上降水过程,雨后猛晴,温度骤升	≥30	≤40	≥3
雨后 3 d 内有 1 d 同时满足日最高气温、14 时空气相对湿度、14 时风速三个条件。					

表 3 旱风型干热风指标

区域	时段	天气背景	日最高气温 ℃	14 时空气相对湿度 %	14 时风速 m/s
新疆和西北黄土高原的多风地区	小麦扬花灌浆期间	风速大、湿度低,与一定的高温配合	>25	<30	>14
有 1 d 同时满足日最高气温、14 时空气相对湿度、14 时风速三个条件。					

3.2 高温低湿型小麦干热风天气过程与小麦干热风年型等级指标

根据高温低湿型干热风指标判定小麦干热风日,用小麦干热风天气过程中出现的小麦干热风日等级天数组合确定过程等级,用过程等级组合确定小麦干热风年型等级。表 4、表 5 分别给出了小麦干热风天气过程、小麦干热风年型的等级指标。

表 4 高温低湿型小麦干热风天气过程等级指标

过程等级	过程小麦干热风日等级天数/d			备注
	轻度日	中度日	重度日	
轻度	1～5	—	—	
中度	6	1～2	—	满足其一
重度	≥7	≥3	≥1	满足其一
	≥3	≥2	—	同时满足
注 1:轻度等级中,不包括中度、重度小麦干热风天气过程所包括的轻度小麦干热风日。				
注 2:"—"表示没发生。				

表 5 高温低湿型小麦干热风年型等级指标

年型等级	过程等级次数 次			备注	危害参考值	
	轻度过程	中度过程	重度过程		小麦千粒重降低(Δw) g	小麦减产(Δy) %
轻度	1～2	—	—		$2 \leqslant \Delta w < 3$	$5 \leqslant \Delta y < 8$

表 5 高温低湿型小麦干热风年型等级指标(续)

年型等级	过程等级次数次			备注	危害参考值	
	轻度过程	中度过程	重度过程		小麦千粒重降低(Δw) g	小麦减产(Δy) %
中度	3	1	—	满足其一	$3 \leqslant \Delta w < 4$	$8 \leqslant \Delta y < 10$
重度	≥4	≥2	≥1	满足其一	$\Delta w \geqslant 4$	$\Delta y \geqslant 10$
	≥2	≥1	—	同时满足		
注:"—"表示没发生。						

附　录　A

（资料性附录）

小麦干热风灾害类型

我国小麦干热风灾害主要有三种类型：

a)　高温低湿型：在小麦扬花灌浆过程中都可能发生，一般发生在小麦开花后 20 d 左右至蜡熟期。干热风发生时气温突升，空气相对湿度骤降，并伴有较大的风速。发生日，日最高气温可达 30 ℃以上，甚至可达 37 ℃～38 ℃，14 时空气相对湿度可降至 30％以下，14 时风速在 3 m/s 以上。小麦受害症状为干尖炸芒，呈灰白色或青灰色。造成小麦大面积干枯逼熟死亡，产量显著下降。

b)　雨后青枯型：又称雨后热枯型或雨后枯熟型。一般发生在乳熟后期，即小麦成熟前 10 d 左右。其主要特征是雨后急晴，气温骤升，空气相对湿度剧降。一般雨后日最高气温升至 27 ℃以上，14 时空气相对湿度在 40％左右，即能引起小麦青枯早熟。雨后气温回升越快，气温越高，青枯发生越早，危害越重。

c)　旱风型：又称热风型。一般发生在小麦扬花灌浆期间。其主要特征是风速大、空气相对湿度低，与一定的高温配合。发生日，14 时风速在 14 m/s 以上，14 时空气相对湿度在 30％以下，日最高气温在 25 ℃以上。旱风型干热风对小麦的危害除了与高温低湿型相同外，大风还加强了大气的干燥程度，加剧了农田蒸散，致使麦叶卷缩成绳状或叶片撕裂破碎。这类干热风主要发生在新疆和西北黄土高原的多风地区，在干旱年份出现较多。

参 考 文 献

［1］　GB/T 32752—2016　农田渍涝气象等级

［2］　GB/T 35226—2017　地面气象观测规范　空气温度和湿度

［3］　GB/T 35663—2017　天气预报基本术语

［4］　北方小麦干热风科研协作组.小麦干热风[M].北京:气象出版社,1988

［5］　霍治国,王柏忠,王素艳.西北牧区、春麦区的主要农业气象灾害及其指标[J].自然灾害学报,2003,12(2):192-197

［6］　张养才,何维勋,李世奎.中国农业气象灾害概论[M].北京:气象出版社,1991

［7］　张志红,成林,李书岭,等.干热风天气对冬小麦的生理影响[J].生态学杂志,2015,34(3):712-717

［8］　中国农业科学院.中国农业气象学[M].北京:中国农业出版社,1999

ICS 07.060
A 47
备案号：70293—2019

中华人民共和国气象行业标准

QX/T 83—2019
代替 QX/T 83—2007

移动气象台建设规范

Specifications for construction of mobile meteorological platforms

2019-09-18 发布

2019-12-01 实施

中 国 气 象 局 发布

前　言

本标准按照 GB/T 1.1—2009 给出的规则起草。

本标准代替 QX/T 83—2007《移动气象台建设规范》。与 QX/T 83—2007 相比,除编辑性修改外,主要技术变化如下:

——修改了标准的范围(见第 1 章,2007 年版的第 1 章);

——增加了规范性引用文件 GB 1589、GB 7258、GB/T 12364—2007、GB/T 14198、GB/T 30094(见第 2 章);

——删除了规范性引用文件 GB 13580.3—1992、GB 13580.4—1992、HJ/T 93—2003、HJ/T 193—2005、QX 2—2000、ETSI EN 300 421、中国气象局地面气象观测规范(2003 年)、世界气象组织仪器和观测方法委员会(GMO)气象仪器和观测方法指南(第六版)(见 2007 年版的第 2 章);

——修改了规范性引用文件 GB 50057—94、GB 50343—2004 的年代号(见第 2 章,2007 年版的第 2 章);

——修改了规范性引用文件 IEEE 802.3 和 IEEE 802.11 的中英文名称(见第 2 章,2007 年版的第 2 章);

——增加了"移动气象台""无人机"的术语和定义(见 3.1、3.4);

——删除了"全球定位系统""地理信息系统""大气成分""大气边界层""气象信息综合分析处理系统""临近预报""卫星单向接收站""卫星数字视频广播""通用无线分组业务""码分多址技术"的术语和定义(见 2007 年版的 3.1、3.2、3.5、3.6、3.7、3.8、3.9、3.10、3.11 和 3.12);

——修改了"地面气象观测""自动气象站"的术语和定义(见 3.2、3.3,2007 年版的 3.3、3.4);

——删除了"车辆"(见 2007 年版的第 4 章);

——增加了"车载平台"(见第 4 章);

——修改了"电源",并将章标题改为"供配电系统"(见第 5 章,2007 年版的 9.2);

——修改了"数据通信",将章标题改为"通信方式",并将公共陆地移动通信网通信作为主要通信方式、卫星通信作为备用通信方式(见 6.2,2007 年版的 7.1);

——删除了"无线扩频数据通信系统"(见 2007 年版的 7.1.3);

——修改了对局域网的要求(见 6.3,2007 年版的 7.3);

——增加了"信息采集及处理系统"的功能和组成(见 7.1、7.2);

——删除了"语音通信"(见 2007 年版的 7.2);

——修改了"车载自动气象站",将固定式自动气象站和移动式自动气象站分别描述(见 7.3、7.4,2007 年版的 5.1);

——删除了"车载大气成分观测系统""车载大气边界层观测系统""车载多普勒天气雷达"(见 2007 年版的 5.2、5.3 和 5.4);

——修改了"微型无人驾驶飞机气象探测系统",并将条标题改为"无人机"(见 7.5,2007 年版的 5.5);

——修改了"音视频采集"(见 7.6,2007 年版的 5.6);

——删除了"其他数据接收"(见 2007 年版的 5.7);

——修改了"预报服务平台功能及要求",不再要求安装 MICAPS,修改了其他功能和组成(见 8.1、8.2,2007 年版的 6.1);

——增加了对软件、视频会商和显示设备的要求(见 8.3);

——修改了"防雷与接地"的章标题,改为"防雷系统"(见第9章,2007年版的第8章);

——修改了"一般规定"(见9.1,2007年版的8.1);

——修改了"防直击雷设计""屏蔽、等电位连接与接地要求""防雷电波侵入措施"的条标题及编排(见9.2、9.3,2007年版的8.2、8.3和8.4)

——修改了"防直击雷设计",将具体实现方法和设备参数等相关内容改为符合GB 50057—2010要求(见9.2,2007年版的8.2);

——修改了"屏蔽、等电位连接与接地要求""防雷电波侵入措施"(见9.2、9.3,2007年版的8.3、8.4);

——删除了"人员"(见2007年版的9.1);

——修改了"设备保障"和"野外工作及生活设施",删除了帐篷、防化服等,增加了支撑柱、安全锤等工具(见第10章,2007年版的9.3、9.4);

——删除了"工作规范和工作流程"(见2007年版的第10章);

——增加了参考文献(见参考文献)。

本标准由全国气象防灾减灾标准化技术委员会(SAC/TC 345)提出并归口。

本标准起草单位:山东省气象台。

本标准主要起草人:李刚、李建明、王文青、胡先锋、安学银、郭俊建。

本标准所代替标准的历次版本发布情况为:

——QX/T 83—2007。

移动气象台建设规范

1 范围

本标准规定了移动气象台建设中对车载平台、供配电系统、通信传输系统、信息采集及处理系统、预报服务系统、防雷系统、保障措施的要求。

本标准适用于移动气象台的设计、建造和改装。

2 规范性引用文件

下列文件对于本文件的应用是必不可少的。凡是注日期的引用文件,仅注日期的版本适用于本文件。凡是不注日期的引用文件,其最新版本(包括所有的修改单)适用于本文件。

GB 1002 家用和类似用途单相插头插座 型式、基本参数和尺寸

GB 1589 汽车、挂车及汽车列车外廓尺寸、轴荷及质量限值

GB 2099.1 家用和类似用途插头插座 第 1 部分:通用要求

GB 7258 机动车运行安全技术条件

GB/T 12364—2007 国内卫星通信系统进网技术要求

GB/T 14198 传声器通用规范

GB 16915.1 家用和类似用途固定式电气装置的开关 第 1 部分:通用要求

GB 19517 国家电气设备安全技术规范

GB/T 30094 工业以太网交换机技术规范

GB 50057—2010 建筑物防雷设计规范

GB 50343—2012 建筑物电子信息系统防雷技术规范

QX/T 1 Ⅱ型自动气象站

ANSI/IEEE 802.3 信息技术标准 系统间通信和信息交换 局域网和城域网 专门要求 第 3 部分:带碰撞探测的载波侦听多通路(CSMA/CD)访问方法和物理层规范(Standard for Information Technology—Telecommunications and Information Exchange Between Systems—Local and Metropolitan Area Networks—Specific Requirements—Part 3:Carrier Sense Multiple Access with Collision Detection(CSMA/CD) Access Method and Physical Layer Specifications)

ANSI/IEEE 802.11 信息技术标准 系统间通讯和信息交换 局域网和城域网 专门要求 第 11 部分:无线局域网媒体访问控制(MAC)和物理层(PHY)规范(Standard for Information Technology—Telecommunications and Information Exchange Between Systems—Local and Metropolitan Area Networks—Specific Requirements—Part 11:Wireless LAN Medium Access Control(MAC) and Physical Layer(PHY) Specifications)

3 术语和定义

下列术语和定义适用于本文件。

3.1

移动气象台 mobile meteorological platform

以车辆为载体,配备气象观测、预报服务等业务系统和供配电、通信等保障系统,能够安全快捷到达指定地点提供现场气象预报服务的移动工作平台。

3.2

地面气象观测 surface meteorological observation

借助仪器和人工对地球表面一定范围内的气象状况及其变化过程进行系统地、连续地观察和测定。
[GB/T 35221—2017,定义3.2]

3.3

自动气象站 automatic weather station;AWS

能自动进行地面气象要素观测、处理、存储和传输的仪器。
[GB/T 33703—2017,定义3.2]

3.4

无人机 unmanned aircraft;UA

由控制站管理,利用无线电遥控设备或自备程序控制的不载人航空器。

4 车载平台

4.1 车载平台应满足下列要求:
——能安装全部必需设备,并能提供设备正常运行所需的空间;
——能提供召开5人(含)以上会议所需的空间和设施;
——具备内部温度调节功能,能满足人员、设备工作时对温度的需求。

4.2 车载平台可由客车、货车或其他车辆改装而成。车辆改装后应满足下列要求:
——具有办理国家机动车登记所需要的发票、车辆合格证、原车底盘合格证、车辆一致性证书等完整材料;
——核载人员和新增设备、设施的总质量不超过基础车型载荷,车辆制动性、外廓尺寸及轴荷等参数符合GB 1589的规定,整车及主要总成、安全防护装置等有关运行安全的基本技术要求符合GB 7258的规定;
——配备卫星导航系统。

5 供配电系统

5.1 功能

应能为移动气象台提供工作用电。

5.2 基本要求

5.2.1 应配备UPS(不间断电源),通信传输系统、信息采集及处理系统、预报服务系统能通过UPS取电。

5.2.2 宜采用外接电源供电。如果无外接电源,可采用车辆逆变供电或发电机供电方式。

5.2.3 应具有外接电源接口,且应采用航空插座,线缆长度应不少于50 m。

5.2.4 应采用220 V、50 Hz交流电,需要时可采用380 V、50 Hz交流电。

5.2.5 应具有紧急断电装置,每路配电输出应具有过流保护装置,空调等大功率用电设备与工作设备应分路供电。

5.2.6 逆变设备、电源箱、线缆、插座、电气开关等供配电设施应满足最大用电负荷,并留有不小于20%的冗余量。

5.2.7 电气开关、插头、插座的标志、要求及基本参数等应分别符合 GB 16915.1、GB 2099.1、GB 1002 的规定。

5.3 UPS

5.3.1 应符合 GB 19517 的规定。

5.3.2 在无外接电源情况下,供电时间应不小于 30 min。

5.3.3 额定功率应满足移动气象台用电最大负荷,并留有不小于20%的冗余量。

5.3.4 电池应选用专用密闭蓄电池,无裂缝、沙眼等机械损伤。

5.4 发电机

5.4.1 应符合 GB 19517 的规定。

5.4.2 输出交流电频率应在 50 Hz±1 Hz 范围内。

5.4.3 额定功率应满足移动气象台用电最大负荷,并留有不小于20%的冗余量。

6 通信传输系统

6.1 功能

应具有下列功能:
——能接入气象业务内网,获取内部气象信息和发送现场信息;
——能接入互联网,获取外部相关信息;
——能组建局域网,各设备间能相互通信。

6.2 通信方式

6.2.1 采用公共陆地移动通信网通信作为移动气象台的主要通信方式,并满足下列条件:
——选用 2 家(含)以上通信运营商互为备份;
——在切换不同通信运营商时,应操作简单、方便可行;
——在满足业务通信需求的情况下,宜选用技术先进的通信模式;
——可通过 VPN(虚拟专用网络)技术接入气象业务内网。
注:公共陆地移动通信网是由通信运营商为公众提供陆地移动通信业务建立或经营的网络。

6.2.2 采用卫星通信作为移动气象台的备用通信方式,并满足下列条件:
——可采用车载式卫星站或便携式卫星站建立通信链路;
注:便携式卫星站是由若干小型设备箱、可拆装式天线组成,能实现应急通信业务远程传输、近程覆盖和无线接入功能的卫星移动通信站,可通过一般交通工具或人力搬运,布置快速灵活。
——通信速率应不低于 2 Mbit/s;
——可通过 VPN 技术接入气象业务内网;
——应符合 GB/T 12364—2007 中第 13 章的规定。

6.3 局域网

6.3.1 内部组网通信应符合 ANSI/IEEE 802.3 的规定。

6.3.2 网络结构应采用星型结构,能通过有线和无线两种方式组网。

6.3.3 交换机应符合 GB/T 30094 的规定,其吞吐量、转发速率等性能应满足移动气象台业务满载运行需求,且至少留有 30% 冗余量。

6.3.4 无线接入应符合 ANSI/IEEE 802.11 的规定,覆盖范围大于 50 m,并具有访问控制功能。

7 信息采集及处理系统

7.1 功能

应具有下列功能:
——能实时采集、显示、存储、传输地面气象观测资料;
——能采集、显示、传输移动气象台内部和外部的音频、视频信息。

7.2 组成

7.2.1 应配备固定式自动气象站,可根据需求配备移动式自动气象站、无人机等设备。

注 1:固定式自动气象站是安装在车载平台上的自动气象站。

注 2:移动式自动气象站是携带方便、结构简单、适合快速安装的自动气象站。

7.2.2 应配备音视频采集设备。

7.3 固定式自动气象站

7.3.1 应能观测气温、风向、风速、雨量、气压、相对湿度等气象要素,其技术指标应符合 QX/T 1 的要求。

7.3.2 安装条件如下:
——风传感器应距离地面 10 m～12 m,风杆宜为电动或手动伸缩式;
——温度、湿度传感器应安置在防辐射罩内,距离车顶高度可根据需求调整,宜为 1.5 m;
——采集器宜采用悬挂式,气压传感器应安放在采集器内;
——雨量传感器应安装在开阔处;
——车载平台顶部应做防太阳光反射处理。

7.4 移动式自动气象站

应能观测气温、风向、风速、雨量、相对湿度等气象要素,其技术指标应符合 QX/T 1 的要求。

7.5 无人机

7.5.1 空机质量宜小于或等于 4 kg,起飞全重宜小于或等于 7 kg。

7.5.2 应配备视频拍摄装置,拍摄像素数应不少于 200 万个。

7.5.3 视频输出接口可采用 HD-SDI(高清数字分量串行接口)、RGB(三基色分量接口)、HDMI(高清晰度多媒体接口)中的一种或多种,宜与移动气象台内部显示设备、视频会议设备接口相匹配。

7.5.4 可根据需求配备气象探测设备,其技术性能应符合下列要求:
——温度测量范围:－40 ℃～50 ℃;
——温度误差:小于或等于 0.5 ℃;
——相对湿度测量范围:20%～95%;
——相对湿度误差:小于或等于 5%。

7.6 音视频设备

7.6.1 能对移动气象台内部及现场附近的天气、环境进行音视频采集。

7.6.2 设备配备满足下列条件：
——至少有1部内部摄像机，拍摄像素数应不低于200万个。摄像机设置应满足摄取发言者图像和会场全景需求。
——至少有1部外部摄像机，拍摄像素数应不低于200万个，变焦应不小于20倍。宜配置云台及摄像控制设备，云台架在车顶应牢固、平稳，并具有防雨和红外功能，能水平旋转360°，仰角可在0°~30°变动。
——宜使用指向型麦克风，麦克风的指向性、频率响应、等效噪声和过载声压等应符合GB/T 14198的规定。

8 预报服务系统

8.1 功能

应具有下列功能：
——能获取气象观测资料、分析产品、预报产品和空气质量、水文等相关信息；
——能处理和分析各类气象资料；
——能制作、显示、分发、传输气象服务产品；
——能与有关气象台视频会商。

8.2 组成

配备如下硬件和软件：
——计算机，宜选用便携式计算机；
——高清视频会商系统及显示设备；
——小型彩色打印机；
——预报服务软件；
——办公系统、地理信息系统等业务辅助软件。

8.3 基本要求

8.3.1 气象业务软件应能实现资料分析、预报制作和服务产品分发打印等功能。

8.3.2 配备高清视频会商系统，实现与有关气象台的音视频、计算机信号的双向显示。

8.3.3 配备显示设备，并满足下列要求：
——支持摄像机与计算机两路信号同时显示和可视会商；
——能接入并显示自动气象站观测数据、车顶及车内视频信号、无人机视频信号等；
——能接入并显示预报服务系统。

9 防雷系统

9.1 基本要求

移动气象台应采取外部防雷和内部防雷相结合的综合防护措施。开展现场服务时，若无发生雷电可能性时，可仅采取接地措施。

9.2 外部防雷

9.2.1 安装在车顶的固定式自动气象站等设备应采取直击雷防护措施,接闪器的安装应采用装设独立接闪杆的方式,独立接闪杆、引下线和接地装置的技术要求应符合 GB 50057—2010 中 4.2 和第 5 章的规定。

9.2.2 车体金属外壳应接地,车体上应预留接地线卡子。

9.2.3 自动气象站设备接地、车体接地和防雷接地宜共用同一接地装置。

9.3 内部防雷

9.3.1 移动气象台内应设等电位连接端子板,等电位连接端子板与车体作可靠连接,并通过车体接地线与接地装置连接。电气和电子设备的金属外壳、机架、机柜、金属管、电缆屏蔽层、信息系统防静电接地、安全保护接地、浪涌保护器接地端均应以最短距离通过等电位连接导线与等电位连接端子板连接。等电位连接导线与等电位连接端子板之间应采用螺栓连接。

9.3.2 进出车辆的各种线缆宜选用有金属屏蔽层的电缆,各种线缆的金属屏蔽层应与接地装置连接,构成等电位体和屏蔽接地体。

9.3.3 电气系统和电子信息系统的电涌保护器选择、安装及参数应符合 GB 50343—2012 中 5.4 和 6.5 的规定。

10 保障措施

10.1 移动气象台应配备:
——车载平台在驻留状态时使用的支撑柱、拉线等固定装置;
——通用维修工具以及通信、探测设备的安装调试专用工具;
——雨具、灭火器、防毒面具、安全锤、应急手电以及其他工作与生活用品。

10.2 车载固定式设备应采取加装橡胶隔振器、泡沫橡胶等防震措施。

10.3 车载移动式设备、工具等应装箱存放,并安放牢固。

参 考 文 献

[1] GB/T 33703—2017 自动气象站观测规范

[2] GB/T 35221—2017 地面气象观测规范 总则

[3] GB 50052—2009 供配电系统设计规范

[4] QC/T 413—2002 汽车电气设备基本技术条件

[5] QC/T 476—2007 客车防雨密封性限值及试验方法

[6] 中国民用航空局飞行标准司. 民用无人机驾驶员管理规定:AC-61-FS-2018-20R2[Z],2018年8月31日

[7] 世界气象组织仪器和观测方法委员会(CIMO). 气象仪器和观测方法指南:第六版[M]. WMO,1996

ICS 07.060
A 47
备案号：71177—2020

中华人民共和国气象行业标准

QX/T 99—2019
代替 QX/T 99—2008

人工影响天气安全 增雨防雹火箭作业
系统安全操作要求

Weather modification safety—Safety operation requirements for rocket
operation system in precipitation enhancement and hail suppression activities

2019-12-26 发布

2020-04-01 实施

中 国 气 象 局 发 布

前　　言

本标准按照 GB/T 1.1—2009 给出的规则起草。

本标准代替 QX/T 99—2008《增雨防雹火箭作业系统安全操作规范》。与 QX/T 99—2008 相比,除编辑性修改外,主要技术变化如下:

——修改了本标准的范围(见第 1 章,2008 版的第 1 章);

——增加了规范性引用文件 GB/T 37274、QX/T 297—2015、QX/T 340、QX/T 359—2016,删除了
GJB 102—1998(见第 2 章,2008 年版的第 2 章);

——删除了术语和定义(见 2008 年版的第 3 章);

——修改了发射场(见第 3 章,2008 版的第 8 章);

——增加了操作人员配备要求(见第 4 章);

——增加了作业空域申请安全要求(见第 5 章);

——增加了作业前检查(见第 6 章);

——增加了作业实施(见第 7 章);

——增加了作业结束(见第 8 章);

——修改了维护保养(见第 9 章,2008 年版的第 7 章);

——增加了故障处置(见第 10 章);

——删除了规范性附录(见 2008 年版的附录 A、附录 B、附录 C 和附录 D)。

本标准由全国人工影响天气标准化技术委员会(SAC/TC 538)提出并归口。

本标准起草单位:新疆维吾尔自治区人工影响天气办公室、陕西中天火箭技术股份有限公司、中国气象局上海物资管理处。

本标准主要起草人:廖飞佳、王红岩、樊予江、李惠芳、刘伟、晋绿生。

本标准所代替标准的历次版本发布情况为:

——QX/T 99—2008。

人工影响天气安全 增雨防雹火箭作业系统安全操作要求

1 范围

本标准规定了人工增雨防雹火箭作业系统的发射场、操作人员、作业空域申请、作业前检查、作业实施、作业结束、维护保养、故障处置等内容。

本标准适用于人工增雨防雹火箭作业系统安全操作。

2 规范性引用文件

下列文件对于本文件的应用是必不可少的。凡是注日期的引用文件,仅注日期的版本适用于本文件。凡是不注日期的引用文件,其最新版本(包括所有的修改单)适用于本文件。

GB/T 37274　人工影响天气火箭作业点安全射界图绘制规范

QX/T 297—2015　地面人工影响天气作业安全管理要求

QX/T 340　人工影响天气地面作业单位安全检查规范

QX/T 359—2016　增雨防雹火箭作业系统技术要求

3 发射场

3.1　发射场的场地设置应按 QX/T 297—2015 第 4 章进行。

3.2　应有符合 GB/T 37274 绘制的安全射界图。

3.3　在增雪防雹火箭作业系统作业期间,发射场应设置现场警戒标志,处于全程监控状态,非操作人员不得进入。

3.4　应以发射架中心为基准,将发射架前方半径 300 m、180°的扇形区和后方半径 50 m、120°的扇形区、发射架两侧 30 m 内设置为禁区。任何人不应进入作业禁区。火箭发射场禁区示意图见图 1。

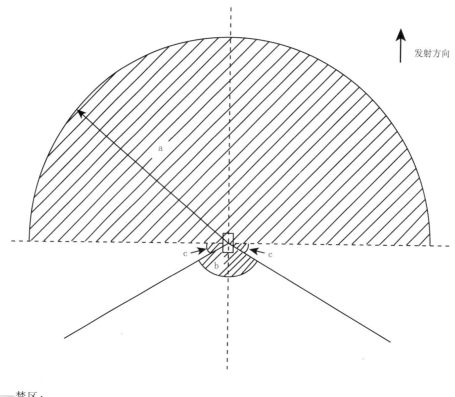

说明：

/////——禁区；

a ——发射架前方 180°半径为 300 m 的扇形区；

b ——发射架后方 120°半径为 50 m 的扇形区；

c ——发射架两侧 30°半径为 30 m 扇形区。

图 1 火箭发射场地禁区范围示意图

4 操作人员

火箭作业系统操作人员应按 QX/T 297—2015 第 7 章相关规定进行配备。

5 作业空域申请

作业前应按 QX/T 297—2015 第 6 章及空域使用相关安全法规执行，确保火箭作业空域安全。

6 作业前检查

6.1 发射架

6.1.1 发射架应按 QX/T 359—2016 的 3.1 相关规定检查。

6.1.2 发射架应在检测合格期限内进行通道检测，并符合下列要求：

a) 应进行通道检测，打开发射控制器电源，置检测状态；

b) 选择相应通道，根据发射架产品技术参数检测各通道回路阻值；

c) 若不在规定阻值范围内，应做进一步检查，排除故障后，再次进行通道检测，检测还不达标的不得使用。

6.2 发射控制器

6.2.1 不得在强磁场环境中开机。

6.2.2 应按 QX/T 359—2016 的 3.2 相关规定要求检查。

6.2.3 应检查发射控制器是否符合产品技术参数要求,不符合要求的不得使用。

6.3 火箭弹

6.3.1 操作人员在触摸火箭弹前应采取除静电措施。

6.3.2 应按 QX/T 359—2016 的 3.3 及 QX/T 297—2015 的 8.1 相关规定要求检查火箭弹是否完好。

6.3.3 不得使用带电仪表测试火箭弹电阻。

6.3.4 不得自行拆卸、解剖和敲打火箭弹。

7 作业实施

7.1 车载发射架状态

车载发射架应由移动状态转成发射状态,并锁固。

7.2 发射方位

发射方位应严格按安全射界图要求设置。

7.3 发射仰角

火箭架发射仰角应为 50°～75°。仰角大于或等于 70°时,操作人员应注意火箭弹飞行状态。

7.4 火箭弹上架

7.4.1 操作人员应采取防静电措施后,方可触摸火箭弹。

7.4.2 火箭弹上架前,应关闭发射控制器电源,拆除火箭弹短路线,并登记火箭弹弹体编号。

7.4.3 火箭弹上架时,操作人员应站在发射架侧后方,将火箭弹头部沿着导轨方向装入导轨内,应确保上架操作自如,并使火箭弹导电(线)簧片与发射架点火触头(接头)接触良好。

7.4.4 发射架定位到作业的方位和仰角后,应锁固。

7.4.5 火箭弹上架后,操作人员应全部撤离禁区。

7.5 发射操作

7.5.1 在确定人员全部撤离禁区后,方可打开发射控制器电源开关。

7.5.2 操作人员应按 6.1.3 检测程序进行带弹检测。检测正常后,应采用 5 s 倒计时方式发射。

7.5.3 检测不正常应立即关闭电源,将火箭弹退下,重新装填并检测;若仍有故障,应关闭电源,卸下故障火箭弹,并做短路保护,按故障弹处置,并登记、上报弹药故障信息。

7.5.4 操作人员应严格按增雨防雹火箭作业系统使用说明书要求进行操作。

8 作业结束

8.1 作业结束后应关闭电源,将固定发射架方位对准正北,仰角放至最低,锁紧方位仰角。车载发射架应由发射状态复位至移动状态,并锁固。

8.2 未发射的火箭弹退出发射架后,应重做短路保护。

8.3 应进行现场清点,回收并统计故障弹,上报作业情况。

8.4 作业未使用的火箭弹,应按 QX/T 340 相关规定储存。

9 维护保养

9.1 发射架

9.1.1 每次作业后应擦拭干净,活动机件涂润滑油,罩上架衣。

9.1.2 定向器不得碰撞、堆压,以防变形、锈蚀,组件非检修维护期间不得分解,作业后导轨应涂防锈油。

9.1.3 固定式、移动式发射架,在搬运或行进时,按各类型号说明书要求固定并锁紧各机构。

9.2 发射控制器

9.2.1 发射控制器连同电缆应理顺存放室内,不得在强磁场环境中存放,防止强烈振动和冲击。

9.2.2 连续工作时间不应超过 1 h;作业结束,应断开连接电缆,停止发射控制器供电。

9.2.3 电源应按各类型号说明书要求使用。

9.2.4 不得长时间曝晒或雨淋,防止进水。

9.2.5 作业时,电缆应避免接触火箭弹喷射火焰。

10 故障处置

10.1 哑弹

发射架上出现哑弹时,应立即关闭发射控制器电源,观察 5 min 无异常后,关闭发射架电源,切断点火回路,方可卸弹,并重做短路保护。哑弹按故障弹处理。

注:哑弹是指发射控制器发射键给出点火指令后,弹体各系统未工作,滞留在发射架上的火箭弹。

10.2 架上燃烧

火箭弹发生架上燃烧时,应等待焰剂燃烧完毕,15 min 后,方可卸弹。弹体残骸应按故障弹处理,且发射架停止使用。

10.3 架上爆炸

火箭弹发生架上爆炸时,应立即关闭电源,停止作业,操作人员躲避至安全地带,设置警戒线,时刻监视并报主管部门处理。弹体残骸按故障弹处理,且发射架停止使用。

10.4 故障弹存放

应按 QX/T 297—2015 的 5.3.5 相关规定存放。

10.5 故障上报

应按规定上报增雨防雹火箭作业系统发生的故障。

10.6 作业装备故障处置

应按 QX/T 297—2015 的 5.6 规定执行。

参 考 文 献

［1］ GJB 102A—1998 弹药系统术语

［2］ QX/T 151—2012 人工影响天气作业术语

［3］ 国务院.人工影响天气管理条例：中华人民共和国国务院令第 348 号［Z］,2002 年 3 月 19 日发布

［4］ 国务院.民用爆炸物品安全管理条例（2014 修订）：中华人民共和国国务院令第 653 号［Z］,2006 年 5 月 10 日发布//国务院.国务院关于修改部分行政法规的决定：中华人民共和国国务院令第 653 号,2014 年 7 月 29 日发布

［5］ 陈光学,王铮.人工影响天气作业方法及设备［M］.北京：中国宇航出版社,2002

［6］ 陕西中天火箭技术股份有限公司.陕西中天火箭 WR 系列产品说明书［Z］,2017

［7］ 中国人民解放军第三三零五工厂.中国人民解放军 3305 工厂 FS-3B 型说明书［Z］,2017

［8］ 江西国营九三九四厂.国营九三九四厂（江西新余国科科技股份有限公司）YD-系统说明书［Z］,2017

［9］ 内蒙古北方保安民爆器材有限公司.内蒙古国营 556 厂 QF、CF、ZFG、ZFQ 系统说明书［Z］

［10］ 云南锐达民爆有限责任公司.云南锐达民爆有限责任公司 MFD-50 型、FY-MC1 型说明书［Z］,2017

［11］ 新疆人工影响天气办公室.新疆人工影响天气办公室 XR 型使用手册［Z］,2017

［12］ 中国兵器科学研究院,兵器 127 厂,兵器 843 厂,等.ZBZ 系列火箭发射架、火箭弹、ZBZ-TY 型通用火箭发射架技术材料［Z］,2017

ICS 07.060
A 47
备案号：71178—2020

中华人民共和国气象行业标准

QX/T 146—2019
代替 QX/T 146—2011

中国天气频道本地化节目播出实施规范

Implementation specifications for localized programs broadcasting of China weather TV

2019-12-26 发布　　　　　　　　　　　　　　　　2019-04-01 实施

中 国 气 象 局　发 布

前　　言

本标准按照 GB/T 1.1—2009 给出的规则起草。

本标准代替了 QX/T 146—2011《中国气象频道省级节目插播》。与 QX/T 146—2011 相比,除编辑性修改外,主要技术变化如下:

——将标准名称修改为"中国天气频道本地化节目播出实施规范";

——修改了本标准范围(见第 1 章,2011 年版的第 1 章);

——删除了 GY/T 165—2000 和 QX/T 145—2011 的规范性引用(见 2011 年版的第 2 章);

——增加了 QX/T 278 的规范性引用(见第 2 章);

——删除了"省级节目插播""数字播出通路""本地插播节目""图文节目"等术语和定义(见 2011 年版的第 3 章);

——增加了"本地化节目播出"的术语和定义(见 3.1);

——修改了系统结构中的视音频系统、同步系统和时钟系统(见 4.2,2011 年版的 4.2);

——删除了控制系统(见 2011 年版的 4.2.2);

——删除了技术指标和播出安全(见 2011 年版的 4.3,4.4);

——增加了软件系统和数据接入(见 4.3 和 4.4);

——删除了业务流程和职责(见 2011 年版的 4.5);

——修改了本地节目中的相关规定(见第 5 章,2011 年版的第 5 章);

——删除了主持人出镜资格审查(见 2011 年版的 5.4.2)。

本标准由全国气象防灾减灾标准化技术委员会气象影视分技术委员会(SAC/TC 345/SC 1)提出并归口。

本标准起草单位:中国气象局公共气象服务中心。

本标准主要起草人:孟京、张洁、刘菲菲、郑小楠、苏丽娟、臧一翔。

本标准所代替标准的历次版本发布情况为:

——QX/T 146—2011。

中国天气频道本地化节目播出实施规范

1 范围

本标准规定了中国天气频道本地化节目播出的技术系统要求、节目要求。

本标准适用于中国天气频道本地化节目图文自动播出系统建设、业务运行以及节目的制作和播出。

2 规范性引用文件

下列文件对于本文件的应用是必不可少的。凡是注日期的引用文件,仅注日期的版本适用于本文件。凡是不注日期的引用文件,其最新版本(包括所有的修改单)适用于本文件。

QX/T 278 中国气象频道安全播出规范

3 术语和定义

下列术语和定义适用于本文件。

3.1

本地化节目播出 localized program broadcasting

各地方气象部门在已落地的中国天气频道中播出本地节目。

4 技术系统要求

4.1 系统功能与组成

4.1.1 系统应能定时将自动生成的节目叠加在中国天气频道播出。

4.1.2 系统应包括硬件系统、软件系统和数据接入。

4.2 硬件系统

4.2.1 视音频系统

可通过地方有线传输或本地卫星接收两种方式将落地的中国天气频道信号传输至本地化节目播出单位,并通过视音频系统进行本地化节目播出,播出信号应回传给地方有线并实现本地低码流收录监控。视音频系统结构见图1。

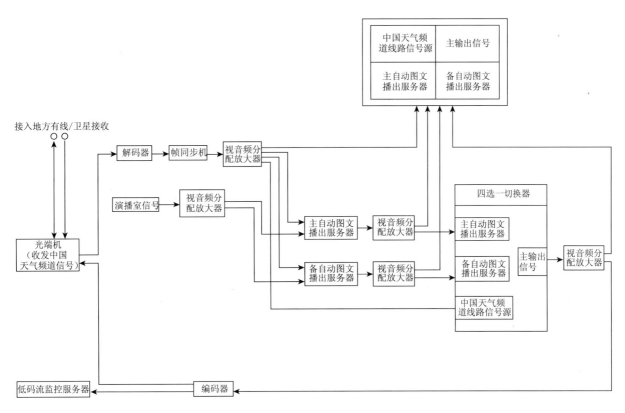

图 1　视音频系统

4.2.2　同步系统

主、备同步信号应通过同步倒换输出后分配给四选一切换器、帧同步机以及主、备自动图文播出服务器。同步系统结构见图2。

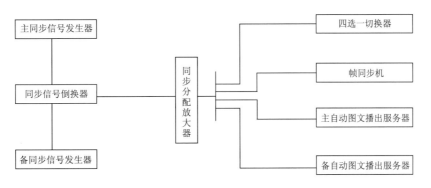

图 2　同步系统

4.2.3　时钟系统

全球定位系统(GPS)时间信号或北斗时间信号通过卫星校时钟接收并输出时钟信号,分配给时钟子钟进行时钟显示和主、备数据库时钟源。时钟系统见图3。

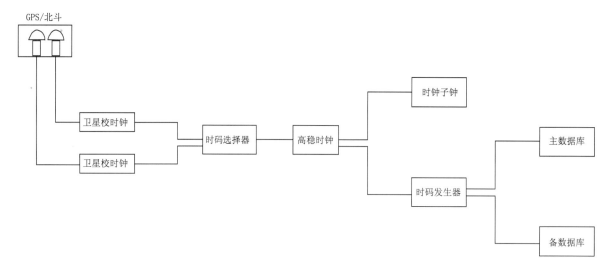

图 3　时钟系统

4.2.4　传输通路

传输通路宜包括与地方有线架设互联光纤链路和地方气象局自行安装备份卫星信号接收链路。

4.2.5　应急播出

应能以自动或者手动控制方式切换播出中国天气频道信号。

4.2.6　运行维护

系统运维管理、技术文档管理应按照 QX/T 278 执行。

4.3　软件系统

4.3.1　编单

根据计划播出的排播单,将节目模版按照排播顺序组合形成节目单。

4.3.2　审核

应能对计划播出的气象数据提前审核和订正。

4.3.3　播出

应能实现节目单 24 小时自动循环播出,气象图文模板自动进行数据替换。

4.4　数据接入

4.4.1　数据接入应遵循如下原则:
    a)　数据安全性原则:接入的气象数据应为气象部门的业务化数据;
    b)　数据一致性原则:接入的气象数据格式应保持一致;
    c)　数据连续性原则:接入的气象数据应能够按时、不间断地供给本地化播出系统;
    d)　数据准确性原则:接入的气象数据内容应完整、准确无误。

4.4.2　接入流程见图 4,具体应符合:
    a)　数据迁移:定时将气象数据迁移至本地化节目播出系统数据库;

b) 预处理:按照数据一致性原则对气象数据进行标准化处理;

c) 数据解析:对数据进行解析,形成本地化节目播出系统可识别、匹配的气象数据;

d) 数据审核:审核气象数据播出的完整性和准确性,对错误数据进行订正;

e) 数据图文自动匹配:节目模板预设的数据接口自动匹配审核后的数据,定时更新节目气象信息。

图 4 数据接入流程

5 本地化节目要求

5.1 节目发布要求

5.1.1 节目内容

节目内容应包含重要天气监测、预报和预警信息,灾害性天气的跟踪报道,气象灾害及其影响,气象科普,专业气象服务内容等。

5.1.2 气象信息发布要求

5.1.2.1 气象预报预警信息发布应按照本地气象灾害防御有关法规执行。

5.1.2.2 节目发布的指数、专业预报产品应与中国天气频道发布的同名产品含义保持一致。

5.1.2.3 节目中实况信息应播发最近一小时更新的数据。

5.1.2.4 节目中预报、实况信息应注明发布时间。

5.1.2.5 遇有重大气象灾害,在紧急情况下应采用滚动字幕、加开视频窗口甚至中断正常播出等方式迅速播报预警信息及有关防范知识,及时增加播出内容。

5.2 节目包装

5.2.1 节目基本包装应使用中国天气频道统一模板,主要包括图文背景、片头片花及配乐、天气符号、字体字号字色等基本元素。

5.2.2 各地可根据节目服务需要,设计添加特色模板,应经中国天气频道审核通过后使用。

ICS 07.060

A 47

备案号：70322—2019

中华人民共和国气象行业标准

QX/T 208—2019

代替 QX/T 208—2013

气象卫星地面系统遥测数据格式规范

Specifications for telemetry data format of meterological satellites ground
system

2019-09-30 发布

2020-01-01 实施

中 国 气 象 局 发 布

前　言

本标准按照 GB/T 1.1—2009 给出的规则起草。

本标准代替 QX/T 208—2013《气象卫星地面应用系统遥测遥控数据格式规范》。与 QX/T 208—2013 相比,除编辑性修改外,主要技术变化如下:

——修改标准名称为《气象卫星地面系统遥测数据格式规范》(见标准名称);

——增加了引言(见引言);

——增加了引用文件"GB/T 7408　数据元和交换格式　信息交换　日期和时间表示法"和"QX/T 205　中国气象卫星名词术语";删除对"GJB 1198.2A　航天器测控和数据管理　第 2 部分: PCM 遥测"的规范性引用,修改为参考文献(见第 2 章,2013 版的第 2 章、4.1、参考文献);

——对通信传输格式重新定义及说明(见第 3 章,2013 版的第 3 章);

——对遥测数据帧结构重新定义,并增加了遥测数据源包格式(见 4.1、4.2,2013 版的 4.1、4.2、4.3);

——增加了第 5 章遥测数据存档格式(见第 5 章);

——修改了"遥测数据存档格式"(见 5.1,2013 版的 4.2、4.3);

——修改了"遥测数据存档文件命名规则"(见 5.2,2013 版的 4.2、4.3);

——增加了"数据类型定义表"(见附录 A);

——增加了"数据标识定义表"(见附录 B);

——增加了"遥测种类定义表"(见附录 C);

——增加了参考文献"GJB 1198.6A　航天器测控和数据管理　第 6 部分:分包遥测"(见参考文献)。

本标准由全国卫星气象与空间天气标准化技术委员会(SAC/TC 347)提出并归口。

本标准起草单位:国家卫星气象中心。

本标准主要起草人:韩琦、郭强、贾树泽、彭艺、康宁、何兴伟。

本标准所代替标准的历次版本发布情况为:

——QX/T 208—2013。

引　言

我国静止和极轨气象卫星已从第一代发展至第二代,卫星技术水平显著提高,卫星平台和载荷的功能越来越多,遥测的数据量和包含的信息内容也随之大幅增加,原有的 QX/T 208—2013 标准已不能完全满足遥测技术发展的需求。为规范后续气象卫星地面系统中遥测数据的传输、存储等,需对原标准进行修订。本次修订内容涉及遥测数据通信传输格式、遥测数据的存档和数据文件命名格式,完善了气象卫星地面系统遥测数据格式技术标准。

气象卫星地面系统遥测数据格式规范

1 范围

本标准规定了气象卫星地面系统遥测数据的通信传输格式、信息格式及存档格式。
本标准适用于气象卫星在轨遥测数据的地面传输、处理和存储。

2 规范性引用文件

下列文件对于本文件的应用是必不可少的。凡是注日期的引用文件，仅注日期的版本适用于本文件。凡是不注日期的引用文件，其最新版本（包括所有的修改单）适用于本文件。

GB/T 7408　数据元和交换格式　信息交换　日期和时间表示法
QX/T 205　中国气象卫星名词术语

3 遥测数据通信传输格式

3.1 通信传输格式

传输方式采用气象卫星地面接收站和气象卫星地面系统运行控制中心之间的网络，通信方式采用TCP协议（传输控制协议）和UDP协议（用户数据报协议），通信传输格式由通信包头和通信数据包组成，具体格式及内容见表1。

表 1　数据通信传输格式

通信包头									通信数据包
卫星标识	数据源	数据宿	发送时间	包序号	数据类型	数据标识	数据域长度	备用	数据域

3.2 卫星标识

用8字节表示，应符合QX/T 205中国气象卫星名词术语的规定。

3.3 数据源

用64个字节表示，标识应包含数据源系统名称和IP地址。

3.4 数据宿

用64个字节表示，标识应包含数据宿系统名称和IP地址。

3.5 发送时间

用24个字节表示，信息包发送的日期时间，采用协调世界时（UTC）时间，应符合GB/T 7408中规定的格式。

3.6 包序号

用 4 个字节无符号整型表示,字节序采用大端法存储,实时通信时,双方确认通信包发送的顺序。发送方对包序号进行编码,接收方根据包序号数据进行接收处理。

3.7 数据类型

用 4 个字节表示,字节序采用大端法存储,描述数据域的分类信息。数据类型定义见附录 A 表 A.1。数据类型可根据需要进行扩充。

3.8 数据标识

用 4 个字节表示,字节序采用大端法存储,和数据类型一起使用,确定数据的具体信息。数据标识定义见附录 B 表 B.1。数据标识可根据需要进行扩充。

3.9 数据域长度

用 4 个字节无符号整型表示,字节序采用大端法存储,数据域的实际长度。

3.10 备用

用 24 个字节表示,根据需求使用。

3.11 数据域

数据量由数据域长度指定,发送根据数据类型确定的该类型数据内容。

4 遥测数据信息格式

4.1 遥测数据结构层次

遥测数据结构分四个层次,从高到低依次为:格式、帧、遥测字(即字节)、比特。遥测数据结构中,多个遥测数据帧依次排序,每帧包括 256 遥测字,各个字节依次按 W0—W255 排序;每个字节长 8 比特,各个比特位依次按 B7—B0 排序,见图 1。

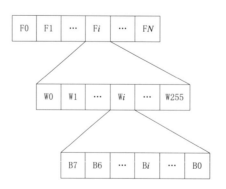

图 1 遥测数据结构示意图

4.2 遥测数据帧结构

4.2.1 遥测数据帧包括256字节,结构见表2。

表2 遥测数据帧结构

帧同步码	帧主导头	帧数据域	差错控制

具体内容如下:

a) 帧同步码:用4个字节表示,用于遥测数据帧的同步,识别一帧的开始。

b) 帧主导头:用4个字节表示,包括卫星标识、帧识别、帧计数等数据帧的信息标志,其中卫星标识为产生数据帧的卫星代号,帧识别用于遥测类别、帧数据解析的相关标识,帧计数为帧序号计数值,用于确定帧序列中各帧的排列顺序。

c) 帧数据域:用246个字节表示,填充传输的遥测源包数据,可根据主导头进行帧数据域解析。

d) 差错控制:用2个字节表示,用来检查及纠正遥测数据帧传输及处理过程中发生的错误,可采用和校验等差错控制方法。

4.2.2 帧数据域传输的遥测源包由包主导头和包数据两部分组成。遥测源包格式见表3。

表3 遥测源包格式

包主导头			包数据	
包识别	包顺序控制	包数据长度	遥测源数据	差错控制字

具体内容如下:

a) 包识别:用2个字节表示,用于数据包识别,包类型等识别标志。

b) 包顺序控制:用1个字节表示,对源包数据进行计数。

c) 包数据长度:用1个字节表示,代表包数据域的长度。

d) 遥测源数据:长度可变,卫星产生的特定遥测数据,格式由需求自定义。

e) 差错控制字:用2个字节表示,对遥测源包进行差错控制。

5 遥测数据存档格式

5.1 遥测数据存档格式

5.1.1 遥测数据原码存档格式

遥测数据存档格式按照图1所示,遥测数据结构按接收顺序以文件形式记录并存储,文件应以一个完整的遥测帧开始和结束。

5.1.2 遥测处理结果存档格式

遥测处理结果由时间码、波道号、名称和处理结果组成,以文本形式存储,存档格式见表4。

表4 遥测处理结果存档格式

时间码	波道号	名称	处理结果

具体内容如下：

a) 时间码：标识该段数据发生时间，用 10 个字节表示。

b) 波道号：一个遥测波道号标识一个遥测参数，以 ASCII 码（美国信息交换标准代码）形式填写。

c) 名称：表示该波道反映的物理含义，以 ASCII 码形式填写。

d) 处理结果：反映卫星工作状态的数值，以 ASCII 码形式填写。

5.2 遥测数据存档文件命名规则

遥测数据存档文件应包括但不限于"卫星标识""遥测种类""遥测记录开始时间"和"遥测记录结束时间"等内容，遥测数据存档文件命名方式一般表述为：

SATE_TYPE_YYYYMMDDhhmmss_YYYYMMDDhhmmss(_ *). TYPE

各字段定义见表 5。

表 5 信息字段表

信息字段	名称	信息字段长度字节	定义
SATE	卫星标识	4	应符合 QX/T 205 的规定
TYPE	遥测种类	4	遥测种类定义见附录 C 表 C.1，可根据实际需要增加
YYYYMMDDhhmmss	遥测记录开始时间	14	遥测记录第一帧时间，精确到秒，采用协调世界时（UTC）时间，应符合 GB/T 7408 中规定的格式
YYYYMMDDhhmmss	遥测记录结束时间	14	遥测记录最后一帧时间，精确到秒，采用协调世界时（UTC）时间，应符合 GB/T 7408 中规定的格式
TYPE	文件类型	3	原码数据使用 RAW（原始未修改数据）文本数据使用 TXT（文本格式数据）
(_ *)	自定义字符串	不限	根据需要增加

附　录　A

（规范性附录）

数据类型定义表

表 A.1　数据类型定义表

数据类型	定义
0x00020000	风云二号静止气象卫星编码遥测数据
0x00020001	风云二号静止气象卫星模拟遥测数据
0x00020002	风云二号静止气象卫星指令数据
0x00040000	风云四号静止气象卫星遥测数据
0x00040002	风云四号静止气象卫星指令数据
0x00030000	风云三号极轨气象卫星实时遥测原码数据
0x00030001	风云三号极轨气象卫星延时遥测原码数据
0x00030002	风云三号极轨气象卫星指令数据

附　录　B

（规范性附录）

数据标识定义表

表 B.1　数据标识定义表

数据标识	定义
0x00000000	遥测数据
0x00010000	直接指令包
0x00010001	直接指令接收返回包
0x00020000	直接指令确认
0x00020001	直接指令确认返回包
0x00030000	直接指令执行状态返回包
0x00030002	直接指令执行状态返回包(手动)
0x00010002	注数指令包
0x00020002	注数指令接收返回包
0x00010003	注数指令确认
0x00020003	注数指令确认返回包
0x00030001	注数指令上注状态返回包
0x00030002	注数指令上注状态返回包(手动)

QX/T 208—2019

附　录　C
（规范性附录）
遥测种类定义表

表 C.1　遥测种类定义表

遥测种类	定义
TMAR	静止气象卫星模拟遥测原码
TMCR	静止气象卫星编码遥测原码
TMCP	静止气象卫星编码遥测处理结果
TMRR	极轨气象卫星实时遥测原码
TMRP	极轨气象卫星实时遥测处理结果
TMDR	极轨气象卫星延时遥测原码
TMDP	极轨气象卫星延时遥测处理结果

QX/T 208—2019

参 考 文 献

[1] GJB 1198.2A 航天器测控和数据管理 第2部分:PCM遥测
[2] GJB 1198.6A 航天器测控和数据管理 第6部分:分包遥测
[3] GB/T 5271.9—2001 信息技术 词汇 第9部分:数据通信
[4] QX/T 387—2017 气象卫星数据文件名命名规范
[5] QX/T 417—2018 北斗卫星导航系统气象信息传输规范

ICS 07.060
A 47
备案号：70294—2019

中华人民共和国气象行业标准

QX/T 211—2019
代替 QX/T 211—2013

高速公路设施防雷装置检测技术规范

Technical specifications for inspection of lightning protection system on expressway facilities

2019-09-18 发布

2019-12-01 实施

中国气象局 发布

前　言

本标准按照 GB/T 1.1—2009 给出的规则起草。

本标准代替 QX/T 211—2013《高速公路设施防雷装置检测技术规范》。与 QX/T 211—2013 相比，除编辑性修改外，主要技术变化如下：

——修改了标准的范围(见第 1 章,2013 年版的第 1 章);

——修改了规范性引用文件(见第 2 章,2013 年版的第 2 章);

——删除了电气系统的术语和定义(见 2013 年版的 3.4),修改了雷电防护装置、人工接地体、接地电阻、防雷等电位连接、磁屏蔽的定义(见 3.5、3.8、3.9、3.11、3.13,2013 年版的 3.4、3.6、3.9、3.10、3.12、3.14);

——删除了检测机构和人员要求(见 2013 年版的 4.1);

——修改了现场环境和有关资料的调查应包含的内容(见 4.1.2,2013 年版的 4.2.2);

——删除了标准中防静电的有关内容和条款(见 4.1.2 的 e 条、5.3.1.5、5.5.3、5.5.4,2013 年版的 4.2.2 的 e 条、5.2.9、5.3.1.5、5.4.3、5.4.4、5.4.6);

——修改了检测仪器设备的检定要求(见 4.2,2013 年版的 4.3);

——修改了检测报告的要求(见 4.3.3,2013 年版的 4.4.3);

——修改了接闪器的检查要求(见 5.1.1.1、5.1.1.3、5.1.1.4,2013 年版的 5.1.1.1、5.1.1.3、5.1.1.4);

——修改了引下线的检查要求(见 5.1.2.3、5.1.2.4,2013 年版的 5.1.2.3、5.1.2.4);

——增加了引下线防接触电压的检查要求(见 5.1.2.5);

——修改了接地装置的检查要求(见 5.1.3.1,2013 年版的 5.1.3.1、5.1.3.2);

——增加了接地装置防跨步电压的检查要求(见 5.1.3.4);

——修改了等电位连接的检查要求(见 5.1.4.5,2013 年版的 5.1.4.5);

——修改了 SPD 的检查要求(见 5.1.6.1、5.1.6.2,2013 年版的 5.1.6.1、5.1.6.2);

——修改了低压配电系统安装的 SPD 的测试参数和方法要求(见 5.1.6.6,2013 年版的 5.1.6.6);

——修改了 2013 版 5.3.4 条为 5.4 节(见 5.4,2013 年版的 5.3.4);

——修改了采取电气连接、等电位连接和跨接连接时过渡电阻的要求(见 5.5.5、5.5.6,2013 年版的 5.4.5);

——修改了附录 A 中表 A.1、A.3 的内容(见附录 A.1、A.3,2013 年版的附录 A.1、A.3);

——修改了附录 B 中表 B.1、B.2、B.3、B.4 的内容(见附录 B,2013 年版的附录 B);

——修改了附录 C 的性质(见附录 C,2013 年版的附录 C);

——修改了附录 D 中 D.4 的内容(见附录 D,2013 年版的附录 D)。

本标准由全国雷电灾害防御行业标准化技术委员会提出并归口。

本标准起草单位:湖北省防雷中心、江苏省气象灾害防御技术中心、武汉市气象局、武汉天宏防雷检测中心发展有限公司。

本标准主要起草人:王学良、冯民学、刘学春、余田野、焦雪、黄克俭、史雅静、李国樑、李鑫、朱传林、张科杰、贺姗、陈仁君、张谦、朱秦超、李斐。

本标准所代替标准的历次版本发布情况为:

——QX/T 211—2013。

高速公路设施防雷装置检测技术规范

1 范围

本标准规定了高速公路设施防雷装置检测的基本要求和检测项目及技术要求。

本标准适用于高速公路设施防雷装置的检测。

2 规范性引用文件

下列文件对于本文件的应用是必不可少的。凡是注日期的引用文件,仅注日期的版本适用于本文件。凡是不注日期的引用文件,其最新版本(包括所有的修改单)适用于本文件。

GB/T 21431—2015 建筑物防雷装置检测技术规范

GB 50057—2010 建筑物防雷设计规范

GB 50343—2012 建筑物电子信息系统防雷技术规范

QX/T 190—2013 高速公路设施防雷设计规范

3 术语和定义

下列术语和定义适用于本文件。

3.1

高速公路 expressway

具有四个或四个以上车道,并设有中央分隔带,全部立体交叉并具有完善的交通安全设施与管理设施、服务设施,全部控制出入,专供汽车高速度行驶的公路。

[JTJ 002—1987,定义 2.0.1]

3.2

高速公路设施 expressway facility

高速公路沿线各种附属建筑物、高速公路中的桥梁、隧道等主体工程,以及相关的高速公路机电系统。

3.3

机电系统 mechanical & electronic system

高速公路收费、交通监控、通信、照明及低压配电等电气、电子系统的统称。

3.4

加油加气站 filling station

加油站、加气站、加油加气合建站的统称。

[GB 50156—2012,定义 2.1.1]

3.5

防雷装置 lightning protection system;LPS

雷电防护装置

用来减小雷击建筑物造成物理损害的整个系统。

注1:LPS由外部和内部雷电防护装置两部分构成。

注2：改写 GB/T 21714.1—2015,定义3.42。

3.6

接地装置 earth-termination system

接地体和接地线的总合,用于传导雷电流并将其流散入大地。

[GB 50057—2010,定义2.0.10]

3.7

共用接地系统 common earthing system

将防雷系统的接地装置、建筑物金属构件、低压配电保护线(PE)、等电位连接端子板或连接带、设备保护地、屏蔽体接地、防静电接地、功能性接地等连接在一起构成共用的接地系统。

[GB 50343—2012,定义2.0.6]

3.8

人工接地体 artificial earth electrode

为接地需要而埋设的接地体。人工接地体可分为人工垂直接地体和人工水平接地体。

[GB/T 21431—2015,定义3.5]

3.9

接地电阻 earthing resistance

接地装置对远方电位零点的电阻。

注1：数值上为接地装置与远方电位零点间的电位差与通过接地装置流入地中电流的比值。按冲击电流求得的接地电阻称为冲击接地电阻;按工频电流求得的接地电阻称为工频接地电阻*。

注2：改写 DL/T 475—2017,定义3.7。

3.10

自然接地体 natural earthing electrode

兼有接地功能、但不是为此目的而专门设置的与大地有良好接触的各种金属构件、金属井管、混凝土中的钢筋等的统称。

[GB 50343—2012,定义2.0.7]

3.11

防雷等电位连接 lightning equipotential bonding；LEB

将分开的诸金属物体直接用连接导体或经电涌保护器连接到防雷装置上以减小雷电流引发的电位差。

[GB 50057—2010,定义2.0.19]

3.12

电涌保护器 surge protective device；SPD

用于限制瞬态过电压和分泄电涌电流的器件。它至少含有一个非线性元件。

[GB 50057—2010,定义2.0.29]

3.13

磁屏蔽 magnetic shield

将需保护建筑物或其一部分包围起来的闭合金属格栅或连续型屏蔽体,用于减少电气和电子系统的失效。

[GB/T 21714.1—2015,定义3.52]

---

* 本标准凡未标明为冲击接地电阻的接地电阻均指工频接地电阻。

3.14

防雷区 lightning protection zone;LPZ

划分雷击电磁环境的区,一个防雷区的区界面不一定要有实物界面,如不一定要有墙壁、地板或天花板作为区界面。

[GB 50057—2010,定义 2.0.24]

4 基本要求

4.1 工作程序

4.1.1 防雷装置检测工作程序宜按图 1 进行。

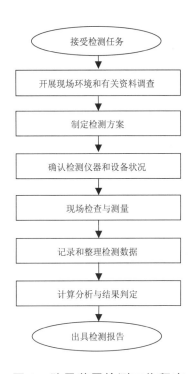

图 1 防雷装置检测工作程序

4.1.2 现场环境和有关资料的调查应包含下列内容:

a) 根据 GB 50057—2010 第 3 章和 4.5.1 的规定划分建筑物防雷类别;

b) 根据 QX/T 190—2013 第 4 章的规定划分防雷区;

c) 查阅受检场所的防雷工程设计和施工档案;

d) 查看接闪器、引下线的安装和敷设方式;

e) 查看接地型式、等电位连接状况;

f) 检查低压配电系统和电子系统的接地型式、SPD 的设置及安装工艺状况、管线布设和磁屏蔽措施等。

4.1.3 防雷装置接地电阻的测量应在非雨天和土壤未冻结时进行,现场环境条件应能保证正常检测。

4.1.4 防雷装置现场检测的数据应记录在专用的原始记录表中,并应有检测人员签名。检测记录应使用钢笔或签字笔填写,字迹工整、清楚,不应涂改;改错应使用一条直线划在原有数据上,在其上方填写正确数据,并签字或加盖修改人员印章。

4.1.5 防雷装置检测原始记录表的式样参见附录 A。

4.2 检测仪器设备

4.2.1 用于现场检测的仪器、仪表和测试工具的准确度等级应满足被测参数的准确度要求。

4.2.2 用于现场检测的仪器、仪表和测试工具应经过检定/校准,并在检定/校准有效期内,且处于正常状态。

4.2.3 用于现场检测的仪器、仪表和测试工具,在测试中发现故障、损伤或误差超过允许值时,应及时更换或修复;经修复的仪器、仪表和测试工具应经检定/校准,在满足准确度要求后方可使用,并对之前检测进行复检。

4.3 检测报告

4.3.1 现场检测完成后,应对记录的检测数据进行整理、分析,及时出具检测报告。

4.3.3 检测报告应对所检测项目是否符合本标准或设计文件及其规范的要求作出明确的结论。

4.3.3 检测报告应包括:
——受检单位名称;
——依据的主要技术标准、使用的主要仪器设备;
——检测内容、检测项目、检测结论;
——检测日期、报告完成日期及下次检测时间;
——检测、审核和批准人员签名;
——加盖检测机构检测专用章或检测机构公章。

4.4 检测周期

4.4.1 防雷装置实行定期检测制度,应每年检测一次,其中加油加气站防雷装置应每半年检测一次。

4.4.2 对雷击频发或有雷击破坏史的场所,宜增加检测次数。

5 检测项目及技术要求

5.1 建筑物

5.1.1 接闪器

5.1.1.1 检查接闪器的材料规格(包括直径、截面积、厚度)、支持卡间距、与引下线的焊接工艺、防腐措施、保护范围、接闪网网格尺寸及其与保护物之间的安全距离,接闪器的材料规格、安装工艺应符合附录B中的表B.1的要求。

5.1.1.2 检查接闪器外观状况,应无明显机械损伤、断裂及严重锈蚀现象。

5.1.1.3 检查接闪器上有无附着的其他电气和电子线路,附着的其他电气和电子线路应采用直埋于土壤中的带金属护层的电缆或穿入金属管的导线。电缆的金属护层或金属管应接地,埋入土壤中的长度应在 10 m 以上,方可与配电装置的接地相连接或与电源线、低压配电装置相连接。

5.1.1.4 测试接闪器与每一根引下线、屋面电气电子设备和金属构件与防雷装置、防侧击雷装置与接地装置等的电气连接,应符合5.5.5的要求。

5.1.2 引下线

5.1.2.1 检查引下线的设置、材料规格(包括直径、截面积、厚度)、焊接工艺、防腐措施,引下线材料规格、安装工艺应符合附录B中的表B.2的要求。

5.1.2.2 检查引下线外观状况,应无明显机械损伤、断裂及严重锈蚀现象。

5.1.2.3 检查各类电气和电子线路与引下线之间的距离,水平净距不应小于 1 m,交叉净距不应小于 0.3 m。

5.1.2.4 检查引下线之间、专设引下线距出入口或人行道边沿的距离,应符合表 B.2 的要求。

5.1.2.5 检查引下线的防接触电压措施,应符合表 B.2 的要求。

5.1.3 接地装置

5.1.3.1 检查接地型式、接地体材质、防腐措施、材料规格、截面积、厚度、埋设深度、焊接工艺,以及与引下线连接,接地装置的材料规格、安装工艺应符合附录 B 中的表 B.3 的要求。

5.1.3.2 首次检测时应检查相邻接地体在未进行等电位连接时的地中距离。

5.1.3.3 接地装置接地电阻的测试方法见附录 C。

5.1.3.4 检查接地装置的防跨步电压措施,应符合表 B.3 的要求。

5.1.4 等电位连接

5.1.4.1 检查建筑物的屋顶金属表面、立面金属表面、混凝土内钢筋等大尺寸金属件所采取的等电位连接措施,并测试其与接地装置的电气连接,应符合5.5.5 的要求。

5.1.4.2 检查穿过各防雷区交界处的金属部件,以及建筑物内的设备、金属管道、电缆桥架、电缆金属外皮、金属构架、钢屋架、金属门窗等较大金属物,应就近与接地装置或等电位连接板(带)作等电位连接。测试其电气连接,应符合5.5.5 的要求。

5.1.4.3 检查等电位接地端子板及连接线的安装位置、材料规格、连接方式及工艺,防侧击雷及雷电电磁脉冲防护装置的材料规格、安装工艺应符合附录 B 中的表 B.4 的要求。

5.1.4.4 检查各等电位接地端子板的安装位置,应设置在便于安装和检查的位置,且不应设置在潮湿或有腐蚀性气体及易受机械损伤的地方。

5.1.4.5 检查高度超过 60 m 的第二类、第三类防雷建筑物,其相应高度及以上外墙的栏杆、门窗等较大金属物与接地端子(或等电位连接端子)的电气连接状况,测试其电气连接,应符合5.5.5 的要求。

5.1.5 磁屏蔽

5.1.5.1 检查屏蔽电缆的屏蔽层应至少在两端并宜在各防雷区交界处做等电位连接,同时与防雷接地装置相连。测试其电气连接,应符合5.5.5 的要求。

5.1.5.2 检查建筑物之间用于敷设非屏蔽电缆的金属管道、金属格栅或钢筋成格栅形的混凝土管道,两端应电气贯通,且两端应与各自建筑物的等电位连接带连接。测试其电气连接,应符合 5.5.5 的要求。

5.1.5.3 检查屏蔽网格、金属管、金属槽、金属网格、大尺寸金属件、房间屋顶金属龙骨、屋顶金属表面、立面金属表面、金属门窗、金属格栅和电缆屏蔽层的等电位连接状况。测试其电气连接,应符合5.5.5 的要求。

5.1.6 SPD

5.1.6.1 检查低压配电系统、所选 SPD 的技术参数,应符合设计要求。

5.1.6.2 检查 SPD 之间的线路长度。当低压配电线路上安装多级 SPD 时,SPD 之间的线路长度应符合生产厂商提供的技术要求。如无技术要求时,电压开关型 SPD 与限压型 SPD 之间的线路长度不宜小于 10 m,限压型 SPD 之间的线路长度不宜小于 5 m,长度达不到要求应加装退耦元件。

5.1.6.3 检查 SPD 的状态指示器应处于正常工作状态。

5.1.6.4 检查各级 SPD 的连接线应平直,每个 SPD 的连接线总长度不宜超过 0.5 m,连接线的截面积应符合表 B.5 的要求。

5.1.6.5 测试 SPD 接地端子与接地装置的电气连接,应符合 5.5.5 的要求。

5.1.6.6 低压配电系统安装的 SPD 的测试参数和方法应符合 GB/T 21431—2015 中 5.8.5.1 和 5.8.5.2的规定。

5.2 加油加气站

5.2.1 检查油(气)罐、储气瓶组防雷接地点不应少于两处。测试其接地电阻,应符合 5.5.4 的要求。

5.2.2 检查油(气)罐及罐室的金属构件以及呼吸阀、量油孔、放空管、加油机及安全阀等金属附件应采取接地并做电气连接。测试其接地电阻和电气连接的过渡电阻,应分别符合 5.5.4 和 5.5.6 的要求。

5.2.3 检查长距离无分支管道始、末端及管道拐弯、分岔处的接地状况。测试其接地电阻,应符合 5.5.4的要求。

5.2.4 检查进出加油加气站的金属管道的接地状况,距离建筑物 100 m 内的管道应每隔 25 m 接地一次。测试其接地电阻,应符合 5.5.4 的要求。

5.2.5 检查平行管道净距小于 0.1 m 时,应每隔 20 m～30 m 作电气连接;当管道交叉且净距小于 0.1 m时,应作电气连接。测试其电气连接,应符合 5.5.6 的要求。

5.2.6 检查管道的法兰应作跨接连接,在非腐蚀环境下不少于 5 根螺栓可不跨接。测试其跨接连接,应符合 5.5.6 的要求。

5.2.7 检查加油、加气管道与充装设备电缆金属外皮(电缆金属保护管)与接地装置的连接状况。测试其电气连接,应符合 5.5.6 的要求。

5.2.8 检查加油、加气软管(胶管)两端连接处应采用金属软铜线跨接。测试其跨接连接,应符合 5.5.6的要求。

5.2.9 检查加油加气站的低压配电线路、信号线路上安装的 SPD,应符合 5.1.6 的要求。

5.3 机电系统

5.3.1 机房

5.3.1.1 检查机房所处建筑物位置,应处在建筑物低层中心部位的 LPZ1 区及其后续防雷区内。

5.3.1.2 检查机房内设备距外墙及柱、梁的距离,不应小于 1 m。

5.3.1.3 检查机房的金属门、窗和金属屏蔽网与建筑物内的结构主筋,应作可靠电气连接。

5.3.1.4 检查机房内设置的等电位连接带的规格,应符合表 B.4 的要求。

5.3.1.5 检查机房内机柜、金属外壳与等电位连接带连接的材料规格、安装工艺,应符合表 B.4 的要求。测试其电气连接,应符合 5.5.5 的要求。

5.3.1.6 检查机房的低压配电线路、信号线路上安装的 SPD,应符合 5.1.6 的要求。

5.3.1.7 检查进、出机房的金属管、金属槽、金属线缆屏蔽层,应就近与接地汇流排连接。

5.3.1.8 检查机房的接地线,应从共用接地装置引至机房局部等电位接地端子板。

5.3.2 收费岛机电系统

5.3.2.1 检查计重系统、收费系统及收费天棚防雷系统接地型式,应符合防雷设计方案的要求;接地装置的材料规格、安装工艺,应符合表 B.4 的要求。测试其接地电阻,应符合 5.5.2 和 5.5.3 的要求。

5.3.2.2 检查收费亭、自动栏杆、信号灯、车道护栏、立柱、车道摄像机支撑架(杆)、地下通道的扶栏、门等所有金属构件与收费岛共用接地装置连接的材料规格、安装工艺,应符合表 B.4 的要求。测试其电气连接,应符合 5.5.5 的要求。

5.3.2.3 检查收费亭内的金属机柜、各种机电设备的金属外壳,应与收费亭内预留的等电位接地端子板电气连接。测试其电气连接,应符合 5.5.5 的要求。

5.3.2.4 检查计重收费系统的设备外壳、金属框架、线缆的金属外护层或穿线金属管与收费岛共用接地系统连接的材料规格、安装工艺,应符合表 B.4 的要求。测试其电气连接,应符合 5.5.5 的要求。

5.3.2.5 检查进、出收费亭的低压配电线路、信号线路在雷电防护分区的不同界面处安装的 SPD,应符合 5.1.6 的要求。

5.3.3 外场机电系统

5.3.3.1 检查可变信息标志、气象监测仪器、车辆检测器(不含路面铺设)及监控摄像探头应处于接闪器有效保护范围内。

5.3.3.2 可变信息标志、气象监测仪器、车辆检测器及监控摄像系统传输线路、配电线路的敷设形式、屏蔽措施,应符合防雷设计方案的要求。屏蔽层应保持电气连通。测试其电气连接,应符合 5.5.5 的要求。

5.3.3.3 高杆灯的引下线及接地状况,应符合防雷设计方案的要求。

5.3.3.4 独立接闪装置的接地网与共用地网间距应符合表 B.3 的要求。

5.3.3.5 监控系统各路信号线路、控制信号线路端口处设置的 SPD 应符合 5.1.6 的要求。

5.3.3.6 监控系统低压配电线路在各雷电防护分区的不同界面处安装的 SPD 应符合 5.1.6 的要求。

5.3.3.7 检查车辆检测器、气象监测仪器、可变信息标志、机箱等金属外壳与接地装置的连接状况,测试其电气连接,应符合 5.5.5 的要求。

5.3.4 低压配电系统

5.3.4.1 检查变电所、配电房建筑物防雷装置应符合 5.1.1、5.1.2、5.1.3 的要求。

5.3.4.2 引入高压架空供电线路在进入变电所、配电房前,应改用金属护套或绝缘护套电力电缆穿钢管埋地,埋地距离应不小于 50 m 引入变压器输入端。

5.3.4.3 检查低压配电系统的接地型式。当低压配电系统采用 TN 系统时,应检查从建筑物总配电盘处引出低压配电线路应采取 TN-S 系统。

5.3.4.4 由配电房引出的各配电专线线缆应采用屏蔽电缆或穿钢管埋地敷设,屏蔽层或穿线钢管应两端就近接地。屏蔽层或穿线钢管应保持电气连通。测试其与接地装置的电气连接,应符合 5.5.5 的要求。

5.3.4.5 检查与外场设备连接的直埋电缆屏蔽层或穿线钢管应两端就近接地,屏蔽层或穿线钢管应保持电气连通。测试其与接地装置的电气连接,应符合 5.5.5 的要求。

5.3.4.6 低压配电、照明线路上安装的 SPD 应符合 5.1.6 的要求。

5.3.4.7 检查外场设备电源箱、配电箱、分线箱与安全保护接地的等电位连接状况,测试其电气连接,应符合 5.5.5 的要求。

5.3.5 桥梁、隧道的机电系统

5.3.5.1 检查桥面敷设的低压配电线路、信号线路应采取屏蔽措施,其屏蔽层两端应接地,屏蔽层或穿线钢管应保持电气连通。测试其电气连接,应符合 5.5.5 的要求。

5.3.5.2 检查桥梁的低压配电线路、信号线路上安装的 SPD,应符合 5.1.6 的要求。

5.3.5.3 检查隧道的车辆检测器、气象监测仪器、环境检测设备、紧急电话系统、可变信息标志、消防、闭路电视监控、通风、行车信号、通信、广播、供配电、照明等系统的防雷措施,应符合防雷设计方案的要求。

5.3.5.4 检查隧道的环境检测设备、报警与诱导设施、通风设施、照明设施、消防设施、本地控制器的供配电线路、信号线路,应采取屏蔽措施,其屏蔽层两端应接地,屏蔽层或穿线钢管应保持电气连通。测试其电气连接,应符合 5.5.5 的要求。

5.3.5.5 检查隧道的环境检测设备、报警与诱导设施、通风设施、照明设施、消防设施、本地控制器的低压配电线路、信号线路上安装的 SPD,应符合 5.1.6 的要求。

5.3.5.6 检查隧道监控中心的防雷措施,应符合 5.3.1 的要求。

5.4 通信系统

5.4.1 检查通信站、通信塔的防雷装置,应符合 5.1.1、5.1.2、5.1.3 的要求。

5.4.2 通信机房应符合 5.3.1 的要求。

5.4.3 检查通信线路的敷设形式、屏蔽措施,应符合防雷设计方案的要求。屏蔽层应保持电气连通。测试其电气连接,应符合 5.5.5 的要求。

5.4.4 检查埋地光缆上方埋设的排流线或架设的架空地线材料规格、安装工艺,应符合防雷设计方案的要求。测试其接地电阻,应符合 5.5.2 和 5.5.3 的要求。

5.4.5 检查光缆在人(手)孔处、引入机房前,应将其缆内金属构件接地。测试其接地电阻,应符合 5.5.2 和 5.5.3 的要求。

5.4.6 检查直埋电缆金属铠装层或屏蔽层的各接续点,应保持电气连通,两端应接地。测试其接地电阻,应符合 5.5.2 和 5.5.3 的要求。

5.4.7 紧急电话机箱应接地。测试其接地电阻值,应不大于 10 Ω。

5.4.8 通信系统低压配电线路、信号线路在各雷电防护分区的不同界面处安装的 SPD 应符合 5.1.6 的要求。

5.5 接地电阻

5.5.1 高速公路建筑物、加油加气站、机电系统防雷装置的接地电阻应符合防雷设计方案的要求。

5.5.2 第一类防雷建筑物采用独立的接地装置,每根引下线的冲击接地电阻不宜大于 10 Ω;第二类防雷建筑物,每根引下线的冲击接地电阻不应大于 10 Ω;第三类防雷建筑物,每根引下线的冲击接地电阻不宜大于 30 Ω。冲击接地电阻与工频接地电阻的换算方法参见附录 D。

5.5.3 当建筑物防雷接地、保护接地及电子系统的接地等采用共用接地系统时,共用接地系统的接地电阻值应按接入设备中要求的最小值阻值确定。

5.5.4 加油加气站的防雷接地、电气设备的工作接地、保护接地及信息技术设备的接地等,宜共用接地装置,其接地电阻不应大于 4 Ω;当各自单独设置接地装置时,其接地电阻不应大于 10 Ω,保护接地电阻不应大于 4 Ω;地上油品、液化石油气和压缩天然气管道始、末端及管道拐弯、分岔处的接地装置的接地电阻不应大于 30 Ω;进出加油加气站的金属管道,其接地的冲击接地电阻不应大于 30 Ω。

5.5.5 当采取电气连接、等电位连接时,其过渡电阻不应大于 0.2 Ω。

5.5.6 加油加气站场所内采用跨接等电气连接时,其过渡电阻不应大于 0.03 Ω。

附　录　A

（资料性附录）

防雷装置检测原始记录表

防雷装置检测原始记录表包括资料类记录表、现场检测示意图、检测类记录表、测试类记录表，表 A.1～表 A.4 分别给出了相应的样式。

表 A.1　资料类记录表式样

记录编号：　　　　　　　　　　　　　　　　　　　　　　　　共　页　第　页

受检单位名称			
受检单位地址			
受检单位联系人		联系电话	
受检单位经度		受检单位纬度	
施工单位名称			
受检场所名称			
受检场所地址			
使用的主要检测仪器及编号			
检测的主要技术依据			
综合评价			
检测单位			
检测人		审核人	

表 A.2 现场检测示意图式样

记录编号：

共 页 第 页

测点平面示意简图	N
备注	

注:根据检测场所一处一表。

表 A.2 现场检测示意图式样

表 A.3 检测类记录表式样

记录编号： 共 页 第 页

序号	检测项目		实测结果		
1	接闪器	类型	□杆　□带　□线　□网　□金属构件		
		材料		规格尺寸	
		搭接形式		搭接长度	
		锈蚀状况		保护范围	
		间隔距离			
2	引下线	敷设方式	□明设　□暗敷	锈蚀状况	
		根数		平均间距	
		利用结构钢筋或钢结构	□是　　□否	防接触电压措施	□有　□无
		搭接形式		搭接长度	
		材料		规格尺寸	
		断接卡设置情况			
3	侧击雷防护	首道水平接闪带高度		水平接闪带的间距	
		连接状况			
		搭接形式		搭接长度	
		金属物与防雷装置的连接状况			
4	接地装置	人工接地体材料		人工接地体规格	
		自然接地体材料		自然接地体规格	
		搭接形式		搭接长度	
		防腐状况		防跨步电压措施	□有　□无
5	SPD	类型	□低压配电系统SPD　□信号系统SPD		
		级数		产品型号	
		安装位置			
		SPD级间间距		安装数量	
		状态指示		引线长度	
		引线截面			
6	等电位连接	等电位接地端子板材料	钢□　　铜□　　其他：		
		等电位接地端子板规格	＿＿＿＿mm(长)×＿＿＿＿mm(宽)×＿＿＿＿mm(厚)		
		接地干线与接地装置的连接状况			
		防雷区交界的金属部件连接状况			
		长距离架空管道、桥架的接地状况			

表 A.3 检测类记录表式样

表 A.3 检测类记录表式样(续)

序号		检测项目	实测结果		
7	气(液)装卸台、加油机、管道、法兰盘	装卸管跨接状况			
		烃(油)泵接地状况			
		压缩机接地状况			
		冲装(抽残)枪接地状况			
		加油(机)枪接地状况			
		枪管接地状况			
		法兰跨接状况			
		跨接点间距			
8	油(气)罐	阻火器接地状况			
		呼吸阀接地状况			
		量油孔接地状况			
		罐壁(顶板)厚度		接地点数	
		接地点周长距离		接地线规格	
		通气管规格		通气管高度	
		放散管规格		放散管高度	
备注					

表 A.4 测试类记录表式样

记录编号：　　　　　　　　　　　　　　　　　　　　　　　　　　　共　　　页　　第　　　页

检测场所	检测内容	检测项目	检测结果(单位)	标准值(单位)	评定
备注					

表 A.4 测试类记录表式样

附 录 B

（规范性附录）

防雷装置技术要求

防雷装置包括接闪器、引下线、接地装置及雷电电磁脉冲防护装置等，表 B.1～表 B.4 分别给出了其材料规格和安装工艺的技术要求。

表 B.1 接闪器的材料规格、安装工艺的技术要求

名称	技术要求
接闪杆	杆长 1 m 以下：圆钢直径不应小于 12 mm；钢管直径不应小于 20 mm；铜材有效截面积不应小于 50 mm²。 杆长 1 m～2 m：圆钢直径不应小于 16 mm；钢管直径不应小于 25 mm；铜材有效截面积不应小于 50 mm²。 烟囱、水塔顶上的杆：圆钢直径不应小于 20 mm；钢管直径不应小于 40 mm；铜材有效截面积不应小于 50 mm²。 其他材料规格要求按照 GB 50057—2010 表 5.2.1 的规定选取。
接闪带	圆钢直径不应小于 8 mm；扁钢截面积不应小于 50 mm²；铜材截面积不应小于 50 mm²。 烟囱（水塔）顶部接闪环：圆钢直径不应小于 12 mm；扁钢截面积不应小于 100 mm²，厚度不应小于 4 mm； 其他材料规格要求按照 GB 50057—2010 表 5.2.1 的规定选取。 支持卡的高度不宜小于 150 mm，间距按照 GB 50057—2010 表 5.2.6 的规定选取。
接闪网	圆钢直径不应小于 8 mm；扁钢截面积不应小于 50 mm²。 其他材料规格要求按照 GB 50057—2010 表 5.2.1 的规定选取。 网格尺寸：一类应小于或等于 5 m×5 m 或 6 m×4 m；二类应小于或等于 10 m×10 m 或 12 m×8 m；三类应小于或等于 20 m×20 m 或 24 m×16 m。
接闪线	镀锌钢绞线截面积不应小于 50 mm²。 其他材料规格要求按照 GB 50057—2010 表 5.2.1 的规定选取。
金属板屋面	第一类场所建筑物金属屋面不宜作接闪器。 金属板下面无易燃物品时：铅板厚度不应小于 2 mm；不锈钢、热镀锌钢、钛和铜板的厚度不应小于 0.5 mm；铝板厚度不应小于 0.65 mm；锌板的厚度不应小于 0.7 mm。 金属板下面有易燃物品时：不锈钢、热镀锌钢和钛板厚度不应小于 4 mm；铜板厚度不应小于 5 mm；铝板厚度不应小于 7 mm。
钢管、钢罐	壁厚不应小于 2.5 mm。 处于爆炸和火灾危险场所的钢管、钢罐壁厚不应小于 4 mm。
防腐措施	镀锌、涂漆、不锈钢、铜材、暗敷、加大截面。
搭接形式与长度	扁钢与扁钢：不应少于扁钢宽度的 2 倍，两个大面不应少于 3 个棱边焊接。 圆钢与圆钢：不应少于圆钢直径的 6 倍，双面施焊。 圆钢与扁钢：不应少于圆钢直径的 6 倍，双面施焊。 其他材料焊接时搭接长度要求按照 GB 50601—2010 表 4.1.2 的规定。
保护范围	按 GB 50057—2010 附录 D 计算接闪器的保护范围。
安全距离	接闪器与被保护物的安全距离：一类场所应符合 GB 50057—2010 中 4.2.1 第 5 款的要求；二类场所应符合 GB 50057—2010 中 4.3.8 的要求；三类场所应符合 GB 50057—2010 中 4.4.7 的要求。

表 B.2 引下线的材料规格、安装工艺的技术要求

名称	技术要求
根数	专设引下线不应少于 2 根。 独立接闪杆不应少于 1 根。 高度小于或等于 40 m 的烟囱不应少于 1 根;高度大于 40 m 的烟囱不应少于 2 根。
平均间距	四周及内庭院均匀或对称布置。 第二类或第三类防雷建筑物当满足 GB 50057—2010 中 5.3.8 的要求时,专设引下线之间的间距不做要求。 一类不应大于 12 m,金属屋面引下线应在 18 m~24 m 之间;二类不应大于 18 m;三类不应大于 25 m。
材料规格	独立烟囱:圆钢直径不应小于 12 mm;扁钢截面积不应小于 100 mm²,厚度不应小于 4 mm。 暗敷:圆钢直径不应小于 10 mm;扁钢截面积不应小于 80 mm²。 其他材料规格要求按照 GB 50057—2010 表 5.2.1 的规定选取。
断接卡	专设引下线断接卡的设置,应符合 GB 50057—2010 中 5.3.6 的规定。
防腐措施	镀锌、涂漆、不锈钢、铜材、暗敷、加大截面。
安全距离	引下线与被保护物的安全距离:见表 B.1 的安全距离。
搭接形式与长度	见表 B.1 的搭接形式与长度。
防接触电压措施	防接触电压应符合下列规定之一: 1) 利用建筑物金属构架和建筑物互相连接的钢筋在电气上是贯通且不少于 10 根柱子组成的自然引下线,作为自然引下线的柱子包括位于建筑物四周和建筑物内的; 2) 引下线 3 m 范围内地表层的电阻率不小于 50 kΩ·m,或敷设 5 cm 厚沥青层或 15 cm 厚砾石层; 3) 外露引下线,其距地面 2.7 m 以下的导体用耐 1.2/50 μs 冲击电压 100 kV 的绝缘层隔离,或用至少 3 mm 厚的交联聚乙烯层隔离; 4) 用护栏、警告牌使接触引下线的可能性降至最低限度。

表 B.3 接地装置材料规格、安装工艺的技术要求

名称	技术要求
人工接地体	水平接地体:间距宜为 5 m。 垂直接地体:长度宜为 2.5 m,间距宜为 5 m。 埋设深度:不应小于 0.5 m,并宜敷设在当地冻土层以下。 距墙或基础不宜小于 1 m,且宜远离由于烧窑、烟道等高温影响使土壤电阻率升高的地方。 材料规格要求按照 GB 50057—2010 表 5.4.1 的规定选取。
自然接地体	材料规格要求按照 GB 50057—2010 表 5.4.1 的规定选取。
安全距离	接地装置与被保护物的安全距离:见表 B.1 安全距离。
搭接形式与长度	见表 B.1 的搭接形式与长度。

表 B.3　接地装置材料规格、安装工艺的技术要求（续）

名称	技术要求
防跨步电压的措施	防跨步电压应符合下列规定之一： 1）利用建筑物金属构架和建筑物互相连接的钢筋在电气上是贯通且不少于 10 根柱子组成的自然引下线，作为自然引下线的柱子包括位于建筑物四周和建筑物内； 2）引下线 3 m 范围内土壤地表层的电阻率不小于 50 kΩ·m，或敷设 5 cm 厚沥青层或 15 cm 厚砾石层； 3）用网状接地装置对地面作均衡电位处理； 4）用护栏、警告牌使进入距引下线 3 m 范围内地面的可能性减小到最低限度。

表 B.4　防侧击雷及雷电电磁脉冲防护装置的材料规格、安装工艺的技术要求

名称		技术要求
防侧击雷装置	防侧击的措施	一类场所：建筑物高度高于 30 m，应从 30 m 起每隔不大于 6 m 沿建筑物四周设水平接闪带并与引下线相连；30 m 及以上外墙上的栏杆、门窗等较大金属物应与接地端子（或等电位连接端子）连接。 二类场所：应符合 GB 50057—2010，4.3.9 的规定。 三类场所：应符合 GB 50057—2010，4.4.8 的规定。
	材料规格	材料规格要求按照 GB 50057—2010 表 5.2.1 的规定选取。
	连接状况	外墙内、外竖直敷设的金属管道及金属物的顶端和底端，应与防雷装置作等电位连接。
	搭接形式与长度	见表 B.1 的搭接形式与长度。
雷电电磁脉冲防护装置	等电位连接	等电位连接带至接地装置或各等电位连接带之间的连接导体：铜材料的截面积不应小于 16 mm²；铝材料的截面积不应小于 25 mm²；铁材料的截面积不应小于 50 mm²。
		从屋内金属装置至等电位连接带的连接导体：铜材料的截面积不应小于 6 mm²；铝材料的截面积不应小于 10 mm²；铁材料的截面积不应小于 16 mm²。
	屏蔽及埋地	入户低压配电线路埋地引入长度应符合 GB 50057—2010，4.2.3 第 3 款的要求，且不应小于 15 m。
		入户处应将电缆的金属外皮、钢管接到等电位连接带或防闪电感应的接地装置上。
	设备、设施金属管道接地状况	进出建筑物界面的各类金属管线应与防雷装置连接。
		建筑物内设备管道、构架、金属线槽应与防雷装置连接。
		竖直敷设的金属管道及金属物顶端和底端应与防雷装置连接。
		建筑物内设备管道、构架、金属线槽连接处应作跨接处理。
		架空金属管道、电缆桥架应每隔 25 m 接地一次。
	室内接地干线	室内等电位连接的接地干线与接地装置的连接不应少于 2 处。
		材料规格：铜材料的截面积不应小于 16 mm²；铝材料的截面积不应小于 25 mm²；铁材料的截面积不应小于 50 mm²。
	SPD	当低压配电线路安装多级 SPD 时，电压开关型 SPD 至限压型 SPD 之间的线路长度小于 10 m、限压型 SPD 之间的线路长度小于 5 m 时，在两级 SPD 之间应加装退耦装置。当 SPD 具有能量自动配合功能时，SPD 之间的线路长度不受限制。SPD 应有过流保护装置和劣化显示功能，SPD 连接线的选用见表 B.5。
		信号线路 SPD 的选用和安装见 GB 50343—2012 中 5.4 和 6.5 的规定。

表 B.5 SPD 连接线的选用

单位为平方毫米

SPD 级数	SPD 类型	SPD 连接相线铜导线的截面积	SPD 接地端连接铜导线的截面积
第一级	开关型或限压型	6	10
第二级	限压型	4	6
第三级	限压型	2.5	4
第四级	限压型	2.5	4
SPD 连接线应短直,总长度不宜大于 0.5 m,组合型 SPD 的截面积参照相应级数的截面积选择。			

附　录　C

（规范性附录）

接地电阻值的测试方法

C.1　接地装置的接地电阻测量

接地装置的工频接地电阻值测量常用三极法和使用接地电阻测试仪法，其测得的值为工频接地电阻值，当需要冲击接地电阻值时，参见附录 D 进行换算。

每次检测都宜固定在同一位置，采用同一台仪器，采用同一种方法测量，记录在案以备下一年度比较性能变化。

三极法的三极是指图 C.1 上的被测接地装置 G，测量用的电压极 P 和电流极 C。图中测量用的电流极 C 和电压极 P 离被测接地装置 G 边缘的距离为 $d_{GC}=(4\sim5)D$ 和 $d_{GP}=(0.5\sim0.6)d_{GC}$，D 为被测接地装置的最大对角线长度，点 P 可以认为是处在实际的零电位区内。为了较准确地找到实际零电位区，可把电压极沿测量用电流极与被测接地装置之间连接线方向移动三次，每次移动的距离约为 d_{GC} 的 5%，测量电压极 P 与接地装置 G 之间的电压。如果电压表的三次指示值之间的相对误差不超过 5%，则可以把中间位置作为测量用电压极的位置。

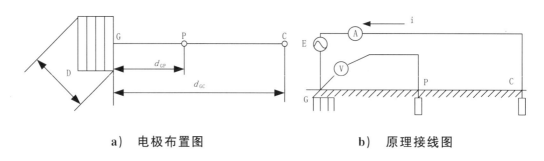

a)　电极布置图　　　　　　　　　　b)　原理接线图

说明：

G ——被测接地装置；

P ——测量用的电压极；

C ——测量用的电流极；

E ——测量用的工频电源；

A ——交流电流表；

V ——交流电压表；

D ——被测接地装置的最大对角线长度。

图 C.1　三极法的原理接线图

把电压表和电流表的指示值 U_G 和 I 代入式 $R_G=U_G/I$ 中，得到被测接地装置的工频接地电阻 R_G。

当被测接地装置的面积较大而土壤电阻率不均匀时，宜将电流极离被测接地装置的距离增大，同时电压极离被测接地装置的距离也相应地增大。

在测量工频接地电阻时，如 d_{GC} 取 $(4\sim5)D$ 值有困难，当接地装置周围的土壤电阻率较均匀时，d_{GC} 可以取 $2D$ 值，而 d_{GP} 取 D 值；当接地装置周围的土壤电阻率不均匀时，d_{GC} 可以取 $3D$ 值，d_{GP} 值取 $1.7D$ 值。

使用接地电阻测试仪进行接地电阻值测量时，宜按选用仪器的要求进行操作。

C.2 测量中需要注意的问题

C.2.1 当被测建筑物是用多根暗敷引下线接至接地装置时，应根据防雷类别所规定的引下线间距在建筑物顶面敷设的接闪带上选择检测点，每一检测点作为待测接地极 G′，由 G′ 将连接导线引至接地电阻仪，然后按仪器说明书的使用方法测试。

C.2.2 当接地极 G′ 和电流极 C 之间的距离大于 40 m 时，电压极 P 的位置可插在 G′、C 连线中间附近，其距离误差允许范围为 10 m，此时仅考虑仪表的灵敏度。当 G′ 和 C 之间的距离小于 40 m 时，则应将电压极 P 插于 G′ 与 C 的中间位置。

C.2.3 三极(G、P、C)应在一条直线上且垂直于地网，应避免平行布置。

C.2.4 当建筑物周边为岩石或水泥地面时，可将 P 极、C 极与平铺放置在地面上每块面积不小于 250 mm×250 mm 的钢板连接，并用水润湿后实施检测。

C.2.5 测量时要避开地下的金属管道、通信线路等。如对地下情况不了解，可多换几个地点测量，进行比较后得出较准确的数据。

C.2.6 在测量过程中，当接地电阻测试仪出现读数不稳定时，可将 G 极连线改成屏蔽线(屏蔽层下端应单独接地)，或选用能够改变测试频率、采用具有选频放大器或窄带滤波器的接地电阻测试仪检测，提高其抗干扰的能力。

C.2.7 当地网带电影响检测时，应查明地网带电原因，在解决带电问题之后测量，或改变检测位置进行测量。

C.2.8 G 极连接线长度宜小于 5 m。当需要加长时，应将实测接地电阻值减去加长线阻值后填入表格。也可采用四极接地电阻测试仪进行检测。加长线线阻应用接地电阻测试仪二级法测量。

C.2.9 首次检测时，在测试接地电阻值符合设计要求的情况下，可通过查阅防雷装置工程竣工图纸、施工安装技术记录等资料，将接地装置的形式、材料、规格、焊接、埋设深度、位置等资料填入防雷装置原始记录表。

附　录　D
（资料性附录）
冲击接地电阻与工频接地电阻的换算

D.1 接地装置冲击接地电阻与工频接地电阻的换算按式（D.1）确定：

$$R_{\sim} = AR_i \qquad\qquad \cdots\cdots\cdots\cdots\cdots(D.1)$$

式中：

$R_{\sim}$——接地装置各支线的长度取值小于或等于接地体的有效长度 l_e 或者有支线大于 l_e 而取其等于 l_e 时的工频接地电阻值，单位为欧姆（Ω）；

A　——换算系数，其数值宜按图 D.1 确定；

R_i——所要求的接地装置冲击接地电阻，单位为欧姆（Ω）。

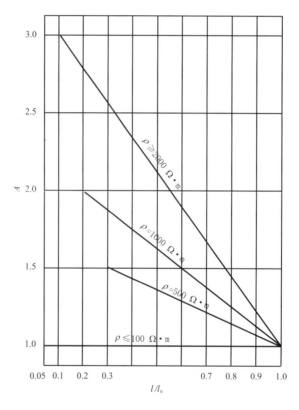

图 D.1　换算系数 A

注 1：l 为接地体最长支线的实际长度，其计量与接地体的有效长度 l_e 类同。当它大于 l_e 时，取其等于 l_e。
注 2：l_e 的计算见 D.2。

D.2 接地体的有效长度 l_e 按式（D.2）确定：

$$l_e \approx 2\sqrt{\rho} \qquad\qquad \cdots\cdots\cdots\cdots\cdots(D.2)$$

式中：

l_e——接地体的有效长度，按图 D.2 计量，单位为米（m）；

ρ——敷设接地体处的土壤电阻率，单位为欧姆米（Ω·m）。

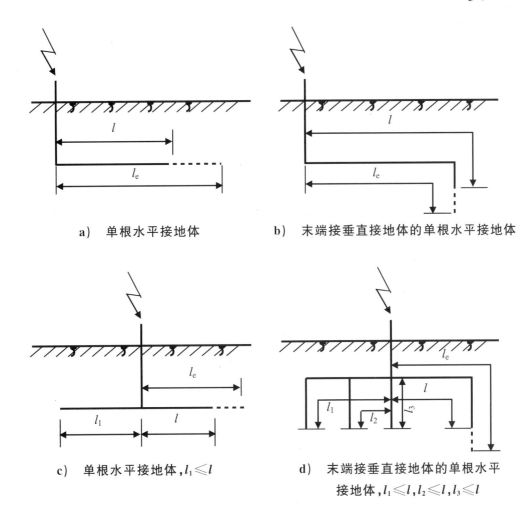

a) 单根水平接地体

b) 末端接垂直接地体的单根水平接地体

c) 单根水平接地体，$l_1 \leqslant l$

d) 末端接垂直接地体的单根水平
接地体，$l_1 \leqslant l,l_2 \leqslant l,l_3 \leqslant l$

图 D.2 接地体有效长度的计量

D.3 环绕建筑物的环形接地体按以下方法确定冲击接地电阻：

    a) 当环形接地体周长的一半大于或等于接地体的有效长度 l_e 时，引下线的冲击接地电阻为从与该引下线的连接点起沿两侧接地体各取 l_e 长度算出的工频接地电阻（换算系数 A 等于 1）。

    b) 当环形接地体周长的一半 l 小于 l_e 时，引下线的冲击接地电阻为以接地体的实际长度算出工频接地电阻再除以 A 值。

D.4 与引下线连接的基础接地体，当其钢筋从与引下线的连接点量起大于 20 m 时，其冲击接地电阻为以换算系数 A 等于 1 和以该连接点为圆心、20 m 为半径的半球体范围内的钢筋体的工频接地电阻。

参 考 文 献

[1] GB/T 9361—2011　计算机场地安全要求

[2] GB/T 17949.1—2000　接地系统的土壤电阻率、接地阻抗和地面电位测量导则　第 1 部分:
常规测量

[3] GB/T 19663—2005　信息系统雷电防护术语

[4] GB/T 21714.1—2015　雷电防护　第 1 部分:总则

[5] GB/T 31067—2014　桥梁防雷技术规范

[6] GB 50054—2011　低压配电设计规范

[7] GB 50156—2012　汽车加油加气站设计与施工规范(2014 年版)

[8] GB 50169—2016　电气装置安装工程接地装置施工及验收规范

[9] GB 50174—2017　数据中心设计规范

[10] GB 50311—2016　综合布线系统工程设计规范

[11] GB 50348—2004　安全防范工程技术规范

[12] GB 50601—2010　建筑物防雷工程施工与质量验收规范

[13] GB/T 50680—2012　城镇燃气工程基本术语标准

[14] DL/T 475—2017　接地装置特性参数测量导则

[15] JTG D80—2006　高速公路交通工程及沿线设施设计通用规范

[16] JTG/T F50—2011　公路桥涵施工技术规范

[17] JTG F80/1—2017　公路工程质量检验评定标准　第一册　土建工程

[18] JTG F80/2—2004　公路工程质量检验评定标准　第二册　机电工程

[19] JTJ 002—1987　公路工程名词术语

ICS 07.060

A 47

备案号：70295—2019

中华人民共和国气象行业标准

QX/T 232—2019

代替 QX/T 232—2014

雷电防护装置定期检测报告编制规范

Complilation specifications for the periodic inspection report of lightning protection system

2019-09-18 发布

2019-12-01 实施

中国气象局 发布

前　　言

本标准按照 GB/T 1.1—2009 给出的规则起草。

本标准代替 QX/T 232—2014《防雷装置定期检测报告编制规范》。与 QX/T 232—2014 相比,除编辑性修改外,主要技术变化如下:

——修改了标准的范围(见第 1 章,2014 年版的第 1 章);

——删除了 GB/T 2887—2011 等规范性引用文件(见 2014 年版的第 2 章);

——删除了"总表""分类表"和"等电位连接"的术语和定义(见 2014 年版的 3.3、3.4 和 3.5);

——增加了"防雷等电位连接"和"数据中心"的术语和定义(见 3.3 和 3.9);

——修改了"雷电防护装置定期检测""检测报告"和"电涌保护器"的术语和定义(见 3.1、3.2 和 3.8,2014 年版的 3.1、3.2 和 3.10);

——修改了雷电防护装置定期检测报告的编制依据(见 4.1,2014 年版的 4.1);

——修改了雷电防护装置定期检测报告的组成(见 4.2,2014 年版的 4.2);

——增加了雷电防护装置定期检测报告的"声明"和"综述表"的要求(见 4.3.3 和 4.3.5);

——修改了雷电防护装置定期检测表的分类和要求(见 4.3.6,2014 年版的 4.3.4);

——删除了检测报告的用词要求(见 2014 年版的 4.4);

——修改了原始记录的分析处理(见 5.1,2014 年版的 5.1);

——修改了检测报告的编码与编号(见 5.2.1,2014 年版的 5.2.1);

——修改了检测报告的编辑与排版(见 5.2.3,2014 年版的 5.2.3);

——修改了检测报告的校核和审批流程(见 5.3,2014 年版的 5.3);

——修改了建筑物雷电防护装置检测表的填表要求(见 6.2,2014 年版的 6.2);

——修改了数据中心雷电防护装置检测表的填表要求(见 7.2,2014 年版的 7.2);

——修改了油(气)站雷电防护装置检测表的填表要求(见 8.2,2014 年版的 8.2);

——修改了油(气)库雷电防护装置检测表的填表要求(见 9.2,2014 年版的 9.2);

——修改了通信局站(基站)雷电防护装置检测表的填表要求(见 10.2,2014 年版的 10.2);

——增加了大型浮顶油罐和输气管道系统雷电防护装置检测表填写要求(见第 11 章和第 12 章);

——修改了附录雷电防护装置定期检测报告封皮要求、检测报告格式和平面示意图格式的属性,由规范性附录改为资料性附录(见附录 A、附录 C 和附录 D,2014 年版的附录 A、附录 B 和附录 C);

——修改了雷电防护装置定期检测报告封皮要求(见附录 A ,2014 年版的附录 A);

——增加了附录 B(资料性附录)雷电防护装置定期检测报告声明格式(见附录 B);

——修改了附录建筑物、数据中心等雷电防护装置检测表的格式(见附录 C,2014 年版的附录 C);

——增加了参考文献。

本标准由全国雷电灾害防御行业标准化技术委员会提出并归口。

本标准起草单位:安徽省气象灾害防御技术中心、亳州市气象局、合肥航太电物理技术有限公司、海南省气象灾害防御技术中心、合肥集云气象科技有限公司、黑龙江省气象灾害防御技术中心、贵州省气象灾害防御技术中心、湖南省气象灾害防御技术中心。

本标准主要起草人:朱浩、高燚、王凯、程文杰、吕东波、李性太、王智刚、王业斌、孙浩、侍瑞、戴灿星、庄道全、邱阳阳、陶寅、鞠晓雨、张春龙、张钢、王皓、程向阳、李燕峰、李志宝。

本标准所代替标准的历次版本发布情况为:

——QX/T 232—2014。

雷电防护装置定期检测报告编制规范

1 范围

本标准给出了雷电防护装置定期检测报告编制的一般规定和具体编制要求,并规定了建筑物、数据中心、油(气)站、油(气)库、通信局站(基站)、大型浮顶油罐和输气管道系统 7 类检测对象报告的格式。

本标准适用于雷电防护装置定期检测报告的编制。

2 规范性引用文件

下列文件对于本文件的应用是必不可少的。凡是注日期的引用文件,仅注日期的版本适用于本文件。凡是不注日期的引用文件,其最新版本(包括所有的修改单)适用于本文件。

GB/T 21431—2015 建筑物防雷装置检测技术规范

GB 50057—2010 建筑物防雷设计规范

GB 50074—2014 石油库设计规范

GB 50156—2012 汽车加油加气站设计与施工规范(2014 年版)

GB 50343—2012 建筑物电子信息系统防雷技术规范

3 术语和定义

下列术语和定义适用于本文件。

3.1

雷电防护装置定期检测 periodic inspection of lightning protection system

对雷电防护装置的设置和性能特性进行定期检查、现场测试和综合分析处理的过程。

3.2

检测报告 inspection report

现场检测后,经综合分析处理出具的雷电防护装置定期检测报告书。

3.3

防雷等电位连接 lightning equipotential bonding;LEB

将分开的诸金属物体直接用连接导体或经电涌保护器连接到防雷装置上以减小雷电流引发的电位差。

[GB 50057—2010,定义 2.0.19]

3.4

外部防雷装置 external lightning protection system

由接闪器、引下线和接地装置组成。

[GB 50057—2010,定义 2.0.6]

3.5

内部防雷装置 internal lightning protection system

由防雷等电位连接和与外部防雷装置的间隔距离组成。

[GB 50057—2010,定义 2.0.7]

3.6

共用接地系统 common earthing system

将各部分防雷装置、建筑物金属构件、低压配电保护线(PE)、设备保护地、屏蔽体接地、防静电接地和信息设备逻辑地等连接在一起的接地装置。

［GB 21431—2015,定义 3.6］

3.7

屏蔽 shielding

一个外壳、屏障或其他物体(通常具有导电性),能够削弱一侧的电、磁场对另一侧的装置或电路的作用。

［GB/T 19663—2005,定义 6.2］

3.8

电涌保护器 surge protective device;SPD

用于限制瞬态过电压和泄放电涌电流的电器,它至少含有一个非线性的元件。

［GB/T 18802.1—2011,定义 3.1］

3.9

数据中心 data center

为集中放置的电子信息设备提供运行环境的建筑场所,可以是一栋或者几栋建筑物,也可以是一栋建筑物的一部分,包括主机房、辅助区、支持区和行政管理区等。

［GB 50174—2017,定义 2.0.1］

4 一般规定

4.1 编制依据

4.1.1 现场检测原始记录。

4.1.2 检测依据的国家标准、行业标准和地方标准。

4.1.3 委托单位提供的以下雷电防护装置资料:

——设计资料;

——竣工资料;

——验收资料。

4.1.4 历史检测资料。

4.2 检测报告的组成

由封面、声明、总表、综述表、检测表、雷电防护装置检测平面示意图和封底等组成。

4.3 检测报告的格式

4.3.1 页码

从总表开始顺序编号、编成第×页共×页,置于该页右上角。

4.3.2 封面

宜采用硬皮纸印刷成通用文本,包括正面和背面两部分,其他要求参见附录 A。

4.3.3 声明

应包含对于本次定期检测报告法律性和有效性的声明,检测机构的检测资质和相关信息的说明。

声明的格式参见附录 B。

4.3.4 总表

4.3.4.1 包含档案编号、委托单位名称、地址、联系部门、负责人、电话、邮政编码、检测项目、本次检测时间、下次检测时间、检测机构(公章)、签发人和检测机构基本信息,格式参见附录 C 中的图 C.1。

4.3.4.2 当委托单位在同一城市有多处被检场所时,委托单位地址填写委托单位在该城市的总部地址,检测项目有多处检测场所时应在检测表中分别填写。

4.3.4.3 检测项目列表内的项目名称,应与其后检测表中的各项目名称相对应。

4.3.4.4 当一个单位检测周期有半年和一年时,应将一年和半年的检测项目分开编号归档,分成两个检测报告。当一个单位检测周期为半年时,应将上下半年的检测项目分开编号,归档和出具报告。

4.3.4.5 检测周期从本次检测结束时间按半年或一年计算,下次检测时间从检测周期结束日的第二天开始算起。

4.3.4.6 签发人应用黑色的钢笔或碳素笔签署。

4.3.4.7 检测机构(公章)栏应盖检测机构的公章,不应盖检测专用章,综述表的检测综合结论栏和分类检测表的技术评定栏盖检测专用章。

4.3.5 综述表

4.3.5.1 包含档案编号、委托单位名称、编制依据、检测仪器的名称、测量范围、校准有效截止日期、检测综合结论、编制人、校核人和技术负责人等基本信息,参见附录 C 中的图 C.2。

4.3.5.2 编制依据栏按照检测报告编制所采用的国家标准、行业标准、委托单位提供的雷电防护装置资料和检测委托协议依次填写。

4.3.5.3 检测仪器栏按照仪器名称、测量范围和校准有效截止日期一一对应填写。

4.3.5.4 检测综合结论栏应包括对于此次检测报告原始数据来源,检测结果的合格与否进行说明,对于不符合标准规范条款项应给出详细说明,并给出判断依据。检测综合结论栏处应加盖检测机构专用章。

4.3.5.5 编制人、校核人和技术负责人应用黑色的钢笔或碳素笔签署。

4.3.6 检测表

4.3.6.1 检测表分七类,可选择使用:
——建筑物雷电防护装置检测表(格式参见附录 C 中的图 C.3);
——数据中心雷电防护装置检测表(格式参见附录 C 中的图 C.4);
——油(气)站雷电防护装置检测表(格式参见附录 C 中的图 C.5);
——油(气)库雷电防护装置检测表(格式参见附录 C 中的图 C.6);
——通信局站(基站)雷电防护装置检测表(格式参见附录 C 中的图 C.7);
——大型浮顶油罐雷电防护装置检测表(格式参见附录 C 中的图 C.8);
——输气管道系统雷电防护装置检测表(格式参见附录 C 中的图 C.9)。

4.3.6.2 4.3.6.1中的7类检测表应分别按照第6章、第7章、第8章、第9章、第10章、第11章和第12章的要求进行编制。

4.3.6.3 检测表不设档案编号,检测专用(章)下的日期为该项目的报告签发时间。

4.3.7 平面示意图

4.3.7.1 平面示意图应包含图号、图例、方位标示和人员签字。方位标示的大小和图上位置参见附录 D。

4.3.7.2 平面示意图不设页码,以图号来检索和区分。

4.3.7.3 平面示意图应含检测对象的基本要素:

——被检对象基本形状;

——被检对象长、宽、高;

——接闪器;

——引下线;

——接地装置;

——检测点;

——电气预留点;

——配线拓扑和SPD示意图。

4.3.7.4 图例应列出出现的符号和意义,常见的制图符号可参见附录E列出的国家标准。

4.3.8 封底

宜采用硬皮纸印刷成通用文本,大小格式等与封皮相对应。

5 编制要求

5.1 原始记录的分析处理

5.1.1 工频电阻应进行线阻订正,检测仪器本身已经进行线阻订正的除外。

5.1.2 电阻值为工频接地电阻,当需要用冲击接地电阻表示接地电阻时,应同时测量和记录接地装置附近的土壤电阻率,按照GB 50057—2010附录C的方法将工频接地电阻换算为冲击接地电阻。

5.2 检测报告

5.2.1 编码与编号

5.2.1.1 检测机构宜根据"检测机构资质证编号"+"[年份]"+"四位编码"的模式对检测档案进行顺序编号,"四位编码"宜按照该年份检测对象的检测时间从0001开始按升序进行排列。

示例:"(资质证编号)[2016]0001"为×××检测机构(资质证编号)2016年的第1个受检对象的检测档案编号。

5.2.1.2 平面示意图上的图号应按"年"+"-"+"四位编码"+"-"+"三位编码"进行编号,其中"四位编码"应与档案编号中的"四位编码"一致,"三位编码"从001开始顺序编排。

示例:2016-0021-001。

5.2.1.3 平面示意图上检测点应进行编号。

5.2.2 计量单位与符号

5.2.2.1 使用的计量单位和符号应符合国家计量标准,计量单位的国家标准参见附录F。

5.2.2.2 雷电防护装置检测数据的计算和整理应按照GB/T 21431—2015,8.2的规定使用数值修约比较法。建筑物和被保护物长宽高以及接闪器、引下线、接地体长度等大尺寸物体的计量单位为米(m),数值保留小数一位;扁钢、圆钢、角钢、钢板厚度、线截面半径等的计量单位为毫米(mm),数值直接取整数不再保留小数;电阻值计量单位为欧姆(Ω),过渡电阻保留两位小数,其他接地电阻保留一位小数。

5.2.3 编辑与排版

5.2.3.1 检测表格宜采用A4幅面纵排,平面示意图宜采用A4幅面横排,表图名称宜用宋体小二号加粗居中排版,表头、表尾和表内文字宜采用宋体五号排版,参见附录C和附录D。

5.2.3.2 报告文字中句号、逗号、顿号、分号和冒号占一个字符位置,居左偏下,不出现在一行之首;引号、括号、书名号的前一半不出现在一行之末,后一半不出现在一行之首;破折号和省略号都占两个字的位置,中间不能断开,上下居中。

5.2.3.3 检测报告中的空栏,当无此检测项目时应采用"—"填写,当无法检测时应采用"/"填写。

5.2.3.4 应使用电子档进行编辑,并保证电子档文件在同一地区的兼容性。

5.2.3.5 宜使用图形软件进行编辑,并保证图形文件在同一地区的兼容性。

5.3 校核和审批流程

5.3.1 雷电防护装置定期检测报告宜采用网上电子审核。

5.3.2 总表应经检测机构主要负责人或委托的授权签字人签发,并加盖检测机构公章。

5.3.3 综述表应经校核人初审和技术负责人终审方能打印文本,应有编制人、技术负责人和校核人用黑色的钢笔或碳素笔签字,并在检测综合结论栏加盖检测机构公章。

5.3.4 检测表应经校核人初审和技术负责人终审方能打印文本,应有技术负责人、校核人和不少于两名检测人用黑色的钢笔或碳素笔签字,并在技术评定栏加盖检测专用章。

5.3.5 一份完整的雷电防护装置定期检测报告,应按图1规定的流程校核审批才能送出。

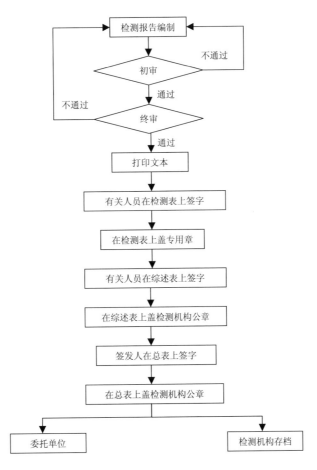

图1 雷电防护装置定期检测报告校核审批流程图

6 建筑物雷电防护装置检测表

6.1 使用范围

6.1.1 涉及第一类、第二类、第三类防雷建筑物的雷电防护装置定期检测报告,宜采用图 C.3 格式。

6.1.2 每栋独立建筑物可作为一个检测对象,主楼与裙房连为一体的,宜视为两个检测对象,分别填写检测表。

6.1.3 当项目的检测内容存在多种情形时,宜根据实际情况自行进行扩充并逐一进行填写。

6.2 填表要求

6.2.1 项目基本信息

6.2.1.1 项目名称、地址、联系人和电话栏按照实际信息进行填写。

6.2.1.2 检测日期和天气栏应填写该对象检测时的时间和天气情况信息。

6.2.2 建筑物

6.2.2.1 建筑物的高度、面积和层数宜根据竣工资料或者委托单位提供的资料来填写。

6.2.2.2 建筑物的主要用途应说明受检建筑物的使用性质,如商用、住宅、办公、工业厂房等。

6.2.2.3 防雷类别宜根据竣工资料或者 GB 50057—2010,3.0.2~3.0.4 及 4.5.1 的要求进行判别。

6.2.3 检测结果和单项评定

6.2.3.1 检测内容的检测结果栏根据现场检测的数据进行填写,并应符合第 5 章的规定。

6.2.3.2 单项评定栏按照所对应的规范标准要点进行判断,填写"符合"或者"不符合"。

6.2.4 技术评定

6.2.4.1 技术评定为检测项目或建筑物的检测结论,检测机构应对不符合规范要求的项目分别进行说明,并加盖检测专用章,年月日为该项目或建筑物检测表的最终审核时间。

6.2.4.2 检测人、校核人和技术负责人签字应符合 5.3.4 的规定。

7 数据中心雷电防护装置检测表

7.1 使用范围

7.1.1 涉及建筑物内数据中心的雷电防护装置定期检测报告,宜采用图 C.4 格式。

7.1.2 数据中心所在建筑物的雷电防护装置检测报告,宜采用图 C.3 格式表编制,并与其他检测表按顺序编号。

7.1.3 当项目的检测内容存在多种情形时,宜根据实际情况自行进行扩充并逐一进行填写。

7.2 填表要求

7.2.1 项目基本信息

图 C.4 表中项目基本信息填写应符合 6.2.1 的规定。

7.2.2 数据中心

7.2.2.1 数据中心所在建筑物的总层数、防雷类别、主体结构、楼层和面积和数据中心名称宜根据竣工资料或者委托单位提供的资料来填写。

7.2.2.2 数据中心雷电防护等级按照 GB 50343—2012 第 4 章雷电防护等级的分级方法来填写。

7.2.2.3 数据中心温度、湿度和设备距外墙、柱、窗距离根据现场检测的数据进行填写。

7.2.3 检测结果、单项评定和技术评定

7.2.3.1 检测内容和单项评定栏的填写应符合 6.2.3 的规定。

7.2.3.2 技术评定栏的填写和盖章应符合 6.2.4 的规定。

8 油(气)站雷电防护装置检测表

8.1 使用范围

8.1.1 涉及加油加气站雷电防护装置定期检测报告,宜采用图 C.5 格式。

8.1.2 油(气)站中非油罐区和生产区的单体建筑物雷电防护装置检测报告,宜采用图 C.3 格式表编制,并与其他检测表按顺序编号。

8.1.3 当项目的检测内容存在多种情形时,宜根据实际情况自行进行扩充并逐一进行填写。

8.2 填表要求

8.2.1 项目基本信息

图 C.5 表中项目基本信息填写应符合 6.2.1 的规定。

8.2.2 油(气)站

8.2.2.1 油(气)站中罩棚和站房的高度、建筑面积宜根据竣工资料或者委托单位提供的资料来填写。

8.2.2.2 罩棚和站房防雷类别的填写应根据 GB 50057—2010,3.0.2~3.0.4 及 4.5.1 的要求,爆炸性气体环境分区应符合 GB 50156—2012(2014 年版)附录 C 的要求。

8.2.3 检测结果、单项评定和技术评定

8.2.3.1 检测内容和单项评定栏的填写应符合 6.2.3 的规定。

8.2.3.2 技术评定栏的填写和盖章应符合 6.2.4 的规定。

9 油(气)库雷电防护装置检测表

9.1 使用范围

9.1.1 涉及石油库、天然气库、液化气库(站)的雷电防护装置定期检测报告,宜采用图 C.6 格式。

9.1.2 当项目的检测内容存在多种情形时,宜根据实际情况自行进行扩充并逐一进行填写。

9.2 填表要求

9.2.1 项目基本信息

图 C.6 表中基本信息的填写应符合 6.2.1 的规定。

9.2.2 油(气)库

9.2.2.1 油(气)库名称、高度、建筑面积和罐名称、性质、规模等信息宜根据竣工资料或者委托单位提

供的资料来填写。

9.2.2.2 防雷类别宜根据竣工资料或者 GB 50057—2010,3.0.2～3.0.4 及 4.5.1 的要求,爆炸性气体环境分区应符合 GB 50074—2014 附录 B 的要求。

9.2.3 检测结果、单项评定和技术评定

9.2.3.1 检测内容和单项评定栏的填写应符合 6.2.3 的规定。

9.2.3.2 技术评定栏的填写和盖章应符合 6.2.4 的规定。

10 通信局站(基站)雷电防护装置检测表

10.1 使用范围

10.1.1 涉及新建、改建、扩建和利用商品房做机房的移动通信基站以及通信局站,若不能划分为单体建筑物或独立电子系统的,其雷电防护装置定期检测报告宜采用图 C.7 格式。

10.1.2 通信局站内单体建筑物的雷电防护装置定期检测报告,宜采用图 C.3 格式,并与其他检测表顺序编号。

10.1.3 通信局站内独立系统数据中心的雷电防护装置定期检测报告,宜采用图 C.4 格式,并与其他检测表顺序编号。

10.1.4 当项目的检测内容存在多种情形时,宜根据实际情况自行进行扩充并逐一进行填写。

10.2 填表要求

10.2.1 项目基本信息

图 C.7 表中基本信息的填写应符合 6.2.1 的规定。

10.2.2 防雷类别

防雷类别宜根据竣工资料、委托单位提供的资料来填写或者根据 GB 50057—2010,3.0.2～3.0.4 及 4.5.1 的要求来判定。

10.2.3 检测结果、单项评定和技术评定

10.2.3.1 检测内容和单项评定栏的填写应符合 6.2.3 的规定。

10.2.3.2 技术评定栏的填写和盖章应符合 6.2.4 的规定。

11 大型浮顶油罐雷电防护装置检测表

11.1 使用范围

11.1.1 涉及容量超过 50000 m³ 的储存原油、成品油的浮顶油罐雷电防护装置定期检测报告,宜采用图 C.8 格式。

11.1.2 如委托单位涉及加油(气)站的雷电防护装置定期检测报告,宜采用图 C.5 格式表。

11.1.3 如委托单位涉及油(气)库的雷电防护装置定期检测报告,宜采用图 C.6 格式表。

11.1.4 当项目的检测内容存在多种情形时,宜根据实际情况自行进行扩充并逐一进行填写。

11.2 填表要求

11.2.1 项目基本信息

图 C.8 表中基本信息的填写应符合 6.2.1 的规定。

11.2.2 油罐

11.2.2.1 油罐名称、储油性质和规模宜根据竣工资料或者委托单位提供的资料来填写。

11.2.2.2 防雷类别宜根据竣工资料、委托单位提供的资料来填写或者根据 GB 50057—2010，3.0.2～3.0.4 及 4.5.1 的要求来判定。

11.2.3 检测结果、单项评定和技术评定

11.2.3.1 检测内容和单项评定栏的填写应符合 6.2.3 的规定。

11.2.3.2 技术评定栏的填写和盖章应符合 6.2.4 的规定。

12 输气管道系统雷电防护装置检测表

12.1 使用范围

12.1.1 涉及陆上天然气、煤气和油气输送管道装置雷电防护装置定期检测报告，宜采用图 C.9 格式表。

12.1.2 如委托单位涉及加油加气站雷电防护装置检测，宜采用图 C.5 格式表编制检测报告。

12.1.3 当项目的检测内容存在多种情形时，宜根据实际情况自行进行扩充并逐一进行填写。

12.2 填表要求

12.2.1 项目基本信息

图 C.9 表中基本信息的填写应符合 6.2.1 的规定。

12.2.2 输气站和阀室

12.2.2.1 输气站和阀室的名称、高度和建筑面积应按照委托单位提供的资料或者竣工图纸来填写。

12.2.2.2 防雷类别宜根据竣工资料、委托单位提供的资料来填写或者根据 GB 50057—2010，3.0.2～3.0.4 及 4.5.1 的要求来判定。

12.2.3 检测结果、单项评定和技术评定

12.2.3.1 检测内容和单项评定栏的填写应符合 6.2.3 的规定。

12.2.3.2 技术评定栏的填写和盖章应符合 6.2.4 的规定。

附 录 A

（资料性附录）

雷电防护装置定期检测报告封面格式

A.1 幅面

封面幅面大小宜为 A4,纵向印制,不留装订线。

A.2 特性元素

封面宜由各检测机构自行进行封面设计,有 LOGO 的可以加注到封面。

A.3 正面

封面正面"雷电防护装置定期检测报告"分二行排版,为黑体小初号,封面正面"×××（检测机构名称）制定"一行排版,为黑体小一号,"×××（委托单位名称）"一行排版,为黑体小一号,"×××（报告编码）"一行排版,宋体二号置于封面右上角。

A.4 其他

封面由各检测机构制定,印有检测机构的名称并加盖公章。

附　录　B

（资料性附录）

雷电防护装置定期检测报告声明格式

B.1　检测报告的法律性和有效性声明

有下列行为之一者,本次检测报告无效:

——无检测机构公章;

——无"签发人、编制人、检测人、校核人、技术负责人"签名;

——涂改或缺页;

——未经检测机构授权,检测报告复印件无效。

B.2　检测机构信息

检测机构宜对机构如下信息进行声明:

——检测机构名称;

——检测资质;

——地址;

——邮编;

——联系电话。

附　录　C

（资料性附录）

雷电防护装置定期检测报告用表格式

　　雷电防护装置定期检测报告总表是检测情况和信息的汇总,格式见图 C.1。综述表是对检测依据、检测仪器和检测综合结论的说明,格式见图 C.2。根据受检行业的特点,将检测报告分为建筑物、数据中心、油（气）站、油（气）库、通信局站（基站）、大型浮顶油罐、输气管道系统这七类来编制,雷电防护装置检测表格式分别见图 C.3～图 C.9。

雷电防护装置定期检测报告总表

编号:(××××)［××××］××××
　　　　　　　　　　　　　　　　　　　　　　　　　　　　　　　　　　第×页 共×页

委托单位				地址			
联系部门		负责人		电话		邮编	
检测项目列表							
序号	项目名称				备注		
1							
2							
3							
4							
5							
6							
7							
8							
9							
10							
本次检测时间							
年　月　日			至	年　月　日			
下次检测时间				检测机构（公章） 年　月　日			
年　月　日以前							
签发人							

检测单位:××××　　　　　　　　　　地址:××××　　　　　　　　　　电话:××××

图 C.1　雷电防护装置定期检测报告总表格式

雷电防护装置定期检测报告综述表

委托单位			
编制依据			
检测仪器	名称	测量范围	校准有效截止日期
检测综合结论			

检测机构(公章)

年　　月　　日

编制人		校核人		技术负责人	

图 C.2　雷电防护装置定期检测报告综述表格式

建筑物雷电防护装置检测表

项目名称				地址				天气	
联系人				电话		检测日期			
建筑物	高度(m)	面积	占地	(m²)	层数	地上	层	主要用途	防雷类别
			建筑	(m²)		地下	层		

检测内容		规范标准/要点	检测结果	单项评定
接闪器	接闪器类型	杆、带、网、线		
	高度	—		
	材质规格	GB 50057—2010,5.2		
	锈蚀	锈蚀、无锈蚀		
	网格尺寸	GB 50057—2010,5.2.12		
	保护范围	GB 50057—2010 附录 D		
	接地电阻	GB/T 21431—2015,5.4.1		
屋面设备	金属构件或设备名称	—		
	与接闪器连接材料规格	GB 50057—2010,5.1.2		
	锈蚀	锈蚀、无锈蚀		
	过渡电阻	<0.2 Ω		
引下线	形式	明敷、暗敷		
	数量	—		
	平均间距	GB 50057—2010,4.2.4、4.3.3、4.4.3		
	材料规格	GB 50057—2010,5.2.1		
	工艺质量	—		
	断接卡	GB 50057—2010,5.3.6		
	防接触电压	GB 50057—2010,4.5.6		
侧击雷防护	防护起始高度	GB 50057—2010,4.2.4、4.3.9、4.4.8		
	金属构件名称	—		
	过渡电阻	<0.2 Ω		
接地装置	形式	自然、人工、混合		
	接地方式	共用、独立		
	防跨步电压	GB 50057—2010,4.5.6		
	接地电阻	GB/T 21431—2015,5.4.1		

图 C.3　建筑物雷电防护装置检测表格式

检测内容		规范标准/要点	检测结果	单项评定
电气线路	敷设形式	架空、沿屋面、沿女儿墙、埋地		
	等电位连接情况	GB 50057—2010,6.3.3、6.3.4		
	线缆屏蔽方式	穿金属管、金属线槽、无屏蔽		
	屏蔽层接地	有、无		
	接地电阻	GB/T 21431—2015,5.4.1		
信号线路	敷设形式	架空、沿屋面、沿女儿墙、埋地		
	等电位连接情况	GB 50057—2010,6.3.3、6.3.4		
	线缆屏蔽方式	穿金属管、金属线槽、无屏蔽		
	屏蔽层接地	有、无		
	接地电阻	GB/T 21431—2015,5.4.1		
等电位连接	设备名称	—		
	等电位连接导体材料	GB 50057—2010,5.1.2		
	等电位连接导体规格	GB 50057—2010,5.1.2		
	连接质量	—		
	过渡电阻	<0.2 Ω		
低压配电系统的 SPD	型号	—		
	安装位置	—		
	数量	—		
	运行情况	GB/T 21431—2015,5.8.2.7		
	I_{imp}/I_n	GB/T 21431—2015,5.8.2		
	压敏电压 U_{1mA}	GB/T 21431—2015,5.8.5.1		
	漏电流 I_{ie}	GB/T 21431—2015,5.8.5.2		
	连接导体的材料和规格	GB 50057—2010,5.1.2		
	接地线长度	GB/T 21431—2015,5.8.1		
	过电流保护	GB/T 21431—2015,5.8.2.6		
	过渡电阻	<0.2 Ω		
信号系统的 SPD	型号	—		
	安装位置	—		
	数量	—		
	I_{imp}/I_n	GB/T 21431—2015,5.8.3		
	连接导体的材料和规格	GB 50057—2010,5.1.2		
	接地线长度	GB/T 21431—2015,5.8.1		
技术评定				
			检测专用(章) 年　月　日	
检测人		校核人	技术负责人	

图 C.3　建筑物雷电防护装置检测表格式(续)

数据中心雷电防护装置检测表

项目名称				
项目地址				
联 系 人		联系电话		
检测日期		天气		
基本信息				
检测项目		基 本 状 况		
1	建筑物总层数/防雷类别			
2	建筑物结构/数据中心楼层/面积			
3	数据中心名称/雷电防护等级			
4	数据中心温度/湿度			
5	设备距外墙、柱、窗距离(m)			
直击雷和侧击雷防护措施				
检测项目		规范标准/要点	检测结果	单项评定
1	建筑物接闪器形式、性能	杆、带、网、线		
2	室外天线防直击雷保护性能	天线在 LPZ0$_B$ 防护区内、		
3	室外天线基座等连接情况及规格	基座就近接地		
4	均压环和引下线的位置、数量	GB 50057—2010 第 5 章		
5	防雷接地方式、电阻值	≤10 Ω		
6	机房金属幕墙、外窗接地性能	GB 50057—2010 第 5 章		
机房等电位连接、线路敷设及屏蔽措施				
检测项目		规范标准/要点	检测结果	单项评定
1	等电位连接类型、材料	S 型、M 型/铜排、扁钢		
2	总等电位连接带规格及连接情况	≥50 mm²		
3	设备局部等电位连接线规格及连接情况	≥16 mm²(钢)、≥6 mm²(铜)		
4	环形导体、支架格栅等接地	共用接地系统取最小值		
5	金属管道、线槽、桥架等	防雷区界面处接地		
6	配电柜、箱、盘	接地		
7	电源线路敷设及屏蔽情况	埋地、护套、屏蔽、接地 强、弱电线路分开敷设		
8	信号线路(天馈、控制等)敷设及屏蔽情况			
9	机房屏蔽情况	门、窗、地板等屏蔽情况		
10	非金属外壳设备屏蔽	金属屏蔽网/室、等电位连接并接地		
11	光缆金属构件(接头、加强芯等)	共用接地系统取最小值		
12	数据中心电磁兼容性能测试	视数据中心具体要求		
备注:				

图 C.4 数据中心雷电防护装置检测表格式

电源接地方式及机房防静电性能				
	检测项目	规范标准/要点	检测结果	单项评定
1	引入形式	不宜采用架空线路		
2	电源接地方式	TN 供电时采用 TN-S		
3	表面静电电位	≤1 kV		
4	静电地板网格支架接地电阻值	共用接地系统取最小值		

电涌保护器				
	检测内容	规范标准/要点	检测结果	单项评定
低压配电系统的 SPD	型号	—		
	安装位置	—		
	数量	—		
	运行情况	GB/T 21431—2015,5.8.2.7		
	I_{imp}/I_n	GB/T 21431—2015,5.8.2		
	压敏电压 U_{1mA}	GB/T 21431—2015,5.8.5.1		
	漏电流 I_{ie}	GB/T 21431—2015,5.8.5.2		
	连接导体的材料和规格	GB 50057—2010,5.1.2		
	接地线长度	GB/T 21431—2015,5.8.1		
	过电流保护	GB/T 21431—2015,5.8.2.6		
	过渡电阻	<0.2 Ω		
信号系统的 SPD	型号	—		
	数量	—		
	安装质量	—		
	I_{imp}/I_n	GB/T 21431—2015,5.8.3		
	连接导体的材料和规格	GB 50057—2010,5.1.2		
	接地线长度	GB/T 21431—2015,5.8.1		

技术评定

检测专用(章)

年　　月　　日

检测人		校核人		技术负责人	

图 C.4 数据中心雷电防护装置检测表格式(续)

油(气)站雷电防护装置检测表

项目名称					联系人	
地 址					电 话	
检测时间					天气情况	
油(气)站	罩棚	高度		站房	高度	
		建筑面积			建筑面积	
		防雷等级			防雷类别	
建筑物、油罐及相关设施		规范标准/要点	类型规格	检测位置	检测结果	单项评定
罩棚		GB/T 21431—2015，5.4.1				
站房						
油(气)罐体						
供电电缆金属护套						
信息线路金属护套						
通风管						
卸油(车)管口						
加油机						
加油枪						

图 C.5　油(气)站雷电防护装置检测表格式

加油枪				

供配电系统检测项目	规范标准/要点	检测结果	单项评定
引入方式	采用电缆并直埋敷设		
接地型式	采用 TN-S 系统		

电涌保护器				
检测内容		规范标准/要点	检测结果	单项评定
低压配电系统的SPD	型号	—		
	安装位置	—		
	数量	—		
	运行情况	GB/T 21431—2015,5.8.2.7		
	I_{imp}/I_n	GB/T 21431—2015,5.8.2		
	压敏电压 U_{1mA}	GB/T 21431—2015,5.8.5.1		
	漏电流 I_{ie}	GB/T 21431—2015,5.8.5.2		
	连接导体的材料和规格	GB 50057—2010,5.1.2		
	接地线长度	GB/T 21431—2015,5.8.1		
	过电流保护	GB/T 21431—2015,5.8.2.6		
	过渡电阻	<0.2 Ω		
信号系统的SPD	型号	—		
	安装位置	—		
	数量	—		
	I_{imp}/I_n	GB/T 21431—2015,5.8.3		
	连接导体的材料和规格	GB 50057—2010,5.1.2		
	接地线长度	GB/T 21431—2015,5.8.1		

技术评定

检测专用(章)

年　月　日

检测人		校核人		技术负责人	

图 C.5　油(气)站雷电防护装置检测表格式(续)

QX/T 232—2019

油(气)库雷电防护装置检测表

第×页 共×页

项目名称				联系人	
项目地址				电话	
防雷类别		检测日期		天气情况	
建筑物名称		高度		建筑面积	
检测内容		规范标准/要点		检测结果	单项评定
接闪器	接闪器类型	杆、带、网、线			
	高度	—			
	材质规格	GB 50057—2010,5.2			
	锈蚀	锈蚀、无锈蚀			
	网格尺寸	GB 50057—2010,5.2.12			
	保护范围	GB 50057—2010 附录 D			
	接地电阻	GB/T 21431—2015,5.4.1			
引下线	形式	明敷、暗敷			
	数量	—			
	平均间距	GB 50057—2010,4.2.4、4.3.3、4.4.3			
	材料规格	GB 50057—2010,5.3.1			
	工艺质量	—			
	断接卡	GB 50057—2010,5.3.6			
	防接触电压	GB 50057—2010,4.5.6			
接地装置	形式	自然、人工、混合			
	接地方式	共用、独立			
	防跨步电压	GB 50057—2010,4.5.6			
	接地电阻	GB/T 21431—2015,5.4.1			
低压配电线路	敷设形式	架空、沿屋面、沿女儿墙、埋地			
	等电位连接情况	GB 50057—2010,6.3.3、6.3.4			
	线缆屏蔽方式	穿金属管、金属线槽、无屏蔽			
	屏蔽层接地	有、无			
	接地电阻	GB/T 21431—2015,5.4.1			
信号线路	敷设形式	架空、沿屋面、沿女儿墙、埋地			
	等电位连接情况	GB 50057—2010,6.3.3、6.3.4			
	线缆屏蔽方式	穿金属管、金属线槽、无屏蔽			
	屏蔽层接地	有、无			
	接地电阻	GB/T 21431—2015,5.4.1			

图 C.6 油(气)库雷电防护装置检测表格式

134

电涌保护器				
检测内容		规范标准/要点	检测结果	单项评定
低压配电系统的SPD	型号	—		
	安装位置	—		
	数量	—		
	运行情况	GB/T 21431—2015,5.8.2.7		
	I_{imp}/I_n	GB/T 21431—2015,5.8.2		
	压敏电压 U_{1mA}	GB/T 21431—2015,5.8.5.1		
	漏电流 I_{ie}	GB/T 21431—2015,5.8.5.2		
	连接导体的材料和规格	GB 50057—2010,5.1.2		
	接地线长度	GB/T 21431—2015,5.8.1		
	过电流保护	GB/T 21431—2015,5.8.2.6		
	过渡电阻	$<0.2\ \Omega$		
信号系统的SPD	型号	—		
	安装位置	—		
	数量	—		
	I_{imp}/I_n	GB/T 21431—2015,5.8.3		
	连接导体的材料和规格	GB 50057—2010,5.1.2		
	接地线长度	GB/T 21431—2015,5.8.1		

罐名称		性质		规模	
检测内容		规范标准/要点		检测结果	单项评定
顶板	类型	金属、非金属			
	材质规格	GB 50057—2010,5.2.7			
	接地电阻值	$\leqslant10\ \Omega$			
	运行情况	锈蚀、无锈蚀			
	连接线类型	GB 50057—2010,5.1			
	连接线材质规格	GB 50057—2010,5.1			
接地装置	接地线数量、材质规格	GB 50057—2010,5.4.1			
	接地线间隔	$\leqslant30\ m$			
	接地装置类型	人工、自然、混合			
	接地电阻值	$\leqslant10\ \Omega$			

装卸台				
检测内容		规范标准/要点	检测结果	单项评定
栈桥类型		铁路、汽车、码头		
栈桥接地电阻值		GB/T 21431—2015,5.4.1		
铁轨类型		高压进入、高压不进入		
铁轨接地电阻值		GB/T 21431—2015,5.4.1		
鹤管接地电阻值		GB/T 21431—2015,5.4.1		

图 C.6 油(气)库雷电防护装置检测表格式(续)

装卸台			
检测内容	规范标准/要点	检测结果	单项评定
信息电缆敷设情况	屏蔽、不屏蔽		
信息电缆接地电阻值	GB/T 21431—2015,5.4.1		
防静电装置			
检测内容	规范标准/要点	检测结果	单项评定
输油管道接地类型	共用、未共用		
输油管道接地电阻值	GB/T 21431—2015,5.4.1		
输油管道接地点数	—		
罐装设施类型	油罐车、油桶		
罐装设施跨接情况	跨接、未跨接		
人体消除静电装置位置	—		
人体消除静电装置接地电阻值	GB/T 21431—2015,5.4.1		
技术评定			

检测专用(章)

年　　月　　日

检测人		校核人		技术负责人	

图 C.6　油(气)库雷电防护装置检测表格式(续)

通信局站(基站)库雷电防护装置检测表

项目名称				联系人		
项目地址				电 话		
防雷类别			检测日期		天气情况	

直击雷防护措施				
检测内容		规范标准/要点	检测结果	单项评定
铁塔	铁塔高度	—		
	铁塔塔身规格	—		
	铁塔塔身连接方式	—		
	铁塔离机房距离	—		
	接闪杆材质规格	GB 50057—2010,5.2.1		
	接闪杆长度	—		
接地装置	接地线数量	—		
	接地线规格	GB 50057—2010,5.4.1		
	接地装置类型	独立、共用		
	测试点接地电阻	GB/T 21431—2015,5.4.1		

防雷电波侵入措施			
检测内容	规范标准/要点	检测结果	单项评定
配电变压器接地电阻	GB/T 21431—2015,5.4.1		
电源接地形式	—		
电源线路 SPD 安装级数	—		
信号线路 SPD 安装级数	—		
天馈线 SPD 安装级数	—		
光缆防雷接地电阻	GB/T 21431—2015,5.4.1		
入户电缆屏蔽层接地电阻	GB/T 21431—2015,5.4.1		
入户处电缆桥架接地电阻	GB/T 21431—2015,5.4.1		
接地引入线规格	GB/T 33676—2017,6.4.1		
接地引入线接地电阻	GB/T 21431—2015,5.4.1		
垂直接地汇集线规格	GB 50057—2010,5.4.1		
垂直接地汇集线接地电阻	GB/T 21431—2015,5.4.1		
天馈线屏蔽层接地位置	—		
天馈线屏蔽层接地电阻	GB/T 21431—2015,5.4.1		

等电位连接装置			
等电位连接方式		土壤电阻率($\Omega \cdot m$)	

图 C.7 通信局站(基站)雷电防护装置检测表格式

检测内容		规范标准/要点	检测结果	单项评定
等电位连接装置	静电地板支架接地线规格	GB/T 33676—2017,6.4.1		
	静电地板支架接地电阻	GB/T 21431—2015,5.4.1		
	接地排接地线规格	GB/T 33676—2017,6.4.1		
	接地排接地电阻	GB/T 21431—2015,5.4.1		
	配电柜接地线规格	GB/T 33676—2017,6.4.1		
	配电柜接地电阻	GB/T 21431—2015,5.4.1		
	UPS柜接地线规格	GB/T 33676—2017,6.4.1		
	UPS接地电阻	GB/T 21431—2015,5.4.1		
	设备柜接地线规格	GB/T 33676—2017,6.4.1		
	设备柜接地电阻	GB/T 21431—2015,5.4.1		

电涌保护器

检测内容		规范标准/要点	检测结果	单项评定
低压配电系统的SPD	型号	—		
	安装位置	—		
	数量	—		
	运行情况	GB/T 21431—2015,5.8.2.7		
	I_{imp}/I_n	GB/T 21431—2015,5.8.2		
	压敏电压 U_{1mA}	GB/T 21431—2015,5.8.5.1		
	漏电流 I_{ie}	GB/T 21431—2015,5.8.5.2		
	连接导体材料和规格	GB 50057—2010,5.1.2		
	接地线长度	GB/T 21431—2015,5.8.1		
	过电流保护	GB/T 21431—2015,5.8.2.6		
	过渡电阻	<0.2 Ω		
信号系统的SPD	型号	—		
	安装位置	—		
	数量	—		
	I_{imp}/I_n	GB/T 21431—2015,5.8.3		
	连接导体材料和规格	GB 50057—2010,5.1.2		
	接地线长度	GB/T 21431—2015,5.8.1		

技术评定

检测专用(章)
年　月　日

检测员		校核人		技术负责人	

图 C.7　通信局站(基站)雷电防护装置检测表格式(续)

大型浮顶油罐雷电防护装置检测表

项目名称					联系人	
项目地址					电 话	
防雷类别			检测日期		天气情况	
油罐名称		储油性质			规模	

直击雷防护措施				
检测内容		规范标准/要点	检测结果	单项评定
浮顶	形式	金属、非金属		
	材质规格	GB 50057—2010,5.2.7		
	连接运行情况	锈蚀、无锈蚀		
	接地电阻	≤10 Ω		
引下线	数量	—		
	材质规格	GB 50057—2010,5.3.1		
	连接运行情况	锈蚀、无锈蚀		
	接地电阻	≤10 Ω		
基础接地	形式	共用、独立、混合		
	材质规格	GB 50057—2010,5.4.1		
	连接运行情况	锈蚀、无锈蚀		
	接地电阻	≤10 Ω		

罐体和附件的等电位连接				
检测内容		规范标准/要点	检测结果	单项评定
连接物名称	连接导体规格材质	GB 50057—2010,5.1		
	连接质量	跨接、不跨接		
	运行情况	锈蚀、无锈蚀		
	过渡电阻	≤0.03 Ω		
	连接导体规格材质	GB 50057—2010,5.1		
	连接质量	跨接、不跨接		
	运行情况	锈蚀、无锈蚀		
	过渡电阻	≤0.03 Ω		

图 C.8　大型浮顶油罐雷电防护装置检测表格式

罐体和管道的等电位连接			
检测内容	规范标准/要点	检测结果	单项评定
管道名称 连接导体规格材质	GB 50057—2010,5.1		
连接质量	跨接、不跨接		
运行情况	锈蚀、无锈蚀		
回路电阻值	≤1 Ω		
连接导体规格材质	GB 50057—2010,5.1		
连接质量	跨接、不跨接		
运行情况	锈蚀、无锈蚀		
回路电阻值	≤1 Ω		

电涌保护器			
检测内容	规范标准/要点	检测结果	单项评定
低压配电系统的 SPD 型号	—		
安装位置	—		
数量	—		
运行情况	GB/T 21431—2015,5.8.2.7		
I_{imp}/I_n	GB/T 21431—2015,5.8.2		
压敏电压 U_{1mA}	GB/T 21431—2015,5.8.5.1		
漏电流 I_{ie}	GB/T 21431—2015,5.8.5.2		
连接导体的材料和规格	GB 50057—2010,5.1.2		
接地线长度	GB/T 21431—2015,5.8.1		
过电流保护	GB/T 21431—2015,5.8.2.6		
过渡电阻	<0.2 Ω		
信号系统的 SPD 型号	—		
安装位置	—		
数量	—		
I_{imp}/I_n	GB/T 21431—2015,5.8.3		
连接导体的材料和规格	GB 50057—2010,5.1.2		
接地线长度	GB/T 21431—2015,5.8.1		

技术评定
检测专用(章) 年 月 日

检测人		校核人		技术负责人	

图 C.8 大型浮顶油罐雷电防护装置检测表格式(续)

输气管道雷电防护装置检测表

项目名称				联系人	
项目地址				电 话	
防雷类别		检测日期		天气情况	

输气站和阀室					
建筑物名称		建筑高度		建筑面积	
检测内容		规范标准/要点		检测结果	单项评定
接闪器	类型	杆、带、网、线			
	高度	—			
	材质规格	GB 50057—2010,5.2			
	锈蚀	锈蚀、无锈蚀			
	保护范围	GB 50057—2010 附录 D			
	接地电阻	GB/T 21431—2015,5.4.1			
引下线	形式	明敷、暗敷			
	数量	—			
	平均间距	GB 50057—2010,4.2.4、4.3.3、4.4.3			
	材质规格	GB 50057—2010,5.3.1			
	断接卡	GB 50057—2010,5.3.6			
	防接触电压	GB 50057—2010,4.5.6			
接地装置	形式	自然、人工、混合			
	接地方式	共用、独立			
	防跨步电压	GB 50057—2010,4.5.6			
	接地电阻	GB/T 21431—2015,5.4.1			

防雷电波侵入措施					
检测内容		规范标准/要点		检测结果	单项评定
连接物名称	连接导体规格材质	GB 50057—2010,5.1			
	连接质量	跨接、不跨接			
	运行情况	锈蚀、无锈蚀、严重锈蚀			
	过渡电阻	<0.2 Ω			
	连接导体规格材质	GB 50057—2010,5.1			
	连接质量	跨接、不跨接			
	运行情况	锈蚀、无锈蚀、严重锈蚀			
	过渡电阻	<0.2 Ω			

图 C.9 输气管道雷电防护装置检测表格式

检测内容		规范标准/要点	检测结果	单项评定
低压配电线路	敷设形式	架空、沿屋面、沿女儿墙、埋地		
	等电位连接情况	GB 50057—2010,6.3.3、6.3.4		
	线缆屏蔽方式	穿金属管、金属线槽、无屏蔽		
	屏蔽层接地	有、无		
	接地电阻	GB/T 21431—2015,5.4.1		
信号线路	敷设形式	架空、沿屋面、沿女儿墙、埋地		
	等电位连接情况	GB 50057—2010,6.3.3、6.3.4		
	线缆屏蔽方式	穿金属管、金属线槽、无屏蔽		
	屏蔽层接地	有、无		
	接地电阻	GB/T 21431—2015,5.4.1		
电涌保护器				
检测内容		规范标准/要点	检测结果	单项评定
低压配电系统的SPD	型号	—		
	安装位置	—		
	数量	—		
	运行情况	GB/T 21431—2015,5.8.2.7		
	I_{imp}/I_n	GB/T 21431—2015,5.8.2		
	压敏电压 U_{1mA}	GB/T 21431—2015,5.8.5.1		
	漏电流 I_{ie}	GB/T 21431—2015,5.8.5.2		
	连接导体的材料和规格	GB 50057—2010,5.1.2		
	接地线长度	GB/T 21431—2015,5.8.1		
	过电流保护	GB/T 21431—2015,5.8.2.6		
	过渡电阻	<0.2 Ω		
信号系统的SPD	型号	—		
	安装位置	—		
	数量	—		
	I_{imp}/I_n	GB/T 21431—2015,5.8.3		
	连接导体的材料和规格	GB 50057—2010,5.1.2		
	接地线长度	GB/T 21431—2015,5.8.1		
工艺装置区				
检测内容		规范标准/要点	检测结果	单项评定
接地线	形式	直流接地、交流接地、静电接地、保护接地		
	材质规格	GB 50057—2010,5.4.1		

图 C.9　输气管道雷电防护装置检测表格式(续)

检测内容		规范标准/要点	检测结果	单项评定
工艺区设备名称	接地电阻	GB/T 21431—2015,5.4.1		
	接地电阻	GB/T 21431—2015,5.4.1		
	接地电阻	GB/T 21431—2015,5.4.1		
	接地电阻	GB/T 21431—2015,5.4.1		
	接地电阻	GB/T 21431—2015,5.4.1		
	接地电阻	GB/T 21431—2015,5.4.1		
	接地电阻	GB/T 21431—2015,5.4.1		
	接地电阻	GB/T 21431—2015,5.4.1		
	接地电阻	GB/T 21431—2015,5.4.1		
	接地电阻	GB/T 21431—2015,5.4.1		

工艺装置区电涌保护器				
检测内容		规范标准/要点	检测结果	单项评定
低压配电系统的SPD	型号	—		
	安装位置	—		
	数量	—		
	运行情况	GB/T 21431—2015,5.8.2.7		
	I_{imp}/I_n	GB/T 21431—2015,5.8.2		
	压敏电压 U_{1mA}	GB/T 21431—2015,5.8.5.1		
	漏电流 I_{ie}	GB/T 21431—2015,5.8.5.2		
	连接导体材料和规格	GB 50057—2010,5.1.2		
	接地线长度	GB/T 21431—2015,5.8.1		
	过电流保护	GB/T 21431—2015,5.8.2.6		
	过渡电阻	$<0.2\ \Omega$		
信号系统的SPD	型号	—		
	安装位置	—		
	数量	—		
	I_{imp}/I_n	GB/T 21431—2015,5.8.3		
	连接导体材料和规格	GB 50057—2010,5.1.2		
	接地线长度	GB/T 21431—2015,5.8.1		

技术评定

检测专用(章)

年 月 日

检测人		校核人		技术负责人	

图 C.9 输气管道雷电防护装置检测表格式(续)

QX/T 232—2019

附　录　D
（资料性附录）
雷电防护装置检测平面示意图

雷电防护装置检测平面示意图参见图 D.1。

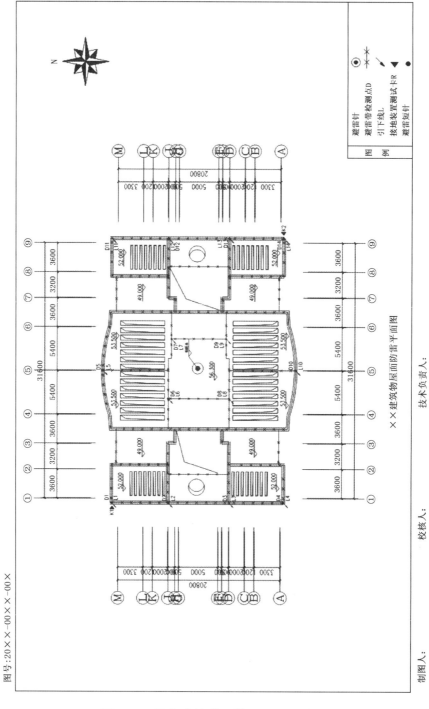

图 D.1　雷电防护装置检测平面示意图

144

附　录　E

（资料性附录）

有关制图符号的国家标准

GB/T 4728(所有部分)　电气简图用图形符号

GB/T 5465.2　电气设备用图形符号　第 2 部分:图形符号(GB/T 5465.2—2008,IEC 60417:2007,IDT)

GB/T 6988(所有部分)　电气技术用文件的编制

GB/T 14691(所有部分)　技术产品文件 字体[ISO 3098(所有部分)]

GB/T 16273(所有部分)　设备用图形符号

GB/T 17450　技术制图　图线(GB/T 17450—1998,idt ISO 128-20:1996)

GB/T 17451　技术制图　图样画法 视图

GB/T 17452　技术制图　图样画法 剖视图和断面图

GB/T 17453　技术制图　剖面区域的表示法(GB/T 17453—2005,ISO 128-50:2001)

GB/T 18686　技术制图　CAD 系统用图线的表示(GB/T 18686—2002,idt ISO 128-21:1997)

附　录　F

（资料性附录）

有关计量单位的国家标准

GB 3100　国际单位制及其应用

GB 3101　有关量、单位和符号的一般原则

GB 3102.1　量和单位　第 1 部分　空间和时间

GB 3102.2　量和单位　第 2 部分　周期及其有关现象

GB 3102.3　量和单位　第 3 部分　力学

GB 3102.4　量和单位　第 4 部分　热学

GB 3102.5　量和单位　第 5 部分　电学和磁学

GB 3102.6　量和单位　第 6 部分　光及有关电磁辐射

GB 3102.7　量和单位　第 7 部分　声学

GB 3102.8　量和单位　第 8 部分　物理化学和分子物理学

GB 3102.9　量和单位　第 9 部分　原子物理学和核物理学

GB 3102.10　量和单位　第 10 部分　核反应和电离辐射

GB 3102.11　量和单位　第 11 部分　物理科学和技术中使用的数学符号

GB 3102.12　量和单位　第 12 部分　特征数

GB 3102.13　量和单位　第 13 部分　固体物理学

参 考 文 献

［1］ GB/T 2887—2011 电子计算机场地通用规范

［2］ GB/T 18802.1—2011 低压电涌保护器(SPD) 第1部分 低压配电系统的电涌保护器性能要求与试验方法

［3］ GB/T 19663—2005 信息系统雷电防护术语

［4］ GB/T 33676—2017 通信局(站)防雷装置检测技术规范

［5］ GB/T 50065—2011 交流电气装置的接地设计规范

［6］ GB 50174—2017 数据中心设计规范

［7］ GB 50650—2011 石油化工装置防雷设计规范

［8］ GB 50689—2011 通信局(站)防雷与接地工程设计规范

［9］ QX/T 265—2015 输气管道系统防雷装置检测技术规范

［10］ QX/T 311—2015 大型浮顶油罐防雷装置检测技术规范

ICS 07.060
A 47
备案号：70296—2019

中华人民共和国气象行业标准

QX/T 238—2019
代替 QX/T 238—2014

风云三号 B/C/D 气象卫星数据广播和接收技术规范

Technical specifications for broadcasting and receiving of FY-3B/C/D meteorological satellite data

2019-09-18 发布

2019-12-01 实施

中 国 气 象 局　发布

前　言

本标准按照 GB/T 1.1—2009 给出的规则起草。

本标准代替 QX/T 238—2014《风云三号 A/B/C 气象卫星数据广播和接收技术规范》。与 QX/T 238—2014 相比,除编辑性修改外,主要技术变化如下:

——修改了标准的中、英文名称;

——修改了范围(见第 1 章,2014 年版的第 1 章);

——将术语"风云三号 A/B/C 气象卫星"的名称修改为"风云三号气象卫星",增加了其英文对应词,并修改了其定义(见 3.1,2014 年版的 3.1);

——修改了术语"高分辨率图像传输""多路复用传输技术"的定义(见 3.2、3.5,2014 年版的 3.2、3.5);

——将术语"中分辨率光谱成像仪图像传输"的名称修改为"中分辨率图像传输",并修改了其定义(见 3.3,2014 年版的 3.3);

——增加了"有效载荷"的术语和定义(见 3.7);

——增加了缩略语 GAS、HIRAS、IPM、LHCP、WAI(见第 4 章);

——删除了风云三号 A 气象卫星数据广播和接收的规定(见 2014 年版的 5.1.2、5.1.7、5.2.2、6.1、6.2);

——增加了风云三号 D 气象卫星数据广播和接收的规定(见 5.1.1、5.1.3、5.1.4、5.2.1、5.2.2、5.2.3.1、5.2.7.2、5.2.11、6.3);

——增加了轨道参数获取方式(见附录 B)。

本标准由全国卫星气象与空间天气标准化技术委员会气象卫星数据分技术委员会(SAC/TC 347/SC 1)提出并归口。

本标准起草单位:国家卫星气象中心、中国航天科技集团公司八院 509 所。

本标准主要起草人:朱爱军、朱杰、刘波、张恒。

本标准所代替标准的历次版本发布情况为:

——QX/T 238—2014。

风云三号 B/C/D 气象卫星数据广播和接收技术规范

1 范围

本标准规定了风云三号 B/C/D 气象卫星高分辨率图像数据、中分辨率图像数据的广播和接收技术要求。

本标准适用于风云三号 B/C/D 气象卫星与地面数据接收系统间的数据传输。

2 规范性引用文件

下列文件对于本文件的应用是必不可少的。凡是注日期的引用文件,仅注日期的版本适用于本文件。凡是不注日期的引用文件,其最新版本(包括所有的修改单)适用于本文件。

GB/T 13615—2009 地球站电磁环境保护要求

GB 50174—2017 数据中心设计规范

CCSDS 101.0-B-3 遥测信道编码(Telemetry channel coding)

CCSDS 102.0-B-3 分包遥测(Packet telemetry)

3 术语和定义

下列术语和定义适用于本文件。

3.1

风云三号气象卫星 **FENGYUN-3 meteorological satellites;FY-3**

采用三轴稳定姿态控制方式,轨道高度在 830 km～840 km,携带观测仪器,能实现全球、全天候、多光谱、三维、定量对地观测的我国发射的第二代极轨气象卫星。

注1:第一颗命名为风云三号 A 气象卫星(FY-3A)(目前 FY-3A 已停止运行),第二颗命名为风云三号 B 气象卫星(FY-3B),第三颗命名为风云三号 C 气象卫星(FY-3C),第四颗命名为风云三号 D 气象卫星(FY-3D)。

注2:改写 QX/T 205—2013,定义 3.6。

3.2

高分辨率图像传输 **high resolution picture transmission;HRPT**

极轨气象卫星将其观测到的高分辨率图像数字信息等通过卫星的 L 波段数传链路实时发送给地面接收站的一种传输方式。

注:改写 QX/T 205—2013,定义 5.3.2。

3.3

中分辨率图像传输 **moderate resolution picture transmission;MPT**

极轨气象卫星将其观测到的中分辨率图像数字信息等通过卫星的 X 波段数传链路实时发送给地面接收站的一种传输方式。

3.4

源包数据 **primitive packet data**

卫星载荷观测到的数据及辅助数据。

3.5

多路复用传输技术 multiplexing transmission technology

利用一个实际物理信道同时传输多种探测器数据和应用过程数据的技术。

3.6

传输帧 transmission frame

用于物理信道传输的数据结构。

3.7

有效载荷 payload

安装在卫星平台之上,执行特定任务的仪器或设备。

[QX/T 205—2013,定义 2.8]

4 缩略语

下列缩略语适用于本文件。

BPSK:二相相移键控(Binary Phase Shift Keying)

CADU:信道存取数据单元(Channel Access Data Unit)

Conv:卷积编码(Convolutional Code)

EIRP:等效全向辐射功率(Effective Isotropic Radiated Power)

ERM:地球辐射探测仪(Earth Radiation Measurement)

GAS:温室气体吸收光谱仪(Greenhouse gases Absorption Spectrometer)

GNOS:全球导航卫星掩星探测仪(Global Navigation Occultation Sounder)

G/T:接收天线增益与等效噪声温度的比值(Gain/Temperature)

HIRAS:红外高光谱大气探测仪(Hyper-spectral Infrared Atmospheric Sounder)

IPM:小型电离层光度计(Ionospheric Photometer)

IRAS:红外分光计(Infrared Atmospheric Sounder)

LHCP:左旋圆极化(Left Hand Circular Polarization)

MERSI:中分辨率光谱成像仪(Medium Resolution Spectral Imager)

MWHS:微波湿度计(Microwave Humidity Sounder)

MWRI:微波成像仪(Microwave Radiation Imager)

MWTS:微波温度计(Microwave Temperature Sounder)

PCI:外设组件互连(Peripheral Component Interconnect)

QPSK:四相相移键控(4-Phase Shift Keying)

RHCP:右旋圆极化(Right Hand Circular Polarization)

RS:里德-所罗门码(Reed-Solomon Codes)

SBUS:紫外臭氧垂直探测仪(Solar Backscatter Ultraviolet Sounder)

SEM:空间环境监测器(Space Environment Monitor)

SIM:太阳辐射监测仪(Solar Irradiance Monitor)

TOU:紫外臭氧总量探测仪(Total Ozone Unit)

USB:通用串行总线(Universal Serial Bus)

VC:虚拟信道(Virtual Channel)

VC-ID:虚拟信道标识符(Virtual Channel-Identity)

VCDU:虚拟信道数据单元(Virtual Channel Data Unit)

VCDU-ID:虚拟信道数据单元标识(Virtual Channel Data Unit-Identity)

VIRR:可见光红外扫描辐射计(Visible and Infrared Radiometer)

WAI:广角极光成像仪(Wide-angle Aurora Imager)

5 数据广播

5.1 高分辨率图像传输(HRPT)

5.1.1 HRPT 内容

FY-3B/C HRPT 内容包括 VIRR、IRAS、MWTS、MWHS、SBUS、TOU、MWRI、SIM、ERM、SEM、GNOS 的观测数据及卫星遥测数据。

FY-3D 无 HRPT。

5.1.2 HRPT 流程

HRPT 实时数据广播流程见图 1,包括信息处理和 HRPT 发射两部分。FY-3B/C 广播 HRPT 数据时,按照以下流程进行:

a) 按照 CCSDS 102.0-B-3 的要求,对 HRPT 数据进行格式化处理;

b) 按照多路复用传输技术将载荷数据生成传输帧,对数据进行多路复接、RS 编码和加扰,形成传输帧数据流;

c) 对传输帧数据流进行串并变换和差分编码;

d) 对串并变换和差分编码后的数据分别进行约束长度为 7、速率为 3/4 的卷积编码,即 Conv(7, 3/4);

e) 对卷积编码后的数据进行 QPSK 调制、上变频、功率放大和滤波,最后通过天线发射。

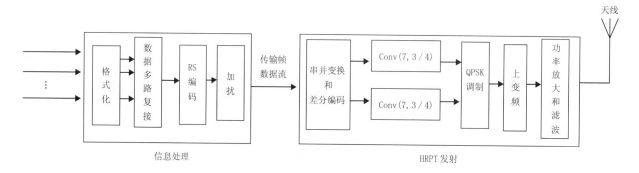

图 1 HRPT 实时数据广播流程图

5.1.3 多载荷信息处理

5.1.3.1 高速数据载荷源包

FY-3B/C 高速数据载荷源包数据格式见附录 A 中的表 A.1。

FY-3D 高速数据载荷源包数据格式见附录 A 中的表 A.2。

5.1.3.2 低速数据载荷源包

FY-3B/C 低速数据载荷源包数据格式见附录 A 中的表 A.3。

FY-3D 低速数据载荷源包数据格式见附录 A 中的表 A.4。

5.1.4 多路复用传输技术

FY-3B/C 信息处理虚拟信道分配规则见附录 A 中的表 A.5。

FY-3D 信息处理虚拟信道分配规则见附录 A 中的表 A.6。

5.1.5 数据传输帧的生成

按照附录 A 中的表 A.5 和表 A.6 对信息处理虚拟信道的分配规则形成传输帧数据。数据传输帧格式详见附录 A 中的图 A.1。

5.1.6 加扰

加扰使用的伪随机序列生成多项式见式(1)：

$$F(x) = x^8 + x^7 + x^5 + x^3 + 1 \quad\quad\quad\quad\quad (1)$$

式中：

$F(x)$——多项式；

x ——数据位。

5.1.7 数据纠错编码

5.1.7.1 RS 编码

按照 CCSDS 101.0-B-3 的要求，采用符号数为 255、消息长度为 223、码元为 8 的 RS(255,223,8)编码，其交错深度为 4。

5.1.7.2 卷积编码

按照 CCSDS 101.0-B-3 的要求，采用约束长度为 7、速率为 3/4 的卷积编码方式，即 Conv(7,3/4)。

5.1.8 串并变换

串行数据流分为奇偶两路并行数据流，其中一路进行 1 bit 延迟，使前后两个码元对齐，形成一对码元。经过上述数据处理后，L 波段实时信息处理模块将输出码速率为 4.2 Mbps(其中 C 星为 3.9 Mbps)、码型为非归零码的数据传输到 HRPT 发射机。

示例:若输入为:m1,m2,m3,m4,m5,m6,m7,m8,……

则输出为:I:m1,m3,m5,m7,……

Q:m2,m4,m6,m8,……

5.1.9 差分编码

差分编码根据前一对输出的码元相同和不同分成两种情况：

a) 前一对输出的码元相同时，编码器当前的输出为：

$$X_{out}(i) = X_{in}(i) + X_{out}(i-1) \quad\quad\quad (2)$$

$$Y_{out}(i) = Y_{in}(i) + Y_{out}(i-1) \quad\quad\quad (3)$$

式中：

$X_{out}(i)$ ——码元为 i 时，编码器当前第 1 路输出；

$Y_{out}(i)$ ——码元为 i 时，编码器当前第 2 路输出；

$X_{in}(i)$ ——码元为 i 时，编码器当前第 1 路输入；

$Y_{in}(i)$ ——码元为 i 时，编码器当前第 2 路输入；

$X_{out}(i-1)$——码元为 $i-1$ 时，编码器前一时刻第 1 路输出；

$Y_{out}(i-1)$——码元为 $i-1$ 时，编码器前一时刻第 2 路输出。

b) 前一对输出的码元不同时，编码器当前的输出为：

$$X_{out}(i)=Y_{in}(i)+X_{out}(i-1) \quad\quad\quad\quad\quad\quad\quad\quad\quad\quad(4)$$
$$Y_{out}(i)=X_{in}(i)+Y_{out}(i-1) \quad\quad\quad\quad\quad\quad\quad\quad\quad\quad(5)$$

5.1.10 调制

采用 QPSK 调制方式。卫星上 QPSK 用相差为 π/2 的两路 BPSK 实现，I 路和 Q 路输入数据，采用格雷码相位逻辑。

格雷码次序四相调制规则：双比特码组 AB 为 00,01,11,10，分别对应载波相位 0°,90°,180°,270°。

5.1.11 HRPT 实时传输信道主要指标

HRPT 实时传输信道参数指标如下：

a) 码速率：FY-3B 为 4.2 Mbps,FY-3C 为 3.9 Mbps；

b) 载波频率：FY-3B 为 1704.5 MHz±34 kHz,FY-3C 为 1701.3 MHz±34 kHz；

c) 调制方式：QPSK；

d) 信号占用带宽：FY-3B 为 5.6 MHz,FY-3C 为 5.2 MHz；

e) 地面站接收天线仰角 5°以上卫星的最小 EIRP:41 dBm；

f) 卫星天线极化方式：RHCP；

g) 卫星天线方向图：赋形波束，轴向旋转对称；

h) 工作方式：全球范围内实时发送，并具有程序控制开关机功能。

5.2 中分辨率图像传输(MPT)

5.2.1 MPT 内容

FY-3B/C 的 MPT 内容只包括 MERSI 的观测数据。

FY-3D 的 MPT 内容包括 MERSI、HIRAS、MWRI、GAS、WAI、IPM、MWTS、MWHS、SEM、GNOS 的观测数据及卫星遥测数据等。

5.2.2 MPT 流程

5.2.2.1 FY-3B/C 的 MPT 实时数据广播流程见图 2，包括信息处理和 MPT 发射两部分。FY-3B/C 广播 MPT 数据时，按照以下流程进行：

a) 按照 CCSDS 102.0-B-3 的要求，对 MPT 数据进行格式化处理；

b) 按照多路复用传输技术将载荷数据生成传输帧，对数据进行多路复接(在选择采用加密方式时进行加密处理)、RS 编码和加扰，形成传输帧数据流；

c) 对传输帧数据流进行串并变换和差分编码；

d) 对串并变换和差分编码后的数据分别进行约束长度为 7、速率为 1/2 的卷积编码，即 Conv(7, 1/2)；

e) 对卷积编码后的数据进行 QPSK 调制、上变频、功率放大和滤波，最后通过天线发射。

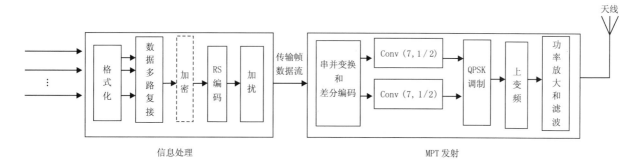

图 2 FY-3B/C 的 MPT 实时数据广播流程图

5.2.2.2 FY-3D 的 MPT 实时数据广播流程见图 3,包括信息处理和 MPT 发射两部分。FY-3D 广播 MPT 数据时,按照以下流程进行:

a) 按照 CCSDS 102.0-B-3 的要求,对 MPT 数据进行格式化处理;

b) 按照多路复用传输技术将载荷数据生成传输帧,对数据进行多路复接、RS 编码和加扰,形成传输帧数据流;

c) 对传输帧数据流进行串并变换和差分编码;

d) 对串并变换和差分编码后的数据分别进行约束长度为 7、速率为 3/4 的卷积编码,即 Conv(7, 3/4);

e) 对卷积编码后的数据进行 QPSK 调制、上变频、功率放大和滤波,最后通过天线发射。

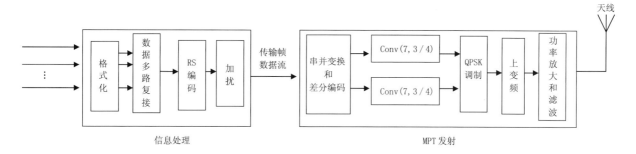

图 3 FY-3D 的 MPT 实时数据广播流程图

5.2.3 多载荷信息处理

5.2.3.1 高速数据载荷源包

FY-3B/C 包含中分辨率光谱成像仪图像实时传输数据,FY-3D 包含全部 10 个载荷数据。

FY-3B/C 高速数据载荷按照附录 A 中表 A.1 的格式生成源包数据,FY-3D 高速数据载荷按照附录 A 中表 A.2 的格式生成源包数据。

5.2.3.2 低速数据载荷源包

按照 5.1.3.2 的要求执行。

5.2.4 多路复用传输技术

按照 5.1.4 的要求执行。

5.2.5 数据传输帧的生成

按照5.1.5的要求执行。

5.2.6 加扰

按照5.1.6的要求执行。

5.2.7 数据纠错编码

5.2.7.1 RS 编码

按照5.1.7.1的要求执行。

5.2.7.2 卷积编码

按照 CCSDS 101.0-B-3 的要求,FY-3B/C 采用约束长度为 7、速率为 1/2 的卷积编码方式,即 Conv(7,1/2);FY-3D 采用约束长度为 7、速率为 3/4 的卷积编码方式,即 Conv(7,3/4)。

5.2.8 串并变换

串行数据流分为奇偶两路并行数据流,其中一路进行 1 bit 延迟,使前后两个码元对齐,形成一对码元。经过上述数据处理后,X 波段实时信息处理模块将输出码速率为 18.7 Mbps(其中 D 星为 45 Mbps)、码型为非归零码的数据传输到 HRPT 发射机。

示例:若输入为:m1,m2,m3,m4,m5,m6,m7,m8,……
则输出为:I:m1,m3,m5,m7,……
Q:m2,m4,m6,m8,……

5.2.9 差分编码

按照5.1.9的要求执行。

5.2.10 调制

按照5.1.10的要求执行。

5.2.11 MPT 实时传输信道主要指标

MPT 实时传输信道参数指标如下:

a) 码速率:FY-3B/C 为 18.7 Mbps,FY-3D 为 45 Mbps;

b) 载波频率:FY-3B 为 7775 MHz±156 kHz,FY-3C 为 7780 MHz±156 kHz,FY-3D 为 7820 MHz±78 kHz;

c) 调制方式:QPSK;

d) 信号占用带宽:FY-3B/C 为 37.4 MHz,FY-3D 为 60 MHz;

e) 地面站接收天线仰角 5°以上卫星的最小 EIRP:46 dBm;

f) 卫星天线极化方式:FY-3B/D 为 RHCP,FY-3C 为 LHCP;

g) 卫星天线方向图:赋形波束,轴向旋转对称;

h) 工作方式:国内接收区域实时传送,具有地域可程控传输能力及加密传输能力。

6 数据接收

6.1 站址要求

6.1.1 电磁环境要求

所选站址应对以下频率进行保护：
a) L 波段,频率范围为 1698 MHz～1710 MHz；
b) X 波段,频率范围为 7750 MHz～7900 MHz 及 8025 MHz～8400 MHz。
干扰允许值应满足 GB/T 13615—2009 中第 5 章的要求。

6.1.2 净空要求

在地面仰角大于 5°的全方位内应没有影响接收的物理遮挡,对区域用户地面仰角宜大于 8°。

6.1.3 供电要求

系统总功耗为 3 kW～10 kW,供电电压为 220 V±11 V,供电频率为 50 Hz±2 Hz。

6.1.4 网络环境

采用以太网(网速大于 1000 Mbps)和互联网(网速大于 10 Mbps),实现每天卫星轨道根数据文件的下载和传输。

6.1.5 机房环境

室内温度、露点温度及空气粒子浓度应满足 GB 50174—2017 中 5.1 的要求。

6.2 接收站组成

地面接收站的硬件设备应包括天线、伺服、馈源、低噪声放大器、下变频器、解调器、译码器、格式化同步器、数据摄入卡、数据进机分包设备以及站运行管理设备等。这些设备组成 L 波段和 X 波段两套接收站系统,分别接收 HRPT 和 MPT 实时数据。

6.3 接收站功能要求

接收站的功能要求如下：
a) 跟踪 FY-3B/C/D 卫星,并接收 HRPT 及 MPT 信号；
b) 对接收到的信号进行放大、下变频；
c) 对下变频后的信号进行解调、译码,得到传输帧数据；
d) 对传输帧数据进行同步处理,并生成原始数据文件；
e) 将原始数据文件进行分包并输出给数据处理设备。

6.4 接收站性能要求

接收站的性能要求如下：
a) 系统的可用度:不低于 97%；
b) 平均修复时间:不超过 1.5 h；
c) 系统设计寿命:10 a；
d) 天线仰角在 5°以上时可正常接收数据；

e) 接收误码率:小于 1×10^{-6}。

6.5 接收站主要设备技术要求

6.5.1 天线、伺服和馈源设备要求

天线、伺服和馈源设备要求如下:

a) 馈源形式:L 波段和 X 波段复合馈源或前馈加后馈;
b) 极化方式:左/右旋圆极化可选;
c) 天线座架形式:满足过顶跟踪需要;
d) 跟踪精度:优于 0.1 倍接收天线半功率波束宽度;
e) 工作频率:不同波段指标要求见表 1。

表 1 天线、伺服、馈源设备工作频率指标要求

指标	L 波段	X 波段
频率范围 MHz	1698～1710	7750～7900; 8025～8400
系统 G/T 值 dB/K	>9	>21

6.5.2 L 波段信道接收设备技术要求

L 波段信道接收设备要求如下:

a) 低噪声放大器要求:
   1) 增益平坦度:12 MHz 带宽范围内,增益增加或下降小于 0.5 dB;
   2) 增益稳定性:在－40 ℃～＋55 ℃工作温度范围内,增益浮动范围为－1 dB～1 dB;
   3) 输入驻波比:小于 1.3;
   4) 输出 1dB 压缩点:不低于 15 dBm;
   5) 噪声温度:小于 50 K。
b) 下变频器要求:
   1) 频率范围:满足接收任务工作频带要求;
   2) 中频抑制:不低于 60 dB;
   3) 镜像抑制:不低于 60 dB;
   4) 增益平坦度:12 MHz 带宽范围内,增益增加或下降小于 0.5 dB;
   5) 三阶交调:不大于－40 dBc;
   6) 噪声系数:不大于 13 dB;
   7) 相位噪声:不同频偏对应的相位噪声见表 2;
   8) 杂散:不大于－40 dBc;
   9) 杂波输出:折合到输入端,杂波电平不高于－80 dBm;
   10) 频率稳定度:1×10^{-6}。

表 2　L 波段下变频器相位噪声要求

频偏 kHz	相位噪声 dBc/Hz
0.1	<−65
1	<−75
10	<−85
100	<−93

c)　HRPT 解调器要求：

1)　解调器载波捕获范围：−120 kHz～120 kHz；

2)　误码率：当信噪比为 5.5 dB 时，误码率小于 $1×10^{-6}$；

3)　动态范围：40 dB；

4)　码速率：0.5 Mbps～10 Mbps，可调，最小步长为 0.1 kbps；

5)　时钟捕获带宽：符号率的 ±0.1%；

6)　数据格式：符合 CCSDS 102.0-B-3 的要求。

d)　数据摄入卡：总线采用 PCI 或 USB 或网卡的形式。

6.5.3　X 波段信道接收设备技术要求

X 波段信道接收设备技术要求如下：

a)　低噪声放大器要求：

1)　输入频率带宽：满足接收任务工作频带要求；

2)　增益平坦度：各工作频点带宽内，增益增加或下降小于 0.5 dB；

3)　增益稳定性：在 −40 ℃～55 ℃工作温度范围内，增益浮动范围为 −1 dB～1 dB；

4)　输入驻波比：小于 1.3；

5)　输出 1dB 压缩点：不小于 15 dBm；

6)　噪声温度：小于 55 K。

b)　下变频器要求：

1)　频率范围：满足接收任务工作频带要求；

2)　中频抑制：不小于 60 dB；

3)　镜像抑制：不小于 60 dB；

4)　三阶交调：不大于 −40 dBc；

5)　带内平坦度：各工作频点带宽内，增益浮动范围为 −0.5 dB～0.5 dB；

6)　噪声系数：不大于 13 dB；

7)　相位噪声：不同频偏对应的相位噪声见表 3；

8)　杂散：不大于 −40 dBc；

9)　杂波输出：折合到输入端，杂波电平不高于 −80 dBm；

10)　频率稳定度：$1×10^{-6}$。

表 3　X 波段下变频器相位噪声要求

频偏 kHz	相位噪声 dBc/Hz
0.1	−65
1	−75
10	−85
100	−93

c)　MPT 解调器要求：

1)　解调器载波捕获范围：−300 kHz～300 kHz；

2)　误码率：当 Conv(7,1/2)的信噪比为 4.3 dB 及 Conv(7,3/4)的信噪比为 5.6 dB 时，误码率小于 1×10^{-6}；

3)　动态范围：40 dB；

4)　码速率（信道编码后）：0.5 Mbps～90 Mbps，可调，最小步长为 0.1 kbps；

5)　数据格式：符合 CCSDS 102.0-B-3 的要求；

6)　时钟捕获带宽：符号率的±0.1%。

d)　数据摄入卡指标：总线采用 PCI 或 USB 或网卡的形式。

6.6　数据接收流程

地面数据接收流程如下：

a)　下载轨道根数文件，轨道参数获取方式参见附录 B；

b)　生成接收计划；

c)　控制天线提前指向卫星进站点位置，等待卫星过境；

d)　启动跟踪程序跟踪卫星并接收卫星下传广播的数据；

e)　卫星离站时，天线监控单元可自动结束程序跟踪，将天线指向收藏位置，等待下次任务。

附　录　A

（规范性附录）

FY-3B/C/D 气象卫星数据传输格式

FY-3B/C/D 气象卫星高速数据载荷源包数据格式由包主导头和用户数据组成,低速数据载荷源包数据格式由包主导头、包副导头和用户数据组成。其中,FY-3B/C 高速数据载荷源包数据格式见表A.1,FY-3D 高速数据载荷源包数据格式见表 A.2;FY-3B/C 低速数据载荷源包数据格式见表 A.3,FY-3D 低速数据载荷源包数据格式见表 A.4。

表 A.1　FY-3B/C 高速数据载荷源包数据格式

遥感仪器	包主导头（6 Bytes）			用户数据
	应用过程标识（2 Bytes）	包计数（2 Bytes）	包长度（2 Bytes）	
MERSI	098F(FY-3B),/(FY-3C)	可变	—	用户数据
VIRR（白天）	09CE(FY-3B),083F(FY-3C)		65BB	
VIRR（黑夜）			1FBB	
MWRI	0950		3A75(FY-3B),/(FY-3C)	
GNOS	0802(FY-3C)		—	

表 A.2　FY-3D 高速数据载荷源包数据格式

遥感仪器	包主导头（6 Bytes）			用户数据
	应用过程标识（2 Bytes）	包计数	包长度（2 Bytes）	
MERSI 部分通道	帧头:aa55aa55aa55aa55aa55	24 bits	帧长:4178544 bits	用户数据
MERSI（白天）	帧头:aa55aa55aa55aa55aa55	24 bits	帧长:29829024 bits	
MERSI（黑夜）	帧头:aa55aa55aa55aa55aa55	24 bits	帧长:10996704 bits	
WAI	080C		AB	
HIRAS	高光谱辅助数据包:0804		0075	
	高光谱图像数据包:0804		62C9	
	干涉仪快遥测数据包:0804	16 bits	1DDB	
MWRI	950		1D6B	
GAS	080E		A3AAD(32 bits)	
GNOS	0802C0(3 Bytes)		包长度变化	

表 A.3 FY-3B/C 低速数据载荷源包数据格式

遥感仪器	包主导头(6 Bytes)			包副导头(6 Bytes)	用户数据
	包标识(2 Bytes)	包序控制(2 Bytes)	包长度(2 Bytes)		
IRAS	0803	可变	03F9	时间标志	用户数据
SBUS	080B		01F9		
TOU	0809		0339		
ERM	0805		03F9		
SIM	080D		01F9(FY-3B)		
SIM	080D		03F9(FY-3C)		
MWTS	0807		00F9(FY-3B)		
			03F9(FY-3C)		
MWHS	0810		03F9		
SEM	080F		01F9		
卫星工程遥测参数	0801		0119		

表 A.4 FY-3D 低速数据载荷源包数据格式

遥感仪器	包主导头(6 Bytes)			包副导头(6 Bytes)	用户数据
	包标识(2 Bytes)	包序控制(2 Bytes)	包长度(2 Bytes)		
IPM	0811	可变	00F9	时间标志	用户数据
MWTS	0807		03F9		
MWHS	0810		03F9		
SEM	080F		01F9		
卫星工程遥测参数	0801		0119		
微振动检测数据	0808		03F9		
姿轨控数据包	0803		01F9		

FY-3B/C 信息处理虚拟信道分配规则见表 A.5,FY-3D 信息处理虚拟信道分配规则见表 A.6。

表 A.5 FY-3B/C 信息处理虚拟信道分配规则

遥感仪器	虚拟信道	VC-ID	APID	包长度 bits	数据类型
MERSI	VC1	000011	无	可变	位流
VIRR	VC2 (白天)	000101	无	可变	位流
	VC3 (黑夜)	001001	无	可变	位流

表 A.5 FY-3B/C 信息处理虚拟信道分配规则(续)

遥感仪器	虚拟信道	VC-ID	APID	包长度 bits	数据类型
MWRI	VC4	001010	无	可变	位流
IRAS	VC5	001100	00000000011	1024	多路复用
SBUS			00000001011	512	多路复用
TOU			00000001001	832	多路复用
ERM			00000000101	1024	多路复用
SIM			00000001101	512(FY-3B) 1024(FY-3C)	多路复用
MWTS			00000000111	256(FY-3B) 1024(FY-3C)	多路复用
MWHS			00000001010(FY-3B) 00000010000(FY-3C)	1024	多路复用
SEM			00000001111	512	多路复用
卫星工程遥测参数			00000000001	288	多路复用
GNOS(仅限 FY-3C)	VC6	001011	无	可变	位流
FY-3B/C 对 VC5 的数据重传 8 次。					

表 A.6 FY-3D 信息处理虚拟信道分配规则

遥感仪器	虚拟信道	VC-ID	APID	长度/字节	数据类型
MERSI(白天)	VC1	00,0011	无	非固定长度	位流
MERSI(黑夜)	VC2	00,0001	无	非固定长度	位流
MWRI	VC3	00,1010	无	非固定长度	位流
GNOS	VC4	00,1011	无	非固定长度	位流
WAI	VC5	00,0101	无	非固定长度	位流
HIRAS	VC6	00,0110	无	非固定长度	位流
GAS	VC7	00,1001	无	非固定长度	位流
卫星工程遥测参数	VC8	00,1100	000,0000,0001	288	多路复用
MWTS			000,0000,0111	1024	多路复用
SEM			000,0000,1111	512	多路复用
MWHS			000,0001,0000	1024	多路复用
IPM			000,0001,0001	256	多路复用
微振动检测数据			000,0000,1000	1024	多路复用
姿轨控数据包			000,0000,0011	512	多路复用

FY-3B/C/D 数据传输帧格式见图 A.1。

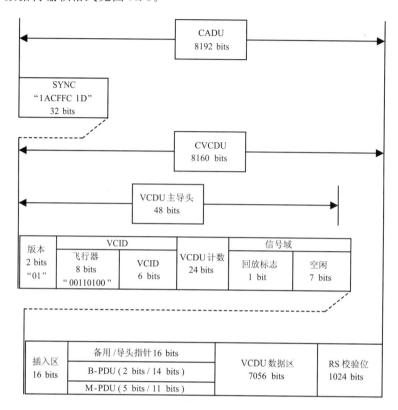

图 A.1 数据传输帧格式图

附　录　B
（资料性附录）
轨道参数获取方式

获取 FY-3B/C/D 轨道参数的有效时间应控制在 3 d 以内。获取方式如下：

a)　从互联网下载，下载地址如下：

　　1)　FY-3B：satellite. nsmc. org. cn/portalsite/Satellite/Satelliteinfo. aspx？satellitetype＝0＆usedtype＝orb＆satecode＝FY3B＃。

　　2)　FY-3C：satellite. nsmc. org. cn/portalsite/Satellite/Satelliteinfo. aspx？satellitetype＝0＆usedtype＝orb＆satecode＝FY3C＃。

　　3)　FY-3D：satellite. nsmc. org. cn/portalsite/Satellite/Satelliteinfo. aspx？satellitetype＝0＆usedtype＝orb＆satecode＝FY3D＃。

b)　根据积累的天线测角数据进行自主改进。

参 考 文 献

［1］ QX/T 205—2013 中国气象卫星名词术语

［2］ 空间数据系统咨询委员会.空间数据系统标准建议书［M］//邓丽芳,郑尚敏,译. CCSDS 蓝皮书. 北京:航空工业出版社,1995

────────────

ICS 07. 060
A 47
备案号：70323—2019

中华人民共和国气象行业标准

QX/T 344.2—2019

卫星遥感火情监测方法　第 2 部分：
火点判识

The method of fire monitoring by satellite remote sensing—
Part 2：Fire spot discerning

2019-09-30 发布

2020-01-01 实施

中 国 气 象 局　发布

前　言

QX/T 344《卫星遥感火情监测方法》分为 6 个部分：
——第 1 部分：总则；
——第 2 部分：火点判识；
——第 3 部分：火点强度估算；
——第 4 部分：过火区面积估算；
——第 5 部分：火点时空分布统计；
——第 6 部分：火情监测产品。

本部分为 QX/T 344 的第 2 部分。

本部分按照 GB/T 1.1—2009 给出的规则起草。

本部分由全国卫星气象与空间天气标准化技术委员会(SAC/TC 347)提出并归口。

本部分起草单位：国家卫星气象中心。

本部分主要起草人：李亚君、刘诚、郑伟、赵长海、闫华、王萌、陈洁。

引　言

　　为保证卫星遥感火情监测业务产品质量,便于遥感应用部门在森林草原防火服务中对卫星遥感火情监测信息的充分应用和会商交流,有必要建立卫星遥感火情监测数据处理方法、监测信息内容、产品形式及格式的统一规范和标准,以提高气象系统和有关行业遥感部门对卫星遥感火情监测技术的服务水平和应用效益。

　　火点判识是卫星遥感火情监测的重要环节。本部分是在收集整理目前已有的较成熟技术方法基础上,制定卫星遥感火点判识方法和处理规范,为卫星遥感火点判识处理提供技术参考。

卫星遥感火情监测方法 第 2 部分:火点判识

1 范围

本部分规定了卫星遥感火点判识的数据准备要求、自动火点判识方法、人机交互火点判识方法及火点判识的基本处理流程等。

本部分适用于卫星遥感森林草原火灾、秸秆焚烧等火情监测的火点判识处理。

2 规范性引用文件

下列文件对于本文件的应用是必不可少的。凡是注日期的引用文件,仅注日期的版本适用于本文件。凡是不注日期的引用文件,其最新版本(包括所有的修改单)适用于本文件。

QX/T 344.1—2016 卫星遥感火情监测方法 第 1 部分:总则

3 术语和定义

下列术语和定义适用于本文件。

3.1

图像增强 image enhancement

使用适当的算法,改变图像的输出灰度分布,使之突出感兴趣目标与其他目标的灰度差异。

3.2

邻域 neighbourhood

探测像元周围区域的像元。

4 符号

下列符号适用于本文件。

R_{NIR}:近红外通道反射率,以百分率表示(%)。

R_{NIR_TWTH}:近红外通道反射率水体判识阈值,以百分率表示(%)。

R_{VIS}:可见光通道反射率,以百分率表示(%)。

R_{VISBG}:背景区可见光通道反射率平均值,以百分率表示(%)。

R_{VIS_TCTH}:可见光通道反射率云区判识阈值,以百分率表示(%)。

S_{glint}:太阳耀斑角,单位为度(°)。

T_{FIR}:远红外通道亮度温度,单位为开尔文(K)。

T_{FIRBG}:远红外通道背景区亮度温度平均值,单位为开尔文(K)。

$T_{FIR,i}$:远红外通道第 i 个像元亮温温度,单位为开尔文(K)。

T_{FIR_TCTH}:远红外通道亮度温度云区判识阈值,单位为开尔文(K)。

T_{M-F}:中波红外通道和远红外通道之间亮度温度差异,单位为开尔文(K)。

T_{M-FBG}:背景区中波红外通道和远红外通道之间亮度温度差异平均值,单位为开尔文(K)。

T_{MIR}:中波红外通道亮度温度,单位为开尔文(K)。

T_{MIRBG}：中波红外通道背景区亮度温度平均值，单位为开尔文（K）。

T_{MIRTC}：火点像元云污染中波红外通道亮度温度判识阈值，单位为开尔文（K）。

$T_{\mathrm{MIR},i}$：中波红外通道第 i 个像元亮温温度，单位为开尔文（K）。

$T_{\mathrm{MIR\_TLOWTH}}$：中波红外通道亮度温度低温区判识阈值，单位为开尔文（K）。

$T_{\mathrm{MIR\_WM}}$：判断疑似高温像元的中波红外通道亮度温度阈值，单位为开尔文（K）。

$\delta T_{\mathrm{bgmax}}$：火点判识的背景区红外通道亮度温度标准差上限，单位为开尔文（K）。

$\delta T_{\mathrm{bgmin}}$：火点判识的背景区红外通道亮度温度标准差下限，单位为开尔文（K）。

$\delta T_{\mathrm{FIRBG}}$：远红外通道背景区亮度温度标准差，单位为开尔文（K）。

$\delta T_{\mathrm{MIRBG}}$：中波红外通道背景区亮度温度标准差，单位为开尔文（K）。

$\delta T_{\mathrm{M-FBG}}$：背景区中波红外通道和远红外通道之间亮度温度差异平均值的标准差，单位为开尔文（K）。

$\Delta T_{\mathrm{FIR\_TCR}}$：火点云污染远红外通道亮度温度判识阈值，单位为开尔文（K）。

ΔT_{MIR}：判断疑似高温像元的中波红外通道亮度温度增量阈值，单位为开尔文（K）。

5 数据准备

5.1 数据源

要求见 QX/T 344.1—2016 第 3 章。火情监测主要卫星遥感仪器关键参数参见附录 A 中的表 A.1—表 A.9。

5.2 数据前期处理

5.2.1 极轨卫星数据

极轨卫星数据前期处理要求见 QX/T 344.1—2016 的 4.1 和 4.2。

5.2.2 静止卫星数据

静止卫星数据前期处理要求见 QX/T 344.1—2016 的 4.1 和 4.3。

6 自动火点判识方法

6.1 生成像元标记图

6.1.1 云区像元标记

若像元满足 $R_{\mathrm{VIS}} > R_{\mathrm{VIS\_TCTH}}$ 且 $T_{\mathrm{FIR}} < T_{\mathrm{FIR\_TCTH}}$，标记为云区像元。

注：$R_{\mathrm{VIS\_TCTH}}$ 参考值为 20%；$T_{\mathrm{FIR\_TCTH}}$ 参考值为 270 K。

6.1.2 水体像元标记

若像元满足 $R_{\mathrm{NIR}} < R_{\mathrm{NIR\_TWTH}}$ 且 $(R_{\mathrm{NIR}} - R_{\mathrm{VIS}}) < 0$，标记为水体像元。

注：$R_{\mathrm{NIR\_TWTH}}$ 参考值为 10%。

6.1.3 荒漠区像元标记

若像元所在的土地利用类型为荒漠区，标记为荒漠区像元。

6.1.4 耀斑区像元标记

若像元满足 $S_{\mathrm{glint}} \leqslant 10°$，标记为耀斑区像元。

6.1.5 低温区像元标记

若像元 $T_{MIR} < T_{MIR\_TLOWTH}$,标记为低温区像元。

注:T_{MIR_TLOWTH} 参考值为 265 K。

6.1.6 晴空植被像元标记

若像元不是云区、水体、荒漠区、耀斑区、低温像元,标记为晴空植被像元。

6.2 背景温度计算

6.2.1 背景区像元选择

6.2.1.1 判断疑似高温像元

若探测像元周边邻域内的晴空植被像元满足以下条件,将其作为疑似高温像元:

$$T_{MIR} > (T_{MIR\_AVG} + \Delta T_{MIR}) 且 T_{M-F} > (T_{M-F\_AVG} + 8 \ K),或 \ T_{MIR} > T_{MIR\_WM}$$

式中:

T_{MIR_AVG} ——探测像元中波红外通道周边 7×7 像元中晴空植被像元亮度温度平均值,单位为开尔文(K);

T_{M-F_AVG} ——探测像元周边 7×7 像元中晴空植被像元中波红外通道与远红外通道亮度温度差异平均值,单位为开尔文(K)。

注:ΔT_{MIR} 参考值为 10 K,T_{MIR_WM} 参考值为 330 K。

6.2.1.2 挑选背景区像元

参考像元标记图,挑选探测像元周边 7×7 像元邻域内的晴空植被像元和非疑似高温像元作为背景区像元。若背景区晴空植被像元数不足邻域像元数的 20%,邻域扩大为 9×9 像元,11×11 像元,…,直至 19×19 像元。若仍不满足条件,放弃该像元的判识处理。

6.2.2 背景区平均温度和标准差计算

6.2.2.1 计算 T_{MIRBG} ,T_{FIRBG} ,T_{M-FBG}

$$T_{MIRBG} = \frac{1}{n} \sum_{i=1}^{n} T_{MIR,i}, \ T_{FIRBG} = \frac{1}{n} \sum_{i=1}^{n} T_{FIR,i}, \ T_{M-FBG} = \frac{1}{n} \sum_{i=1}^{n} (T_{MIR,i} - T_{FIR,i})$$

$$\cdots\cdots\cdots\cdots (1)$$

6.2.2.2 计算 δT_{MIRBG} ,δT_{FIRBG}

$$\delta T_{MIRBG} = \sqrt{\frac{1}{n} \sum_{i=1}^{n} (T_{MIR,i} - T_{MIRBG})^2}, \ \delta T_{FIRBG} = \sqrt{\frac{1}{n} \sum_{i=1}^{n} (T_{FIR,i} - T_{FIRBG})^2}$$

$$\cdots\cdots\cdots\cdots (2)$$

6.2.2.3 计算 δT_{M-FBG}

$$\delta T_{M-FBG} = \sqrt{\frac{1}{n} \sum_{i=1}^{n} (T_{MIR,i} - T_{FIR,i} - T_{M-FBG})^2} \qquad \cdots\cdots\cdots\cdots (3)$$

6.2.2.4 标准差修正

当 δT_{MIRBG} 小于 δT_{bgmin} 时,设置 δT_{MIRBG} 为 δT_{bgmin};δT_{FIRBG} 小于 δT_{bgmin} 时,设置 δT_{FIRBG} 为 δT_{bgmin};δT_{M-FBG} 小于 δT_{bgmin} 时,设置 δT_{M-FBG} 为 δT_{bgmin}。δT_{bgmin} 参考值为 2 K,当太阳天顶角大于 87°,δT_{bgmin} 参考值为 1.5 K。

当 δT_{MIRBG} 大于 δT_{bgmax} 时,设置 δT_{MIRBG} 为 δT_{bgmax};δT_{FIRBG} 大于 δT_{bgmax} 时,设置 δT_{FIRBG} 为 δT_{bgmax};δT_{M-FBG} 大于 δT_{bgmax} 时,设置 δT_{M-FBG} 为 δT_{bgmax},δT_{bgmax} 参考值为 3 K,当太阳天顶角大于 87°,δT_{bgmax} 参考值为 2.5 K。

6.3 火点像元确认

如果一个像元满足以下条件,可将该像元初步认定为火点像元:

a) 极轨卫星:$T_{MIR} \geqslant (T_{MIRBG} + 4\delta T_{MIRBG})$ 且 $T_{M-F} \geqslant (T_{M-FBG} + 4\delta T_{M-FBG})$;

b) 静止卫星:$T_{MIR} \geqslant (T_{MIRBG} + 3\delta T_{MIRBG})$ 且 $T_{M-F} \geqslant (T_{M-FBG} + 3\delta T_{M-FBG})$。

如果初步认定的火点像元满足以下云污染条件之一,将之排除为火点像元,否则将之确认为火点像元:

a) $R_{VIS} > (R_{VISBG} + 10\%)$ 且 $T_{MIR} < T_{MIRTC}$;

注:T_{MIRTC} 初值为 330 K。

b) $T_{FIR} < (T_{FIRBG} - \Delta T_{FIR\_TCR})$;

注:ΔT_{FIR_TCR} 初值为 5 K。

c) $R_{VIS} > R_{VISBG}$ 且 $T_{FIR} < T_{FIRBG}$ 且 $T_{MIR} < (T_{MIRBG} + 6\delta T_{MIRBG})$ 且 $T_{M-F} < (T_{M-FBG} + 6\delta T_{M-FBG})$。

6.4 火点像元可信度分级

可信度按以下步骤分为四级:

a) 当 $(T_{MIR} - T_{MIRBG}) \geqslant 10$ K 且 $(T_{M-F} - T_{M-FBG}) \geqslant 10$ K 时,为一级火点像元,也称确认火点像元;

b) 当 $(T_{MIR} - T_{MIRBG}) < 10$ K 或 $(T_{M-F} - T_{M-FBG}) < 10$ K 时,为二级火点像元,也称疑似火点像元;

c) 当火点像元周边相距 2 个像元以内(包括 2 个像元)有云区像元时,为三级火点像元,也称云区边缘火点像元;

d) 当该火点像元周边的 8 个像元均不是火点像元,且 $(T_{MIR} - T_{MIRBG}) > 20$ K 时,为四级火点像元,也称噪声火点像元。

6.5 火点像元分区

将相邻的火点像元划分为同一火区,并按从北向南,从西向东顺序编号。

注:与上一时次位置相同的火点,或实际火场位置相同的火点,火区的编号相同。

6.6 火点判识结果信息内容的一般要求

判识火点结果信息内容包括:卫星/传感器、中波红外通道分辨率(单位为米)、观测时间、火点像元序号、火区序号、经纬度、省市县名、土地覆盖类型、可信度、结果生成时间、处理人员等。

7 人机交互火点判识方法

7.1 白天图像人机交互火点判识方法

7.1.1 白天火情监测多通道合成图制作

7.1.1.1 图像增强

对中波红外通道图像做指数增强处理,突出热源点信息;对近红外、可见光通道图像做线性增强处理,突出地表特征。增强公式见附录 B。

7.1.1.2 通道合成

对中波红外、近红外、可见光通道图像做 RGB 合成,生成白天火情监测多通道合成图。

7.1.2 白天图像目视火点识别方法

7.1.2.1 极轨气象卫星

一般情况下,在白天火情监测多通道合成图中,极轨气象卫星图像色彩效果为:
a) 鲜红色:火点;
b) 暗红色或黑色:过火区;
c) 绿色:未过火植被区;
d) 白色或青灰色:云或烟雾;
e) 蓝色或黑色:水体。

7.1.2.2 静止气象卫星

一般情况下,在白天火情监测多通道合成图中,静止气象卫星图像色彩效果为:
a) 鲜红色:火点;
b) 绿色:无火区;
c) 白色或青灰色:云或烟雾;
d) 蓝色或黑色:水体。

7.2 夜间图像人机交互火点判识方法

7.2.1 夜间火情监测多通道合成图制作

7.2.1.1 图像增强

对中波红外通道图像作指数增强处理,突出热源点信息;对远红外通道和远红外分裂窗通道分别进行线性增强和指数增强处理,突出地表特征。增强公式见附录 B。

7.2.1.2 通道合成

对中波红外通道、远红外通道、远红外通道分裂窗通道做 RGB 合成蓝色,生成夜间火情监测多通道合成图。

7.2.2 夜间图像目视火点识别方法

7.2.2.1 极轨气象卫星

一般情况下,在夜间火情监测多通道合成图中,极轨气象卫星图像色彩效果为:
a) 鲜红色:火点;
b) 深青灰色:无火区;
c) 亮青灰色:云区或烟区;
d) 暗红色:水体。

7.2.2.2 静止气象卫星

一般情况下,在夜间火情监测多通道合成图中,静止气象卫星图像色彩效果为:
a) 鲜红色:火点;
b) 深青灰色:无火区;
c) 亮青灰色:云区或烟区;
d) 暗红色:水体。

8 火点判识处理流程

火点判识处理流程见图 1。
火点判识处理步骤如下:
a) 数据前期处理,包括局域图像地图投影,定位校正(见 QX/T 344.1—2016 的 4.1)等;
b) 建立像元标记图,确定云区、水体、荒漠区、耀斑区、低温区、晴空植被像元;
c) 逐像元判识火点;
d) 参考像元标记图中的晴空植被像元,逐像元计算背景温度,包括中波红外、远红外、可见光等通道的平均值、标准差等;
e) 初步确认火点像元;
f) 判识并去除云污染像元;
g) 人机交互火点判识验证和修正;
h) 火点像元分区;
i) 火点可信度分级;
j) 火点判识结果生成。

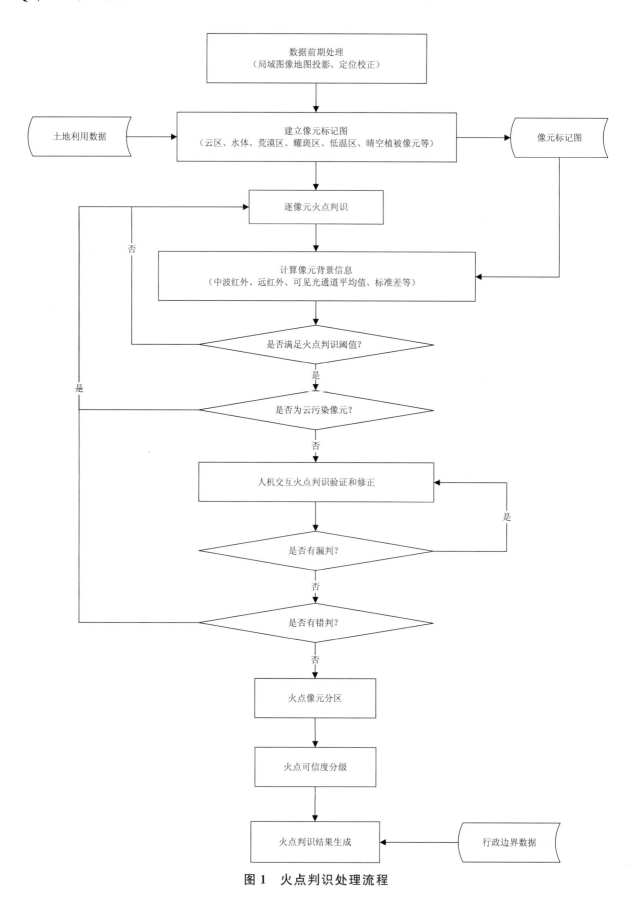

图 1　火点判识处理流程

附　录　A

（资料性附录）

火情监测主要卫星遥感仪器关键参数

表 A.1　FY-1C/D 极轨气象卫星 MVISR(可见光、红外扫描辐射计)通道参数表

通道编号	波长 μm	波段	星下点分辨率 m
1	0.580～0.680	可见光(Visible)	1 100
2	0.840～0.890	近红外(Near infrared)	1 100
3	3.550～3.950	中波红外(Middle infrared)	1 100
4	10.300～11.300	远红外(Far infrared)	1 100
5	11.500～12.500	远红外分裂窗(Infrared split window)	1 100
6	1.580～1.640	短波红外(Short infrared)	1 100
7	0.430～0.480	可见光(Visible)	1 100
8	0.480～0.530	可见光(Visible)	1 100
9	0.530～0.580	可见光(Visible)	1 100
10	0.900～0.985	近红外(Near infrared)	1 100

表 A.2　NOAA 极轨气象卫星 AVHRR(改进的甚高分辨率扫描辐射计)通道参数表

通道编号	波长 μm	波段	星下点分辨率 m
1	0.58～0.68	可见光(Visible)	1 100
2	0.70～1.10	近红外(Near infrared)	1 100
3A	1.58～1.64	短波红外(Short infrared)	1 100
3B	3.55～3.95	中波红外(Middle infrared)	1 100
4	10.30～11.30	远红外(Far infrared)	1 100
5	11.50～12.50	远红外分裂窗(Infrared split window)	1 100

表 A.3　FY-3A/B/C 极轨气象卫星 VIRR(可见光红外扫描辐射计)通道参数表

通道编号	波长 μm	波段	星下点分辨率 m
1	0.580～0.680	可见光(Visible)	1 100
2	0.840～0.890	近红外(Near infrared)	1 100
3	3.550～3.950	中波红外(Middle infrared)	1 100
4	10.300～11.300	远红外(Far infrared)	1 100

表 A.3　FY-3A/B/C 极轨气象卫星 VIRR(可见光红外扫描辐射计)通道参数表(续)

通道编号	波长 μm	波段	星下点分辨率 m
5	11.500～12.500	远红外分裂窗(Infrared split window)	1 100
6	1.580～1.640	短波红外(Short infrared)	1 100
7	0.430～0.480	可见光(Visible)	1 100
8	0.480～0.530	可见光(Visible)	1 100
9	0.530～0.580	可见光(Visible)	1 100
10	1.325～1.395	短波红外(Short infrared)	1 100

表 A.4　FY-3D 中分辨率光谱成像仪 II 型(MERSI/II)通道参数表

通道编号	波长 μm	波段	星下点分辨率 m
1	0.470	可见光(Visible)	250
2	0.550	可见光(Visible)	250
3	0.650	可见光(Visible)	250
4	0.865	近红外(Near infrared)	250
5	1.240/1.030	近红外(Near infrared)	1 000
6	1.640	短波红外(Short infrared)	1 000
7	2.130	短波红外(Short infrared)	1 000
8	0.412	可见光(Visible)	1 000
9	0.443	可见光(Visible)	1 000
10	0.490	可见光(Visible)	1 000
11	0.555	可见光(Visible)	1 000
12	0.670	可见光(Visible)	1 000
13	0.709	近红外(Near infrared)	1 000
14	0.746	近红外(Near infrared)	1 000
15	0.865	近红外(Near infrared)	1 000
16	0.905	近红外(Near infrared)	1 000
17	0.936	近红外(Near infrared)	1 000
18	0.940	近红外(Near infrared)	1 000
19	1.380	近红外(Near infrared)	1 000
20	3.800	中波红外(Middle infrared)	1 000
21	4.050	中波红外(Middle infrared)	1 000
22	7.200	中波红外(Middle infrared)	1 000
23	8.550	中波红外(Middle infrared)	1 000
24	10.800	远红外(Far infrared)	250
25	12.000	远红外分裂窗(Infrared split window)	250

表 A.5 中分辨率成像光谱仪(EOS/MODIS)通道参数表

通道编号	波长 μm	波段	星下点分辨率 m
1	0.620~0.670	可见光(Visible)	250
2	0.841~0.876	可见光(Visible)	250
3	0.459~0.479	可见光(Visible)	500
4	0.545~0.565	可见光(Visible)	500
5	1.230~1.250	近红外(Near infrared)	500
6	1.628~1.652	短波红外(Short infrared)	500
7	2.105~2.155	短波红外(Short infrared)	500
8	0.405~0.420	可见光(Visible)	1 000
9	0.438~0.448	可见光(Visible)	1 000
10	0.483~0.493	可见光(Visible)	1 000
11	0.526~0.536	可见光(Visible)	1 000
12	0.540~0.556	可见光(Visible)	1 000
13	0.662~0.672	可见光(Visible)	1 000
14	0.673~0.683	可见光(Visible)	1 000
15	0.743~0.753	可见光(Visible)	1 000
16	0.862~0.877	近红外(Near infrared)	1 000
17	0.890~0.920	近红外(Near infrared)	1 000
18	0.931~0.941	近红外(Near infrared)	1 000
19	0.915~0.965	近红外(Near infrared)	1 000
20	3.660~3.840	中波红外(Middle infrared)	1 000
21	3.929~3.989	中波红外(Middle infrared)	1 000
22	3.929~3.989	中波红外(Middle infrared)	1 000
23	4.020~4.080	中波红外(Middle infrared)	1 000
24	4.433~4.498	中波红外 Middle infrared)	1 000
25	4.482~4.549	中波红外(Middle infrared)	1 000
26	1.360~1.390	短波红外(Short infrared)	1 000
27	6.535~6.895	中波红外(Middle infrared)	1 000
28	7.175~7.475	中波红外(Middle infrared)	1 000
29	8.400~8.700	中波红外(Middle infrared)	1 000
30	9.580~9.880	远红外(Far infrared)	1 000
31	10.780~11.280	远红外(Far infrared)	1 000
32	11.770~12.270	远红外分裂窗(Infrared split window)	1 000
33	13.185~13.485	远红外 Far infrared)	1 000
34	13.485~13.785	远红外(Far infrared)	1 000
35	13.785~14.085	远红外(Far infrared)	1 000
36	14.085~14.385	远红外(Far infrared)	1 000

表 A.6 FY-2C/D/E/F/G 静止气象卫星 VISSR(扫描辐射计)通道参数表

通道编号	波长 μm	波段	星下点分辨率 m
1	0.50～0.75	可见光(Visible)	1 250
2	10.30～11.30	远红外(Far infrared)	5 000
3	11.50～12.50	远红外分裂窗(Infrared split window)	5 000
4	3.50～4.00	中波红外(Middle infrared)	5 000
5	6.30～7.60	中波红外(Middle infrared)	5 000

表 A.7 FY-4A 传感器通道参数表

通道编号	波长 μm	波段	星下点分辨率 m
1	0.45～0.49	可见光(Visible)	1
2	0.55～0.75	可见光(Visible)	500～1 000
3	0.75～0.90	近红外(Near infrared)	1 000
4	1.36～1.39	短波红外(Short infrared)	2 000
5	1.58～1.64	短波红外(Short infrared)	2 000
6	2.10～2.35	短波红外(Short infrared)	2 000～4 000
7	3.50～4.00(高端部分)	中波红外(Middle infrared)	2 000
8	3.50～4.00(低端部分)	中波红外(Middle infrared)	4 000
9	5.80～6.70	中波红外(Middle infrared)	4 000
10	6.90～7.30	中波红外(Middle infrared)	4 000
11	8.00～9.00	远红外(Far infrared)	4 000
12	10.30～11.30	远红外(Far infrared)	4 000
13	11.50～12.50	远红外分裂窗(Infrared split window)	4 000
14	13.20～13.80	远红外(Far infrared)	4 000

表 A.8 环境减灾卫星 B 星(HJ-1B)传感器通道参数表

通道编号	波长 μm	波段	星下点分辨率 m
1	0.43～0.52	可见光(Visible)	30
2	0.52～0.60	可见光(Visible)	30
3	0.63～0.69	可见光(Visible)	30
4	0.76～0.90	近红外(Near infrared)	30
5	0.75～1.10	近红外(Near infrared)	150
6	1.55～1.75	短波红外(Short infrared)	150
7	3.50～3.90	中波红外(Middle infrared)	150
8	10.50～12.50	远红外(Far infrared)	300

表 A.9　葵花 8 号卫星(Himavari 8)传感器通道参数表

通道编号	波长 um	波段	星下点分辨率 m
1	0.46	可见光(Visible)	1 000
2	0.51	可见光(Visible)	1 000
3	0.64	可见光(Visible)	500
4	0.86	近红外(Near infrared)	1 000
5	1.60	短波红外(Short infrared)	2 000
6	2.30	短波红外(Short infrared)	2 000
7	3.90	中波红外(Middle infrared)	2 000
8	6.20	中波红外(Middle infrared)	2 000
9	7.00	中波红外(Middle infrared)	2 000
10	7.30	中波红外(Middle infrared)	2 000
11	8.60	远红外(Far infrared)	2 000
12	9.60	远红外(Far infrared)	2 000
13	10.40	远红外(Far infrared)	2 000
14	11.20	红外分裂窗(Infrared split window)	2 000
15	12.30	远红外(Far infrared)	2 000
16	13.30	远红外(Far infrared)	2 000

附　录　B

（规范性附录）

多通道图像增强公式

B.1　白天图像通道增强公式

B.1.1　可见光通道

B.1.1.1　陆地部分增强

当 $R_{VIS} \leqslant R_{VIS\_MinL}$ 时，$I_{VIS\_L}=0$；当 $R_{VIS} > R_{VIS\_MaxL}$ 时，$I_{VIS\_L}=255$；当 $R_{VIS\_MinL} < R_{VIS} \leqslant R_{VIS\_MaxL}$ 时：

$$I_{VIS\_L}=(I_{VIS\_MaxL}-I_{VIS\_MinL}) \times (R_{VIS}-R_{VIS\_MinL})/(R_{VIS\_MaxL}-R_{VIS\_MinL}) \quad\cdots\cdots\cdots\cdots (B.1)$$

式中：

I_{VIS_L} ——可见光通道陆地部分白天图像增强后的灰度值；

I_{VIS_MaxL} ——可见光通道陆地部分白天图像增强灰度上限，参考值为170；

I_{VIS_MinL} ——可见光通道陆地部分白天图像增强灰度下限，参考值为0；

R_{VIS_MaxL} ——可见光通道陆地部分白天图像增强反射率上限，以百分率表示（%），参考值为15%；

R_{VIS_MinL} ——可见光通道陆地部分白天图像增强反射率下限，以百分率表示（%），参考值为0。

B.1.1.2　云区部分增强

当 $R_{VIS} \leqslant R_{VIS\_MinC}$ 时，$I_{VIS\_C}=0$；当 $R_{VIS} > R_{VIS\_MaxC}$ 时，$I_{VIS\_C}=255$；当 $R_{VIS\_MinC} < R_{VIS} \leqslant R_{VIS\_MaxC}$ 时：

$$I_{VIS\_C}=(I_{VIS\_MaxC}-I_{VIS\_MinC}) \times (R_{VIS}-R_{VIS\_MinC})/(R_{VIS\_MaxC}-R_{VIS\_MinC}) \quad\cdots\cdots\cdots\cdots (B.2)$$

式中：

I_{VIS_C} ——可见光通道云区部分白天图像增强后的灰度值；

I_{VIS_MaxC} ——可见光通道云区部分白天图像增强灰度上限，参考值为255；

I_{VIS_MinC} ——可见光通道云区部分白天图像增强灰度下限，参考值为171；

R_{VIS_MaxC} ——可见光通道云区部分白天图像增强反射率上限，以百分率表示（%），参考值为100%；

R_{VIS_MinC} ——可见光通道云区部分白天图像增强反射率下限，以百分率表示（%），参考值为15%。

B.1.2　近红外通道

B.1.2.1　陆地部分增强

当 $R_{NIR} \leqslant R_{NIR\_MinL}$ 时，$I_{NIR\_L}=0$；当 $R_{NIR} > R_{NIR\_MaxL}$ 时，$I_{NIR\_L}=255$；当 $R_{NIR\_MinL} < R_{NIR} \leqslant R_{NIR\_MaxL}$ 时：

$$I_{NIR\_L}=(I_{NIR\_MaxL}-I_{NIR\_MinL}) \times (R_{NIR}-R_{NIR\_MinL})/(R_{NIR\_MaxL}-R_{NIR\_MinL}) \quad\cdots\cdots\cdots\cdots (B.3)$$

式中：

I_{NIR_L} ——近红外通道陆地部分白天图像增强后的灰度值；

I_{NIR_MaxL} ——近红外通道陆地部分白天图像增强灰度上限，参考值为195；

I_{NIR_MinL} ——近红外通道陆地部分白天图像增强灰度下限，参考值为0；

R_{NIR_MaxL} ——近红外通道陆地部分白天图像增强反射率上限，以百分率表示（%），参考值为25%；

R_{NIR_MinL} ——近红外通道陆地部分白天图像增强反射率下限，以百分率表示（%），参考值为0。

B.1.2.2　云区部分增强

当 $R_{NIR} \leqslant R_{NIR\_MinC}$ 时，$I_{NIR\_C}=0$；当 $R_{NIR} > R_{NIR\_MaxC}$ 时，$I_{NIR\_C}=255$；当 $R_{NIR\_MinC} < R_{NIR} \leqslant R_{NIR\_MaxC}$ 时：

$$I_{NIR\_C} = (I_{NIR\_MaxC} - I_{NIR\_MinC}) \times (R_{NIR} - R_{NIR\_MinC})/(R_{NIR\_MaxC} - R_{NIR\_MinC}) \quad \cdots\cdots\cdots\cdots (B.4)$$

式中：

I_{NIR_L} ——近红外通道云区部分白天图像增强后的灰度值；

I_{NIR_MaxC} ——近红外通道云区部分白天图像增强灰度上限，参考值为255；

I_{NIR_MinC} ——近红外通道云区部分白天图像增强灰度下限，参考值为196；

R_{NIR_MaxC} ——近红外通道云区部分白天图像增强反射率上限，以百分率表示（％），参考值为100％；

R_{NIR_MinC} ——近红外通道云区部分白天图像增强反射率下限，以百分率表示（％），参考值为25％。

B.1.3 中波红外通道

当 $T_{MIR} \leqslant T_{MIR\_MinD}$ 时，$I_{MIR\_D}=0$；当 $T_{MIR} > T_{MIR\_MaxD}$ 时，$I_{MIR\_D}=255$；当 $T_{MIR\_MinD} < T_{MIR} \leqslant T_{MIR\_MaxD}$ 时：

$$I_{MIR\_D} = 255 \times (T_{MIR} - T_{MIR\_MinD})^2/(T_{MIR\_MaxD} - T_{MIR\_MinD})^2 \quad \cdots\cdots\cdots\cdots (B.5)$$

式中：

I_{MIR_D} ——中波红外通道白天图像增强后的灰度值；

T_{MIR_MaxD} ——中波红外通道亮度温度白天图像增强上限，单位为开尔文（K），参考值为320 K；

T_{MIR_MinD} ——中波红外通道亮度温度白天图像增强下限，单位为开尔文（K），参考值为275 K；

B.2 夜间图像通道增强公式

B.2.1 中波红外通道

当 $T_{MIR} \leqslant T_{MIR\_MinN}$ 时，$I_{MIR\_N}=0$；当 $T_{MIR} > T_{MIR\_MaxN}$ 时，$I_{MIR\_N}=255$；当 $T_{MIR\_MinN} < T_{MIR} \leqslant T_{MIR\_MaxN}$ 时：

$$I_{MIR\_N} = 255 \times (T_{MIR} - T_{MIR\_MinN})^2/(T_{MIR\_MaxN} - T_{MIR\_MinN})^2 \quad \cdots\cdots\cdots\cdots (B.6)$$

式中：

I_{MIR_N} ——中波红外通道夜间图像增强后的灰度值；

T_{MIR_MaxN} ——中波红外通道亮度温度夜间图像增强上限，单位为开尔文（K），参考值为310 K；

T_{MIR_MinN} ——中波红外通道亮度温度夜间图像增强下限，单位为开尔文（K），参考值为270 K；

B.2.2 远红外通道

当 $T_{FIR} \leqslant T_{FIR\_MinN}$ 时，$I_{FIR\_N}=0$；当 $T_{FIR} > T_{FIR\_MaxN}$ 时，$I_{FIR\_N}=255$；当 $T_{FIR\_MinN} < T_{FIR} \leqslant T_{FIR\_MaxN}$ 时：

$$I_{FIR\_N} = 255 - (I_{FIR\_MaxN} - I_{FIR\_MinN}) \times (T_{FIR} - T_{FIR\_MinN})/(T_{FIR\_MaxN} - T_{FIR\_MinN})$$

$$\cdots\cdots\cdots\cdots (B.7)$$

式中：

I_{FIR_N} ——远红外通道夜间图像增强后的灰度值；

I_{FIR_MaxN} ——远红外通道灰度夜间图像增强上限，参考值为255；

I_{FIR_MinN} ——远红外通道灰度夜间图像增强下限，参考值为0；

T_{FIR_MaxN} ——远红外通道亮度温度夜间图像增强上限，单位为开尔文（K），参考值为310 K；

T_{FIR_MinN} ——远红外通道亮度温度夜间图像增强下限，单位为开尔文（K），参考值为250 K。

B.2.3 远红外分裂窗通道

当 $T_{FIR2} \leqslant T_{FIR2\_MinN}$ 时，$I_{FIR2\_N}=0$；当 $T_{FIR2} > T_{FIR2\_MaxN}$ 时，$I_{FIR2\_N}=255$；当 $T_{FIR2\_MinN} < T_{FIR2} \leqslant T_{FIR2\_MaxN}$ 时：

$$I_{FIR2\_N} = 255 \times [1 - (T_{FIR2} - T_{FIR2\_MinN})^2/(T_{FIR2\_MaxN} - T_{FIR2\_MinN})^2] \quad \cdots\cdots\cdots\cdots (B.8)$$

式中：

I_{FIR2_N} ——远红外分裂窗通道夜间图像增强后的灰度值；

$T_{\text{FIR2\_MaxN}}$ ——远红外分裂窗通道亮度温度夜间图像增强上限,单位为开尔文(K),参考值为 310 K;

$T_{\text{FIR2\_MinN}}$ ——远红外分裂窗通道亮度温度夜间图像增强下限,单位为开尔文(K),参考值为 250 K;

T_{FIR2} ——远红外分裂窗通道亮度温度,单位为开尔文(K)。

ICS 07.060
A 47
备案号：69043—2019

中华人民共和国气象行业标准

QX/T 471—2019

人工影响天气作业装备与弹药标识编码
技术规范

Coding specifications for weather modification seeding tools and seeding
ammunition identification

2019-01-18 发布　　　　　　　　　　　　　　2019-05-01 实施

中 国 气 象 局　 发 布

QX/T 471—2019

前　言

本标准按照 GB/T 1.1—2009 给出的规则起草。

本标准由全国人工影响天气标准化技术委员会(SAC/TC 538)提出并归口。

本标准起草单位：中国气象科学研究院、河南省气象局、中国气象局上海物资管理处、西藏自治区气象局。

本标准主要起草人：李宏宇、周旭、张骁拓、车云飞、郑宏伟、戴艳萍、孙锐、刘伟、李昊、伟色卓玛。

引　言

　　人工影响天气作业使用的装备与弹药具有一定危险性,预防、控制和消除其在生产、储运、使用等过程中潜在的隐患,加强对包括作业装备与弹药在内的人工影响天气作业物资的安全管理,一直以来都是人工影响天气工作中的重中之重。

　　为了规范人工影响天气作业装备与弹药在生产、查验、储运、使用以及日常维护维修等各环节的管理,实现对作业装备与弹药全生命周期信息收集、监管和全过程追溯,满足作业装备与弹药信息化管理需要,制定本标准。

人工影响天气作业装备与弹药标识编码技术规范

1 范围

本标准规定了人工影响天气各种作业装备与弹药标识的编码内容、格式与规则。

本标准适用于人工影响天气作业装备与弹药(含弹箱)的生产、查验、储运、使用以及日常维护维修等各环节的信息化管理。

2 规范性引用文件

下列文件对于本文件的应用是必不可少的。凡是注日期的引用文件,仅注日期的版本适用于本文件。凡是不注日期的引用文件,其最新版本(包括所有的修改单)适用于本文件。

GA 441—2003 工业雷管编码通则

3 术语和定义

下列术语和定义适用于本文件。

3.1

作业装备 weather modification seeding tool

实施人工影响天气作业投送各类催化剂及其制品所使用的空中与地面工具或发生装置,主要包括机载播撒器,地面的高炮、火箭发射架和催化剂发生器等。

3.2

作业弹药 weather modification seeding ammunition

人工影响天气作业时所投送的各类催化剂载体、催化剂制品。

注:目前常用的有人工影响天气用炮弹,火箭弹,地面或机载的焰条、焰弹等。

4 作业装备编码

4.1 编码内容

作业装备编码内容应包括分类码、厂商代码、装备类型、出厂信息和校验码五部分,按先后顺序排列构成。

4.2 编码格式

作业装备编码共20位,每位代码分别由阿拉伯数字0~9构成。具体编码内容与格式见表1。

表1 作业装备编码内容和格式

内容	分类码	厂商代码	装备类型	出厂信息	校验码
顺序	第1~2位	第3~4位	第5~11位	第12~19位	第20位
位数	2	2	7	8	1

4.3 编码规则

4.3.1 分类码

共2位。用于区分作业装备、作业弹药、弹箱以及其他人工影响天气工作实物。

作业装备编码固定为"01"。未知类以"其他"和"00"代表。具体编码见表2。

表2 分类码编码

类别	作业装备	作业弹药	弹箱	…	其他
编码	01	02	03	…	00

4.3.2 厂商代码

共2位。区分作业装备不同生产厂商,位数同GA 441—2003中5.1.1生产企业代号的位数。国务院气象主管机构和有关部门共同指定的生产厂商按数字顺序依次编码,不得重复。未知类以"其他"代替。生产厂商具体代码依申请公开。

4.3.3 装备类型

4.3.3.1 编码内容和格式

共7位。装备类型含使用方式、装备种类、装备样式、装备型号四部分,按先后顺序排列构成。具体编码内容与格式见表3。

表3 装备类型编码内容和格式

内容	使用方式	装备种类	装备样式	装备型号
顺序	第5位	第6~7位	第8~9位	第10~11位
位数	1	2	2	2

4.3.3.2 使用方式

共1位。区分装备作业位置位于地面或空中等。未知类以"其他"和"0"代表。具体编码见表4。

表4 使用方式编码

类别	地面	空中	…	其他
编码	1	2	…	0

4.3.3.3 装备种类

共2位。区分高炮、火箭发射架、焰条播撒器、焰弹发射器、碘化银-丙酮溶液播撒器、液态二氧化碳播撒器、液氮播撒器以及吸湿性粗粒粉剂播撒装置等。未知类以"其他"和"00"代表。具体编码见表5。

表 5　装备种类编码

类别	高炮	火箭发射架	焰条播撒器	焰弹发射器	碘化银-丙酮溶液播撒器
编码	01	02	03	04	05
类别	液态二氧化碳播撒器	液氮播撒器	吸湿性粗粒粉剂播撒装置	…	其他
编码	06	07	08	…	00

4.3.3.4　装备样式

共 2 位。区分高炮、火箭发射架、焰条播撒器、焰弹发射器等不同种类装备的具体样式。未知类以"其他"和"00"代表。具体编码见表 6 至表 9。

表 6　装备样式——高炮编码

类别	37 mm 高炮手动	37 mm 高炮自动	57 mm 高炮手动	57 mm 高炮自动	…	其他
编码	01	02	03	04	…	00

表 7　装备样式——火箭发射架编码

类别	固定式火箭发射架	牵引式火箭发射架	车载式火箭发射架	船载式火箭发射架	…	其他
编码	01	02	03	04	…	00

表 8　装备样式——焰条播撒器编码(按播撒器能够携带的焰条总数)

类别	1～10 支	11～20 支	21～30 支	31～40 支	41～50 支	51～60 支
编码	01	02	03	04	05	06
类别	61～70 支	71～80 支	81～90 支	91～100 支	其他	
编码	07	08	09	10	00	

表 9　装备样式——焰弹发射器编码(按发射器能够携带的焰弹总数)

类别	1～20 枚	21～40 枚	41～60 枚	61～80 枚	81～100 枚	101～120 枚
编码	01	02	03	04	05	06
类别	121～140 枚	141～160 枚	161～180 枚	181～200 枚	其他	
编码	07	08	09	10	00	

4.3.3.5　装备型号

共 2 位。作业装备的具体型号。

各生产厂商同类作业装备的具体型号编码应向国务院气象主管机构提出申请,并由国务院气象主管机构统一编码。不同型号产品不得重复使用。未知类以"其他"和"00"代表。

4.3.4 出厂信息

4.3.4.1 编码内容和格式

共 8 位。作业装备出厂信息包含年份、批次号和顺序号三部分,按先后顺序排列构成。作业装备具体生产日期则由生产年份和对应批次号来确定。具体编码内容与格式见表10。

表 10 出厂信息编码内容和格式

内容	年份	批次号	顺序号
顺序	第 12~13 位	第 14~15 位	第 16~19 位
位数	2	2	4

4.3.4.2 年份

共 2 位。作业装备生产年份的后两位。

4.3.4.3 批次号

共 2 位。作业装备的实际生产批次。

生产批次划分应遵循实际生产时间段相同的单位产品方可组成一个批次的原则。在规定限度内具有同一性质和质量,并在同一生产周期中生产出来的一定数量的产品为一批。

作业装备的批次号由生产厂商根据实际生产情况确定。位数不足时在前部补"0"。

4.3.4.4 顺序号

共 4 位。作业装备在同一批次中所列的顺序。

作业装备的顺序号由生产厂商根据实际生产情况确定。位数不足时在前部补"0"。

4.3.5 校验码

共 1 位。位于编码最后一位的、从单元数据串的其他数字中计算出来的数字,用于检查数据的正确组成。校验码计算的细则见附录 A。

5 作业弹药编码

5.1 编码内容

作业弹药编码内容应包括分类码、厂商代码、弹药类型、出厂信息和校验码五部分,按先后顺序排列构成。

5.2 编码格式

作业弹药编码共 20 位,每位代码分别由阿拉伯数字 0~9 构成。具体编码内容与格式见表11。

表 11 作业弹药编码内容和格式

内容	分类码	厂商代码	弹药类型	出厂信息	校验码
顺序	第1~2位	第3~4位	第5~10位	第11~19位	第20位
位数	2	2	6	9	1

5.3 编码规则

5.3.1 分类码

共 2 位。用于区分作业装备、作业弹药、弹箱以及其他人工影响天气工作实物(见表 2)。
作业弹药编码固定为"02"。

5.3.2 厂商代码

共 2 位。区分作业弹药不同生产厂商。生产厂商具体代码依申请公开。

5.3.3 弹药类型

5.3.3.1 编码内容和格式

共 6 位。弹药类型含使用方式、催化剂种类、弹药样式、弹药型号四部分,按先后顺序排列构成。具体编码内容与格式见表 12。

表 12 弹药类型编码内容和格式

内容	使用方式	催化剂种类	弹药样式	弹药型号
顺序	第5位	第6位	第7~8位	第9~10位
位数	1	1	2	2

5.3.3.2 使用方式

共 1 位。区分作业弹药使用位置位于地面或空中等。未知类以"其他"和"0"代表。具体编码见表 13。

表 13 使用方式编码

类别	地面	空中	…	其他
编码	1	2	…	0

5.3.3.3 催化剂种类

共 1 位。区分人工冰核、致冷剂和吸湿剂等。未知类以"其他"和"0"代表。具体编码见表 14。

表 14 催化剂种类编码

类别	人工冰核	致冷剂	吸湿剂	⋯	其他
编码	1	2	3	⋯	0

5.3.3.4 弹药样式

共 2 位。区分高炮炮弹、火箭弹、焰条、焰弹等。未知类以"其他"和"00"代表。具体编码见表 15。

表 15 弹药样式编码

类别	高炮炮弹	火箭弹（自毁式）	火箭弹（伞降式）	火箭弹（子母弹）
编码	01	02	03	04
类别	焰条	焰弹	⋯	其他
编码	05	06	⋯	00

5.3.3.5 弹药型号

共 2 位。作业弹药的具体型号。

各生产厂商同类作业弹药的具体型号编码应向国务院气象主管机构提出申请,并由国务院气象主管机构统一编码。不同型号产品不得重复使用。未知类以"其他"和"00"代表。

5.3.4 出厂信息

5.3.4.1 编码内容和格式

共 9 位。作业弹药出厂信息包含年份、批次号和顺序号三部分,按先后顺序排列构成。作业弹药具体生产日期则由生产年份和对应批次号来确定。具体编码内容与格式见表 16。

表 16 出厂信息编码内容和格式

内容	年份	批次号	顺序号
顺序	第 11～12 位	第 13～14 位	第 15～19 位
位数	2	2	5

5.3.4.2 年份

共 2 位。作业弹药生产的年份。取 4 位年的后两位。

5.3.4.3 批次号

共 2 位。作业弹药的实际生产批次。

生产批次划分应遵循实际生产时间段相同的单位产品方可组成一个批次的原则。在规定限度内具有同一性质和质量,并在同一生产周期中生产出来的一定数量的产品为一批。

作业弹药的批次号由生产厂商根据实际生产情况确定。位数不足时在前部补"0"。

5.3.4.4 顺序号

共 5 位。作业弹药在同一批次中所列的顺序。

作业弹药的顺序号由生产厂商根据实际生产情况确定。位数不足时在前部补"0"。

5.3.5 校验码

共 1 位。位于编码最后一位的、从单元数据串的其他数字中计算出来的数字,用于检查数据的正确组成。校验码计算的细则见附录 A。

6 弹箱编码

6.1 编码内容

弹箱编码用于对整箱作业弹药的识别,其编码内容应包括分类码、厂商代码、弹药类型、出厂信息和校验码五部分,按先后顺序排列构成。

6.2 编码格式

弹箱编码共 21 位,每位代码分别由阿拉伯数字 0～9 构成。具体编码内容与格式见表 17。

表 17 弹箱编码内容和格式

内容	分类码	厂商代码	弹药类型	出厂信息	校验码
顺序	第 1～2 位	第 3～4 位	第 5～10 位	第 11～20 位	第 21 位
位数	2	2	6	10	1

6.3 编码规则

6.3.1 分类码

弹箱分类码固定为"03"。见表 2。

6.3.2 厂商代码

弹箱的厂商代码、弹药类型的编码内容、编码规则与内置的作业弹药的编码内容、编码规则完全相同。

6.3.3 出厂信息

6.3.3.1 年份和批次号

弹箱出厂信息里年份、批次号编码内容、编码规则与内置的作业弹药的编码内容、编码规则完全相同。

6.3.3.2 顺序号

共 6 位。由弹箱号(4 位)和每箱装弹数量(2 位)两部分组成。弹箱出厂信息里顺序号的编码格式与作业弹药不同。

弹箱号和每箱装弹数量由生产厂商根据实际装弹情况确定。位数不足时在前部补"0"。具体编码见表 18。

表 18　顺序号编码内容和格式

内容	弹箱号	装弹数量
顺序	第 15～18 位	第 19～20 位
位数	4	2

6.3.4　校验码

共 1 位。位于编码最后一位的、从单元数据串的其他数字中计算出来的数字,用于检查数据的正确组成。校验码计算的细则见附录 A。

附　录　A

（规范性附录）

校验码计算方法

A.1　校验码计算

校验码计算的要求按如下步骤进行：

a)　包含校验码的编码所有数字自右向左按递增顺序编号,分别为……,3,2,1 位;

b)　从第 2 位开始,所有偶数位的权数为 3,从第 3 位开始,所有奇数位的权数为 1;

c)　将对应位置的代码数字与权数相乘;

d)　将所有乘积相加求和;

e)　对获得的求和,除以 10 求余数运算;

f)　如果余数为 0,则校验码为 0。否则,用 10 减去余数的差即为校验码。

A.2　示例

示例编码:01062030101140300185(第 20 位为校验码)

按照表 A.1,示例编码第 20 位校验码 X 的计算值为"5"。

表 A.1　示例校验码计算说明

示例编码	0	1	0	6	2	0	3	0	1	0	1	1	4	0	3	0	0	1	8	X
位序	20	19	18	17	16	15	14	13	12	11	10	9	8	7	6	5	4	3	2	1
权数	3	1	3	1	3	1	3	1	3	1	3	1	3	1	3	1	3	1	3	
代码数字乘以权数	0	1	0	6	6	0	9	0	3	0	3	1	12	0	9	0	0	1	24	
所有乘积相加	75																			
除以 10 得余数	$75 \div 10 = 7 \cdots\cdots$ 余 5																			
10 减余数	$10 - 5 = 5$(如果余数为 0,则校验码为 0)																			

参 考 文 献

[1]　GB/T 10113—2003　分类与编码通用术语

[2]　GA 921—2011　民用爆炸物品警示标识、登记标识通则

[3]　QX/T 151—2012　人工影响天气作业术语

[4]　中国气象局应急减灾与公共服务司. 减灾司关于印发人工影响天气作业信息格式规范(试行)等有关规范的函:气减函〔2016〕10 号[Z],2016

[5]　中国气象局综合观测司. 观测司关于印发气象观测装备分类与编码方法(试行)的函:气测函〔2015〕49 号[Z],2015

ICS 07.060

A 47

备案号：69042—2019

中华人民共和国气象行业标准

QX/T 472—2019

人工影响天气炮弹运输存储要求

Transportation and storage requirements of gun shell for weather modification

2019-01-18 发布

2019-05-01 实施

中 国 气 象 局 发布

前　言

本标准按照 GB/T 1.1—2009 给出的规则起草。

本标准由全国人工影响天气标准化技术委员会(SAC/TC 538)提出并归口。

本标准起草单位：中国气象局上海物资管理处、安徽省人工影响天气办公室。

本标准主要起草人：孙宜军、刘伟、卢怡、袁野、冯晶晶、许晓东。

人工影响天气炮弹运输存储要求

1 范围

本标准规定了人工影响天气炮弹的运输和存储要求。

本标准适用于人工影响天气作业用炮弹的道路运输和存储。

2 规范性引用文件

下列文件对于本文件的应用是必不可少的。凡是注日期的引用文件,仅注日期的版本适用于本文件。凡是不注日期的引用文件,其最新版本(包括所有的修改单)适用于本文件。

GB 3836.14—2014 爆炸性环境 第 14 部分:场所分类 爆炸性气体环境

GB 50394 入侵报警系统工程设计规范

GB 50395 视频安防监控系统工程设计规范

GA 838—2009 小型民用爆炸物品储存库安全规范

WJ 9073—2012 民用爆炸物品运输车安全技术条件

3 术语和定义

下列术语和定义适用于本文件。

3.1

炮弹储存库 gun shell magazine

存储人工影响天气炮弹的仓库。

3.2

炮弹临时存储点 temporary storage for gun shell

实施人工影响天气作业期间,在作业站点存放人工影响天气炮弹的场所。

4 运输要求

4.1 一般要求

炮弹运输和装卸时应满足以下要求:

a) 运输车辆应符合 WJ 9073—2012 中 4.1 的规定,并办理审批手续后持证运输,按指定路线行驶;

b) 炮弹严禁与化学物品、火工品及带静电物品等危及炮弹安全的物品混装,不应同车携带与炮弹及作业等工作无关的货物;

c) 装卸时车辆应熄火、制动,驾驶员不应远离车辆,不应在装卸现场添加燃料和维修车辆;

d) 装卸人员应经过培训、考核,熟知装卸的基本性质和安全注意事项;

e) 装卸应采用适当的装卸设备及工具,并保证其使用安全,不带故障使用,不超负荷使用;

f) 装卸使用的辅助设备必须是经过防爆措施处理的,具有防爆功能;

g) 装卸时应小心谨慎,轻拿轻放,避免冲击、摩擦,禁止投掷、拖拉或在雷雨时装卸;

h) 装卸时不准敲击、磕碰、严防坠落,谨防明火;

i) 运输车辆应保持安全车速,运输过程中不得随意停车,在公共区域因特殊情况需较长时间停车时,应设置警戒带,并采取相应的安全防护措施。

4.2 专用要求

炮弹在运输过程中的堆码应满足以下要求:

a) 凡超过 1.5 m 高度跌落的或受到强烈震动的人工影响天气炮弹,应单独存放,未经鉴定、处理,不准装卸;

b) 炮弹应堆码整齐、排列紧密、固定牢靠,防止窜动或坠落,其弹轴方向一般应与行驶方向垂直。

5 存储要求

5.1 一般要求

5.1.1 建设要求

炮弹存储库和炮弹临时存储点的建设应满足以下要求:

a) 应根据当地气候和存放物品的要求,采取防潮、隔热、通风、防啮齿动物等措施。

b) 耐火等级应符合 GA 838—2009 中 9.1.1 的规定。

c) 建筑结构和净高应满足 GA 838—2009 中 9.1.2 的要求。

d) 屋面应采用轻质泄压屋面,存储库的泄压面积应不小于 10 m²,临时存放点的泄压面积应不小于 1 m²。当屋面泄压面积达不到要求时,应辅以门窗作为泄压面积。

e) 门的安装应符合 GA 838—2009 中 9.1.3 和 9.1.4 的要求。

f) 窗户的安装应符合 GA 838—2009 中 9.1.5 的要求。

g) 地面应采用不发生火花地面。

h) 消防、电气和防雷措施应符合 GA 838—2009 中 10、11、12 的规定。

i) 应安装入侵报警、周界报警、视频监控等治安防范设施,并应符合 GB 50394、GB 50395 的要求。

5.1.2 管理要求

炮弹存储库和炮弹临时存储点的管理应满足以下要求:

a) 应指定专人管理、看护,实行双人双锁,无关人员不得进入库房。

b) 不应在库房内吸烟和用火、使用手机等通信工具,不应把其他容易引起燃烧、爆炸的物品带入库房内,不应在库房内住宿和进行其他活动。

c) 应建立相关管理制度,做到出入库证件资料齐全,账目清楚、账物相符,应配备设备接入互联网系统。

d) 不同型号、不同批次的炮弹应分区存放,并分类标识清楚,不应在库房内存放其他物品。

5.2 专用要求

5.2.1 存储量要求

5.2.1.1 炮弹储存库的最大存储量应满足以下要求:

——37 mm 炮弹储存量应不大于 18000 发;

——57 mm 炮弹储存量应不大于 3800 发。

5.2.1.2 炮弹临时存储点的最大存储量应满足以下要求：

——37 mm 炮弹储存量应不大于 400 发；

——57 mm 炮弹储存量应不大于 200 发。

5.2.2 堆码要求

5.2.2.1 炮弹应分批成垛堆放，包装标志一般应朝向工作通道，行走通道不小于 0.75 m，堆垛与墙的距离不应小于 0.9 m，堆放高度不大于 1.5 m。堆垛与堆垛的最小距离 0.6 m，运输操作通道的宽度不应小于 1.5 m。

5.2.2.2 从 1.5 m 以上高度摔落的炮弹应单独存放，并做好标记，未经检查鉴定不得发放、运输或与其他弹药一起堆码存放。

———————

ICS 07. 060
A 47
备案号：69048—2019

中华人民共和国气象行业标准

QX/T 473—2019

螺旋桨式飞机机载焰剂型人工增雨催化
作业装备技术要求

Technical requirements for airborne rain enhancement seeding equipment with
pyrotechnics of propeller airplane

2019-01-18 发布
2019-05-01 实施

中 国 气 象 局 发 布

前　言

本标准按照 GB/T 1.1—2009 给出的规则起草。

本标准由全国人工影响天气标准化技术委员会(SAC/TC 538)提出并归口。

本标准起草单位:中国气象科学研究院、吉林省人工影响天气办公室、陕西中天火箭技术股份有限公司、江西新余国科科技股份有限公司、北京应用气象研究所、中国兵器科学研究院、北京市人工影响天气办公室。

本标准主要起草人:陈跃、钱尧、刘汐敬、武玉忠、龚毅、魏强、谭超、王晋华、方春刚、刘健、高扬。

螺旋桨式飞机机载焰剂型人工增雨催化作业装备技术要求

1 范围

本标准规定了螺旋桨式飞机机载焰剂型人工增雨催化作业装备的技术要求。

本标准适用于螺旋桨式飞机机载焰剂型人工增雨催化作业装备的设计、制造、验收及维修维护。

2 规范性引用文件

下列文件对于本文件的应用是必不可少的。凡是注日期的引用文件,仅注日期的版本适用于本文件。凡是不注日期的引用文件,其最新版本(包括所有的修改单)适用于本文件。

GB/T 9001 质量管理体系要求

GJB 9001 质量管理体系要求

QX/T 151 人工影响天气作业术语

3 术语和定义

QX/T 151 界定的以及下列术语和定义适用于本文件。

3.1

焰剂 pyrotechnics

由氧化剂、可燃物、特殊功能材料和黏合剂组成,点燃后产生烟、光、气和热的固态混合物。

3.2

焰条 burn-in-place flare

固定位置燃烧的、含有焰剂型催化剂的复合材料管状物。

注:装有吸湿性焰剂的焰条称为暖云焰条;装有碘化银等焰剂的焰条称为冷云焰条。

3.3

焰弹 ejectable flare

从复合材料或金属材料管状物中发射后燃烧的、含有焰剂型催化剂的制品。

注:装有吸湿性焰剂的焰弹称为暖云焰弹;装有碘化银等焰剂的焰弹称为冷云焰弹。

3.4

播撒器 seeding device

安装于飞机机舱外,用于固定和放置焰条或焰弹,播撒催化剂的装置。

3.5

控制计算机 control computer

操控执行控制器的计算机,也称上位机。

3.6

执行控制器 executive controller

连接控制计算机和播撒器,传输执行指令与反馈信息的装置。

4 技术要求

4.1 总体要求

4.1.1 制造

机载焰剂型人工增雨催化作业装备生产过程应符合 GB/T 9001 或 GJB 9001 的要求。

4.1.2 适航性

机载焰剂型人工增雨催化作业装备应符合民用航空适航审定标准。

4.1.3 软件测试

应通过软件测试。

4.1.4 防错

应从结构和选型上保证电连接器的正确连接。

4.2 焰条播撒设备技术要求

4.2.1 功能

焰条播撒设备应具备下列功能：
a) 可靠固定焰条；
b) 识别与检测焰条；
c) 点火播撒与状态监测。

4.2.2 使用寿命

使用寿命应不小于 8 年，或不少于 2000 飞行小时。

4.2.3 使用环境

焰条播撒设备应适用以下环境：
a) 使用温度：−40 ℃～+50 ℃；
b) 存储温度：−55 ℃～+70 ℃；
c) 使用相对湿度：0～100%；
d) 能在降水条件下使用。

4.2.4 焰条播撒器

焰条播撒器技术要求如下：
a) 应采用航空用铝合金、复合材料等制造；
b) 外形应符合气动整流设计；
c) 重量应满足飞机载重要求；
d) 结构强度、刚度应满足飞行动载要求，剩余强度系数应不小于 1.5；
e) 应保证焰条壳体表面的冷却降温；
f) 应采用卡口方式固定焰条，卡口尺寸及对应的焰条固定销钉位置见附录 A；

g) 所有零件表面应采用阳极氧化处理,外表面应喷涂航空面漆;

h) 应通过电缆与安装在机身上的穿舱插座连接;

i) 点火电极尺寸见附录 A。

4.2.5 焰条执行控制器

4.2.5.1 功能

焰条执行控制器应具备下列功能:

a) 焰条检测,检测电流应不大于 20 mA;

b) 焰条播撒,可选择任意焰条播撒;

c) 识别冷云焰条、暖云焰条;

d) 数据外传,可接收外部发送的检测、点火指令并回传检测、点火结果数据;

e) 监控焰条状态。

4.2.5.2 性能

焰条执行控制器应具有下列性能:

a) 点火电流:$2\ A_0^{+0.2A}$,点火时间:$50\ ms_0^{+10\ ms}$;

b) 冷、暖云焰条识别指标:冷云焰条阻值范围为 $2.2\ \Omega \pm 0.5\ \Omega$,暖云焰条阻值范围为 $7.2\ \Omega \pm 0.5\ \Omega$;

c) 供电要求:直流电压 $28.5\ V \pm 3\ V$,最大功率不大于 $100\ W$。

4.2.6 焰条控制计算机

焰条控制计算机应符合以下要求:

a) 用不同颜色标示出焰条的种类和状态;

b) 可实现焰条的单根点火和多根同时点火功能;

c) 多根同时点火时,每根之间的点火时间间隔应不超过 1 s;

d) 可模拟及实时显示焰条的燃烧进度。

4.2.7 电缆和连接器

4.2.7.1 电缆

电缆宜采用 AFP1F-200 聚四氟乙烯屏蔽导线制作,外套耐油胶布套。所有电缆、外敷布套、插头内线号应用套管标明,用油绸和绑扎线包扎插头并涂抹 AK-20 胶。电缆防波套两端应可靠接地。

4.2.7.2 插头

机身穿舱舱外电缆插头宜采用 J599/26FC35SN 型号。

4.2.7.3 插座

机身穿舱插座及舱内插座宜采用 J599/26FC35SN-U 型号。

4.3 焰弹播撒设备技术要求

4.3.1 功能

焰弹播撒设备应具备下列功能:

a) 可靠固定焰弹;

b) 焰弹挂载与线路检测;

c) 点火播撒与状态监测。

4.3.2 使用寿命

使用寿命应不小于 8 年,或不少于 2000 飞行小时。

4.3.3 使用环境

焰弹播撒设备应适用以下环境:

a) 使用温度:−40 ℃～+50 ℃;

b) 存储温度:−55 ℃～+70 ℃;

c) 使用相对湿度:0～100%;

d) 能在降水条件下使用。

4.3.4 焰弹播撒器

焰弹播撒器技术要求如下:

a) 应采用航空用铝合金、复合材料等制造;

b) 外形应符合气动整流设计;

c) 重量应满足飞机载重要求;

d) 结构强度、刚度应满足飞行动载要求,剩余强度系数应不小于 1.5;

e) 应采用卡口或弹夹方式固定焰弹,卡扣尺寸见附录 A;

f) 所有零件表面应采用阳极氧化处理,外表面喷涂航空面漆;

g) 应通过电缆与安装在机身上的穿舱插座连接;

h) 点火电极尺寸见附录 A。

4.3.5 焰弹执行控制器

4.3.5.1 功能

焰弹执行控制器应具备下列功能:

a) 焰弹检测;

b) 焰弹点火,点火时间间隔可控,检测到故障弹或空载时应跳过,继续发射下一枚;

c) 电路应采用隔离设计,杜绝干扰造成的误动作,检测和点火电路应分为两路控制;

d) 非易失性存储,可自动记录断电前的发射状态,断电后再次重启作业,可查询断电前的作业状态,确保作业的延续性;

e) 随时中止焰弹的自动连续发射;

f) 数据外传,可接收外部发送的检测、点火指令并回传检测、点火结果数据。

4.3.5.2 性能

焰弹执行控制器应具有下列性能:

a) 点火电流:$2\ \text{A}_0^{+0.2\ \text{A}}$,点火时间:$50\ \text{ms}_0^{+10\ \text{ms}}$;

b) 供电要求:直流电压 28.5 V±3 V,最大功率不大于 100 W;

c) 控制电源:电压 DC 28 V,最大功率不大于 30 W;

d) 发火电源:电压 DC 28 V,最大功率不大于 100 W;

e) 检测电流:不大于 10 mA。

4.3.6 焰弹控制计算机

焰弹控制计算机应符合如下要求：
a) 总线通信控制，并以不同颜色代表执行控制器的不同状态；
b) 焰弹检测，并用不同颜色代表焰弹的不同状态；
c) 能设定焰弹的发射数目和间隔时间，发射过程中能随时中止；
d) 能实现焰弹发射的手动/自动切换功能；
e) 软件有容错保证性，软件发现错误时，有错误提示，可以恢复到正常状态；
f) 运行稳定，避免软件错误而导致的系统崩溃和丢失数据现象；
g) 设置与外挂播撒器相连的电源、信号等物理隔断功能。

4.3.7 电缆和连接器

4.3.7.1 电缆

电缆宜采用 AFP1F-200 聚四氟乙烯屏蔽导线制作，外套耐油胶布套。所有电缆、外敷布套、插头内线号应用套管标明，用油绸和绑扎线包扎插头并涂抹 AK-20 胶。电缆防波套两端应可靠接地。

4.3.7.2 插头

机身穿舱舱外电缆插头宜采用 J599/26FC98SN 型号。

4.3.7.3 插座

机身穿舱插座及舱内插座宜采用 J599/26MC98SN-U 型号。

附　录　A
（规范性附录）
播撒器尺寸

A.1　焰条播撒器尺寸

∅60 焰条与∅46.5 焰条的焰条播撒器卡口尺寸见图 A.1、图 A.2,对应的固定销钉位置见图 A.3、图 A.4,焰条插入播撒器后,旋转 30°固定。焰条播撒器点火电极尺寸见图 A.5、图 A.6。

单位为毫米

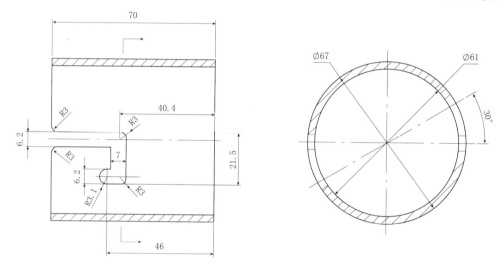

图 A.1　∅60 焰条用卡口尺寸

单位为毫米

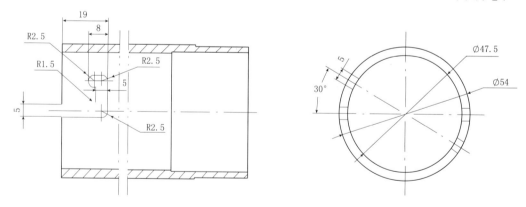

图 A.2　∅46.5 焰条用卡口尺寸

单位为毫米

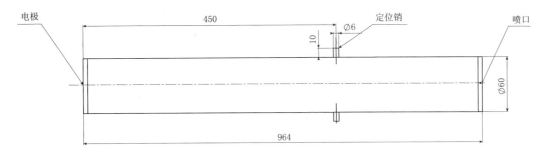

图 A.3　∅60 焰条固定销钉位置

单位为毫米

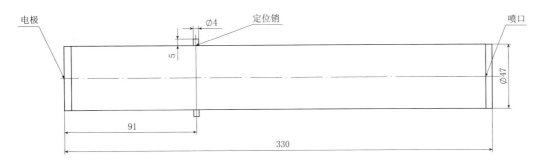

图 A.4　∅46.5 焰条固定销钉位置

单位为毫米

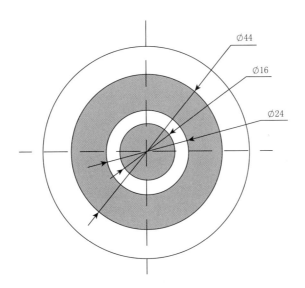

图 A.5　∅60 焰条点火电极尺寸

单位为毫米

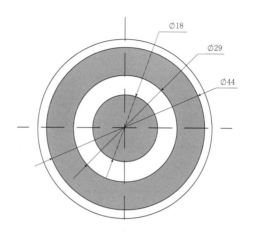

图 A.6 ⌀46.5 焰条点火电极尺寸

A.2 焰弹播撒器尺寸

采用卡口方式固定焰弹的焰弹播撒器的卡口尺寸见图 A.7。焰弹播撒器点火电极尺寸见图 A.8。

单位为毫米

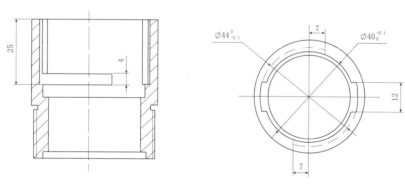

图 A.7 焰弹安装卡口尺寸

单位为毫米

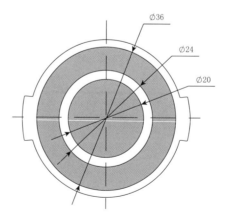

图 A.8 38.5×122 焰弹点火电极尺寸

参 考 文 献

［1］ 曹康泰,许小峰.人工影响天气管理条例释义［M］.北京:气象出版社,2002
［2］ 中国气象局科技教育司.飞机人工增雨作业业务规范(试行)［Z］,2000

ICS 07. 060

B 18

备案号：69047—2019

中华人民共和国气象行业标准

QX/T 474—2019

卫星遥感监测技术导则 水稻长势

Technical directives for monitoring on rice growth status by satellite remote
sensing

2019-01-18 发布
2019-05-01 实施

中 国 气 象 局 发 布

前　言

本标准按照 GB/T 1.1—2009 给出的规则起草。

本标准由全国农业气象标准化技术委员会(SAC/TC 539)提出并归口。

本标准起草单位:江苏省气象服务中心、浙江大学。

本标准主要起草人:高苹、吴洪颜、王晶、黄敬峰、徐敏、张佩、豆玉洁、李亚春、刘文菁、谢小萍、杭鑫、魏传文、郭乔影。

引　言

　　水稻长势监测对于各级政府及生产部门指导农业生产具有重要意义。

　　随着卫星遥感技术的发展,利用中高空间分辨率遥感资料进行水稻面积估算、长势监测、产量预报已经成为国家和省级气象部门的重要技术手段,但缺乏水稻长势遥感监测的标准规范,不同地区的监测结果难以进行比较分析;在日常水稻气象业务服务工作中,无法给出定量遥感评价结果,迫切需要制定水稻长势遥感监测技术标准,提高气象部门水稻长势监测服务能力。

卫星遥感监测技术导则 水稻长势

1 范围

本标准规定了水稻长势遥感监测的数据源及卫星数据的前期处理、计算方法、专题地图制作等要求。

本标准适用于利用中高空间分辨率卫星遥感观测资料对水稻进行长势监测。

2 术语和定义

下列术语和定义适用于本文件。

2.1

水稻长势 rice growth status

水稻叶面积指数和地上生物量状况。

2.2

水稻叶面积指数 rice leaf area index

水稻单面绿叶面积总和与对应的地表面积的比值。

2.3

水稻地上生物量 rice aboveground biomass

单位面积地上水稻干物质总重量。

2.4

红光波段 red band

星载仪器涵盖的 $0.605~\mu m \sim 0.700~\mu m$ 的波长范围。

2.5

近红外波段 near infrared band

星载仪器涵盖的 $0.76~\mu m \sim 1.25~\mu m$ 的波长范围。

注:传感器在近红外波段所接收到的辐射主要是太阳辐射的反射。

[QX/T 188—2013,定义 2.2]

2.6

植被指数 vegetation index

对卫星不同波段进行线性或非线性组合以反映植物生长状况的量化信息。

[QX/T 188—2013,定义 2.3]

3 数据源及卫星数据的前期处理

3.1 数据源

数据来自携载红光波段和近红外波段探测仪器的中高空间分辨率(小于或等于 500 m)卫星,常用中高空间分辨率星载仪器及其近红外和红光通道参数参见附录 A。

3.2 卫星数据的前期处理

在水稻长势遥感监测数据处理前,应按照附录 B 的要求对卫星数据进行辐射定标、大气校正、投影变换、几何精校正及云检测处理。大气校正和云检测处理应在辐射定标之后进行。

4 计算方法

4.1 种植区提取

结合水稻移栽期、分蘖期、抽穗期、收获期等生育关键期或受灾期归一化差值植被指数(Normalized Difference Vegetation Index,NDVI)或双波段增强型植被指数(2-band Enhanced Vegetation Index,EVI2)变化特征,宜采用监督分类法或非监督分类法或决策树分类法,可同时参考最新土地利用分类现状图,得到研究区水稻种植区域。

4.2 单日植被指数计算

单日植被指数宜采用归一化差值植被指数(NDVI)或双波段增强型植被指数(EVI2)计算。

归一化差值植被指数(NDVI)按式(1)计算:

$$NDVI = \frac{R_{NIR} - R_R}{R_{NIR} + R_R} \quad\quad\quad\quad\cdots\cdots\cdots\cdots\cdots(1)$$

双波段增强型植被指数(EVI2)按式(2)计算:

$$EVI2 = 2.5 \times \frac{R_{NIR} - R_R}{R_{NIR} + 2.4 \times R_R + 1} \quad\quad\cdots\cdots\cdots\cdots\cdots(2)$$

式中:

R_{NIR}——近红外波段反射率,由附录 B 中 B.2 获取;

R_R ——红光波段反射率,由附录 B 中 B.2 获取。

4.3 植被指数合成

在给定的观测时间间隔(旬)内,计算某个水稻像元各时次的植被指数,选取其中的最大值作为该像元多时次合成后的值,计算公式为:

$$V(i) = \max(I_V(i,1), I_V(i,2), \cdots, I_V(i,p)) \quad\quad\cdots\cdots\cdots\cdots\cdots(3)$$

式中:

$V(i)$ ——第 i 个水稻像元合成后的植被指数;

i ——研究区水稻种植区域内水稻像元序号;

$I_V(i,p)$——第 i 个水稻像元合成 p 时次的植被指数,为 NDVI 或 EVI2;

p ——一旬内该像元的观测总时次。

4.4 水稻长势参数反演

4.4.1 水稻叶面积指数估算模型

水稻叶面积指数采用指数函数回归模型估算,见式(4):

$$LAI(i) = b_1 \times e^{V(i) \times b_2} \quad\quad\quad\quad\cdots\cdots\cdots\cdots\cdots(4)$$

式中:

$LAI(i)$——第 i 个水稻像元叶面积指数反演值;

$V(i)$ ——第 i 个水稻像元合成后的植被指数;

b_1, b_2 ——指数函数回归模型参数,取值见表1。

表 1   指数函数回归模型参数

水稻生育期	植被指数	指数函数回归模型参数	
		b_1	b_2
抽穗前	EVI2	0.02	10.41
抽穗后	NDVI	0.85	3.36

4.4.2   水稻地上生物量估算模型

4.4.2.1   利用累积植被指数反演全生育期水稻地上生物量。

4.4.2.2   累积植被指数计算公式为：

$$W(i) = \sum_{j=1}^{n} V(i) \quad\quad\quad\quad\quad\quad\quad\quad\quad (5)$$

式中：

$W(i)$ ——第 i 个水稻像元的累积植被指数；

$V(i)$ ——第 i 个水稻像元的植被指数，在实际应用中应通过插值得到每旬最后一天的植被指数，
若某旬缺有效卫星数据则应通过前后旬卫星数据插值得到；

j ——从移栽到预测旬为止的旬数；

n ——从移栽到预测旬为止的总旬数。

4.4.2.3   全生育期水稻地上生物量采用二次多项式函数回归模型反演，见式(6)：

$$B(i) = e_1 \times W(i)^2 + e_2 \times W(i) + e_3 \quad\quad\quad\quad\quad\quad (6)$$

式中：

$B(i)$ ——第 i 个水稻像元水稻地上生物量反演值；

$W(i)$ ——第 i 个水稻像元的累积植被指数；

e_1, e_2, e_3 ——二次多项式函数回归模型参数，取值见表 2。

表 2   二次多项式函数回归模型参数

累积植被指数	二次多项式函数回归模型参数		
	e_1	e_2	e_3
NDVI	−3.81	292.53	−350.17

5   专题地图制作

水稻长势监测专题地图制作流程如下：

a)   读取 3.2 前期处理后的卫星数据；

b)   按照 4.2 和 4.3 分别进行单时次 NDVI 或 EVI2 及旬内植被指数合成计算，在水稻移栽期、分
蘖期、抽穗期、收获期等生育关键期或受灾期每旬逢 1 日计算得到上一旬最大植被指数；

c)   按照 4.4.1 估算得到水稻叶面积指数数据集；

d)   按照 4.4.2 估算得到水稻地上生物量数据集；

e)   每旬逢 1 日逐像元计算获得上一旬水稻长势监测旬专题地图。

附　录　A

（资料性附录）

常用中高空间分辨率星载仪器及其近红外和红光通道参数

表 A.1 列出了常用中高空间分辨率星载仪器及其近红外和红光通道参数。

表 A.1　常用中高空间分辨率星载仪器及其近红外和红光通道参数

星载仪器	通道	波段范围/μm	波段描述	星下点分辨率/m
HJ-1/CCD	3	0.63～0.69	红光（red）	30
	4	0.76～0.90	近红外（near infrared）	30
Landsat/TM	3	0.63～0.69	红光（red）	30
	4	0.76～0.90	近红外（near infrared）	30
Landsat/ETM+	3	0.630～0.690	红光（red）	30
	4	0.775～0.900	近红外（near infrared）	30
Landsat/OLI	4	0.630～0.680	红光（red）	30
	5	0.854～0.885	近红外（near infrared）	30
CBERS/CCD	3	0.63～0.69	红光（red）	19.5
	4	0.77～0.89	近红外（near infrared）	19.5
GF-1/WFV	3	0.63～0.69	红光（red）	16
	4	0.77～0.89	近红外（near infrared）	16
GF-2/PMS	3	0.63～0.69	红光（red）	4
	4	0.77～0.89	近红外（near infrared）	4
Terra、Aqua/MODIS	1	0.62～0.67	红光（red）	500
	2	0.841～0.876	近红外（near infrared）	500
S-NPP/VIIRS	5	0.661～0.681	红光（red）	430
	7	0.84～0.88	近红外（near infrared）	370

附 录 B
（规范性附录）
卫星数据的前期处理

B.1 辐射定标

利用绝对定标系数(包括绝对定标系数增益和偏移量)将遥感影像像元亮度值转换为辐射亮度值，实现辐射定标，转换公式为：

$$L = DN \times a + L_0 \qquad\qquad \cdots\cdots\cdots\cdots\cdots(B.1)$$

式中：
L ——辐射亮度值；
DN——遥感原始影像值，与传感器的辐射分辨率、地物发射率、大气透过率和散射率等有关；
a ——绝对定标系数增益，可从中国资源卫星中心下载；
L_0 ——偏移量，可从中国资源卫星中心下载。

B.2 大气校正

基于辐射亮度值 L，通过输入影像的头文件、波谱响应函数等信息，利用大气辐射传输模型，剔除大气信号干扰，获得地表反射率数据，完成大气校正。

B.3 几何精校正

以全球定位系统控制点校正后的研究区土地利用现状图为参考图像，应选择不变地物的控制点进行几何精校正，且控制点在影像上均匀分布，校正后的影像地理位置误差应小于 0.5 个像元。

B.4 投影变换

将卫星数据的不同投影坐标系转换成统一的投影坐标系。所有影像的投影宜转换为 WGS84-UTM 坐标系。

B.5 云检测处理

宜采用阈值法或其他成熟的云检测判识方法对影像进行云检测，以识别云区，并根据实际情况调整云检测阈值，云覆盖区域像元红光波段反射率应满足：

$$R_R \geqslant R_{R\_TH} \qquad\qquad \cdots\cdots\cdots\cdots\cdots(B.2)$$

式中：
R_R ——红光波段反射率，由 B.2 获取；
R_{R_TH}——红光波段反射率阈值，参考阈值取 0.25。

参 考 文 献

[1] GB/T 18317—2009 专题地图信息分类与代码

[2] QX/T 188—2013 卫星遥感植被监测技术导则

[3] QX/T 200—2013 生态气象术语

[4] QX/T 284—2015 甘蔗长势卫星遥感评估技术规范

[5] DB 21/T 1455.5—2006 极轨卫星遥感监测 第5部分:作物长势

[6] 国家气象局. 农业气象观测规范:上卷［M］. 北京:气象出版社,1993

[7] 黄敬峰,陈拉,王晶,等. 水稻种植面积遥感估算的不确定性研究[J]. 农业工程学报,2013(6):166-176

[8] 焦险峰,杨邦杰,裴志远. 基于分层抽样的中国水稻种植面积遥感调查方法研究[J]. 农业工程学报,2006(5):105-110

[9] 苗翠翠,江南,彭世揆,等. 基于NDVI时序数据的水稻种植面积遥感监测分析——以江苏省为例[J]. 地球信息科学学报,2011(2):273-280

[10] 孙华生. 利用多时相MODIS数据提取中国水稻种植面积和长势信息[D]. 杭州:浙江大学,2009

[11] 田翠玲,李秉柏,郑有飞. 基于植被指数与叶面积指数的水稻生长状况监测[J]. 江苏农业科学,2005(6):13-15

[12] 阎静,王汶,李湘阁. 利用神经网络方法提取水稻种植面积——以湖北省双季早稻为例[J]. 遥感学报,2001(3):227-230

[13] 杨晓华,黄敬峰. 概率神经网络的水稻种植面积遥感信息提取研究[J]. 浙江大学学报(农业与生命科学版),2007(6):691-698

[14] Fang H, Wu B F, Liu H Y, et al. Using NOAA AVHRR and Landsat TM to estimate rice area year-by-year[J]. International Journal of Remote Sensing, 1998, 19(3):521-525

[15] Groten S M E. NDVI-crop monitoring and early yield assessment of Burkina Faso[J]. International Journal of Remote Sensing, 1993, 14(8):1495-1515

[16] Gumma M K, Thenkabail P S, Hideto F, et al. Mapping irrigated areas of Ghana using fusion of 30 m and 250 m resolution remote-sensing data[J]. Remote Sensing, 2011, 3(4):816-835

[17] Sun H S, Huang J F, Huete A R, et al. Mapping paddy rice with multi-date moderate-resolution imaging spectroradiometer (MODIS) data in China[J]. Journal of Zhejiang University SCIENCE A, 2009, 10(10):1509-1522

ICS 07. 060
A 47
备案号：69046—2019

中华人民共和国气象行业标准

QX/T 475—2019

空气负离子自动测量仪技术要求　电容式吸入法

Technical requirements for air negative ions automatic measurement
instrument—Capacitance inhalation

2019-01-18 发布

2019-05-01 实施

中 国 气 象 局　发 布

前　言

本标准按照 GB/T 1.1—2009 给出的规则起草。

本标准由全国气候与气候变化标准化技术委员会大气成分观测预报预警服务分技术委员会（SAC/TC 540/SC 1）提出并归口。

本标准起草单位：中国气象局气象探测中心、湖北省气象局。

本标准主要起草人：王缅、荆俊山、杨志彪、李中华、陶法、贾小芳、张晓春、李杨、刘世玺。

空气负离子自动测量仪技术要求　电容式吸入法

1　范围

本标准规定了空气负离子自动测量仪的系统组成与方法原理、技术要求和试验方法。

本标准适用于电容式吸入法空气负离子自动测量仪的设计、生产和检验。

2　规范性引用文件

下列文件对于本文件的应用是必不可少的。凡是注日期的引用文件,仅注日期的版本适用于本文件。凡是不注日期的引用文件,其最新版本(包括所有的修改单)适用于本文件。

QX/T 419—2018　空气负离子观测规范　电容式吸入法

3　术语和定义

3.1

离子迁移率　ion mobility

空气离子在单位强度电场作用下的移动速度。

注:离子迁移率的单位为平方厘米每伏秒($cm^2/(V \cdot s)$)。

[QX/T 419—2018,定义 2.1]

3.2

空气负离子　air negative ion

带负电荷的空气离子。

[QX/T 419—2018,定义 2.2]

3.3

空气负离子浓度　air negative ion concentration

单位体积空气中的负离子数目。

注 1:测量单位为个每立方厘米。

注 2:在离子迁移率大于或等于 $0.4\ cm^2/(V \cdot s)$ 时,所测得的负离子绝大部分是以氧分子吸附的负离子为主的小粒径离子,即为俗称的"负氧离子"。

[QX/T 419—2018,定义 2.3]

4　系统组成与方法原理

4.1　系统组成

4.1.1　总则

系统的各组成部分应采用模块化设计,并具有可互换性。

4.1.2　传感器

应由极板收集器和风扇等组成,极板收集器应为两组平行或等效平行的金属收集板和极化板,加载了极化电压的极板收集器用于收集设定流速的空气负离子。

4.1.3 采集器

应由微电流计及其放大器、微处理器、模拟与数字转换(A/D)电路、内存储器、显示和监测电路等组成,用于收集环境空气负离子的单位体积个数进行测量。

4.1.4 其他外围设备

应包括电源、蓄电池、外存储器、通信接口、机箱及风管、支架、空气温度和湿度传感器等。

4.2 方法原理

空气中正、负离子按设定速度匀速进入传感器后,在定量极化电场作用下发生偏转,通过微电流计测量出某一极性空气离子所形成的电流,经过采集器的处理,从而获得空气离子的浓度。单位体积空气离子数目的计算方法和离子迁移率的计算方法应符合 QX/T 419—2018 中 3.2 的规定。

5 技术要求

5.1 功能要求

5.1.1 基本功能应满足以下要求:
——应能测量离子迁移率大于或等于 $0.4\ cm^2/(V\cdot s)$ 的空气负离子浓度;
——应能兼容直流和交流两种供电方式;
——应能在满足 5.2 要求的工作条件下自动正常运行;
——仪器外壳应能防腐蚀;
——具有仪器运行状态监控及报警功能和防外界风干扰功能;
——应有空气温度和相对湿度的测量功能;
——应能秒级显示测量值,且显示屏幕刷新频率不低于 1 Hz。

5.1.2 极板收集器应满足以下功能要求:
——具有微电流实时检测功能;
——在非测量状态时,无静电吸附;
——具有极板短路保护功能,当异物、结露、大雾等引起的短路时,仪器能自动进入保护状态,给出报警信息,情况解除后能自动恢复正常工作;
——具有防止昆虫等小动物、蜘蛛丝、油性污染物、漂浮性杂物等异物进入传感器的功能。

5.1.3 采集器应满足以下要求:
——应能自动调零;
——应能采集、存贮和显示仪器测量和状态信息;
——具有有线和无线两种类型数据通信;
——具有串行通信接口(RS-232/RS-485)和不少于一个 USB 接口,应能接收计算机指令并反馈信息和数据。

5.2 性能要求

电容式空气负离子自动测量仪的性能要求见表1。

表 1 电容式空气负离子测量仪性能要求

性能指标		指标值
离子迁移率	临界值	0.4 cm²/(V·s)
	最大允许误差	±10%,离子迁移率大于或等于 0.4 cm²/(V·s)时
空气负离子浓度	测量范围	在(10~5×10⁵)个/厘米³ 范围内,最小分辨率 10 个/厘米³
	测量误差	工作情况下空气负离子浓度在(100~5×10⁵)个/厘米³ 范围内,±15%
单次测量时间间隔		5 min
取样空气流速误差		≤10%
极板间极化电压变化		≤10%
极板间隙允许误差		≤10%
采样频率		≥6 次/分钟
A/D 转换电路		≥16 位
实时时钟误差		≤15 秒/月
数据存储时间		≥10 d
温度	测量范围	在(−30~+50)℃范围内,最小分辨力 0.1 ℃
	测量示值误差	±0.5 ℃
相对湿度	测量范围	在(10~100)%范围内,最小分辨力为 1%
	测量示值误差	在(10~80)%范围内,±5%; 在(80~100)%范围内,±10%
工作条件	环境条件	温度范围为(−30~+50)℃; 相对湿度范围为(10~100)%; 气压范围为(550~1060)hPa
	供电电压	交流供电时,(220±22)V,(50±1)Hz; 直流供电时,(5~24)V; 机箱内蓄电池容量大于或等于 2 h
平均功耗		≤50 W,不含加热器或制冷器的功率
平均故障间隔时间(MTBF)		>2500 h
工作寿命		≥5 a

5.3 安全要求

5.3.1 仪器各独立部件和极板应有防雷和接地措施,仪器信号传输线应采用屏蔽电缆,接地电阻应小于 4 Ω。

5.3.2 仪器主电源为市电,应设置过流保护装置。

5.3.3 仪器内的蓄电池,应有防止极性接反和防止强制充放电的保护措施。

5.4 外观要求

5.4.1 空气负离子自动测量仪应有产品铭牌,铭牌上应标有仪器名称、型号、生产单位、出厂编号、制造日期等信息。

5.4.2 仪器外观应完好无损,无明显缺陷,各零、部件连接可靠,各操作键、按钮灵活有效。

5.4.3 仪器机箱应配有防水、遮阳罩。

6 试验方法

6.1 高湿环境功能检测

待测仪器在大于或等于85%相对湿度的环境中进行测试,检查仪器是否正常工作。

6.2 极板短路保护检测

将极板接出引线并短接,待测仪器应立即进入极板短路保护状态,仪器应显示出负离子浓度瞬间由极大值转变为极小值的变化。

6.3 离子迁移率测算

按照 QX/T 419—2018 中3.2的要求,对 d、L、U、V_x 四个参数进行不少于五次的测量,分别求平均并计算空气负离子的离子迁移率临界值,应符合5.2中表1的规定。

6.4 离子浓度准确性检测

待测仪器与参考标准仪比较,分别在相对湿度小于50%、50%~85%和大于85%的条件下,同时测量空气负离子浓度,测量误差应符合5.2中表1的规定。

6.5 测量响应检测

6.5.1 分别在常湿(相对湿度小于85%)和高湿(相对湿度大于或等于85%)环境下,使用通用负离子发生器靠近和远离待测仪器的极板收集器时,仪器主机面板应能即时显示出正常的负离子浓度瞬时变化值。

6.5.2 当待测仪器处于密闭环境中,在仪器开机运行一段时间之后,仪器应显示出负离子浓度逐渐下降并趋近于10个每立方厘米的变化。

6.6 一致性检测

选取三台同型号的仪器进行室内一致性测试,分别在相对湿度小于50%、50%~85%和大于85%的条件下,同时测量空气负离子浓度,测量误差应符合5.2中表1的规定。

参 考 文 献

[1] 林金明，宋冠群，赵利霞. 环境、健康与负氧离子[M]. 北京：化学工业出版社，2006

[2] 中国空气负离子暨臭氧研究学会专家组. 空气负离子在医疗保健及环保中的应用[M]. 北京：中国空气负离子暨臭氧研究学会，2011

[3] 中国气象局综合观测司. 大气负离子自动观测仪功能规格需求书：第2版[R]. 北京：中国气象局综合观测司，2016

ICS 07.060
A 47
备案号：69045—2019

中华人民共和国气象行业标准

QX/T 476—2019

气溶胶 PM$_{10}$、PM$_{2.5}$ 质量浓度观测规范
贝塔射线法

Observation specifications for aerosol PM$_{10}$ and PM$_{2.5}$ mass concentration
—β-ray method

2019-01-18 发布   2019-05-01 实施

中 国 气 象 局 发 布

前　言

本标准按照 GB/T 1.1—2009 给出的规则起草。

本标准由全国气候与气候变化标准化技术委员会大气成分观测预报预警服务分技术委员会(SAC/TC 540/SC 1)提出并归口。

本标准起草单位:中国气象局气象探测中心。

本标准主要起草人:王缅、荆俊山、吕珊珊、张晓春、张勇、李雅楠、颜鹏、李杨。

气溶胶 PM$_{10}$、PM$_{2.5}$质量浓度观测规范　贝塔射线法

1　范围

本标准规定了贝塔射线法(又称 β 射线吸收法)测量气溶胶 PM$_{10}$、PM$_{2.5}$质量浓度的基本要求、安装要求、观测与记录、维护与检测、校准方法。

本标准适用于采用 β 射线吸收法测量气溶胶 PM$_{10}$、PM$_{2.5}$的质量浓度。

2　规范性引用文件

下列文件对于本文件的应用是必不可少的。凡是注日期的引用文件,仅注日期的版本适用于本文件。凡是不注日期的引用文件,其最新版本(包括所有的修改单)适用于本文件。

GB 2887—2011　计算机场地通用规范

GB 18871—2002　电离辐射防护与辐射源安全基本标准

GB/T 31159—2014　大气气溶胶观测术语

GB/T 35221—2017　地面气象观测规范 总则

QX/T 132—2011　大气成分观测数据格式

3　术语和定义

GB/T 31159—2014 界定的以及下列术语和定义适用于本文件。为了便于使用,以下重复列出了 GB/T 31159—2014 中的一些术语和定义。

3.1

大气气溶胶　atmospheric aerosol

液体或固体微粒分散在大气中形成的相对稳定的悬浮体系。

[GB/T 31159—2014,定义 2.1]

3.2

气溶胶质量浓度　aerosol mass concentration

单位体积空气中气溶胶粒子的总质量。

注:常用单位为 mg/m^3、μg/m^3。

[GB/T 31159—2014,定义 4.1]

3.3

粒径　particle size

大气气溶胶粒子大小的度量。

注:通常用等效直径或等效半径表示。

[GB/T 31159—2014,定义 2.3]

3.4

可吸入颗粒物　inhalable particle

PM$_{10}$

空气动力学直径小于或等于 10 μm 的气溶胶粒子。

［GB/T 31159—2014,定义 3.6］

3.5

细颗粒物 fine particle

PM₂.₅

空气动力学直径小于或等于 2.5 μm 的气溶胶粒子。

［GB/T 31159—2014,定义 3.7］

3.6

β 射线吸收法   β-ray absorption method

利用 β 射线强度衰减程度与所透过的气溶胶粒子质量的关系,在线测量气溶胶质量浓度的方法。

［GB/T 31159—2014,定义 7.4］

3.7

切割器   particle separator

在空气采样过程中,基于不同原理,按粒径选择性分离气溶胶粒子的装置。

注:粒径为空气动力学粒径。

3.8

50% 切割粒径   50% cutpoint diameter

Da₅₀

在空气采样过程中,切割器对气溶胶颗粒物的捕集效率为 50% 时所对应的粒子空气动力学当量直径。

4 基本要求

4.1 测量原理

系统用于测量气溶胶颗粒物的质量浓度,空气样品应尽少受人为活动影响。采用一定流量的真空抽气泵对空气进行采样,经过切割器将气溶胶颗粒物按粒径选择分离后,沉积在 β 射线源和探测器之间的滤纸表面上,经过 β 射线照射,探测器测量抽气前后滤纸的射线通量,通过公式(1)和式(2)换算为单位体积空气中气溶胶颗粒物的质量浓度:

$$C = -\frac{S}{\mu V}\ln\frac{I_1}{I_2} \quad\cdots\cdots\cdots\cdots(1)$$

$$V = Ft \quad\cdots\cdots\cdots\cdots(2)$$

式中:

C ——质量浓度,单位为微克每立方米($\mu g/m^3$);

S ——捕集气体截面积,单位为平方厘米(cm^2);

μ ——质量吸收系数,单位为平方厘米每微克($cm^2/\mu g$);

V ——捕集气体体积,单位为立方米(m^3);

I_1 ——通过沉积着颗粒物的滤膜的 β 射线强度,单位为微希沃特(μSv);

I_2 ——通过空白滤膜的 β 射线强度,单位为微希沃特(μSv);

F ——换算成标准状态下的采样流量,单位为升每分钟(L/min);

t ——采样时间,单位为分钟(min)。

4.2 系统组成

系统应包括样品采集单元、气路控制单元、滤纸控制单元、β 射线探测单元和数据采集单元。各单元的功能及组成如下:

——样品采集单元:采集环境大气样品,并进行除湿处理,主要包括切割器、采样管路、采样泵、温湿度传感器和样品除湿器;

——气路控制单元:按照设定自动进气,主要包括流量控制器、气流控制开关、过滤器和气路压差采集器;

——滤纸控制单元:按照设定自动走纸,主要包括卷纸模块、放纸模块、滤纸支撑模块和走纸测量模块;

——β射线探测单元:对样品进行照射和检测,主要包括 ^{14}C 放射源封装、探测器和放射源控制器;

——数据采集单元:采集并存储测量信号和仪器状态等相关信息,主要包括具有控制、数据记录、预处理和显示功能的终端等。

4.3 性能要求

要求见表1。

表 1 β射线吸收法测量气溶胶质量浓度的性能要求

性能指标		指标值
气溶胶质量浓度	测量范围	在 $(0\sim1\times10^5)\mu g/cm^3$ 范围内,最小分辨力 $0.1\ \mu g/cm^3$
	最大允许误差	$\leqslant15\%$
气路流量控制	测量范围	在 $(0\sim20)L/min$ 范围内,最小分辨力 $0.01\ L/min$
	控制值	$16.7\ L/min$
	最大允许误差	$\leqslant5\%$
Da_{50}	最大允许误差	粒径不大于 $10\ \mu m$ 时,切割误差不大于 $0.5\ \mu m$; 粒径不大于 $2.5\ \mu m$ 时,切割误差不大于 $0.2\ \mu m$
滤纸走纸控制	最大允许误差	测量本底浓度时,走纸误差引起的质量浓度测量误差不大于 $5\ \mu g$
除湿技术	自动除湿	采用比例-积分-微分控制器(PID)设定相对湿度控制值
	有效测量的相对湿度范围	$(0\sim40)\%$
工作环境		温度范围为 $(0\sim40)℃$; 相对湿度范围为 $(0\sim100)\%$
温度和湿度测量		应符合 GB/T 35221—2017 的技术性能要求
β射线源		应符合 GB 18871—2002 中 4.5.1 的要求

5 安装要求

5.1 应有观测环境代表性,应避开燃烧、交通以及工、农业生产等局地污染源和其他人类活动污染源的影响。

5.2 应避免局部水汽、灰尘、烟雾等的干扰。

5.3 应避开无线发射塔、高压电线等强电磁干扰源。

5.4 仪器主机应安放在室内或工作方舱内。

5.5 采样管直立向上伸出观测室或方舱屋顶 1.5 m,总长度不大于 4 m。

5.6 采样管进气口四周水平面应不小于 270°的自由气流空间,天顶方向净空角应不小于 120°。

5.7 采样管进气口应安装防雨帽和防虫网。

5.8 温、湿度传感器的防辐射罩顶部距采样管进气口的垂直距离为 40 cm～60 cm。

5.9 采样管室内部分应安装防漏水装置。

5.10 海拔高度大于 3200 m 时,采样管加装限流装置。

5.11 应有防雷设施,接地电阻应小于 4 Ω。

5.12 室内或工作方舱内应保持干燥、清洁、整齐,避免震动、强电磁、阳光直射和较大气流波动。

5.13 室内或工作方舱内环境温、湿度应保持相对稳定,应符合 GB 2887—2011 中 5.6.1 的要求。

6 观测与记录

6.1 观测时间

24 小时自动连续观测,每小时自动记录 1 次观测值,时间应为世界标准时。

6.2 数据记录

6.2.1 基本原则

6.2.1.1 记录缺测时应记为"−999.9"。

6.2.1.2 记录文件命名格式应符合 QX/T 132—2011 中第 4 章的要求。

6.2.2 记录内容

6.2.2.1 每条原始观测数据记录应至少包含观测时间、观测点纬度、经度、海拔高度、设备标识符、PM_{10}(或 $PM_{2.5}$)质量浓度标识、流量、外部环境的气压、气温、相对湿度、PM_{10}(或 $PM_{2.5}$)质量浓度等要素。

6.2.2.2 应至少每日获取 1 条反映仪器状况和性能的相关信息记录,包括设备自检状态、传感器状态、电源工作状态、设备断电报警、无线通信工作状态、流量、采样泵负荷率、放射源特性参数等。

6.3 数据处理

6.3.1 总则

甄别气溶胶 PM_{10}、$PM_{2.5}$ 质量浓度的数据记录,对明显异常或超出允许变化范围的数据记录进行质量控制码标记,质量控制码及其含义见表 2。

表 2 质量控制码及其含义

质量控制码	含义
0	正确
1	可疑
2	错误
3	缺测
4	修改
5	未作质量控制
6	设备校准

6.3.2 数据异常值处理

6.3.2.1 大于最大允许值或小于最小允许值的质量浓度记录,应首先判别为可疑数据。

6.3.2.2 统计标准差,当质量浓度记录的偏差不小于 3 倍标准偏差时,应判别为可疑数据。

6.3.2.3 同一条记录中,若 PM_{10} 的质量浓度小于 $PM_{2.5}$ 的质量浓度,该条记录应判别为错误数据。

6.3.3 统计值与有效性

6.3.3.1 应在标记和剔除异常值后统计极值和均值。

6.3.3.2 均值计算应采用算术平均法,四舍五入后保留 1 位有效小数。

6.3.3.3 均值记录中应至少包含时间、均值、数据个数、标准偏差、最大值和最小值。

6.3.3.4 日平均值应至少包含 18 个有效小时平均值。

6.3.3.5 月平均值应至少包含 24 个有效日平均值,平年或闰年的 2 月平均值应至少包含 21 或 22 个有效日平均值。

6.3.3.6 年平均值应包含 12 个有效月平均值。

7 维护与检测

7.1 基本原则

7.1.1 每周检查仪器显示时间与世界标准时之间的差值,应小于 30 s。

7.1.2 每月进行标准质量膜片检测,测量相对偏差应小于 2%,否则应更换标准质量膜片。

7.1.3 每月用标准流量计在切割器联接处进行流量检查,测量结果应在(16.5~16.9)L/min 范围内。

7.1.4 应每两个月至少进行 1 次滤纸检查及更换、清洗切割器。

7.1.5 应每两个月进行气密性检测,在切割器接头处使用流量适配器,关闭流量阀门,仪器显示的流量应下降至 0.5 L/min 以下。

7.1.6 应每三个月至少进行 1 次采样管、进气口防雨罩、过滤网等的清洁。

7.1.7 应每六个月至少进行 1 次气路、采样泵等的检查和清洁。

7.1.8 应每六个月至少进行 1 次过滤器检查和更换。

7.1.9 应每六个月至少进行 1 次滤纸压头检查。

7.1.10 应至少每年进行 1 次除湿管路检查。

7.1.11 在对仪器采样泵、采样管路等机械部件进行清洁或更换后,应进行流量和气密性检测。

7.1.12 应记录归档每次维护检测内容和结果。

7.2 加密原则

7.2.1 空气污染严重地区,应增加维护频次。

7.2.2 沙尘暴、扬沙、浮尘等视程障碍天气现象出现后,应对仪器进行维护。

8 校准方法

8.1 一般原则

8.1.1 仪器应具有标准质量膜片的质量浓度、体积流量、温度测量、湿度测量的校准功能。

8.1.2 校准周期每年应不少于 1 次。

8.1.3 当仪器内部放射源、控制电路模块、测量腔室模块、信号检测与转换电路模块、中央处理与控制

电路模块以及数模转换模块等更换或调整后,应进行仪器校准;

8.1.4 记录、处理并归档校准数据和信息,定期上传至上级业务部门核查。

8.2 流量校准

采用误差小于1‰的标准体积流量计测量仪器流量,测量结果应符合7.1.3的要求,否则应调整仪器流量参数。

8.3 标准质量膜片校准

利用标准质量膜片对仪器进行重现性测量,测量相对偏差应小于2%,否则应对仪器光学、气路等部件进行检查、清洁或维修。

8.4 质量浓度对比校准

宜每年与人工膜采样进行对比观测校准。

参 考 文 献

［1］ 中国气象局综合观测司. 贝塔射线法气溶胶质量浓度观测系统功能需求书：气测函〔2014〕98号［Z］. 北京：中国气象局综合观测司，2014

［2］ 中国气象局气象探测中心. 大气成分资料统计处理业务规定（试行）：气预函〔2017〕44 号［Z］. 北京：中国气象局预报与网络司，2017

［3］ World Meteorological Organization. Global Atmosphere Watch（GAW）Strategic Plan：2008－2015［Z］,2008

［4］ World Meteorological Organization. Guide to Meteorological Instrument and Methods of Observation［Z］,2008

［5］ Paul A Baron，Klaus Willeke. Aerosol Measurement Principles，Techniques，and Application：2nd［M］. John Wiley & Sons，Inc,2005

ICS 07.060

A 47

备案号：69044—2019

中华人民共和国气象行业标准

QX/T 477—2019

沙尘暴、扬沙和浮尘的观测识别

Sand and dust storm, blowing sand and suspended dust identification for
meteorological observation

2019-01-18 发布

2019-05-01 实施

中 国 气 象 局 发布

前　言

本标准按照 GB/T 1.1—2009 给出的规则起草。

本标准由全国气象仪器与观测方法标准化技术委员会(SAC/TC 507)提出并归口。

本标准起草单位:中国气象局气象探测中心、北京市气象局、新疆维吾尔自治区气象局、河北省气象局。

本标准主要起草人:郭建侠、伍永学、陈冬冬、刘叶、康家琦、韩磊、刘达新、邵长亮。

沙尘暴、扬沙和浮尘的观测识别

1 范围

本标准规定了沙尘暴、扬沙和浮尘的观测识别方法。

本标准适用于沙尘暴、扬沙和浮尘的观测。

2 术语和定义

下列术语和定义适用于本文件。

2.1

沙尘暴 sand and dust storm

风将地面尘沙吹起,使空气相当混浊,水平能见度小于 1 km 的天气现象。

注:改写 GB/T 20479—2006,定义 3.3。

2.2

扬沙 blowing sand

风将地面尘沙吹起,使空气相当混浊,水平能见度在 1 km～10 km 的天气现象。

注:改写 GB/T 20479—2006,定义 3.2。

2.3

浮尘 suspended dust

尘土、细沙均匀地浮游在空中,使水平能见度小于 10 km 的天气现象。

[GB/T 20479—2006,定义 3.1]

2.4

水平能见度 horizontal visibility

水平观测时,视力正常的人在当时的天气条件下,能够从天空背景中辨认出目标物轮廓的最大水平距离。

[GB/T 36542—2018,定义 2.2]

2.5

相对湿度 relative humidity

空气中实际水汽压与当时气温下的饱和水汽压之比。

注:以百分率(%)表示。

[GB/T 35226—2017,定义 3.5]

2.6

可吸入颗粒物 inhalable particle

PM_{10}

空气动力学直径小于或等于 10 μm 的气溶胶粒子。

[GB/T 31159—2014,定义 3.6]

2.7

细颗粒物　fine particle

PM$_{2.5}$

空气动力学直径小于或等于 2.5 μm 的气溶胶粒子。

[GB/T 31159—2014,定义 3.7]

3　识别方法

排除降水、吹雪、雪暴、烟幕等影响视程的天气现象后,相对湿度<50%,可吸入颗粒物小时浓度>300 μg/m³ 且细颗粒物小时浓度与可吸入颗粒物小时浓度的比值<0.5 时,按以下方法进行识别:

　a)　在观测时,水平能见度<1.0 km 且 2 min 平均风速≥5.0 m/s,识别为沙尘暴;

　b)　在观测时,1.0 km≤水平能见度<10.0 km 且 2 min 平均风速≥5.0 m/s,识别为扬沙;

　c)　在观测时,水平能见度<10.0 km 且 2 min 平均风速<5.0 m/s,识别为浮尘。

参 考 文 献

[1] GB/T 20479—2006 沙尘暴天气监测规范
[2] GB/T 20480—2017 沙尘天气等级
[3] GB/T 31159—2014 大气气溶胶观测术语
[4] GB/T 35224—2017 地面气象观测规范 天气现象
[5] GB/T 35226—2017 地面气象观测规范 空气温度和湿度
[6] GB/T 36542—2018 霾的观测识别

[7] World Meteorological Organization. Aerodrome Reports and Forecasts: A User's Handbook to the Codes: WMO No.782[M],2014

ICS 07.060
A 47
备案号：69057—2019

中华人民共和国气象行业标准

QX/T 478—2019

龙卷强度等级

Tornado intensity scale

2019-04-28 发布   2019-08-01 实施

中 国 气 象 局 发 布

前　言

本标准按照 GB/T 1.1—2009 给出的规则起草。

本标准由全国气象防灾减灾标准化技术委员会(SAC/TC 345)提出并归口。

本标准起草单位:中国气象科学研究院、国家气象中心。

本标准主要起草人:姚聃、梁旭东、孙继松、郑永光、周庆亮。

龙卷强度等级

1 范围

本标准规定了龙卷的判识规则和强度等级划分。
本标准适用于龙卷的监测、预警、判识和等级评定。

2 术语和定义

下列术语和定义适用于本文件。

2.1

龙卷　tornado

从积状云下垂到地面的旋转空气柱。

注：常表现为漏斗状云体。

[GB/T 34301—2017，定义2.1]

2.2

漏斗云　funnel cloud

从积状云向下伸展的云，通常呈漏斗状，伴随有旋转空气柱。

注：漏斗云接地时该旋转空气柱为龙卷。

2.3

对流性风暴　convective storm

由积雨云构成的局地天气系统，常伴有雷电、大风、强降水，有时会产生冰雹甚至龙卷。

2.4

阵风风速　gust wind speed

某时刻的阵性风速。

2.5

径向速度　radial velocity

三维风速矢量沿径向的分量。

注：在多普勒天气雷达观测中也称多普勒速度。

2.6

龙卷式涡旋特征　tornadic vortex signature；TVS

龙卷中心的涡旋性气流在多普勒天气雷达上的径向速度特征。通常为气旋性，表现为雷达径向速度场上相邻方位角像素之间的强烈气旋式切向速度对。

2.7

中气旋　mesocyclone

对流性风暴中出现的呈气旋性旋转的涡旋，通常直径为 2 km～10 km。

2.8

灾害调查　damage survey

对灾害现场和天气背景情况的勘察、取证、评估和分析，以确定是否为龙卷灾害以及龙卷的灾损程度、影响范围和强度等级。

3 龙卷判识

3.1 气象资料预判

出现疑似龙卷报告之后,首先应分析气象资料,判断造成风灾的天气系统。然后利用多普勒天气雷达资料,识别对流性风暴的中气旋和/或TVS,并根据最低仰角观测确定中气旋和/或TVS路径。

3.2 直接判识

调研收集龙卷漏斗云影像资料(包括照片和视频),分析拍摄时间、位置、角度、人员等关键信息,结合现场调查或中气旋和/或TVS识别结果验证其真实性,判定龙卷是否发生。

3.3 间接判识

3.3.1 如果没有漏斗云影像资料,应在灾害发生72小时内开展客观详尽的灾害调查,搜集龙卷发生的判定依据。龙卷造成的灾情通常呈狭长型分布,倒伏物呈辐合或旋转状特征。如灾情与雷达观测的中气旋和/或TVS路径相吻合,可判定龙卷的发生。

3.3.2 如果没有漏斗云影像资料,也未能及时开展灾害调查,可通过"雷达观测中2 km以下高度出现中气旋"或"最低仰角观测出现TVS"作为依据,经由专家会商确定龙卷是否发生。

4 等级划分

在判定龙卷发生的基础上,以龙卷发生时近地面阵风风速的最大值V_{max}为指标,将龙卷强度划分为四个等级,见表1。龙卷强度等级对应的典型灾害特征参见附录A中的表A.1。

表 1 龙卷强度等级划分

等级	龙卷强度	阵风风速 m/s	致灾程度
一级	弱	$V_{max} \leqslant 38$	轻度
二级	中	$38 < V_{max} \leqslant 49$	中等
三级	强	$49 < V_{max} \leqslant 74$	严重
四级	超强	$V_{max} > 74$	毁灭性
注:龙卷强度等级与美国EF等级存在如下对应关系: 　　一级对应EF0及其以下;二级对应EF1;三级对应EF2、EF3;四级对应EF4、EF5。			

附　录　A
（资料性附录）
龙卷强度等级对应的典型灾害特征

表 A.1　龙卷强度等级对应的典型灾害特征[a]

强度等级	建筑物类[b]	构筑物类	树木类[e]
一级	门窗轻度破坏 屋顶轻度受损	杆体[c] 轻度受损	树枝折断 细树干连根拔起
二级	门窗倒塌损毁 屋顶严重受损 少量墙体倒塌	杆体倾斜 铁塔[d] 轻度受损	树干拦腰折断 粗树干连根拔起
三级	大量墙体倒塌 房屋结构破坏	杆体弯曲或折断 铁塔倒塌	枝叶完全剥离 树皮严重剥落
四级	顶层完全破坏 房屋夷为平地	铁塔严重扭曲	树干严重扭曲

[a] 本表格中，相同等级内的灾害特征可能同时出现或者仅出现其中之一。

[b] 主要指典型民居，对于临时性房屋和工厂厂房可以酌情参考。

[c] 包括金属和非金属材质的电线杆、路灯杆和旗杆。

[d] 包括输电塔和无线电塔。

[e] 包括针叶木和阔叶木，但不适用于根基不稳和枯萎的树木。

参 考 文 献

[1] GB/T 28591—2012 风力等级

[2] GB/T 34301—2017 龙卷灾害调查技术规范

[3] GB/T 35227—2017 地面气象观测规范 风向和风速

[4] QX/T 416—2018 强对流天气等级

[5] 大气科学名词审定委员会.大气科学名词:第三版[M].北京:科学出版社,2009

[6] 范雯杰,俞小鼎.中国龙卷的时空分布特征[J].气象,2015(7):793-805

[7] 郑永光,朱文剑,姚聃,等.风速等级标准与2016年6月23日阜宁龙卷强度估计[J].气象,2016,42(11):1289-1303

ICS 07.060

A 47

备案号：69058—2019

中华人民共和国气象行业标准

QX/T 479—2019

PM₂.₅气象条件评估指数(EMI)

Evaluation on meteorological condition index of PM₂.₅ pollution

2019-04-28 发布

2019-08-01 实施

中 国 气 象 局 发 布

前　言

本标准按照 GB/T 1.1—2009 给出的规则起草。

本标准由全国气象防灾减灾标准化技术委员会(SAC/TC 345)提出并归口。

本标准起草单位:国家气象中心、中国气象科学研究院。

本标准主要起草人:张碧辉、刘洪利、张迪、龚山陵、何建军、张恒德、桂海林、王继康。

PM$_{2.5}$气象条件评估指数(EMI)

1 范围

本标准规定了PM$_{2.5}$气象条件评估指数的定义和计算方法。

本标准适用于开展PM$_{2.5}$浓度变化中气象条件贡献的评估。

2 规范性引用文件

下列文件对于本文件的应用是必不可少的。凡是注日期的引用文件,仅注日期的版本适用于本文件。凡是不注日期的引用文件,其最新版本(包括所有的修改单)适用于本文件。

HJ 633—2012 环境空气质量指数(AQI)技术规定(试行)

3 术语和定义

下列术语和定义适用于本文件。

3.1

细颗粒物 fine particle

PM$_{2.5}$

空气动力学直径小于或等于2.5 μm的气溶胶粒子。

[GB/T 31159—2014,定义3.7]

3.2

PM$_{2.5}$气象条件评估指数 evaluation on meteorological condition index of PM$_{2.5}$ pollution;EMI

表征PM$_{2.5}$浓度变化中气象条件贡献的无量纲指标。

注:EMI用地面至1500 m高度气柱内PM$_{2.5}$平均浓度与参考浓度的比值表示,值越大表征气象条件越不利于近地面大气中PM$_{2.5}$稀释与扩散。

4 EMI及分项计算方法

4.1 EMI计算方法

计算公式见式(1):

$$I = I(t_0) + \int_{t_0}^{t_1} (E + T + D) \cdot \mathrm{d}t \qquad\qquad (1)$$

式中:

I ——EMI,无量纲;

t_0 ——积分起始时间,单位为秒(s);

t_1 ——积分终止时间,单位为秒(s);

E ——排放沉降项,单位为每秒(s^{-1});

T ——传输项,单位为每秒(s^{-1});

D ——扩散项,单位为每秒(s^{-1});

t ——时间,单位为秒(s)。

各分项物理意义参见附录 A,EMI 在评估中的应用方法见附录 B,EMI 数值计算方法参见附录 C。

4.2 分项计算方法

4.2.1 排放沉降项

排放沉降项计算公式见式(2):

$$E = \frac{1}{C_0 \cdot H} \int_0^H (s - d) \cdot \mathrm{d}h \qquad\cdots\cdots\cdots\cdots\cdots\cdots(2)$$

式中:

E ——排放沉降项,单位为每秒(s^{-1});

C_0 ——HJ 633－2012 中空气质量指数一级,类别为优的 $PM_{2.5}$ 浓度限值,$C_0 = 35$,单位为微克每立方米($\mu\mathrm{g} \cdot \mathrm{m}^{-3}$);

H ——气柱高度,$H = 1500$,单位为米(m);

s ——$PM_{2.5}$ 排放率,单位为微克每立方米秒($\mu\mathrm{g} \cdot \mathrm{m}^{-3} \cdot \mathrm{s}^{-1}$);

d ——$PM_{2.5}$ 沉降率,单位为微克每立方米秒($\mu\mathrm{g} \cdot \mathrm{m}^{-3} \cdot \mathrm{s}^{-1}$);

h ——高度,单位为米(m)。

4.2.2 传输项

传输项计算公式见式(3):

$$T = \frac{1}{C_0 \cdot H} \int_0^H -(u \frac{\partial C}{\partial x} + v \frac{\partial C}{\partial y} + w \frac{\partial C}{\partial z}) \cdot \mathrm{d}h \qquad\cdots\cdots\cdots\cdots\cdots\cdots(3)$$

式中:

T ——传输项,单位为每秒(s^{-1});

u ——东西方向水平风速,西风风速为正值,东风风速为负值,单位为米每秒($\mathrm{m} \cdot \mathrm{s}^{-1}$);

C ——$PM_{2.5}$ 浓度,单位为微克每立方米($\mu\mathrm{g} \cdot \mathrm{m}^{-3}$);

x ——东西方向距离,单位为米(m);

v ——南北方向水平风速,南风风速为正值,北风风速为负值,单位为米每秒($\mathrm{m} \cdot \mathrm{s}^{-1}$);

y ——南北方向距离,单位为米(m);

w ——垂直方向风速,单位为米每秒($\mathrm{m} \cdot \mathrm{s}^{-1}$);

z ——垂直方向距离,单位为米(m)。

4.2.3 扩散项

扩散项计算公式见式(4):

$$D = \frac{1}{C_0 \cdot H} \int_0^H \left\{ \frac{\partial}{\partial x}\left(K_x \frac{\partial C}{\partial x}\right) + \frac{\partial}{\partial y}\left(K_y \frac{\partial C}{\partial y}\right) + \frac{\partial}{\partial z}\left(K_z \frac{\partial C}{\partial z}\right) \right\} \cdot \mathrm{d}h \qquad\cdots\cdots\cdots\cdots\cdots(4)$$

式中:

D ——扩散项,单位为每秒(s^{-1});

K_x ——东西方向水平扩散系数,单位为平方米每秒($\mathrm{m}^2 \cdot \mathrm{s}^{-1}$);

K_y ——南北方向水平扩散系数,单位为平方米每秒($\mathrm{m}^2 \cdot \mathrm{s}^{-1}$);

K_z ——垂直方向扩散系数,单位为平方米每秒($\mathrm{m}^2 \cdot \mathrm{s}^{-1}$)。

附　录　A

（资料性附录）

EMI 计算公式中各分项物理意义

式（A.1）为 PM$_{2.5}$ 浓度连续性方程。

$$\frac{\partial C}{\partial t}+u\frac{\partial C}{\partial x}+v\frac{\partial C}{\partial y}+w\frac{\partial C}{\partial z}=\frac{\partial}{\partial x}\left(K_x\frac{\partial C}{\partial x}\right)+\frac{\partial}{\partial y}\left(K_y\frac{\partial C}{\partial y}\right)+\frac{\partial}{\partial z}\left(K_z\frac{\partial C}{\partial z}\right)+r+s-d$$

$$\cdots\cdots\cdots\cdots\cdots\cdots(A.1)$$

式中：

r——化学反应二次生成率，单位为微克每立方米秒（$\mu g \cdot m^{-3} \cdot s^{-1}$）。

从连续性方程可见，气象条件对 PM$_{2.5}$ 浓度的影响体现在排放沉降项、传输项和扩散项，其物理意义如下：

——排放沉降项（E）：PM$_{2.5}$ 排放率和沉降率的差值导致的单位时间气柱内 PM$_{2.5}$ 浓度变率。表示该地区大气与地表之间净收支，正值表示有向大气的排放，负值表示有沉降。

——传输项（T）：水平和垂直方向的大气输送作用导致的单位时间气柱内 PM$_{2.5}$ 浓度变率。正值表示输入，负值表示输出。

——扩散项（D）：大气湍流作用导致的单位时间气柱内 PM$_{2.5}$ 浓度变率。正值表示 PM$_{2.5}$ 累积，一般对应混合层较低，大气层结稳定；负值表示 PM$_{2.5}$ 稀释，一般对应混合层抬高，大气层结不稳定。

附　录　B
（规范性附录）
EMI 在评估中的应用方法

设定 $PM_{2.5}$ 年排放率(s)不变，为了体现排放季节变化的固有特征，考虑排放率的月际变化。由于已设定的不同年度的 $PM_{2.5}$ 排放率保持不变，因此不同年度之间相同月份相互比较时，EMI 的差异就是排放不变条件下气象条件所导致的 $PM_{2.5}$ 浓度变化率。

假设气象因素对实际浓度的贡献是正比的，排放量与实际浓度的贡献也是正比的，而且气象因素和排放因素是变量可分离的，因此"时段 1"排放量在"时段 0"气象条件下的 $PM_{2.5}$ 浓度等于"时段 1"排放量在"时段 1"气象条件下的 $PM_{2.5}$ 浓度除以"时段 1"气象条件和"时段 0"气象条件的比值，具体计算公式见式(B.1)：

$$C_{10} = \frac{O_1}{I_1/I_0} \quad\quad\quad\cdots\cdots\cdots\cdots\cdots\cdots(B.1)$$

式中：

C_{10} ——"时段 1"排放量在"时段 0"气象条件下的 $PM_{2.5}$ 浓度，单位为微克每立方米($\mu g \cdot m^{-3}$)；

O_1 ——"时段 1"实测 $PM_{2.5}$ 浓度，即"时段 1"排放量在"时段 1"气象条件下的 $PM_{2.5}$ 浓度，单位为微克每立方米($\mu g \cdot m^{-3}$)；

I_1 ——"时段 1"EMI，无量纲；

I_0 ——"时段 0"EMI，无量纲。

根据假设条件，在"时段 0"气象条件下，"时段 1"排放量对应的 $PM_{2.5}$ 浓度和"时段 0"排放量对应的 $PM_{2.5}$ 浓度比值与"时段 1"和"时段 0"的排放量比值相等，见式(B.2)：

$$\frac{C_{10}}{O_0} = \frac{E_1}{E_0} \quad\quad\quad\cdots\cdots\cdots\cdots\cdots\cdots(B.2)$$

式中：

O_0 ——"时段 0"实测 $PM_{2.5}$ 浓度，即"时段 0"排放量在"时段 0"气象条件下的 $PM_{2.5}$ 浓度，单位为微克每立方米($\mu g \cdot m^{-3}$)；

E_1 ——"时段 1"排放率，单位为微克每立方米秒($\mu g \cdot m^{-3} \cdot s^{-1}$)；

E_0 ——"时段 0"排放率，单位为微克每立方米秒($\mu g \cdot m^{-3} \cdot s^{-1}$)。

将式(B.1)代入式(B.2)，整理得到式(B.3)：

$$\frac{O_1}{O_0} = \frac{E_1}{E_0} \times \frac{I_1}{I_0} \quad\quad\quad\cdots\cdots\cdots\cdots\cdots\cdots(B.3)$$

式(B.3)的物理意义是：某两个时段 $PM_{2.5}$ 浓度比率，等于排放量比率与 EMI 比率的乘积。因此，在排放没有明显变化的情况下，$PM_{2.5}$ 浓度变化主要由气象条件决定。

定义"排放变化率"见式(B.4)：

$$R_E = (E_1 - E_0)/E_0 \quad\quad\quad\cdots\cdots\cdots\cdots\cdots\cdots(B.4)$$

式中：

R_E ——"时段 1"相对"时段 0"的排放变化率，无量纲。

将式(B.3)代入式(B.4)，整理得到式(B.5)：

$$R_E = \frac{O_1/O_0}{I_1/I_0} - 1 \quad\quad\quad\cdots\cdots\cdots\cdots\cdots\cdots(B.5)$$

同样，定义"气象条件变化率"见式(B.6)：

$$R_W = (I_1 - I_0)/I_0 \quad\quad\quad\cdots\cdots\cdots\cdots\cdots\cdots(B.6)$$

式中：

R_w——"时段1"相对"时段0"的气象条件变化率，无量纲。

根据式(B.5)可定量计算出排放变化对浓度变化的贡献率，负值表示有减排效果，正值表示排放增加。根据式(B.6)可定量计算出气象条件变化对浓度变化的贡献率，负值表示扩散条件较优，有降低$PM_{2.5}$浓度效果，正值表示扩散条件较差，有增加$PM_{2.5}$浓度效果。

附　录　C
（资料性附录）
EMI 数值计算方法

EMI 很难得到解析解，需要通过数值模式系统得到数值解。以中国气象局化学天气预报系统（CUACE）为基础，开发中国气象局化学天气预报系统-EMI 评估模式（CUACE-EMI），用于计算 EMI 数值解。

CUACE-EMI 计算范围覆盖全国，水平分辨率 15 km；使用 2015 年的排放源，同化气象分析场和地面、探空观测资料。CUACE-EMI 模块结构示意图见图 C.1，包括区域气象模块、CUACE、$PM_{2.5}$ 示踪模块以及 EMI 分析评估模块。

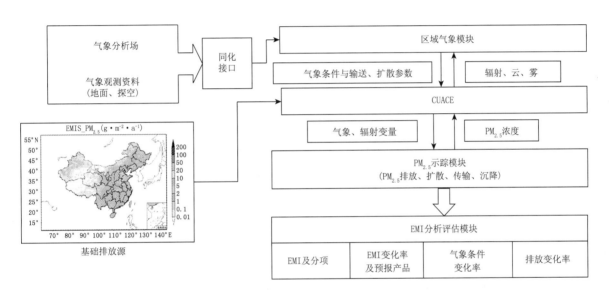

图 C.1　CUACE-EMI 模块结构示意图

参 考 文 献

[1] GB/T 31159—2014 大气气溶胶观测术语

[2] GB/T 34299—2017 大气自净能力等级

[3] QX/T 269—2015 气溶胶污染气象条件指数（PLAM）

[4] 盛裴轩,毛节泰,李建国,等. 大气物理学[M]. 北京:北京大学出版社,2003

[5] 唐孝炎,张远航,邵敏. 大气环境化学[M]. 北京:高等教育出版社,2006

———————————

ICS 07. 060
A 47
备案号：69055—2019

中华人民共和国气象行业标准

QX/T 480—2019

公路交通气象监测服务产品格式

Template of highway traffic-weather monitoring product

2019-04-28 发布 2019-08-01 实施

中 国 气 象 局 发 布

前　言

本标准按照 GB/T 1.1—2009 给出的规则起草。

本标准由全国气象防灾减灾标准化技术委员会(SAC/TC 345)提出并归口。

本标准起草单位:中国气象局公共气象服务中心。

本标准主要起草人:杨静、吴昊、李蔼恂、陈辉、王志。

公路交通气象监测服务产品格式

1 范围

本标准规定了公路交通气象监测服务图形和图文产品的格式。

本标准适用于公路交通气象监测服务产品制作。

2 规范性引用文件

下列文件对于本文件的应用是必不可少的。凡是注日期的引用文件,仅注日期的版本适用于本文件。凡是不注日期的引用文件,其最新版本(包括所有的修改单)适用于本文件。

GB/T 917—2017 公路路线标识规则和国道编号

GB/T 12343.2—2008 国家基本比例尺地图编绘规范 第2部分:1:250000地形图编绘规范

GB/T 27967—2011 公路交通气象预报格式

3 术语和定义

下列术语和定义适用于本文件。

3.1

公路交通气象监测服务产品 highway traffic-weather monitoring product

对影响公路交通的主要气象要素和路面要素的实时观测数据进行分等级、分类型反映公路路段上的气象服务产品。

注:该服务产品面向交通运输部门、公安交通管理部门、公路运输企业以及社会公众等发布。

4 图形产品格式

4.1 内容

图形产品内容包括标注信息、颜色标示、地理信息、公路路网等。

4.2 标注信息

4.2.1 概述

标注信息包括产品名称、监测时间、发布单位和图例等。图形产品示例参见附录A中图A.1(彩)。

4.2.2 产品名称

产品名称包括监测区域名称、监测要素名称。

示例:

全国公路交通能见度监测服务产品。

4.2.3 监测时间

监测时间包括监测的年、月、日、时、分记录,其中年为4位数,月、日、时、分为2位数。

示例：

2018 年 01 月 31 日 08 时 00 分。

4.2.4 发布单位

产品发布单位应具有产品发布权限的法人单位。

示例：

中国气象局公共气象服务中心。

4.2.5 图例

图例包括监测要素名称、要素单位、分级颜色、公路路段、数据缺测等信息。

图例不应遮挡图上有效信息。

4.3 颜色标示

影响公路交通要素分级颜色标示应视监测要素对公路交通的影响程度，依次加深颜色。影响公路交通要素分级颜色标示见附录 B。

4.4 地理信息

地理信息标注应符合 GB/T 12343.2—2008 的规定。

4.5 公路路网

公路路网应清晰可辨，视需要标注公路信息标识（路线编号、道路简称）。公路路线命名和编号应符合 GB/T 917—2017 中第 4 章、第 5 章的规定。

5 图文产品格式

5.1 内容

以监测图形产品加文字说明为表现形式。产品文字说明包括产品名称、要素影响区域描述及要素影响路段描述等。图文产品示例参见附录 C 中图 C.1(彩)。

5.2 要素影响区域描述

概况性地描述监测时刻要素不同等级的影响范围。

5.3 要素影响路段描述

要素影响路段描述应符合 GB/T 27967—2011 中 4.4 的规定。

附　录　A

（资料性附录）

图形产品示例

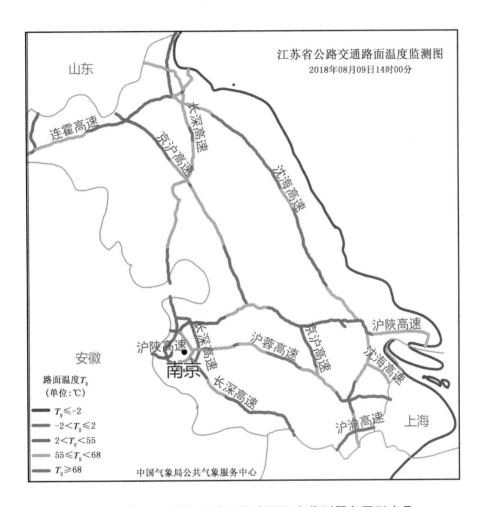

图 A.1（彩）　江苏省公路交通路面温度监测服务图形产品

附　录　B

（规范性附录）

影响公路交通要素分级颜色标示

影响公路交通要素包括气象要素和路面要素,其中主要气象要素包括:能见度、小时累计降雨量、风力、气温。路面要素包括:路面温度和路面状况。分级颜色标示见 B.1～B.6。对于没有相应监测数据的公路路段,统一使用 RGB(210,210,210)表示。

B.1　能见度

表 B.1(彩)为能见度对公路交通影响的分级颜色标示。

表 B.1(彩)　能见度对公路交通影响的分级颜色标示

划分指标	颜色标示
$V > 500.0$ m	RGB(130,130,130)
200.0 m$< V \leqslant 500.0$ m	RGB(255,252,48)
100.0 m$< V \leqslant 200.0$ m	RGB(255,183,38)
50.0 m$< V \leqslant 100.0$ m	RGB(255,106,25)
$V \leqslant 50.0$ m	RGB(254,19,12)
注 1:V 指能见度。	
注 2:RGB 是日常工作中电脑显示的色值体系,CMYK 是印刷的色值体系,两者在色彩的显示上是有区别的,这里印刷的示例颜色只是参考色彩,在实际工作中应以表中的 RGB 色值为准。	

B.2　小时累计降雨量

表 B.2(彩)为小时累计降雨量对公路交通影响的分级颜色标示。

表 B.2(彩)　小时累计降雨量对公路交通影响的分级颜色标示

划分指标	颜色标示
$R < 10.0$ mm	RGB(130,130,130)
10.0 mm$\leqslant R < 15.0$ mm	RGB(61,186,61)
15.0 mm$\leqslant R < 30.0$ mm	RGB(96,184,255)
30.0 mm$\leqslant R < 50.0$ mm	RGB(0,0,255)
$R \geqslant 50.0$ mm	RGB(250,0,250)
注:R 指小时累计降雨量。	

B.3 风力

表 B.3(彩)为风力对公路交通影响的分级颜色标示。

表 B.3(彩)　风力对公路交通影响的分级颜色标示

划分指标	颜色标示
平均风不大于 5 级(W<8.0 m/s)且阵风不大于 7 级(G<13.9 m/s)	RGB(130,130,130)
平均风 5 级~6 级(8.0 m/s≤W<13.9 m/s)或阵风 7 级(13.9 m/s≤G<17.2 m/s)	RGB(255,252,48)
平均风 7 级(13.9 m/s≤W<17.2 m/s)或阵风 8 级(17.2 m/s≤G<20.8 m/s)	RGB(255,200,33)
平均风 8 级(17.2 m/s≤W<20.8 m/s)或阵风 9 级~10 级(20.8 m/s≤G<28.5 m/s)	RGB(255,121,77)
平均风不小于 9 级(W≥20.8 m/s)或阵风不小于 11 级(G≥28.5 m/s)	RGB(255,77,115)
注:W 指平均风风力,此处平均风指 2 分钟平均风速;G 指阵风风力。	

B.4 气温

表 B.4(彩)为气温对公路交通影响的分级颜色标示。

表 B.4(彩)　气温对公路交通影响的分级颜色标示

划分指标	颜色标示
$T \leq -4$ ℃	RGB(59,137,255)
-4 ℃$<T \leq 4$ ℃	RGB(43,213,255)
4 ℃$<T<35$ ℃	RGB(130,130,130)
35 ℃$\leq T<40$ ℃	RGB(255,221,0)
$T \geq 40$ ℃	RGB(255,162,0)
注:T 指气温。	

B.5 路面温度

表 B.5(彩)为路面温度对公路交通影响的分级颜色标示。

表 B.5(彩) 路面温度对公路交通影响的分级颜色标示

划分指标	颜色标示
$T_R \leqslant -2\ ℃$	RGB(33,44,255)
$-2\ ℃ < T_R \leqslant 2\ ℃$	RGB(59,160,255)
$2\ ℃ < T_R < 55\ ℃$	RGB(130,130,130)
$55\ ℃ \leqslant T_R < 68\ ℃$	RGB(252,178,28)
$T_R \geqslant 68\ ℃$	RGB(255,79,15)
注:T_R 指路面温度。	

B.6 路面状况

表 B.6(彩)为路面状况对公路交通影响的分类颜色标示。

表 B.6(彩) 路面状况对公路交通影响的分类颜色标示

路面状况类型	颜色标示
干燥	RGB(130,130,130)
潮湿	RGB(82,202,75)
积水	RGB(0,102,0)
霜	RGB(33,196,199)
雪	RGB(6,156,238)
冰	RGB(128,65,157)

附 录 C
（资料性附录）
图文产品示例

全国公路交通能见度监测服务产品

2014 年第 1 期

中国气象局公共气象服务中心 　　　　　2014 年 01 月 31 日 08 时

　　2014 年 1 月 31 日 08 时，河南东部、安徽中部、江苏大部、浙江北部、湖北中南部、江西北部等地能见度不足 500 米，局部地区能见度不足 200 米（图 1）。上述地区的低能见度天气将对交通运输造成不利影响。

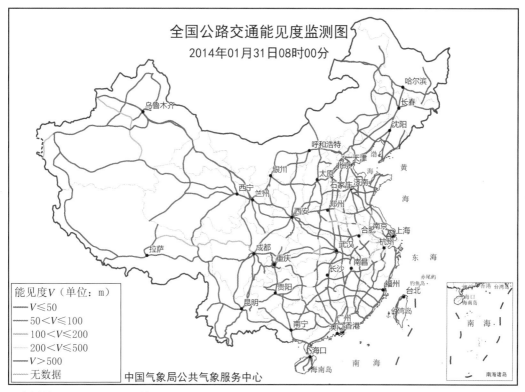

图 1　全国公路交通能见度监测图

图 C.1（彩）　全国公路交通能见度监测服务图文产品

能见度低于 50 米的主要影响路段：

G45（大广高速)江西武宁--修水--泰和段

G60（沪昆高速)江西丰城--樟树--宜春段

能见度 50～100 米的主要影响路段：

G15（沈海高速)江苏东海--如皋段

G25（长深高速)江苏连云港--六合段

能见度 100～200 米的主要影响路段：

G4（京港澳高速）河南郑州--临颍--确山--信阳段

G15（沈海高速）浙江慈溪段

G45（大广高速)河南南乐--滑县、开封--息县段

能见度 200～500 米的主要影响路段：

G3（京台高速)安徽濉溪--宿州--蚌埠--凤阳--定远段

G15W（常台高速)浙江嘉兴--上虞段

G25（长深高速)江苏盱眙--浙江杭州--龙泉、福建建瓯段

G36（宁洛高速)江苏南京、安徽凤阳--河南孟津段

G42（沪蓉高速)江苏丹阳--江宁--南京--江浦--安徽全椒、安徽肥西--六安、湖北荆门、重庆万县--梁平--垫江--四川邻水段

G4211（宁芜高速）安徽马鞍山--当涂--芜湖段

G4212（合安高速)安徽桐城--怀宁段

G50（沪渝高速)浙江长兴--安徽宣州--桐城、湖北仙桃--潜江--沙市--长阳段

G5513（长张高速)湖南汉寿--桃源--石门--慈利段

G55（二广高速）湖北襄阳--广东三水段

G56（杭瑞高速)浙江余杭--安徽歙县--江西婺源--都昌、湖南桃源--沅陵段

G60（沪昆高速）浙江桐乡--海宁--余杭--萧山--绍兴--诸暨、浙江衢县--常山--江西玉山--上饶--东乡

图 C.1　全国公路交通能见度监测服务图文产品(续)

参 考 文 献

[1] GB/T 31443—201 冰雪天气公路通行条件预警分级

[2] GB/T 31444—2015 雾天公路通行条件预警分级

[3] GB/T 31445—2015 雾天高速公路交通安全控制条件

[4] QX/T 111—2010 高速公路交通气象条件等级

[5] QX/T 180—2013 气象服务图形产品色域

[6] 中国气象局应急减灾与公共服务司.减灾司关于印发《公路交通气象监测服务产品技术规范（试行）》的通知:气减函〔2013〕108 号[Z],2013

ICS 07.060
A 47
备案号：69054—2019

中华人民共和国气象行业标准

QX/T 481—2019

暴雨诱发中小河流洪水、山洪和地质灾害
气象风险预警服务图形

Graphic of meteorological risk warning service for small and medium-sized
river flood, flash flood and geological hazard induced by heavy rain

2019-04-28 发布   2019-08-01 实施

中 国 气 象 局   发 布

前　言

本标准按照 GB/T 1.1—2009 给出的规则起草。

本标准由全国气象防灾减灾标准化技术委员会(SAC/TC 345)提出并归口。

本标准起草单位:中国气象局公共气象服务中心、国家气象中心。

本标准主要起草人:田华、包红军、宋建洋、吕终亮、梁莉、章芳。

暴雨诱发中小河流洪水、山洪和地质灾害气象风险预警服务图形

1 范围

本标准规定了暴雨诱发中小河流洪水、山洪和地质灾害气象风险预警服务图形的底图和图形要素等。

本标准适用于暴雨诱发中小河流洪水、山洪和地质灾害气象风险预警服务图形产品的制作。

2 规范性引用文件

下列文件对于本文件的应用是必不可少的。凡是注日期的引用文件,仅注日期的版本适用于本文件。凡是不注日期的引用文件,其最新版本(包括所有的修改单)适用于本文件。

GB/T 19996—2017 公开版纸质地图质量评定
QX/T 192—2013 气象服务电视产品图形

3 术语和定义

下列术语和定义适用于本文件。

3.1

中小河流洪水 small and medium-sized river flood

中小河流在较短时间内发生的流量急剧增加或水位明显上升的水流现象。

注1:中小河流一般指集水面积大于 200 km² 且小于 3000 km² 的河流。

注2:本文件特指暴雨诱发的中小河流洪水。

注3:改写 QX/T 428—2018,定义 3.2。

3.2

山洪 flash flood

山丘区小流域突发性、暴涨暴落的地表径流。

注:本文件特指暴雨诱发的山洪。

3.3

地质灾害 geological hazard

不良地质作用引起人民生命财产和生态环境的损失。主要包括滑坡、崩塌、泥石流、地面塌陷、地裂缝、地面沉降等灾种。

注1:本文件中的暴雨诱发地质灾害特指山体崩塌、滑坡和泥石流三种灾害类型。

注2:改写 DZ/T 0286—2015,定义 3.1。

3.4

气象风险 meteorological risk

气象因素诱发洪水等灾害的预期损失。

注:风险是一种可能的状态,而不是真实发生的一种状况。

4 底图

4.1 投影

全国图投影采用阿尔伯斯投影,省域图投影根据省域形状和位置采用正轴圆锥投影或正轴圆柱投影。

4.2 像素

4.2.1 用于电视播出的图形应符合 QX/T 192—2013 的要求:
  a) 用于帕尔制式(PAL)播出标准的图形像素为 720×756;
  b) 用于高清播出标准的图形像素为 1920×1080。
4.2.2 用于其他方式发布的图形像素为 2088×1694。

4.3 基础信息

4.3.1 底图基础信息应包含境界、重要居民地、主要河流等。信息应符合国家测绘要求,涉及国家边界的,应完整、准确地反映中国领土范围,并符合 GB/T 19996—2017 的规定。
4.3.2 底图基础信息的设置参见附录 A 中的表 A.1(彩)。

5 图形要素

5.1 预警区域

5.1.1 预警区域级别根据气象灾害风险高低,由高到低划分为:Ⅰ级(风险很高)、Ⅱ级(风险高)、Ⅲ级(风险较高)、Ⅳ级(有一定风险)四个等级。
5.1.2 预警区域级别分别用红、橙、黄、蓝四种颜色标示。
5.1.3 预警区域级别、含义、表征颜色、颜色 RGB 值及颜色示例见表 1(彩)。
注:预警区域包括暴雨诱发中小河流洪水、山洪和地质灾害气象风险的预警区域。

表 1(彩) 暴雨诱发中小河流洪水、山洪和地质灾害气象风险预警区域级别、含义和颜色

级别	级别含义	表征颜色	颜色 RGB 值	颜色示例
Ⅰ级	风险很高	红色	255,0,0	
Ⅱ级	风险高	橙色	255,126,0	
Ⅲ级	风险较高	黄色	255,250,0	
Ⅳ级	有一定风险	蓝色	0,102,255	

注:RGB 是日常工作中电脑显示的色值体系,CMYK 是印刷的色值体系,两者在色彩的显示上是有区别的,这里印刷的示例颜色只是参考色彩,在实际工作中应以表中的 RGB 色值为准。

5.2 标题

标题位于图形上部中间位置,内容应包含预警的类型、区域范围信息。

5.3 时效

预警时效位于标题的正下方,按"开始时间—结束时间"的规则单独标注。用"yyyy 年 mm 月 dd 日

hh 时"的格式标注时间。在同年的条件下,结束时间可省略年份。

5.4 发布单位

图形应标注发布单位,位于图形下端相对空白的区域,使其整体布局对称、协调、美观、重心居中。产品发布单位的名称应为正式批准的产品提供方名称。

5.5 发布时间

图形的发布时间,位于发布单位的正下方,可用"yyyy 年 mm 月 dd 日 hh 时 tt 分发布"的格式标注发布。时间为整点发布时,可省略分。

5.6 图例

5.6.1 图例位于图形下方左部,不应遮挡图上的有效信息。

5.6.2 图例应包含图例名称和图例内容两部分,图例内容应包括风险预警级别的颜色示例及含义,其中风险预警级别的标注顺序为Ⅰ级到Ⅳ级。

5.6.3 图形示例参见附录 B 中的图 B.1(彩)和图 B.2(彩)。

附　录　A

（资料性附录）

底图基础信息

表 A.1（彩）　底图基础信息表

图形范围	要素大类	要素小类	颜色 RGB 值	符号设置	符号示意
全国	境界	国界	52,52,52	粗细:0.67 mm	
			170,170,170	粗细:1.76 mm	
		省级行政境界	102,102,102	粗细:0.25 mm	
		地市级行政境界	104,104,104	粗细:0.18 mm	
	水系及名称注记	河流	17,186,238	粗细:0.18 mm	
		河流名称	0,143,215	字体:Arial 字号:七号	长江
	居民地及名称注记	首都	230,0,0	大小:2.12 mm	★
		省级政府驻地	156,156,156	大小:2.12 mm	●
		省级政府驻地名称	0,0,0	字体:微软雅黑 字号:六号	石家庄
省或区域	境界	省级行政境界	117,117,117	粗细:0.53 mm	
		地市级行政境界	78,78,78	粗细:0.42 mm	
	水系及名称注记	河流	17,186,238	粗细:0.24 mm	
		河流名称	0,143,215	字体:Arial 大小:七号	长江
	居民地及名称注记	省级政府驻地	64,64,64	大小:2.15 mm	◉
		地市级政府驻地	255,255,255	大小:1.85 mm	◎
		省级政府驻地名称	64,64,64	字体:宋体 大小:三号	成都
		地市级政府驻地名称	64,64,64	字体:宋体 大小:四号	保定

附　录　B
（资料性附录）
图形示例

图 B.1（彩）给出了全国范围暴雨诱发中小河流洪水气象风险预警服务图形的综合示例。

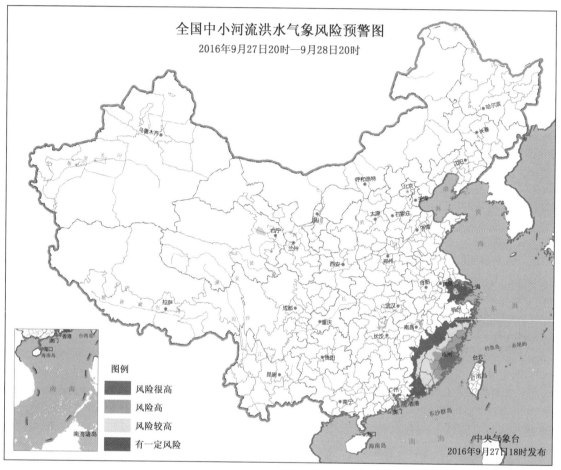

审图号:GS(2019)2709 号

注:图中要素输出时按表 A.1 规定设置,但按实际版面调整了图片大小,因此,图中显示的要素大小和粗细有所
变化。

图 B.1(彩)　全国中小河流洪水气象风险预警图形示意图

图 B.2(彩)给出了省域范围暴雨诱发中小河流洪水气象风险预警服务图形的综合示例。

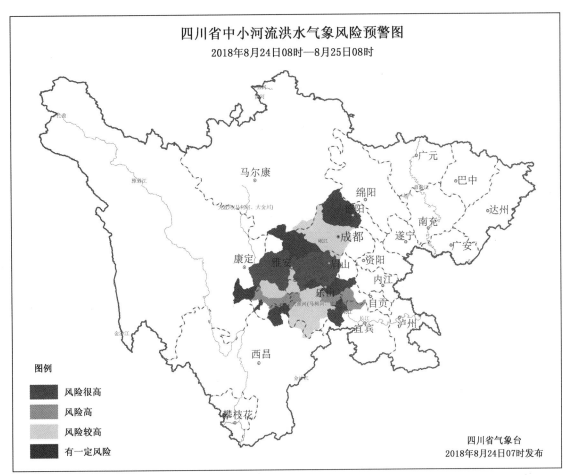

注:图中要素输出时按表 A.1 规定设置,但按实际版面调整了图片大小,因此,图中显示的要素大小和粗细有所变化。

图 B.2(彩) 省级中小河流洪水气象风险预警图形示意图

参 考 文 献

［1］ DZ/T 0286—2015 地质灾害危险性评估规范

［2］ QX/T 180—2013 气象服务图形产品色域

［3］ QX/T 428—2018 暴雨诱发灾害风险普查规范 中小河流洪水

［4］ 全国山洪灾害防治规划领导小组办公室.全国山洪灾害防治规划编制技术大纲［Z］,2003

［5］ 国家防汛抗旱总指挥部办公室.山洪灾害防御预案编制大纲［Z］,2005

［6］ 中国气象局应急减灾与公共服务司.暴雨诱发中小河流洪水和山洪地质灾害气象风险预警服务业务规范(试行)［Z］,2013

［7］ 章国材.气象灾害风险评估与区划方法［M］.北京:气象出版社,2009

ICS 07.060
A 47
备案号：69053—2019

中华人民共和国气象行业标准

QX/T 482—2019

非职业性一氧化碳中毒气象条件预警等级

Warning levels for meteorological conditions of non-professional carbon
monoxide poisoning

2019-04-28 发布
2019-08-01 实施

中 国 气 象 局 发 布

前　言

本标准按照 GB/T 1.1—2009 给出的规则起草。

本标准由全国气象防灾减灾标准化技术委员会(SAC/TC 345)提出并归口。

本标准起草单位:黑龙江省气象局。

本标准主要起草人:闫敏慧、王承伟、王建一、赵克崴、高玲、矫玲玲、张金峰、王冬冬。

非职业性一氧化碳中毒气象条件预警等级

1 范围

本标准规定了非职业性一氧化碳中毒气象条件预警的等级、划分方法以及预警信号图标。

本标准适用于非职业性一氧化碳中毒气象条件的监测、预警和服务。

2 规范性引用文件

下列文件对于本文件的应用是必不可少的。凡是注日期的引用文件,仅注日期的版本适用于本文件。凡是不注日期的引用文件,其最新版本(包括所有的修改单)适用于本文件。

GB/T 27962—2011　气象灾害预警信号图标

GB/T 34295—2017　非职业性一氧化碳中毒气象条件等级

3 术语和定义

下列术语和定义适用于本文件。

3.1

非职业性一氧化碳中毒　non-professional carbon monoxide poisoning;CO POISOING

日常生活中燃煤等含碳物质燃烧不完全时的产物,经呼吸道吸入引起的中毒。

注:俗称煤气中毒,区别于生产场所发生的职业性一氧化碳中毒。

4 预警等级

预警等级分为橙、红两个级别,具体划分方法详见表1。

表 1　非职业性一氧化碳中毒气象条件预警等级划分

级别颜色	含义	划分指标
橙	气象条件不利于一氧化碳等有毒气体的扩散,易发生非职业性一氧化碳中毒事件。	24小时内可能出现非职业性一氧化碳中毒气象条件等级为Ⅲ级[a],或者已经达到非职业性一氧化碳中毒气象条件等级Ⅲ级且可能持续。
红	气象条件很不利于一氧化碳等有毒气体的扩散,极易发生非职业性一氧化碳中毒事件。	24小时内可能出现非职业性一氧化碳中毒气象条件等级为Ⅳ级[b],或者已经达到非职业性一氧化碳中毒气象条件等级Ⅳ级且可能持续。
[a] Ⅲ级对应GB/T 34295—2017危险程度高,具体划分及判别方法参见附录A。		
[b] Ⅳ级对应GB/T 34295—2017危险程度很高,具体划分及判别方法同上。		

QX/T 482—2019

5 预警信号

根据 GB/T 27962—2011 设计要求,非职业性一氧化碳中毒气象条件预警信号图标设计详见表 2 (彩)。

表 2(彩) 非职业性一氧化碳中毒气象条件预警信号图标

级别颜色	预警图标	防御指南
橙		(1)医院加强值班,及时救治来诊人员; (2)学校、幼儿园、车站等使用燃煤燃炭取暖的公共场所做好室内通风; (3)燃煤取暖和使用炭火人员注意保持室内通风,夜间睡前将炉火熄灭。
红		(1)政府及卫生管理部门按照职责做好非职业性一氧化碳中毒事件的预防、应急和抢险工作; (2)医院适时启动应急响应机制,加强值班、值守,及时救治来诊人员; (3)学校、幼儿园、车站等使用燃煤燃炭取暖公共场所做好室内通风; (4)燃煤取暖和使用炭火人员注意保持室内通风,夜间睡前将炉火熄灭,严防一氧化碳中毒。

附 录 A

（资料性附录）

非职业性一氧化碳中毒气象条件等级划分及判别方法

A.1 非职业性一氧化碳中毒气象条件等级划分

非职业性一氧化碳中毒气象条件的等级根据气象条件综合指数由低到高依次分为Ⅰ、Ⅱ、Ⅲ、Ⅳ共四个等级，具体说明见表 A.1。

表 A.1 非职业性一氧化碳中毒气象条件等级

级别	危险程度	说明
Ⅰ	较低	不易发生非职业性一氧化碳中毒
Ⅱ	中等	有发生非职业性一氧化碳中毒可能
Ⅲ	高	易发生非职业性一氧化碳中毒
Ⅳ	很高	极易发生非职业性一氧化碳中毒

A.2 等级指数计算公式

非职业性一氧化碳中毒气象条件等级指数的计算见公式（A.1）

$$y_c = x_1 + x_2 + x_3 + x_4 + x_5 \qquad\qquad\text{(A.1)}$$

式中：

y_c——非职业性一氧化碳中毒气象条件等级指数，无量纲整数，取值范围为 0～15。y_c 值越大，表示越易于非职业一氧化碳中毒发生。

x_i——气象因子等级，无量纲整数，取值范围 0～3，下标 $i=1,\cdots,5$；其中：x_1 为地面日平均风速等级；x_2 为当日 08 时或 20 时 850 hPa 至地面之间逆温强度等级，取两个时次中的大值；x_3 为 24 小时降温幅度等级；x_4 为地面 24 小时变压等级；x_5 为地面日平均相对湿度等级。

y_c 以及 x_i 的确定方法见 A.3。

A.3 判别方法

气象因子等级 x_i，非职业性一氧化碳中毒气象条件等级指数 y_c 与非职业性一氧化碳中毒气象条件等级之间的判别方法见表 A.2 和表 A.3。

表 A.2 气象因子值域及等级判别

气象因子		值域及等级			
地面风速	地面日平均风速值/(m/s)	>3.0	(2,3]	(0,2]	0
	地面日平均风速等级 x_1	0	1	2	3

表 A.2　气象因子值域及等级判别(续)

气象因子		值域及等级			
近地面逆温	近地面逆温强度值/℃	<2.0	[2,5)	[5,8)	≥8
	近地面逆温强度等级 x_2	0	1	2	3
24 小时变温	日最低气温变化值/℃	<3	[3,6)	[6,8)	≥8.0
	日最低气温变化等级 x_3	0	1	2	3
24 小时变压	地面 24 小时变压值/hPa	>3.0	(0,3]	(−3,0]	≤−3.0
	地面 24 小时变压等级 x_4	0	1	2	3
地面相对湿度	地面日平均相对湿度值/%	<55	[55,75)	[75,80)	≥80
	地面日平均相对湿度等级 x_5	0	1	2	3

表 A.3　非职业性一氧化碳中毒气象条件等级指数及等级判别

气象条件等级指数 y_c	非职业性一氧化碳中毒气象条件等级
<3	I
3~5	II
6~8	III
9~15	IV

[GB/T 34295—2017 中的第 3 章、第 4 章]

参 考 文 献

[1]　GB/T 20480—2017　沙尘天气等级

[2]　GB/T 27964—2011　雾的预报等级

[3]　陈辉,吴昊,赵琳娜,等.CO中毒的环境气象因子分析及预测方法研究[J].中国环境科学,2011,31(4):584-590

[4]　王晓明,孙力,刘海峰,等.一次大范围一氧化碳中毒事件的气象条件[J].气象,2007,33(2):102-106

[5]　倪慧,王晓明.吉林省高一氧化碳浓度与气象条件的关系[J].吉林气象,2009(04):2-4,26

[6]　蒋维楣,孙鉴泞,曹文俊,等.空气污染气象教程[M].北京:气象出版社,2004

ICS 07. 060
A 47
备案号：69052—2019

中华人民共和国气象行业标准

QX/T 483—2019

日晒盐生产的塑苫气象服务规范

Specification for meteorological service in solar salt production with plastic
tarpaulin

2019-04-28 发布   2019-08-01 实施

中 国 气 象 局   发布

前　言

本标准按照 GB/T 1.1—2009 给出的规则起草。

本标准由全国气象防灾减灾标准化技术委员会(SAC/TC 345)提出并归口。

本标准起草单位：山东省滨州市气象局、天津长芦海晶集团有限公司。

本标准主要起草人：王凤娇、吴书君、王培涛、刘昭武、牛跃同、牛丽玲、王立静、徐云芳。

引　言

　　日晒盐生产是利用太阳辐射使卤水在盐田内自然蒸发、逐步浓缩制盐的过程。其受气象因素影响十分明显,特别是降水和蒸发。

　　20世纪90年代后期,日晒盐生产企业开始大规模使用塑苫,即在降水开始前,用特制的塑料薄膜覆盖结晶池或高浓度卤水池,抵御降水对结晶池原盐的溶化和对卤水的稀释;降水结束后,及时揭开塑料薄膜,恢复卤水的蒸发、结晶。塑苫的使用,减少了降水对日晒盐生产的不利影响。

　　规范日晒盐生产塑苫气象服务,科学准确地应用降水等气象要素预报结论,是杜绝漏苫、减少空苫和有效实施塑苫,提高日晒盐生产效益的关键。

日晒盐生产的塑苫气象服务规范

1 范围

本标准规定了日晒盐生产塑苫专业气象服务的基本要求、服务内容和要求、服务总结评估。

本标准适用于日晒盐生产塑苫的气象服务。

2 术语和定义

下列术语和定义适用于本文件。

2.1

日晒盐 solar salt

利用太阳辐射使卤水自然蒸发结晶制成的盐。

注：改写 GB/T 19420—2003,定义 3.1.1.1。

2.2

塑苫 plastic tarpaulin

为防止降水溶化日晒盐或稀释卤水,用塑料薄膜对结晶池、卤水池实施放苫或收苫的过程。

2.3

放苫 cover plastic tarpaulin

将塑料薄膜覆盖于结晶池、卤水池之上的过程。

2.4

收苫 furl plastic tarpaulin

将覆盖在结晶池、卤水池上的塑料薄膜揭开的过程。

2.5

排淡 fresh water drainage

雨中或雨后,将塑苫池内塑料薄膜上的淡水及时排出的过程。

注：改写 GB/T 19420—2003,定义 5.2.3.10。

2.6

生产旺季 busy season

非常适合日晒盐生产的季节。

注：盐区的生产旺季因地理位置不同而不同,华南盐区(南部沿海、北部湾地区及海南)一般为 11 月至次年 4 月,江
   南盐区(东南沿海)一般为 7—12 月,北方盐区(淮河以北地区)一般为 4—6 月、9—10 月。

2.7

过程降水量 process precipitation

某地某个天气过程(如台风过程、锋面过程)降水开始出现到结束全过程的总降水量。

注：单位为毫米(mm)。

3 基本要求

3.1 服务准备

气象服务单位应提前做好下列服务准备工作：

——对所服务的盐区做充分调研，了解盐区的生产季节、日晒盐生产工序和塑苫流程，掌握盐区的地理位置、气候特点，熟悉影响盐区的天气系统；

——充分了解所服务盐区的生产规模和能力以及对塑苫的要求，制定年度气象服务方案。

3.2 服务能力

气象服务单位应具备下列服务能力：

——能获取、分析地面及高空气象观测、数值天气预报、卫星云图等各类气象资料和海浪、风暴潮预警等相关信息；

——能实时获取盐区以及周边地区雷电、风、降水等气象资料；

——能实时获取有效覆盖盐区的雷达探测基数据、产品和雷达拼图，并能及时分析处理；

——能按附录 A 中的规定制作或订正各种气象服务产品，并提供服务；

——在生产旺季、汛期能 24 h 值班，全天候提供气象服务；其他时段在预报有降水时能 24 h 值班，并全天候提供气象服务；

注：汛期通常指在一年中因季节性降雨、融冰、化雪而引起的江河水位有规律地显著上涨时期。气象学指一年内降水集中的时段，因降水集中经常带来洪汛故名汛期。华南地区汛期一般在 4—10 月，江淮流域、江南地区一般在 5—9 月，黄河流域及华北、东北地区一般在 6—8 月。

——当盐区附近或盐区范围内可能出现灾害性天气时，能及时发布相关预警。

4 服务内容和要求

4.1 常规气象预报服务

常规气象预报服务应按下列要求进行：

a) 根据盐区日晒盐生产需求和年度气象服务方案，提供附录 A 的表 A.1 中的短期天气预报、中期天气预报和气候趋势预测服务；

b) 预报 0 h～12 h、0 h～2 h 有降水，提供附录 A 的表 A.1 中的短时天气预报、临近天气预报服务。

4.2 短期专项气象预报服务

预报 72 h 内有降水，应按下列要求提供短期专项气象预报服务：

a) 预测降水性质、始止时间和过程降水量；

b) 当预报有雷电、大风时，预报雷电和最大风力（简称"风力"）6 级以上大风的开始时间；

c) 按附录 B 中表 B.1 的规定，每天早晚各提供 1 次短期专项气象预报服务。

4.3 短时专项气象预报服务

预报 12 h 内有降水，应按下列要求提供短时专项气象预报服务：

a) 监视天气变化，做好大风、雷电和冰雹的预报服务；

b) 按附录 C 中的规定，每 3 h 提供 1 次短时专项气象预报服务。

4.4 临近专项气象预报服务

预报 2 h 内盐区可能出现降水,应按下列要求提供临近专项气象预报服务:

a) 密切监视降水回波和天气变化,做好大风、雷电、冰雹和短时强降水的预报服务;

b) 根据不同的降水阶段和塑苫状态,按附录 D 中的规定,每 1 h 提供 1 次临近专项气象预报服务;

c) 降水临近和开始阶段,未放苫时增加服务次数。

5 服务总结评估

5.1 每次降水天气结束后,气象服务单位应及时收集盐区降水、降雹、雷电、大风等实况,了解塑苫情况和服务满意度,对过程降水量预报进行评分,评分方法参见附录 E;对气象服务效果进行评估,并对气象服务工作进行总结分析。

5.2 年终,气象服务单位应统计降水预报平均得分,评估服务效果,总结服务经验,完善年度气象服务方案。

附　录　A

（规范性附录）

气象服务产品

表 A.1 给出了气象服务的产品名称、服务内容和服务频次。

表 A.1　服务产品名称、内容和频次

产品名称	服务内容	服务频次
临近天气预报	未来 0 h～2 h 天空状况、天气现象、降水量、降水性质、风向、风速及最高、最低气温	每 1 h 1 次
短时天气预报	未来 0 h～12 h 天空状况、天气现象、降水量、降水性质、风向、风速及最高、最低气温	每 3 h 1 次
短期天气预报	未来 0 h～72 h 逐日天空状况、天气现象、降水量、蒸发量、风向、风速及日最高、最低气温	每天早晚各 1 次
中期天气预报	七天预报:逐日天空状况、天气现象、降水量、蒸发量、风向、风速及最高、最低气温	每天下午 1 次
	旬报:未来一旬主要降水过程、降水量、蒸发量、平均气温以及降水量和蒸发量的距平百分率	每旬末 1 次
气候趋势预测	次月、次季、次年降水量、蒸发量、平均气温以及降水量和蒸发量的距平百分率	按照预测周期,每月、季、年末 1 次
注:蒸发量无直接预报产品,可根据蒸发量与其他气象要素的关系,采用公式法、模式输出统计方法、相似法、卡尔曼滤波等方法制作。		

附　录　B

（规范性附录）

短期专项气象预报服务

表 B.1 给出了短期专项气象预报服务内容。

表 B.1　短期专项气象预报服务内容

降水预报时段	对策与建议
48 h～72 h	提醒调整生产安排
24 h～48 h	提醒采取应对措施
	$R_p \geqslant 3$ mm,提醒做好塑苫准备
	$R_p \geqslant 25$ mm,宜做好塑苫准备,注意疏通排淡沟道
	$R_p \geqslant 100$ mm,宜准备塑苫,疏通排淡沟道,备好扬水设备
12 h～24 h	按附录 F 的规定,提供塑苫参考意见及开始放苫的时间,由生产部门决策
	确定放苫,提醒挤缩(压)式、浮卷式塑苫结晶池在放苫前 0 h～6 h 灌入饱和卤水,使池中卤水深度大于 15 cm
	放苫后,提醒注意将塑料薄膜拉紧扣牢,封好、压实塑苫池的四周,防止风刮;在下风处预留排淡口
注:R_p 表示过程降水量。	

附　录　C
（规范性附录）
短时专项气象预报服务

表C.1给出了短时专项气象预报服务内容。

表C.1　短时专项气象预报服务内容

降水阶段	塑苫状态	预报	天气实况	对策与建议
降水开始前 2 h～12 h	未放苫	有降水		按附录F的规定，提供塑苫参考意见及开始放苫的时间，由生产部门决策
	放苫中	$R_p<5$ mm		卤水池停止放苫
		$R_p<3$ mm		结晶池停止放苫
			$F_m\geqslant7$ 级	停止放苫
			有雷电	立即停止放苫，迅速到安全地方躲避
	放苫后			提醒将塑料薄膜拉紧扣牢，封好、压实塑苫池的四周，防止风刮；在下风处预留排淡口

注：R_p表示过程降水量，F_m表示最大风力。

附　录　D
（规范性附录）
临近专项气象预报服务

表 D.1 给出了临近专项气象预报服务内容。

表 D.1　临近专项气象预报服务内容

降水阶段	塑苫状态	预报	天气实况	对策与建议
降水开始前 0 h～2 h	未放苫	$R_p \geqslant 3$ mm	$T \geqslant 5$ ℃、$F_m < 7$ 级、无雷电	白天、生产旺季，对折式塑苫结晶池立即放苫
		$R_p \geqslant 5$ mm		白天，结晶池立即放苫
		$R_p \geqslant 10$ mm		结晶池、高级卤水池立即放苫
	放苫中	$R_p < 5$ mm		卤水池停止放苫
		$R_p < 3$ mm		结晶池停止放苫
			$F_m \geqslant 7$ 级	停止放苫
			有雷电	立即停止放苫，迅速到安全地方躲避
	放苫后			提醒将塑料薄膜拉紧扣牢，封好、压实塑苫池的四周，防止风刮；在下风处预留排淡口
降水开始并持续	未放苫	$R_p \geqslant 5$ mm	$T \geqslant 5$ ℃、$F_m < 7$ 级、无雷电、无冰雹	对折式塑苫结晶池立即放苫
		$R_p \geqslant 10$ mm		结晶池立即放苫；白天，高级卤水池立即放苫
	放苫中	$R_p < 5$ mm		卤水池停止放苫
		$R_p < 3$ mm		结晶池停止放苫
			$F_m \geqslant 7$ 级	停止放苫
			有雷电、冰雹	立即停止放苫，迅速到安全地方躲避
	放苫后			提醒将塑料薄膜拉紧扣牢，封好、压实塑苫池的四周，防止风刮；在下风处预留排淡口
	已放苫		有雷电、冰雹	不应外出巡查，且立即停止一切户外操作，迅速到安全地方躲避
			$F_m \geqslant 5$ 级	注意巡查、加固、压实塑料薄膜四周，防止风刮
			$R_h \geqslant 30$ mm 或风向转变大于或等于 90°	注意调整排淡口的大小、高低和位置
			$R_n \geqslant 25$ mm	注意巡查，及时排出塑料薄膜上的淡水，防止排淡口漏卤，保证排淡沟畅通
			$R_n \geqslant 100$ mm	注意巡查，若排淡沟排水不及时，用扬水设备排水
		风暴潮预警		注意涨潮情况，适时封堵沟渠，防止海水倒灌；若降水持续，用扬水设备排水
			出现连阴雨、$T \geqslant 5$ ℃、$F_m < 6$ 级、无雷电	苫盖连续 3 d 以上，在降水间歇期或 $R_h < 0.2$ mm 的时段部分收苫

表 D.1 临近专项气象预报服务内容(续)

降水阶段	塑苫状态	预报	天气实况	对策与建议
降水结束前 0 h～0.5 h	已放苫			提醒加快排除塑料薄膜上的淡水,做好收苫准备
降水结束	已放苫	0 h～24 h 无降水	$T{\geqslant}5$ ℃、无雷电、$F_m{<}6$ 级	提醒调整排淡进度,做好排淡口的封堵等工作;白天立即收苫,夜间可延迟到日出后收苫
注 1:通常卤水浓度 $20°Be'$(波美度)$\sim25°Be'$为高级卤水,$10°Be'\sim20°Be'$为中级卤水。 注 2:R_p 表示过程降水量,R_h 表示小时降水量,R_n 表示截至目前的过程降水量,F_m 表示最大风力,T 表示气温。				

附 录 E

（资料性附录）

过程降水量预报评分表

过程降水量预报可参照表 E.1 评分。

表 E.1 过程降水量预报评分表

预报 mm	实况 mm									
	＜0.5	0.5～ ＜3.0	3.0～ ＜5.0	5.0～ ＜10.0	10.0～ ＜17.0	17.0～ ＜25.0	25.0～ ＜50.0	50.0～ ＜100.0	100.0～ ＜250.0	≥250.0
＜0.5	100	80	40	20	0	0	0	0	0	0
0.5～＜3.0	80	100	80	60	20	0	0	0	0	0
3.0～＜5.0	40	80	100	80	40	20	0	0	0	0
5.0～＜10.0	20	60	80	100	80	60	40	10	0	0
10.0～＜17.0	0	40	60	80	100	80	60	30	10	0
17.0～＜25.0	0	20	40	60	80	100	80	50	30	10
25.0～＜50.0	0	0	20	40	60	80	100	70	50	30
50.0～＜100.0	0	0	0	10	30	50	70	100	80	60
100.0～＜250.0	0	0	0	0	10	30	50	80	100	80
≥250.0	0	0	0	0	0	10	30	60	80	100

附　录　F
（规范性附录）
塑苫气象指标

表F.1给出了塑苫气象指标。塑苫气象指标为综合指标，应同时满足气温、风力、雷电、冰雹和降水指标方可放苫、收苫。放苫开始时间应在风力大于或等于6级、雷电及降水出现前，提前时间至少为盐区所需的放苫时间。若放苫开始时间在夜间，可提前至日落前；若收苫开始时间在夜间，可延后至日出后。

表F.1　塑苫气象指标

气象要素		指标	塑苫措施	注意事项
气温		≥5 ℃	宜放苫、收苫	
		0 ℃~5 ℃	可放苫、收苫	
		<0 ℃	不宜放苫、收苫	
风力		<6 级	宜放苫、收苫	
		6 级	白天不宜逆风放苫、顺风收苫，夜间不宜放苫、收苫	预报风力大于或等于6级，宜在风力大于或等于6级前放苫完毕，在风力小于6级后收苫
		≥7 级[a]	不应放苫、收苫	
雷电		无雷电	可放苫、收苫	
		有雷电	不应放苫、收苫	预报有雷电，应在雷电出现前放苫完毕
冰雹		有冰雹	不宜放苫	预报有冰雹，宜在降雹结束后放苫
降水	结晶池	≥10 mm	应放苫	预报降水出现在夜间，可在当日日落前放苫
		5 mm~10 mm	宜放苫	
		3 mm~5 mm	对折式塑苫可放苫；生产旺季、白天，挤缩(压)式、浮卷式塑苫可放苫	
		<3 mm	不必放苫	
	卤水池	≥10 mm	高级卤水池应放苫；中级卤水不足时，中级卤水池可部分放苫	预报降水出现在夜间，可在当日日落前放苫
		5 mm~10 mm	高级卤水池宜放苫；高级卤水充足时，高级卤水池可部分放苫	
		<5 mm	不必放苫	
[a] 预报风力大于或等于10级且预报过程降水量小于10 mm，不宜采取塑苫措施。				

参 考 文 献

[1]　GB/T 19420—2003　制盐工业术语
[2]　GB/T 21984—2017　短期天气预报
[3]　GB/T 27956—2011　中期天气预报
[4]　GB/T 28591—2012　风力等级
[5]　GB/T 28592—2012　降水量等级
[6]　GB/T 28594—2012　临近天气预报
[7]　GB/T 35227—2017　地面气象观测规范　风向风速
[8]　GB/T 35228—2017　地面气象观测规范　降水量
[9]　左秉坚,郭德恩.海盐工艺[M].北京:轻工业出版社,1989
[10]　大气科学辞典编委会.大气科学辞典[M].北京:气象出版社,1994
[11]　王凤娇,吴书君,王立静,等.海盐生产的降水塑苦决策分析[J].气象,2011,37(1):116-121

ICS 07.060

A 47

备案号：69051—2019

中华人民共和国气象行业标准

QX/T 484—2019

地基闪电定位站观测数据格式

Detection data format of ground-based lightning sensor

2019-04-28 发布

2019-08-01 实施

中 国 气 象 局 发布

前　言

本标准按照 GB/T 1.1—2009 给出的规则起草。

本标准由全国气象基本信息标准化技术委员会(SAC/TC 346)提出并归口。

本标准起草单位:中国气象局气象探测中心。

本标准主要起草人:梁丽、雷勇、庞文静、王志超、宋树礼、许崇海。

地基闪电定位站观测数据格式

1 范围

本标准规定了地基闪电定位站观测数据组成,设备信息数据、设备状态数据及回击数据的内容和格式。

本标准适用于地基闪电定位站设备信息数据、设备状态数据、回击数据的采集、传输及存储等。

2 术语和定义

下列术语和定义适用于本文件。

2.1

闪电 lightning

积雨云中正负不同极性电荷中心之间的放电过程,或云中电荷中心与大地和地物之间的放电过程,或云中电荷中心与云外相反极性的电荷中心之间的放电过程。

[QX/T 79—2007,定义 3.1]

2.2

云闪 cloud lightning

放电通道不与大地和地物发生接触的闪电放电过程。

注:包括云内放电、云际放电和云空放电三种过程。

2.3

地闪 cloud-to-ground lightning

发生在积雨云体与大地和地物之间的闪电放电过程。

2.4

回击数据 stroke data

闪电定位设备采集的闪电回击通道中强电磁辐射脉冲数据。

注:一次闪电包括一个或多个回击。

3 地基闪电定位站观测数据组成

地基闪电定位站观测数据包括设备信息数据、设备状态数据、回击数据。

4 设备信息数据

4.1 数据内容

设备信息数据对基本信息、闪电观测仪器两方面进行描述。内容包括区站号、台站名称、台站经度、台站纬度、观测场海拔高度、编报日期、电磁环境、观测频段、可观测的闪电类型、安装时间、设备规格型号、设备生产厂家、电子盒型号、电源盒型号、电子盒序列号、电源盒序列号、检定日期、许可证号、供电方式、通信方式和 IP 地址。

4.2 输出数据格式

设备信息数据以可扩展标记语言（xml）格式传输，包括 xml 声明和实体数据内容两部分。

xml 声明部分定义 xml 语言的版本和所使用语言字符集，位于数据格式的第一行。

实体数据内容部分有且仅有一个根要素，根要素标签为：＜LLSStationMetadata＞；数据内容部分位于根要素之下，可包括 1 次或多次设备信息数据记录，每次记录位于＜StationMetadata＞标签之内；每次设备信息数据包含两个数据段，基本信息数据段标签为：＜BasicInformation＞，闪电观测仪器数据段标签为：＜LightningInstrument＞；每个数据段包括多个要素集和要素。要素集和要素的标签、数据类型和编报说明见附录 A 中表 A.1，示例参见附录 B。

4.3 存储数据格式

4.3.1 文件命名

地基闪电定位站设备信息数据每月一个文件，记录台站的设备信息数据。数据文件名格式为"UPAR-LLS-StationMetadata_I_IIiii_YYYYMM[_AAA].xml"。文件名按字符顺序解释含义如下：

——UPAR：固定代码，表示高空气象数据；

——LLS：固定代码，表示闪电定位系统数据；

——StationMetadata：固定代码，表示闪电定位站设备信息数据；

——I：固定代码，表示之后的 IIiii 为区站号；

——IIiii：表示区站号；

——YYYYMM：资料时间，北京时，YYYY 代表年份，MM 代表月份；

——AAA：扩展字段，自定义；

——xml：表示可扩展的标记语言描述的文件。

4.3.2 文件格式

地基闪电定位站设备信息数据每月一个文件，以 xml 格式记录每月设备信息数据。文件从 xml 声明开始，其后的内容是对根元素 schema 的声明，以＜/schema＞结束。每个文件由一次或多次记录组成，设备信息每更新一次，在＜StationMetadata＞标签内追加一次记录。每次记录以＜Element Name="StationMetadata"＞为起始标示，以＜/Element＞为结束标示，内容及格式见附录 A 中表 A.1，示例参见附录 B。

5 设备状态数据

5.1 数据内容

设备状态数据内容包括观测时间、设备工作状态值、设备经度、设备纬度、误差放大因子、晶振频率偏差值、主板温度、电源温度、主板电压、电源电压、时钟稳定度、当前的阈值、噪声量、AD 转换斜率、AD 转化误差。

5.2 输出数据格式

设备状态数据以二进制格式传输，每次观测一个数据帧，每个数据帧长度为 82 字节，帧格式见附录 A 中表 A.2。

字符型要素缺测，则均按约定的字长存入"/"字符；数值型要素缺测，则存入 999999。

5.3 存储数据格式

5.3.1 文件命名

地基闪电定位站设备状态数据每日形成一个文件,记录观测站的设备状态。数据文件名格式为"UPAR-LLS-StatusData_C_CCCC_YYYYMMDD[_AAA].bin",各字符顺序解释含义如下:
- ——UPAR:固定代码,表示高空气象数据;
- ——LLS:固定代码,表示闪电定位系统数据;
- ——StatusData:固定代码,表示闪电定位站设备状态数据;
- ——C:固定代码,表示之后的 CCCC 为数据处理中心代码;
- ——CCCC:表示数据处理中心代码;
- ——YYYYMMDD:北京时,表示文件的生成时间,YYYY 代表年份,MM 代表月份,DD 代表日;
- ——AAA:扩展字段,自定义;
- ——bin:固定字段,表示文件为二进制格式文件。

5.3.2 文件格式

地基闪电定位站设备状态数据每日形成一个文件,以二进制格式表示,记录观测站的设备状态数据。每个文件由一个或多个帧组成,每个数据帧长度为 82 字节,文件从第一条帧开始,最后一条帧结束,内容及格式见附录 A 中表 A.2。

6 回击数据

6.1 数据内容

回击数据内容包括回击数据编号、回击类型、年、月、日、时、分、秒、0.1 微秒、设备经度、设备纬度、南北峰值磁场、东西峰值磁场、峰值电场、最陡点磁场、波形最陡点时间(0.1 μs)、波形峰点时间(0.1 μs)、波形后过零点时间(0.1 μs)。

6.2 输出数据格式

观测站的回击数据以二进制格式表示,每次观测一个数据帧,每个数据帧长度为 88 字节,帧格式见附录 A 中表 A.3。

字符型要素缺测,则均按约定的字长存入"/"字符;数值型要素缺测,则存入 999999。

6.3 存储数据格式

6.3.1 文件命名

地基闪电定位站的回击数据每日一个文件,记录所有观测站的回击数据。数据文件名格式为"UPAR-LLS-FlashData_C_CCCC_YYYYMMDD[_AAA].bin",各字符顺序解释含义如下:
- ——UPAR:固定代码,表示高空气象数据;
- ——LLS:固定代码,表示闪电定位系统数据;
- ——FlashData:固定代码,表示闪电定位站回击数据;
- ——C:固定代码,表示之后的 CCCC 为数据处理中心代码;
- ——CCCC:表示数据处理中心代码;
- ——YYYYMMDD:北京时,表示文件的生成时间,YYYY 代表年份,MM 代表月份,DD 代表日;

——AAA:扩展字段,自定义;

——bin:固定字段,表示文件为二进制格式文件。

6.3.2 文件格式

地基闪电定位站回击数据每日形成一个文件,以二进制格式表示,记录观测站的回击数据。每个文件由一个或多个帧组成,每个数据帧长度为88字节,文件从第一帧开始,最后一帧结束,内容及格式见附录A中表A.3。

附　录　A
（规范性附录）
地基闪电定位站观测数据编码格式

表 A.1 规定了设备信息数据的记录内容和格式。表 A.2 规定了设备状态数据的记录内容和格式，表 A.3 规定了回击数据的记录内容和格式。

表 A.1　设备信息数据内容及格式

序号	要素标签	要素名称	数据类型	字符长度	编报说明
1	BasicInformation				基本信息
2	StationID	区站号	字符型	5	台站唯一标识符
3	StationName	台站名称	字符型	不定长	最大字符数为20
4	Longitude	台站经度	字符型	8	按度记录，保留4位小数，高位不足补"0"
5	Latitude	台站纬度	字符型	7	按度记录，保留4位小数，高位不足补"0"
6	Elevation	观测场海拔高度	浮点型	5	由5位数字组成，以米为单位，保留1位小数
7	Date	编报日期	字符型	14	北京时，格式为YYYYMMDDHHmmss
8	Environment	电磁环境	字符型	不定长	站点周围有无遮挡、信号干扰等电磁环境，最大字符数为20
9	LightningInstrument				闪电观测仪器
10	Frequency band	观测频段	字符型	不定长	最大字符数为10
11	Lightning type	可观测闪电类型	字符型	1	设备可观测的闪电类型，见附录C中闪电观测类型代码值及含义
12	CDate	安装时间	字符型	8	北京时，格式为YYYYMMDD
13	Model	设备规格型号	字符型	不定长	由字母或数字组成，最大字符数为20
14	Manufacturer	设备生产厂家	字符型	不定长	观测仪器生产厂家，由字母或数字组成，最大字符数为20
15	EBM	电子盒型号	字符型	不定长	由字母或数字组成，最大字符数为20
16	PBM	电源盒型号	字符型	不定长	由字母或数字组成，最大字符数为20
17	EBSN	电子盒序列号	字符型	不定长	由数字组成，最大字符数为20
18	PBSN	电源盒序列号	字符型	不定长	由数字组成，最大字符数为20
19	VDate	检定日期	字符型	8	北京时，格式为YYYYMMDD
20	License	许可证号	字符型	不定长	由字母或数字组成，最大字符数为20
21	Power	供电方式	短整型	2	见附录C中供电方式代码值及含义
22	Communication	通信方式	字符型	不定长	由字母组成，录入UDP或TCP等通信传输模式，最大字符数为10

表 A.1 设备信息数据内容及格式(续)

序号	要素标签	要素名称	数据类型	字符长度	编报说明
23	IP	IP 地址	字符型	不定长	由数字和字符组成,录入传输 IP V4 地址。单一 IP 地址,直接录入 IP 地址;有多路 IP 地址,按国家段 IP、省级 IP、备用 IP1 输入、备用 IP2 输入,以"/"分隔符分隔不同的 IP,缺省置"*",每个 IP 最大字符数为 15

表 A.2 设备状态数据内容及格式

序号	数据名称	编码名称	数据类型	字节数	说明
1	帧起始标志一	FSI1	无符号字节型	1	固定字符"0EBH"
2	帧起始标志二	FSI2	无符号字节型	1	固定字符"90H"
3	帧种类	FTag	无符号字节型	1	见附录 C 中帧种类代码值及含义
4	年	Year	无符号字节型	2	北京时
5	月	Month	无符号字节型	1	北京时
6	日	Day	无符号字节型	1	北京时
7	时	Hour	无符号字节型	1	北京时
8	分	Minute	无符号字节型	1	北京时
9	秒	Second	无符号字节型	1	北京时
10	工作状态	ResultOST	无符号字节数组型	2	见附录 C 中设备工作状态代码值及含义
11	设备经度	Longitude	浮点型	4	单位度,保留 4 位小数
12	设备纬度	Latitude	浮点型	4	单位度,保留 4 位小数
13	误差放大因子	DOP	浮点型	4	保留 6 位小数
14	晶振频率偏差	FError	浮点型	4	单位赫兹,保留 1 位小数
15	主板温度	TMainB	浮点型	4	单位摄氏度,保留 1 位小数
16	电源温度	TPower	浮点型	4	单位摄氏度,保留 1 位小数
17	主板电压	VMainB	浮点型	4	单位伏特,保留 1 位小数
18	电源电压	VPower	浮点型	4	单位伏特,保留 1 位小数
19	时钟稳定度	SClock	浮点型	4	单位纳秒,保留 3 位小数
20	当前阈值	Threshold	浮点型	4	保留 1 位小数
21	噪声量	TCR	浮点型	4	保留 1 位小数
22	AD 转换斜率	ADS	浮点型	4	保留 1 位小数
23	AD 转化误差	ADE	浮点型	4	保留 1 位小数
24	保留位 1	Reserved1	字符型	4	预留
25	保留位 2	Reserved2	字符型	4	预留

表 A.2 设备状态数据内容及格式(续)

序号	数据名称	编码名称	数据类型	字节数	说明
26	保留位 3	Reserved3	字符型	4	预留
27	保留位 4	Reserved4	字符型	4	预留
28	帧校验	CSum	无符号字节型	1	
29	帧结束标志	FED	无符号字节型	1	固定字符"0DH"

表 A.3 回击数据内容及格式

序号	数据名称	编码名称	数据类型	字节数	说明
1	帧起始标志一	FSI1	无符号字节型	1	固定字符"0EBH"
2	帧起始标志二	FSI2	无符号字节型	1	固定字符"90H"
3	帧种类	FTag	无符号字节型	1	见附录 C 中帧种类代码值及含义
4	编号	Num	无符号字节型	1	回击数据包编号
5	回击类型	FType	长整型	4	见附录 C 中回击类型代码值及含义
6	年	Year	无符号字节型	2	北京时
7	月	Month	无符号字节型	1	北京时
8	日	Day	无符号字节型	1	北京时
9	时	Hour	无符号字节型	1	北京时
10	分	Minute	无符号字节型	1	北京时
11	秒	Second	无符号字节型	1	北京时
12	0.1 微秒	MSecond	无符号字节数组型	7	北京时
13	设备经度	Longitude	浮点型	4	单位度,保留 4 位小数
14	设备纬度	Latitude	浮点型	4	单位度,保留 4 位小数
15	南北峰值磁场	Bnw	浮点型	4	单位伏特,保留 6 位小数
16	东西峰值磁场	Bes	浮点型	4	单位伏特,保留 6 位小数
17	峰值电场	E	浮点型	4	单位伏特,保留 6 位小数
18	最陡点磁场	MSP	浮点型	4	单位伏特,保留 6 位小数
19	波形最陡点时间($0.1\mu s$)	MSP	短整型	4	单位微秒
20	波形峰点时间($0.1\mu s$)	PP	短整型	4	单位微秒
21	波形后过零点时间($0.1\mu s$)	HWP	短整型	4	单位微秒
22	保留位 1	Reserved1	浮点型	4	预留
23	保留位 2	Reserved2	浮点型	4	预留
24	保留位 3	Reserved3	字符型	4	预留
25	保留位 4	Reserved4	字符型	4	预留
26	保留位 5	Reserved5	字符型	4	预留

表 A.3 回击数据内容及格式(续)

序号	数据名称	编码名称	数据类型	字节数	说明
27	保留位 6	Reserved6	字符型	4	预留
28	保留位 7	Reserved7	字符型	4	预留
29	帧校验	CSum	无符号字节型	1	
30	帧结束标志	FED	无符号字节型	1	固定字符"0DH"

附　录　B

（资料性附录）

地基闪电定位站观测数据格式样例

以下给出了地基闪电定位站观测数据格式样例。

```xml
<?xml version="1.0"encoding="UTF-8"?>
<schema xmlns="http://www.w3.org/2001/XMLSchema">
<Elements Name="LLSStationMetadata">
    <Element Name="StationMetadata">
        <ElementType Name="BasicInformation">
            <!--区站号:台站唯一标识符 -->
            <ElementItem Name="StationID" Tpye="string" Length="5">54511</ElementItem>

            <!--站名:台站名称,不定长 -->
            <ElementItem Name="StationName" Tpye="string" Length="20">北京</ElementItem>

            <!--经度:浮点型,保留4位小数 -->
            <ElementItem Name="Longitude" Tpye="float" Precision="4">116.4690</ElementItem>

            <!--纬度:浮点型,保留4位小数 -->
            <ElementItem Name="Latitude" Tpye="float" Precision="4">39.8067</ElementItem>

            <!--观测场海拔高度:单位米,保留1位小数-->
            <ElementItem Name="Elevation" Tpye="float" Precision="1">25.0</ElementItem>

            <!--编报日期 -->
            <ElementItem Name="Date" Tpye="string" Format="YYYYMMDDHHMMSS">20171030151500</ElementItem>

            <!--电磁环境:不定长,最大字符数为20 -->
            <ElementItem Name="Environment" Tpye="string" Length="20">无遮挡电磁干扰</ElementItem>
        </ElementType>
        <ElementType Name="LightningInstrument">
            <!--观测频段:不定长,最大字符数为10 -->
            <ElementItem Name="FrequencyBand" Tpye="string" Length="10">VLF</ElementItem>

            <!--闪电观测类型:见附录C中闪电观测类型代码值及含义 -->
            <ElementItem Name="LightningType" Tpye="string">1</ElementItem>
            <!--安装时间: -->
            <ElementItem Name="CDate" Tpye="string" Format="YYYYMMDD">20080808</ElementItem>

            <!--设备规格型号:由字母或数字组成,不定长,最大字符数为20 -->
```

```
                    <ElementItem Name="Model" Tpye="string" Length="20">FL20080707</
ElementItem>
                    <!--设备生产厂家:由字母或数字组成,不定长,最大字符数为20  -->
                    <ElementItem Name="Manufacturer" Tpye="string" Length="20">HYSB</
ElementItem>
                    <!--电子盒型号:由字母或数字组成,不定长,最大字符数为20  -->
                    <ElementItem Name="EBM" Tpye="string" Length="20">EBM20080707</
ElementItem>
                    <!--电源盒型号:由字母或数字组成,不定长,最大字符数为20  -->
                    <ElementItem Name="PBM" Tpye="string" Length="20">PBM20080707</
ElementItem>
                    <!--电子盒序列号:由数字组成,不定长,最大字符数为20  -->
                    <ElementItem Name="EBSN" Tpye="string" Length="20">EBSN20080707
</ElementItem>
                    <!--电源盒序列号:由数字组成,不定长,最大字符数为20  -->
                    <ElementItem Name="PBSN" Tpye="string" Length="20">PBSN20080707
</ElementItem>
                    <!--检定日期:-->
                    <ElementItem Name="VDate" Tpye="string"
Format="YYYYMMDD">20171030</ElementItem>
                    <!--许可证号:由字母或数字组成,不定长,最大字符数为20  -->
                    <ElementItem Name="License" Tpye="string" Length="20">HYSB-8.2.4
-14 2</ElementItem>
                    <!--供电方式:见附录C中供电方式代码值及含义  -->
                    <ElementItem Name="Power" Tpye="integer">2</ElementItem>
                    <!--通信方式:字母组成,录入UDP或TCP等通信传输模式,不定长,最大字符数
为10  -->
                    <ElementItem Name="Communication" Tpye="string" Length="10">UDP</
ElementItem>
                    <!-- IP地址:数字和字符组成,录入传输IP地址,不定长 -->
                    <!--如单一IP,录入IP地址 -->
                    <!--如有多路IP,按国家段IP、省级IP、备用IP1输入、备用IP2输入,以"/"分隔
符分隔不同的IP,缺省置"*" -->
                    <ElementItem Name="IP" Tpye="string" Length="64">172.18.11.68</El-
ementItem>
            </ElementType>
        </Element>
    <!--如设备信息数据有更新,追加记录 -->
    <Element Name="StationMetadata">
    ......
    </Element>
    <!--每更新一次设备信息数据,追加一段记录 -->
    ......
```

```
    </Elements>
    </schema>
```

附　录　C

（规范性附录）

地基闪电定位站观测数据格式代码表

表 C.1 给出了地基闪电定位站观测数据格式代码表。

表 C.1　地基闪电定位站观测数据格式代码表

序号	种类	代码值	含义
1	闪电观测类型	0	云闪
2		1	地闪
3		2	云闪和地闪
4	供电方式	0	其他
5		1	直流电
6		2	交流电
7	回击类型	1	正地闪
8		2	负地闪
9		3	正云闪
10		4	负云闪
11	设备工作状态	00	无自检
12		10	自检正常
13		11	自检异常
14	帧种类	0	状态信息帧
15		1	回击信息帧
16		2	其他

参 考 文 献

［1］　QX/T 79—2007　闪电监测定位系统　第 1 部分:技术条件

［2］　QX/T 129—2011　气象数据传输文件命名

［3］　WMO. Guide to Meteorological Instrument and Methods of Observation[Z],2014

ICS 07.060
A 47
备案号：69049—2019

中华人民共和国气象行业标准

QX/T 485—2019

气象观测站分类及命名规则

Classification and rules of nomenclature for meteorological observing stations

2019-04-28 发布   2019-08-01 实施

中 国 气 象 局　　发布

前　言

本标准按照 GB/T 1.1—2009 给出的规则起草。

本标准由全国气象仪器与观测方法标准化技术委员会(SAC/TC 507)提出并归口。

本标准起草单位:湖北省气象局、中国气象局综合观测司、中国气象局气象探测中心、上海市气象局、广东省气象局、江苏省气象局。

本标准主要起草人:杨志彪、何菊、杨晓武、龚剑、查亚峰、郭建侠、谭鉴荣、李崇志、徐向明。

气象观测站分类及命名规则

1 范围

本标准规定了气象观测站的分类、命名规则。
本标准适用于各类气象观测站。

2 规范性引用文件

下列文件对于本文件的应用是必不可少的。凡是注日期的引用文件,仅注日期的版本适用于本文件。凡是不注日期的引用文件,其最新版本(包括所有的修改单)适用于本文件。
QX/T 205—2013 中国气象卫星名词术语

3 术语和定义

下列术语和定义适用于本文件。

3.1
气象观测站 **meteorological observing station**
为开展气象观测而设立的观测设施及场所的总称。

3.2
地面气象观测站 **surface meteorological observing station**
对近地面大气状况及其变化进行测量和判定而设立的气象观测站。

3.3
观测试验基地 **observation testbed**
为开展气象观测研究、试验、检验、测试和评估等而设立的气象观测场所的总称。

3.4
观测平台 **observing platform**
用于搭载气象仪器或载荷,作为气象观测基点的场所、设施或设备的总称。

4 分类

4.1 原则

气象观测站的分类按观测层、类别、通用站名和管理层级进行划分,观测层分为 3 层,类别分为 4 类、通用站名分为 18 种,管理层级分 2 级,见表 1。

表 1　气象观测站分类表

观测层	类别	通用站名		管理层级
地面 (陆地和海洋 表面~10 m)	综合观测站	大气本底站		国家级
		气候观象台		国家级
	观测站	基准气候站		国家级
		基本气象站		国家级
		(常规)气象观测站		国家级或省级
		应用气象观测站		国家级或省级
		志愿气象观测站		国家级或省级
	观测试验基地	综合气象观测(科学)试验基地		国家级或省级
		综合气象观测专项试验外场		国家级或省级
高空 (10 m~30 km)	观测平台	气象飞机		国家级或省级
		气象飞艇		国家级或省级
	观测站	高空气象观测站		国家级
		天气雷达站		国家级或省级
		飞机(飞艇)气象观测基地		国家级或省级
空间 (30 km 以上)	观测平台	气象卫星		国家级
	观测站	空间天气观测站		国家级
		气象卫星地面站		国家级或省级
		卫星遥感校验站		国家级

注:地面层的综合观测站、观测站按级别划分,通用站名对应的大气本底站和气候观象台级别最高,基准气候站、基本气象站、(常规)气象观测站、应用气象观测站、志愿气象观测站的级别依次由高到低。

4.2　通用站名

通用站名的英文名称和释义见表2。

表 2　通用站名英文名称和释义

通用站名	英文名称	释义
大气本底站	atmosphere background station	长期观测全球或区域尺度范围内大气成分及其相关特性的平均状态及其变化特征的气象观测站。
气候观象台	climatological observatory	对气候系统多圈层及其相互作用开展长期、连续、立体和综合观测,并承担气候系统资料分析及研究评估服务的气象观测站。
基准气候站	reference climatological station	根据国家气候区划以及全球气候观测系统的要求,为获取具有充分代表性的长期、连续资料而设置的地面气象观测站。其站址应至少保持50年稳定不变。

表 2　通用站名英文名称和释义(续)

通用站名	英文名称	释义
基本气象站	basic weather station	根据全国气候分析和天气预报需要所设置的地面气象观测站。其站址应至少保持 30 年稳定不变。
(常规)气象观测站	(conventional) meteorological observing station	按省(自治区、直辖市)行政区划设置,或者根据中小尺度灾害性天气监测预警预报服务和当地经济社会发展需要在乡镇及以下或具有代表性的特殊地理位置加密建设的,以气温、湿度、风向、风速、降水量等基本气象要素观测为主的地面气象观测站。在命名时省略"常规"两字。
应用气象观测站	meteorological application observing station	为研究气象与其他专业领域关系,或为特定行业或部门开展专业领域气象服务提供数据支撑,以及为单独建设的专项气象观测设施或观测系统而设置的气象观测站。
志愿气象观测站	volunteer meteorological observing station	由个人、社会团体或私营企业等建设并运行的长期气象观测站(点),符合气象部门相关观测技术条件,并自愿按照气象部门管理要求纳入气象观测网的气象观测站。
综合气象观测(科学)试验基地	integrated meteorological observation (science) testbed	承担观测与预报互动、观测比对、新观测技术体制试验和观测方法规范的测试评估;承担成果中试、野外试验、人工影响天气作业效果检验、装备使用许可的测评以及遥感卫星外场辐射校正等任务的气象观测场所。
综合气象观测专项试验外场	test field for integrated meteorological observation	作为综合气象观测(科学)试验基地的补充,承担特殊地理位置或气候条件下相关试验或测试任务的气象观测场所。
气象飞机	meteorological aircraft	搭载观测仪器对高空气象状况进行观测的专用飞机。
气象飞艇	meteorological airship	搭载观测仪器对高空气象状况进行观测的飞艇。
高空气象观测站	upper-air meteorological station	利用气象气球或由其携带的仪器对大气进行观测,并由地面设备接收和处理高空气象要素的气象观测站。高空气象要素包括气压、温度、湿度和风向风速等。
天气雷达站	weather radar station	为探测大气中气象要素,以及云、降水、风等天气现象而布设的气象雷达和满足设备运行环境要求的设施及其空间构成的总称。
飞机(飞艇)气象观测基地	meteorological aircraft(airship) base	为气象飞机(飞艇)而建立的工作基地。
气象卫星	meteorological satellite	为天气预报、空间天气预报和气象科学研究提供地球表面、大气和空间环境探测资料的卫星。
空间天气观测站	space weather observing station	承担空间天气地基观测业务,监测日地空间中短时间尺度的物理状态及其变化的观测站。

表 2　通用站名英文名称和释义(续)

通用站名	英文名称	释义
气象卫星地面站	ground station for meteorological satellite	气象卫星地面系统的组成部分,气象卫星与地面系统之间交换指令和数据的枢纽。负责对卫星发送业务遥控指令,指挥有效载荷工作,接收、储存并向数据处理中心传送从卫星回传的对地观测数据,接收数据收集平台的观测报告,并通过主副地面站配合测定卫星的位置。
卫星遥感校验站	satellite remote sensing validation station	承担卫星遥感产品准确性检验的观测场所。

5　命名规则

5.1　综合观测站、观测站和观测试验基地命名

5.1.1　命名原则

由地理名称、管理层级和通用站名三部分组成。其格式见图 1。

地理名称	管理层级	通用站名

图 1　综合观测站、观测站和观测试验基地命名格式

5.1.2　地理名称

5.1.2.1　用气象观测站所属行政区名或自然地理名表示。由气象观测站的站址所在省(自治区、直辖市)的名称、地市级行政区名称、县级行政区名称、乡镇(街道或村或自然地理名)名称单独或组合而成,行政区名称以避免重复和优先取单个县级及以上行政区名称简化为原则,最多为 3 级。

5.1.2.2　布设在县级及以上行政区所在地的气象观测站,以站址所代表的行政区名称命名,不在行政区所在地的气象观测站,以站址所代表的行政区名称和站址所在地乡镇(街道或村或自然地理名)组合命名;布设在县级以下的气象观测站,由县级行政区名称和站址所在地乡镇(街道或村或自然地理名)组合命名。

5.1.2.3　行政区名称中表征行政区级别和民族区域自治的字词省略(除"旗"外),当行政区名称只有两字时,所属行政区级别字词保留,但若有相同行政区名而属不同行政层级的相同通用站名,则保留低一级的行政级别字。

5.1.2.4　布设在机场、岛礁、石油平台、浮标、船舶等特殊场所的气象观测站,地理名称与机场、岛礁、石油平台、浮标、船舶等名称相一致。

5.1.2.5　布设在公路或航道沿线的气象观测站,地理名称以公路或河流名和所处的里程标志命名。

5.1.2.6　对于志愿气象观测站,地理名称根据个人、社会团体或私营企业名称确定。

5.1.3　管理层级

气象观测站属于国家级的,在通用站名前冠以"国家";属于省级的,管理层级的命名内容省略。

5.1.4 通用站名

5.1.4.1 地面层、高空层、空间层的气象观测站同址时,应按不同观测层的通用站名分别命名。地面层中观测试验基地与综合观测站或观测站同址时,应按相应通用站名分别命名,当综合观测站、观测站同址时,以通用站名级别高的命名;高空层中观测站同址时,应按相应通用站名分别命名;空间层中观测站同址时,应按相应通用站名分别命名。

5.1.4.2 承担气象科学野外试验任务的试验基地使用综合气象观测科学试验基地通用站名,不承担气象科学野外试验任务的试验基地使用综合气象观测试验基地通用站名。

5.1.4.3 同级行政区域内有多个具有相同通用站名(应用气象观测站或天气雷达站)的气象观测站时,对于应用气象观测站在其后增加应用领域后缀,后缀包括交通、旅游、农业、林业、水利、能源、环境、生态、海洋、航空等;对于天气雷达站在其后增加观测属性后缀,后缀包括风廓线雷达、云雷达、激光雷达等。后缀名加括号表示。

5.1.4.4 当某种观测设备与大气本底站、气候观象台、基准气候站、基本气象站、(常规)气象观测站、高空气象观测站、天气雷达站、空间天气观测站等同址时,只作为该站的一个观测设备或观测业务,不单独命名。

5.2 观测平台命名

5.2.1 气象卫星

气象卫星命名按 QX/T 205—2013 的气象卫星名称规定执行。

5.2.2 气象飞机和气象飞艇

5.2.2.1 基本组成

气象飞机和气象飞艇命名由飞机(飞艇)名称、通用站名和民用航空器标志三部分组成,民用航空器标志加"()"。其格式见图2。

飞机(飞艇)名称	通用站名	(民用航空器标志)

图 2 气象飞机和气象飞艇命名格式

5.2.2.2 飞机(飞艇)名称

用汉字命名。

5.2.2.3 民用航空器标志

应向国务院民用航空器主管机构申请。由国籍标志和登记标志组成,国籍标志置于登记标志之前,国籍标志和登记标志之间加一短横线。国籍标志为罗马体大写字母B;登记标志为阿拉伯数字、罗马体大写字母或者二者的组合。

6 示例

气象观测站命名全称示例参见附录A。

附　录　A

（资料性附录）

气象观测站命名全称示例

A.1 综合观测站、观测站和观测试验基地命名全称示例

表 A.1 列举了综合观测站、观测站和观测试验基地的命名全称示例。

表 A.1　综合观测站、观测站和观测试验基地命名全称示例

序号	命名全称	地理名称	管理层级	通用站名	说明
1	北京国家基本气象站	北京市	国家	基本气象站	地理名称取省（自治区、直辖市）的名称,表示行政级别的"市"字省略
2	延庆国家基本气象站	北京市延庆区	国家	基本气象站	地理名称优先取县级行政名
3	额济纳旗国家基准气候站	内蒙古自治区阿拉善盟额济纳旗	国家	基准气候站	地理名称优先取县级行政名,保留民族区域自治的"旗"
4	额济纳旗拐子湖国家基准气候站	内蒙古自治区阿拉善盟额济纳旗拐子湖	国家	基准气候站	同一县级行政区两个基准气候站,地理名称中增加自然地理名
5	青岛国家天气雷达站	山东省青岛市	国家	天气雷达站	地理名称优先取地市级行政名
6	祁县国家气象观测站	山西省晋中市祁县	国家	（常规）气象观测站	地理名称表示行政级别的"县"保留,通用站名省略"常规"两字
7	元江国家基准气候站	云南省玉溪市元江哈尼族彝族傣族自治县	国家	基准气候站	地理名称表示民族区域自治的"哈尼族彝族傣族自治县"等字省略
8	北京通州国家气象观测站	北京市通州区	国家	（常规）气象观测站	不同省级行政区有相同县级行政名称,地理名称增加省级名
8	江苏通州国家气象观测站	江苏省通州市	国家	（常规）气象观测站	
9	承德应用气象观测站	河北省承德市	省级	应用气象观测站	地理名称表示承德市和承德县均有应用气象观测站,承德县保留行政级别;省级管理层级省略
9	承德县应用气象观测站	河北省承德市承德县	省级	应用气象观测站	
10	潿洲岛国家基准气候站	广西壮族自治区北海市北部湾潿洲岛	国家	基准气候站	地理名称直接用海岛名命名
11	黄海一号浮标国家气象观测站	黄海一号浮标	国家	（常规）气象观测站	地理名称直接用浮标名命名,通用站名省略"常规"两字

表 A.1 综合观测站、观测站和观测试验基地命名全称示例（续）

序号	命名全称	地理名称	管理层级	通用站名	说明
12	天河机场天气雷达站（风廓线雷达）	天河机场	省级	天气雷达站	地理名称直接用机场名命名；省级管理层级省略；天气雷达站后增加观测属性后缀
13	沪渝上行 K1500 应用气象观测站（交通）	沪渝高速公路上行1500 km 处	省级	应用气象观测站	地理名称以公路名和所处的里程名命名；省级管理层级省略；应用气象观测站后增加应用领域后缀
14	北京八一学校志愿气象观测站	北京八一学校	省级	志愿气象观测站	地理名称直接用学校名称命名，通用站名省略"常规"两字
15	武汉国家基本气象站	湖北省武汉市东西湖区慈惠街惠农路53 号	国家	基本气象站	高空气象观测站、空间天气观测站与地面层的通用站名同址，体现不同观测层的主要观测对象分别命名
15	武汉国家高空气象观测站	湖北省武汉市东西湖区慈惠街惠农路53 号	国家	高空气象观测站	高空气象观测站、空间天气观测站与地面层的通用站名同址，体现不同观测层的主要观测对象分别命名
15	武汉国家空间天气观测站	湖北省武汉市东西湖区慈惠街惠农路53 号	国家	空间天气观测站	高空气象观测站、空间天气观测站与地面层的通用站名同址，体现不同观测层的主要观测对象分别命名
16	锡林浩特国家综合气象观测科学试验基地	内蒙古自治区锡林浩特市	国家	综合气象观测（科学）试验基地	同时使用"中国气象局锡林浩特草原生态气象野外科学试验基地"
17	敦煌国家综合气象观测试验基地	甘肃省酒泉市敦煌市	国家	综合气象观测（科学）试验基地	不承担气象科学野外试验任务。同时使用"敦煌遥感卫星辐射校正场"名称
18	荆州国家综合气象观测专项试验外场	湖北省荆州市	国家	综合气象观测专项试验外场	同时使用"荆州国家农业气象试验站"名称

A.2 观测平台命名全称示例

表 A.2 列举了观测平台的命名全称示例。

表 A.2 观测平台命名全称示例

序号	命名全称	说明
1	风云一号 A 星 FY-1A	两种命名全称，均为中国第一代极轨气象卫星 A 星命名
2	风云二号 B 星 FY-2B	两种命名全称，均为中国第一代静止气象卫星 B 星命名
3	风云三号 D 星 FY-3D	两种命名全称，均为中国第二代极轨气象卫星 D 星命名
4	风云四号 A 星 FY-4A	两种命名全称，均为中国第一代静止气象卫星 B 星命名
5	风云号气象飞机（B-QX01）	"风云号"为飞机名称，"B-QX01"为民用航空器登记标志

参 考 文 献

[1] GB 31221—2014 气象探测环境保护规范 地面气象观测站

[2] GB 31222—2014 气象探测环境保护规范 高空气象观测站

[3] GB 31223—2014 气象探测环境保护规范 天气雷达站

[4] GB 31224—2014 气象探测环境保护规范 大气本底站

[5] GB/T 35221—2017 地面气象观测规范 总则

[6] 世界气象组织.全球观测系统手册[Z].WMO,2015

ICS 07.060

B 18

备案号：69050—2019

中华人民共和国气象行业标准

QX/T 486—2019

农产品气候品质认证技术规范

Technical specifications for climate quality certification of agricultural products

2019-04-28 发布

2019-08-01 实施

中 国 气 象 局 发 布

QX/T 486—2019

前　言

本标准按照 GB/T 1.1—2009 给出的规则起草。

本标准由全国农业气象标准化技术委员会(SAC/TC 539)提出并归口。

本标准起草单位：浙江省气候中心。

本标准主要起草人：金志凤、姚益平、王治海、高亮、杨波。

农产品气候品质认证技术规范

1 范围

本标准规定了农产品气候品质认证的资料要求、评价方法及认证报告的主要内容。

本标准适用于初级农产品的气候品质认证。

2 术语和定义

下列术语和定义适用于本文件。

2.1

初级农产品 primary agricultural products

未经过加工、生理生化指标未发生改变的种植业生产的产品。

2.2

农产品品质 quality of agricultural products

由农产品的生理生化指标和外观指标等表征的农产品的优劣程度。

2.3

农产品气候品质 climate quality of agricultural products

由天气气候条件决定的初级农产品品质。

2.4

气候品质认证 climate quality certification

用表征农产品品质的气候指标对农产品品质优劣等级所做的评定。

2.5

气候品质指标 climate quality index

表征农产品气候品质的气候指标。

2.6

气候品质评价指数 assessment index of climate quality

评价天气气候条件对农产品品质影响优劣的指数。

3 资料要求

3.1 农产品信息

3.1.1 农产品要求

申请气候品质认证的农产品应是具有地方特色和一定的种植规模,且以常规方式种植的生产区域范围内的初级农产品。农产品品质应主要取决于独特的地理环境和气候条件。

3.1.2 农产品资料

申请认证的农产品资料包括农产品的名称、品种、品质指标、生产基地信息。其中,品质指标主要包括内在生理生化指标和外观指标;生产基地信息包括基地名称、地址、生产规模、产地概况、环境条件等。

农产品气候品质认证申请信息参见附录 A。

3.2 气象资料

气象资料应是代表该农产品生产区域和影响该农产品生产的时间范围内的资料。

气象资料来源于气象观测站,以最能代表认证区域内气象条件的气象观测站为准,如认证区域内或周边区域的农田小气候观测站、区域自动气象站或基本气象站。

气象要素主要包括气温、降水量、空气相对湿度、日照时数、土壤温度、土壤相对湿度、太阳辐射等与认证农产品品质密切相关的气象因子。

4 农产品气候品质评价方法

4.1 获取农产品品质数据

通过田间试验、文献查阅等方法,获取表征农产品品质的生理生化指标和外观指标。

4.2 筛选气候品质指标

基于农产品的生物学特性,耦合表征农产品品质的生理生化指标、外观指标和同期气象数据,应用相关分析等方法,筛选影响农产品品质形成的关键气象因子,确定农产品的气候品质指标。

4.3 建立农产品气候品质评价模型

4.3.1 气候品质指标预处理

参照 4.4 的农产品气候品质划分等级,将 4.2 筛选出来的气候品质指标划分为 4 个等级,分别赋予 3～0 的数值。划分标准如下:

$$M_i = \begin{cases} 3 & P_{i01} \leqslant X_i \leqslant P_{i02} \\ 2 & P_{i11} \leqslant X_i < P_{i01} \quad \text{或} \quad P_{i02} < X_i \leqslant P_{i12} \\ 1 & P_{i21} \leqslant X_i < P_{i11} \quad \text{或} \quad P_{i12} < X_i \leqslant P_{i22} \\ 0 & X_i < P_{i21} \quad \text{或} \quad X_i > P_{i22} \end{cases} \quad \cdots\cdots\cdots\cdots(1)$$

式中:

M_i ——影响农产品品质的第 i 个气候品质指标;

X_i ——气象要素实测值;

P_{i01}、P_{i02} ——农产品品质特优的气候品质指标下限值和上限值;

P_{i11}、P_{i12} ——农产品品质优的气候品质指标下限值和上限值;

P_{i21}、P_{i22} ——农产品品质良的气候品质指标下限值和上限值。

4.3.2 气候品质评价指数

应用主成分分析、熵权法、专家决策法等方法,确定气候品质指标 M_i 的权重系数。采用加权求和法,建立气候品质评价指数模型:

$$I_{ACQ} = \sum_{i=1}^{n} a_i M_i \quad \cdots\cdots\cdots\cdots(2)$$

式中:

I_{ACQ} ——气候品质评价指数;

n ——气候品质指标的个数;

a_i ——第 i 个气候品质指标的权重系数。

4.4 划分农产品气候品质等级

农产品气候品质等级分为四级,按优劣顺序为:特优、优、良、一般。依据气候品质评价指数划分的方法见表1,应用个例参见附录B。

注:农产品气候品质等级本标准中分为四级,实际应用中其分级也可参照农产品品质等级进行修改并确定相应的气候品质评价指标和阈值。

表 1 气候品质评价指数等级划分

等级	气候品质评价指数(I_{ACQ})
特优	$I_{ACQ} \geqslant I_{tcq01}$
优	$I_{tcq02} \leqslant I_{ACQ} < I_{tcq01}$
良	$I_{tcq03} \leqslant I_{ACQ} < I_{tcq02}$
一般	$I_{ACQ} < I_{tcq03}$

注:I_{tcq01}为气候品质特优的评价指数下限值;I_{tcq02}为气候品质优的评价指数下限值;I_{tcq03}为气候品质良的评价指数下限值。这三个数值主要通过气候品质指数模型计算结果,结合农业生产实际,综合得到。

5 农产品气候品质认证报告

农产品气候品质认证报告主要包括农产品的名称、委托单位、气候品质认证标识、农产品认证区域和生产单位的概况、农产品生长期主要(关键)天气气候条件分析、评价等级、报告适用范围及认证单位等。

附　录　A

（资料性附录）

农产品气候品质认证申请信息

申请开展气候品质认证的单位,在农产品成熟前一个月宜提供以下信息:

a)　认证委托人情况,主要包括委托人姓名、通信地址,委托单位名称、法人信息、种植基地地址、生产经营类型、负责人信息,已获得的资质、证书、荣誉等;

b)　申报认证的农产品信息,主要包括农产品的名称、品牌、典型特征特性描述、认证区域(生产规模、地形地貌、环境条件等)、农业统计数据(面积、产量、产值、规格等)、生产措施等;

c)　申请认证标识的等级和数量;

d)　认证委托人承诺书。

附　录　B

（资料性附录）

气候品质评价指数应用个例（茶叶）

表 B.1 为茶叶气候品质评价模型中气象指标的分级赋值方法，表 B.2 为茶叶气候品质评价等级划分。

表 B.1　茶叶气候品质评价模型中气象指标的分级赋值方法

M_i 赋值	平均气温（T_{avg}） ℃	平均相对湿度（U） ％	日照时数（S） h
3	$12.0 \leqslant T_{avg} \leqslant 18.0$	$U \geqslant 80.0$	$3.0 \leqslant S \leqslant 6.0$
2	$11.0 \leqslant T_{avg} < 12.0$ 或 $18.0 < T_{avg} \leqslant 20.0$	$70.0 \leqslant U < 80.0$	$1.5 \leqslant S < 3.0$ 或 $6.0 < S \leqslant 8.0$
1	$10.0 \leqslant T_{avg} < 11.0$ 或 $20.0 < T_{avg} \leqslant 25.0$	$60.0 \leqslant U < 70.0$	$0 < S < 1.5$ 或 $8.0 < S \leqslant 10.0$
0	$T_{avg} < 10.0$ 或 $T_{avg} > 25.0$	$U < 60.0$	$S = 0.0$ 或 $S > 10.0$

注：表中数据适合茶叶初级产品，其他品种的茶叶气候品质评价可参照执行。

表 B.2　茶叶气候品质评价等级划分

等级	茶叶气候品质评价指数 （I_{ACQ}）	对应的酚氨比 （r_{RPA}）
特优	$I_{ACQ} \geqslant 2.5$	$r_{RPA} < 2.5$
优	$1.5 \leqslant I_{ACQ} < 2.5$	$2.5 \leqslant r_{RPA} < 5.0$
良	$0.5 \leqslant I_{ACQ} < 1.5$	$5.0 \leqslant r_{RPA} < 7.5$
一般	$I_{ACQ} < 0.5$	$r_{RPA} \geqslant 7.5$

参 考 文 献

[1] QX/T 411—2017 茶叶气候品质评价

[2] 金志凤,王治海,姚益平,等.浙江省茶叶气候品质等级评价[J].生态学杂志,2015,34(5):1456-1467

[3] 李秀香,冯馨.加强气候品质认证,提升农产品出口质量[J].国际贸易,2016(7):32-37

[4] 金志凤,姚益平.江南茶叶生产气象保障关键技术研究[M].气象出版社,2017

[5] 杨栋,金志凤,丁烨毅,等.水蜜桃气候品质评价方法与应用[J].生态学杂志,2018,37(8):2532-2540

[6] 李德,高超,孙义,等.基于关键品质因素的砀山酥梨气候品质评价[J].中国生态农业学报,2018,26(12):1836-1845

[7] 刘璐,王景红,张树誉,等.陕西红富士苹果气候品质指标及认证技术[J].中国农业气象,2018,39(9):611-617

[8] 黄娟,李新建,吴新国,等.库尔勒香梨气候品质评价指标及模型的研究[J].沙漠与绿洲气象,2018,12(3):87-94

[9] 龙余良,金勇根,邓德文,等.赣南脐橙气候品质标准研究[J].中国农学通报,2018,34(7):116-123

[10] 钟启琴,范典,张勇为,等.黄溪贡米生长期间气候特征研究[J].资源与环境科学,2013(5):274-276

ICS 07.060

A 47

备案号：70440—2019

中华人民共和国气象行业标准

QX/T 487—2019

暴雨诱发的地质灾害气象风险预警等级

Meteorological risk early warning levels of geological disaster induced by
torrential rain

2019-09-18 发布

2019-12-01 实施

中 国 气 象 局 发布

前　言

本标准按照 GB/T 1.1—2009 给出的规则起草。

本标准由全国气象防灾减灾标准化技术委员会(SAC/TC 345)提出并归口。

本标准起草单位:国家气象中心。

本标准主要起草人:李宇梅、许凤雯、狄靖月、包红军、杨寅。

暴雨诱发的地质灾害气象风险预警等级

1 范围

本标准规定了暴雨诱发的地质灾害气象风险预警等级及划分方法。
本标准适用于暴雨诱发的地质灾害气象风险预警业务以及科学研究。

2 术语和定义

下列术语和定义适用于本文件。

2.1

地质灾害 geological disaster

不良地质作用引起人民生命财产和生态环境的损失。主要包括滑坡、崩塌、泥石流、地面塌陷、地裂缝、地面沉降等灾种。

注1：本标准中的暴雨诱发的地质灾害特指山体崩塌、滑坡和泥石流三种灾害类型。

注2：改写 DZ/T 0286—2015，定义 3.1。

2.2

地质灾害气象风险度 meteorological risk degree of geological disaster

R

在特定的时间和区域内由于暴雨诱发的崩塌、滑坡和泥石流灾害导致的人员伤亡、财产破坏和经济活动中断的预期损失程度。

注：用归一化无量纲函数 R 表征，R 取值介于 0 和 1 之间（$0 \leqslant R \leqslant 1$）。

2.3

潜在危险度 potential dangerous degree

P_h

山体在自然状态下受内在因素作用，具备地质灾害形成条件但尚未发生地质灾害的潜在危险程度。

注：潜在危险度由地形地貌、地质、植被等条件共同决定，用归一化无量纲函数 P_h 表征，P_h 值介于 0 和 1 之间（$0 \leqslant P_h \leqslant 1$）。

2.4

有效雨量 the effective rainfall

前期降雨入渗岩土体后对地质灾害发生产生影响的雨量，其影响随时间延长而减小。

2.5

易损度 vulnerability degree

V

承灾体受地质灾害影响的综合潜在损失程度。

注：用归一化无量纲函数 V 表征，V 值介于 0 和 1 之间（$0 \leqslant V \leqslant 1$）。

3 等级划分和判别方法

3.1 等级划分

暴雨诱发的地质灾害气象风险预警等级根据地质灾害气象风险度（R）来划分，分为：有一定风险（Ⅳ级）、风险较高（Ⅲ级）、风险高（Ⅱ级）、风险很高（Ⅰ级）四级，并分别用蓝、黄、橙、红四种颜色标示。各等级划分和判别指标见表1。

表1 暴雨诱发地质灾害气象风险预警级别、含义、判别指标和颜色

级别	级别含义	判别指标	表征颜色（RGB）
Ⅰ级	风险很高	$0.512{\leqslant}R{\leqslant}1$	红色(255,0,0)
Ⅱ级	风险高	$0.216{\leqslant}R{<}0.512$	橙色(255,126,0)
Ⅲ级	风险较高	$0.064{\leqslant}R{<}0.216$	黄色(255,250,0)
Ⅳ级	有一定风险	$0.008{\leqslant}R{<}0.064$	蓝色(0,102,255)

3.2 判别方法

地质灾害气象风险度（R）计算方法见附录A，应用示例参见附录B，预警分区参见附录C。

附　录　A
（规范性附录）
地质灾害气象风险度计算方法

A.1　地质灾害气象风险度 R 计算方法

地质灾害气象风险度计算公式见式（A.1）：

$$R = H \times V = P_e \times P_h \times V \qquad\qquad\qquad (A.1)$$

式中：

R —— 地质灾害气象风险度；

H —— 危险度；

V —— 易损度，计算方法见 A.2.3；

P_e —— 有效雨量致灾概率，计算方法见 A.2.1；

P_h —— 潜在危险度，计算方法见 A.2.2。

有效雨量致灾概率 P_e、潜在危险度 P_h、易损度 V 取值均介于 0 和 1 之间，分别按 0、0.2、0.4、0.6、0.8 划分为五个等级区间，地质灾害气象风险度 R 按照三者等级划分阈值的乘积值来划分等级，即用 0～0.008、0.008～0.064、0.064～0.216、0.216～0.512、0.512～1 分别表示地质灾害气象风险极低、有一定风险、较高、高和很高。在地质灾害气象风险预警服务中不考虑极低风险，只考虑有一定风险、风险较高、高和很高四种级别。

A.2　地质灾害气象风险度计算过程

A.2.1　有效雨量致灾概率 P_e 计算方法

全国分为西北地区、东北地区、青藏高原区、黄土高原区、秦岭大巴山区、华北地区、云贵高原区、中南地区、东南地区共九大区域（分区依据参见附录C，分区图表参见图 C.1（彩）、表 C.1），计算区域内历史地质灾害点有效雨量，统计历史地质灾害发生概率（频次），以此作为该区域有效雨量致灾概率 P_e，各区域的有效雨量致灾概率 P_e 拟合方程简化见式（A.2）：

$$P_e = a + bE_r + cE_r^2 + dE_r^3 \qquad\qquad\qquad (A.2)$$

式中：

P_e —— 有效雨量致灾概率，当计算的 P_e 为负值时，取 P_e 为 0；

E_r —— 有效雨量，单位为毫米（mm）；

$a、b、c、d$ —— 系数，数值见表 A.1。

表 A.1　有效雨量致灾概率拟合方程的系数

区域名称	有效雨量临界值 R_c mm	方程系数	
		$E_r \leq R_c$	$E_r > R_c$
西北	31.15	$a=0.0423, b=0.0875,$ $c=-0.0038, d=0.00006158$	$a=0.673, b=0.008,$ $c=0, d=-0.0000007172$
东北	146.69	$a=0.024, b=0.018,$ $c=-0.00014, d=0.0000003933$	$a=0.6451, b=0.0023,$ $c=-0.000003631, d=0$
青藏	41.81	$a=-0.102, b=0.032,$ $c=-0.00022, d=-0.0000002156$	$a=0.1087, b=0.0239,$ $c=-0.00016055, d=0$
黄土高原	53.46	$a=0.0078, b=0.04216,$ $c=-0.000787, d=0.0000057$	$a=0.642, b=0.006,$ $c=-0.00003292, d=0.00000005757$
秦巴山地	132.43	$a=0.006, b=0.014,$ $c=-0.00009258, d=0.0000002532$	$a=0.495, b=0.004,$ $c=-0.00001293, d=0.00000001254$
华北	115.72	$a=0.025, b=0.018,$ $c=-0.00017, d=0.0000006261$	$a=0.415, b=0.004,$ $c=-0.000009349, d=0.00000000771$
云贵高原	114.12	$a=-0.047, b=0.0156,$ $c=-0.00006131, d=0$	$a=0.531, b=0.0057,$ $c=-0.00002295, d=0.00000003033$
中南	121	$a=-0.007, b=0.0154,$ $c=-0.0001158, d=0.0000003602$	$a=0.4, b=0.0046,$ $c=-0.00001163, d=0.000000009564$
东南	182.33	$a=0.001457, b=0.00933,$ $c=-0.00004052, d=0.00000007596$	$a=0.34437, b=0.003716,$ $c=-0.000006807, d=0.000000003875$

选取有效雨量 E_r 作为地质灾害气象致灾因子,用有效雨量致灾概率 P_e 来衡量降水致灾危险度。
有效雨量 E_r 估算公式见式(A.3):

$$E_r = \sum_{k=0}^{n} 0.8^k r_k \qquad\qquad\qquad (A.3)$$

式中:

n ——地质灾害发生前总天数,其值宜取 15 天;

r_k ——逐日雨量,单位为毫米(mm)。

其中,r_0、r_1、r_2、$\cdots$、r_n 分别为地质灾害发生当天、前 1 天、前 2 天、$\cdots$、前 n 天逐日降水量。

如着重考虑地市降水特性,可参考附录 B 中的应用个例建立本地有效雨量致灾概率拟合方程。

A.2.2　潜在危险度 P_h 计算方法

宜采用信息量方法来进行潜在危险度(P_h)综合评价,选取高程、高差、坡度、岩石类型、断层密度和植被类型 6 个地质环境因子分别计算单个因子信息量,计算公式见式(A.4):

$$I(X_i) = \ln \frac{N_i/N}{S_i/S} \qquad\qquad\qquad (A.4)$$

式中:

$I(X_i)$ —— X_i 因子信息量;

X_i ——第 i 个地质环境影响因子;

N_i ——分布在 X_i 内的地质灾害单元数；

N ——研究区所含有的地质灾害总单元数；

S_i ——研究区内含有 X_i 的单元数；

S ——研究区总单元数。

单个评价单元内的总信息量计算公式见式（A.5）：

$$I_i = \sum_{i=1}^{m} I(X_i) = \sum_{i=1}^{m} \ln \frac{N_i/N}{S_i/S} \qquad \cdots\cdots\cdots\cdots\cdots (A.5)$$

式中：

I_i ——第 i 个评价单元内的总信息量值；

m ——参评因子总数。

将全部单个评价单元总信息量求和得到总信息量 I，再通过标准化处理来表示地质灾害潜在危险度，取值介于 0 和 1 之间，表征孕灾环境的地质灾害潜在危险度，计算公式见式（A.6）：

$$P_h(i) = \frac{I_i - I_{\min}}{I_{\max} - I_{\min}} \qquad \cdots\cdots\cdots\cdots\cdots (A.6)$$

式中：

$P_h(i)$ ——评价单元的潜在危险度；

$I_{\min}$ ——总信息量最小值；

$I_{\max}$ ——总信息量最大值。

A.2.3 易损度 V 的计算方法

宜采用区域简易地质灾害易损性评价模型估算全国地质灾害易损度，单个评价单元内的易损度计算公式见式（A.7）：

$$V_i = \sqrt{\frac{(G_i + L_i)/2 + D_i}{2}} \qquad \cdots\cdots\cdots\cdots\cdots (A.7)$$

式中：

V_i ——单位面积易损度；

G_i ——单位面积国内生产总值归一值；

L_i ——单位面积土地利用类型赋值；

D_i ——单位面积人口密度归一值。

土地利用类型分为城乡工矿居民用地、耕地、林地、草地、水域、未利用土地 6 类，L 分别赋值 1、0.8、0.6、0.4、0.2、0。

附　录　B

（资料性附录）

大连市地质灾害气象风险预警等级方法应用示例

大连市位于辽宁省辽东半岛南端,整个辖区内地形为北高南低,北宽南窄,山地丘陵多,每年汛期受降水影响,地质灾害常有发生。下面以大连为例说明暴雨诱发地质灾害气象风险预警等级方法应用。

首先,确定大连市辖区内地质灾害潜在危险度和易损度。按照 A.2.2 方法计算的全国地质灾害潜在危险度 P_h,可提取出大连行政区内 P_h,按 0.2、0.4、0.6、0.8、1 进行地质灾害潜在危险性的等级划分,分别表示极低危险、低危险、较高危险、高危险和极高危险,制作大连地质灾害潜在危险度分布图(见图 B.1 a)(彩));按照 A.2.3 方法计算的全国地质灾害易损度 V,可提取出大连行政区内 V,按 0.2、0.4、0.6、0.8、1 进行地质灾害易损度的等级划分,分别表示极低易损、低度易损、较高易损、高易损和极高易损,制作大连地质灾害易损度分布图(见图 B.1 b)(彩))。

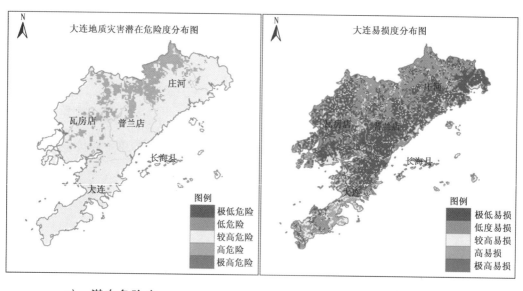

a)　潜在危险度　　　　　　　　　　　　　　b)　易损度

图 B.1(彩)　大连地质灾害潜在危险度和易损度分布

地质灾害气象风险预报点可以是已知地质灾害隐患点、乡镇气象站站点或网格点,在全国地质灾害潜在危险度和易损度分布图上分别提取出预报点上的潜在危险度和易损度,通过预报点的潜在危险度和历史地质灾害灾情情况,可以去掉极低、部分低潜在危险度且历史未发生过地质灾害的预报点,达到减少空报的目的。

地质部门的地质灾害易发区划可以修订转化为潜在危险度,地质灾害易发程度分为高、中、低易发区,可分别对应潜在危险度 0.8、0.5、0.2 取值,非易发区的潜在危险度可取值 0。

其次,确定预报点降水实况数据来源和有效雨量致灾概率计算。地质灾害隐患点的实况降水数据一般取最近气象站降水实况,直线距离最好不超过 5 km,否则,降水实况的代表性明显降低。大连市位于东北地区地质灾害气象风险预警分区中,可以用东北区域的拟合方程计算有效雨量致灾概率。但如果本地有更详细的历史地质灾害个例和逐时降水数据,可以重新梳理建立本地有效雨量拟合样本,以三次方(或二次方)拟合方法建立更适合本地的有效雨量致灾概率计算方程。以下是以大连详细地质灾害灾情数据,结合自动站逐时实况降水数据,建立大连地区有效雨量致灾概率拟合方程,最后以有效雨量 76.94 mm 为界,构建大连地区 2 个有效雨量致灾概率计算公式。

当有效雨量 $E_r \leqslant 76.94$ mm 时,有效雨量致灾概率拟合方程 P_e 计算公式见式(B.1):

$$P_e = 0.017 + 0.0194E_r - 0.0000442E_r^2 + 0.00003954E_r^3 \quad \cdots\cdots\cdots\cdots\cdots(\text{B.1})$$

当有效雨量 $E_r > 76.94$ mm 时,有效雨量致灾概率拟合方程 P_e 计算公式见式(B.2):

$$P_e = -0.41 + 0.0186E_r - 0.00008613E_r^2 + 0.0000001376E_r^3 \quad \cdots\cdots\cdots\cdots\cdots(\text{B.2})$$

当采用逐时降水数据建立有效雨量致灾概率拟合方程后,当天降水日 r_0 用未来 24 小时降水预报值,本地应用可建立起逐时滚动的地质灾害气象风险预警业务。

最后,确定预报点地质灾害气象风险度和等级。预报点地质灾害气象风险度 R 计算采用公式(A.1),采用表 1 划分指标确定预报点地质灾害气象风险等级。以下为 2017 年 6 月 1 日大连地区有效雨量、致灾概率、危险度和风险度等级计算结果在 MICAPS 上显示结果截图(见图 B.2、图 B.3)。

为保证区域内潜在危险度和易损度分布的连续性,不应在单个区域或小区域内进行潜在危险度和易损度的归一化。

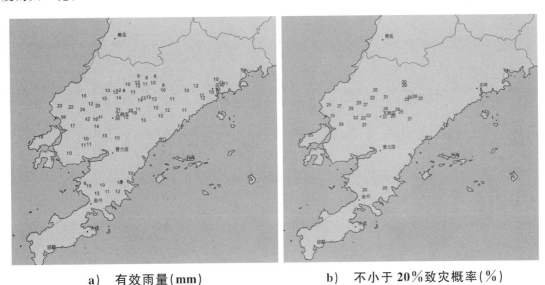

a)　有效雨量(mm)　　　　　　　　　　b)　不小于20%致灾概率(%)

图 B.2　2017 年 6 月 1 日 20 时有效雨量和致灾概率

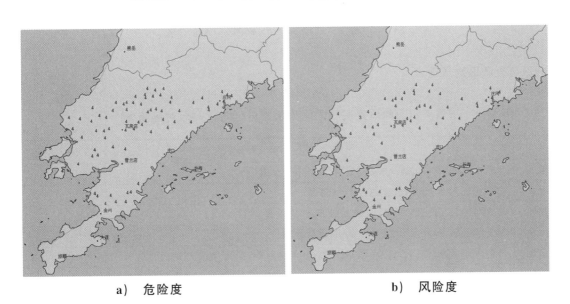

a)　危险度　　　　　　　　　　　　b)　风险度

图 B.3　2017 年 6 月 1 日 20 时危险度和风险度等级

附　录　C
（资料性附录）
地质灾害气象风险预警分区图表

C.1　全国地质灾害气象风险分区图

在地质灾害总信息量评价的基础上（见 A.2.2），依据中国地貌格局、地质环境特征和气候背景特征，可将全国划分为九大环境相异的地质灾害气象风险预警分区（见图 C.1（彩）和表 C.1），分区开展有效雨量致灾概率计算。

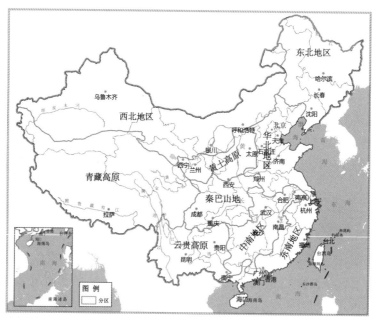

审图号：GS(2019)5188 号

图 C.1（彩）　地质灾害气象风险预警分区

C.2　分区与行政区对应简表

表 C.1　地质灾害气象风险预警分区与行政区对应简表

分区	包含行政区
西北地区	新疆中北部、青海北部、内蒙古中西部、甘肃中北部
东北地区	内蒙古东北部、黑龙江、吉林、辽宁中东部
青藏高原	新疆南部、青海南部、西藏、甘肃西南部、四川西部
黄土高原	甘肃中东部、宁夏南部、陕西中北部、山西西部
秦巴山地	甘肃南部、四川东部、重庆大部、陕西南部、河南西部、湖北西部、湖南西北部
华北地区	山西东部、河北、京津地区、河南东部、山东、安徽北部、江苏北部和东部
云贵高原	云南、贵州中西部、四川东南部、广西西部
中南地区	贵州东部、广西中部和北部、广东西北部、湖南大部、江西西部、湖北中东部、安徽江淮地区、江苏西南部
东南地区	海南、广东中南部和东部、香港、澳门、江西东部和南部、福建、安徽南部、浙江大部、台湾

参 考 文 献

[1] DZ/T 0286—2015 地质灾害危险性评估规范

[2] QX/T 180—2013 气象服务图形产品色域

[3] 章国材.气象灾害风险评估与区划方法[M].北京:气象出版社,2009

[4] 中国气象局应急减灾与公共服务司.暴雨诱发中小河流洪水和山洪地质灾害气象风险预警服务业务规范:气减函〔2013〕34号[Z],2013年4月

[5] 刘希林,余承君,尚志海.中国泥石流滑坡灾害风险制图与空间格局研究[J].应用基础与工程科学学报,2011,19(5):721-731

[6] 李宇梅,狄靖月,许凤雯,等.基于当日临界雨量的国家级地质灾害风险预警方法[J].气象科技进展,2018,8(3):77-83

[7] Dai F C,Lee C F,Nga Y Y. Landslide risk assessment and management:An overview[J]. Engineering Geology,2002,64:65-87

ICS 07. 060
A 47
备案号：70281—2019

中华人民共和国气象行业标准

QX/T 488—2019

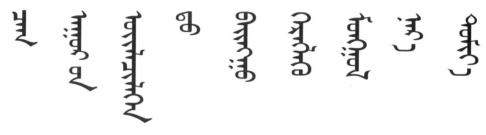

蒙古语气象服务常用用语

Common Mongolian phrases for meteorological service

2019-09-18 发布

2019-12-01 实施

中 国 气 象 局 发 布

前　言

本标准按照 GB/T 1.1—2009 和 GB/T 20001.1 给出的规则起草。

本标准由全国气象防灾减灾标准化技术委员会(SAC/TC 345)提出并归口。

本标准起草单位:内蒙古自治区锡林郭勒盟气象局。

本标准主要起草人:迎春、玉刚、于长文、韩燕丽、艳萍、阿拉腾敖其尔、乌日恒、斯琴、苏楞高娃、乌日汉、孟根其木格、乌力吉巴雅尔、本德日高、高海林、燕妮、力源、斯琴图雅、胡日查、苏龙、李晓坤、郝艳霞、谢东、董春艳、宝力格、乌吉斯古楞、毅如乐泰、哈斯额尔德尼。

引　言

我国内蒙古自治区等八省区蒙古族地区气象服务用语的译法有着不同的释义，为了便于统一，制定本标准。

本标准蒙古文用语和释义由内蒙古自治区民族事务委员会组织专家论证审核通过。

ᠮᠣᠩᠭᠣᠯ ᠬᠡᠯᠡᠨ ᠦ ᠴᠠᠭ ᠠᠭᠤᠷ ᠤᠨ ᠦᠢᠯᠡᠴᠢᠯᠡᠭᠡᠨ ᠳᠦ ᠨᠡᠶᠢᠲᠡᠮ ᠬᠡᠷᠡᠭᠯᠡᠬᠦ ᠦᠭᠡ ᠬᠡᠯᠡᠯᠭᠡ

蒙古语气象服务常用用语

ᠬᠡᠪᠴᠢᠶ᠎ᠡ 范围

本标准给出了气象服务蒙古语常用用语及释义。

本标准适用于我国蒙古语气象服务工作。

2 ᠲᠡᠭᠷᠢ ᠶᠢᠨ ᠪᠠᠶᠢᠳᠠᠯ 天空状况

2.1

zh 晴

en **clear**

天空总云量0~2成。

[GB/T 35663—2017,定义2.1.1]

2.2

zh 少云

en **partly cloudy**

天空总云量3~5成。

[GB/T 35663—2017,定义2.1.2]

2.3

ᠠᠯᠠᠭ ᠡᠭᠦᠯᠡᠲᠦ

zh 多云

en cloudy

ᠪᠦᠬᠦ ᠲᠡᠭᠷᠢ ᠶᠢᠨ ᠡᠭᠦᠯᠡᠨ ᠦ ᠶᠡᠷᠦᠩᠬᠡᠢ ᠬᠡᠮᠵᠢᠶ᠎ᠡ 6～8 ᠪᠦᠷᠢᠯᠳᠦᠨ᠎ᠡ᠃

天空总云量6～8成。

[GB/T 35663—2017,定义2.1.3]

2.4

ᠪᠦᠷᠬᠦᠭ

zh 阴

en overcast

ᠪᠦᠬᠦ ᠲᠡᠭᠷᠢ ᠶᠢᠨ ᠡᠭᠦᠯᠡᠨ ᠦ ᠶᠡᠷᠦᠩᠬᠡᠢ ᠬᠡᠮᠵᠢᠶ᠎ᠡ 9～10 ᠪᠦᠷᠢᠯᠳᠦᠨ᠎ᠡ᠃

天空总云量9～10成。

[GB/T 35663—2017,定义2.1.4]

2.5

ᠴᠡᠯᠮᠡᠭ ᠡᠴᠡ ᠠᠯᠠᠭ ᠡᠭᠦᠯᠡᠲᠦ ᠪᠣᠯᠬᠤ

zh 晴转多云

en clear to cloudy

ᠲᠡᠭᠷᠢ ᠶᠢᠨ ᠪᠠᠢᠳᠠᠯ ᠡᠬᠢᠨ ᠳᠡᠭᠡᠨ ᠴᠡᠯᠮᠡᠭ ᠪᠠᠢᠵᠤ᠂ ᠰᠡᠭᠦᠯᠡᠷ ᠨᠢ ᠠᠯᠠᠭ ᠡᠭᠦᠯᠡᠲᠦ ᠪᠣᠯᠤᠨ᠎ᠠ᠃

天空状况开始是晴天,后来转为多云。

2.6

ᠴᠡᠯᠮᠡᠭ ᠵᠠᠭᠤᠷ᠎ᠠ ᠠᠯᠠᠭ ᠡᠭᠦᠯᠡᠲᠦ

zh 晴间多云

en clear with partly cloudy

ᠲᠡᠭᠷᠢ ᠶᠢᠨ ᠪᠠᠢᠳᠠᠯ ᠭᠣᠣᠯᠳᠠᠭᠤ ᠴᠡᠯᠮᠡᠭ ᠪᠣᠯᠪᠠᠴᠤ᠂ ᠪᠠᠭ᠎ᠠ ᠵᠡᠷᠭᠡ ᠡᠭᠦᠯᠡᠲᠡᠢ᠃

天空状况主要为晴天,但有少量云。

2.7

zh 多云转晴

en cloudy to clear

天空状况开始是多云,后来转为晴天。

2.8

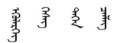

zh 多云间晴

en cloudy with partly sunshine

天空状况主要为多云间或有晴天。

3  气象要素

3.1

zh 气温

en air temperature

空气冷热程度的物理量。
[GB/T 35663—2017,定义 2.2.5]

3.2

zh 最高气温

en maximum air temperature

一定时段内气温的最高值。单位为摄氏度(℃)。
[GB/T 35663—2017,定义 2.2.6]

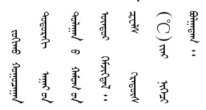

3.3

zh **最低气温**

en **minimum air temperature**

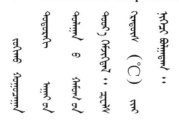

一定时段内气温的最低值。单位为摄氏度（℃）。

[GB/T 35663—2017,定义 2.2.7]

3.4

zh **风**

en **wind**

空气的水平运动,用风向和风速表示。

[GB/T 35663—2017,定义 2.2.1]

3.5

zh **最大风速**

en **maximum wind speed**

给定时段内平均风速的最大值。

[GB/T 31724—2015,定义 2.27]

3.6

zh **极大风速**

en **extreme wind speed**

给定时段内3秒钟平均风速的最大值。

[GB/T 31724—2015,定义 2.28]

3.7

zh 平均风速

en **mean wind speed**

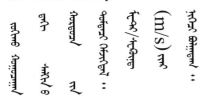

一定时段内风速的平均值。单位为米每秒（m/s）。

[GB/T 21984—2017,定义2.13]

3.8

zh 风级

en **wind scale**

根据风对地面（或海面）物体影响程度而定出的等级,用来表示风速的大小。

[GB/T 21984—2017,定义2.15]

3.9

zh 阵风

en **gust**

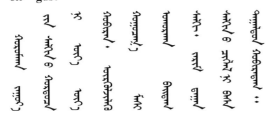

瞬间风速忽大忽小、持续时间十分短促的风,有时还伴有风向的改变。

[QX/T 377—2017,定义2.45]

3.10

zh 连续性降水

en **continuous precipitation**

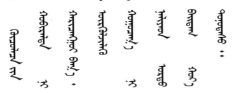

持续时间较长、强度变化较小的降水。

3.11

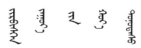

zh 阵性降水

en **showery precipitation**

降雨时间短促,开始及终止都很突然,且降水强度变化很大的降水。

3.12

zh 间歇性降水

en **intermittent precipitation**

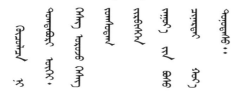

降水时有时无、强度时大时小的非阵性降水。

3.13

zh 降水量

en **precipitation amount**

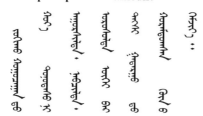

某一时段内的未经蒸发、渗透、流失的降水,在水平面上积累的深度。

[GB/T 35228—2017,定义 3.1]

3.14

zh 降水强度

en **precipitation intensity**

单位时间内的降水量。

[GB/T 35228—2017,定义 3.2]

3.15

ᠬᠠᠷᠠᠭᠳᠠᠴᠠ

zh 能见度

en **visibility**

ᠲᠡᠷᠡ ᠦᠶ᠎ᠡ ᠶᠢᠨ ᠴᠠᠭ ᠠᠭᠤᠷ ᠤᠨ ᠨᠥᠬᠥᠴᠡᠯ ᠳᠦ᠂ ᠡᠩ ᠦᠨ ᠬᠥᠮᠥᠨ ᠦ ᠬᠠᠷᠠᠭ᠎ᠠ ᠨᠢ ᠬᠠᠷᠠᠯᠲᠠᠲᠤ ᠡᠳ᠋ ᠢ ᠠᠷᠤ ᠠᠴᠠ ᠢᠯᠭᠠᠨ ᠲᠠᠨᠢᠵᠤ ᠴᠢᠳᠠᠬᠤ ᠬᠠᠮᠤᠭ ᠤᠨ ᠶᠡᠬᠡ ᠵᠠᠶ᠂ ᠨᠢᠭᠡᠴᠢ ᠨᠢ ᠮᠧᠲ᠋ᠷ (m) ᠪᠤᠶᠤ ᠺᠢᠯᠣᠮᠧᠲ᠋ᠷ (km) ᠪᠣᠯᠤᠨ᠎ᠠ᠃

在当时天气条件下,正常人的视力能将目标物从背景中区别出来的最大距离,单位为米(m)或千米(km)。
[QX/T 76—2007,定义2.1]

3.16

ᠨᠠᠷᠠᠨ ᠤ ᠲᠤᠰᠤᠯᠲᠠ ᠶᠢᠨ ᠴᠠᠭ

zh 日照时数

en **sunshine duration**

ᠥᠭᠭᠦᠭᠰᠡᠨ ᠨᠢᠭᠡ ᠴᠠᠭ ᠤᠨ ᠬᠤᠭᠤᠴᠠᠭᠠᠨ ᠳᠤ ᠨᠠᠷᠠᠨ ᠤ ᠰᠢᠭᠤᠳ ᠲᠤᠰᠤᠯᠲᠠ ᠶᠢᠨ ᠬᠡᠮᠵᠢᠶ᠎ᠡ ᠨᠢ 120 W/m² ᠠᠴᠠ ᠶᠡᠬᠡ ᠪᠤᠶᠤ ᠲᠡᠩᠴᠡᠭᠦᠦ ᠬᠤᠭᠤᠴᠠᠭ᠎ᠠ ᠶᠢᠨ ᠨᠡᠶᠢᠯᠡᠪᠦᠷᠢ᠃

在一给定时段内太阳直接辐照度大于或等于120 W/m² 的各分段时间的总和。
[GB/T 35232—2017,定义3.1]

3.17

ᠬᠤᠷᠠᠮᠲᠤᠭᠰᠠᠨ ᠴᠠᠰᠤ

zh 积雪

en **perpetual snow**

ᠴᠠᠰᠤ ᠭᠠᠵᠠᠷ ᠲᠤ ᠤᠨᠠᠭᠰᠠᠨ ᠤ ᠳᠠᠷᠠᠭ᠎ᠠ ᠴᠠᠭ ᠲᠤᠬᠠᠢ ᠳᠤᠨᠢ ᠬᠠᠶᠢᠯᠵᠤ ᠴᠢᠳᠠᠯ ᠦᠭᠡᠢ ᠬᠤᠷᠠᠮᠲᠤᠯᠠᠨ ᠭᠠᠵᠠᠷ ᠲᠤᠭᠲᠠᠭᠰᠠᠨ ᠣᠷᠤᠨ ᠢ ᠪᠦᠷᠬᠦᠭᠰᠡᠨ ᠦᠵᠡᠭᠳᠡᠯ᠃

雪降落到地面后未能及时融化而堆积、覆盖地面一定区域的现象。
[QX/T 377—2017,定义7.29]

3.18

ᠴᠠᠰᠤᠨ ᠤ ᠭᠦᠨ

zh 雪深

en **snow depth**

ᠬᠤᠷᠠᠮᠲᠤᠭᠰᠠᠨ ᠴᠠᠰᠤᠨ ᠤ ᠭᠠᠳᠠᠷᠭᠤ ᠠᠴᠠ ᠭᠠᠵᠠᠷ ᠬᠦᠷᠬᠦ ᠪᠣᠰᠤᠭ᠎ᠠ ᠭᠦᠨ᠃

积雪表面到达地面的垂直深度。
[QX/T 377—2017,定义7.30]

3.19

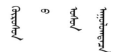

zh 土壤含水量

en **soil water content**

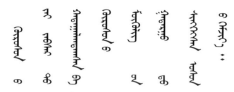

存在于土壤孔隙和束缚在土壤固体颗粒表面的液态水量。

3.20

zh 土壤相对湿度

en **relative moisture of soil**

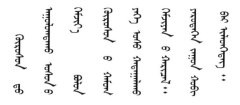

重量含水量占田间持水量的比值,通常以百分数形式表示。

[GB/T 33705—2017,定义 3.5]

3.21

zh 积温

en **accumulated temperature**

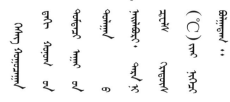

某时段内日平均气温的总和,单位为摄氏度(℃)。

[GB/T 21986—2008,定义 3.6]

4 ᠴᠠᠭ ᠠᠭᠤᠷ ᠤᠨ ᠦᠵᠡᠭᠳᠡᠯ 天气现象

4.1

ᠪᠣᠷᠣᠭᠠᠨ

zh 雨

en **rain**

滴状的液态降水,下降时清晰可见,强度变化
较缓慢,落在水面上会激起波纹和水花,落在干地
上可留下湿斑。

[GB/T 35663—2017,定义 2.3.1]

4.2

ᠠᠶ᠋ᠤᠩ ᠪᠣᠷᠣᠭᠠᠨ

zh 阵雨

en **showery rain**

开始和停止都较突然,强度变化大的液态降
水,有时伴有雷暴。

[GB/T 35663—2017,定义 2.3.8]

4.3

ᠰᠢᠪᠢᠷᠬᠠᠢ ᠪᠣᠷᠣᠭᠠᠨ

zh 毛毛雨

en **drizzle**

稠密、细小而十分均匀的液态降水,看上去似
乎随空气微弱的运动漂浮在空中,徐徐落下。迎
面有潮湿感,落在水面无波纹,落在干地上只是均
匀地湿润。

[QX/T 377—2017,定义 2.12]

4.4

ᠲᠡᠨᠭᠷᠢ
ᠳᠤᠤᠭᠠᠷᠬᠤ

zh 雷阵雨

en **thunder shower**

ᠲᠡᠨᠭᠷᠢ ᠳᠤᠤᠭᠠᠷᠤᠭᠰᠠᠨ
ᠪᠠᠷ ᠠᠳᠠᠯᠢ ᠠᠶᠤᠩᠭ᠎ᠠ᠃

雷暴并伴有阵雨。
[GB/T 35663—2017,定义 2.3.10]

4.5

ᠮᠦᠨᠳᠦᠷ

zh 冰雹

en **hail**

ᠬᠠᠲᠠᠭᠤ ᠪᠦᠮᠪᠦᠷᠴᠡᠭ ᠬᠡᠯᠪᠡᠷᠢ ᠶᠢᠨ ᠵᠡᠷᠭᠡ ᠶᠢᠨ ᠬᠠᠲᠠᠭᠤ ᠲᠤᠨᠤᠳᠠᠰᠤ᠃

坚硬的球状、锥状或形状不规则的固态降水,
雹核一般不透明,外面包有透明的冰层,或由透明
的冰层与不透明的冰层相间组成。常伴随雷暴
出现。
[GB/T 35663—2017,定义 2.3.12]

4.6

ᠲᠡᠨᠭᠷᠢ ᠳᠤᠤᠭᠠᠷᠬᠤ

zh 雷暴

en **thunderstorm**

ᠠᠭᠤᠯᠠ ᠲᠡᠨᠭᠷᠢ ᠶᠢᠨ ᠵᠠᠪᠰᠠᠷ ᠤᠨ ᠴᠠᠬᠢᠯᠭᠠᠨ᠃

为积雨云云中、云间或云地之间产生的放电
现象。表现为闪电兼有雷电,有时亦可只闻雷声
而不见闪电。
[GB/T 35663—2017,定义 2.3.9]

4.7

zh 暴雨

en **torrential rain**

12 h 降雨量 30.0 mm～69.9 mm，或 24 h 降雨量 50.0 mm～99.9 mm 的降雨。

[GB/T 35663—2017，定义 2.3.5]

4.8

zh 雪

en *snow*

固态降水，大多是白色不透明的六出分支的星状、六角形片状结晶，常缓缓飘落，强度变化较缓慢。温度较高时多成团降落。

[GB/T 35663—2017，定义 2.3.14]

4.9

zh 阵雪

en **showery snow**

开始和停止都较突然，强度变化大的降雪。

[GB/T 35663—2017，定义 2.3.21]

4.10

zh 雨夹雪

en *sleet*

半融化的雪（湿雪），或雨和雪同时降落。

[GB/T 35663—2017，定义 2.3.13]

4.11

ᠴᠠᠰᠤ

zh 吹雪

en *driven snow*

由于强风将地面积雪卷起,使气象能见度小于 10.0 km 的现象。

[GB/T 35224—2017,附录 A.18]

4.12

zh 雪暴

en *snowstorm*

大量的雪被强风裹挟着随风运行,并且不能判定当时天空是否有降雪。

[QX/T 377—2017,定义 2.22]

4.13

zh 沙尘天气

en *sand and dust weather*

沙粒、尘土悬浮空中,使空气混浊、能见度降低的天气现象。

[GB/T 20480—2017,定义 2.1]

4.14

zh 浮尘

en *suspended dust*

无风或风力小于或等于 3 级,沙粒和尘土漂浮在空中使空气变得混浊,水平能见度小于 10.0 km。

[GB/T 35663—2017,定义 2.3.26]

4.15

ᠰᠢᠷᠣᠢ
ᠰᠢᠭᠤᠷᠭ᠎ᠠ

zh 扬沙

en blowing sand

风将地面沙粒和尘土吹起,使空气相当混浊,水平能见度在 1.0 km～10.0 km。

[GB/T 35663—2017,定义 2.3.27]

4.16

ᠰᠢᠷᠣᠢᠨ
ᠰᠢᠭᠤᠷᠭ᠎ᠠ

zh 沙尘暴

en sand and dust storm

风将地面沙粒和尘土吹起使空气很混浊,水平能见度小于 1.0 km。

[GB/T 35663—2017,定义 2.3.28]

4.17

ᠪᠤᠳᠠᠩ

zh 轻雾

en mist

微小水滴或已湿的吸湿性质粒所构成的灰白色的稀薄雾幕,使水平能见度大于或等于 1.0 km,但小于 10.0 km。

[GB/T 35663—2017,定义 2.3.22]

4.18

ᠮᠠᠨᠠᠨ

zh 雾

en fog

大量微小水滴浮游空中,常呈乳白色,使水平能见度小于 1.0 km。

[GB/T 35663—2017,定义 2.3.23]

4.19

ᠵᠣᠸ

zh 霾

en haze

大量极细微的干尘粒等均匀地浮游在空中，使水平能见度小于 10.0 km 的空气普遍混浊现象。霾使远处光亮物体微带黄、红色，使黑暗物体微带蓝色。

［GB/T 35663—2017,定义 2.3.24］

5　气象灾害

5.1

zh 灾害性天气

en severe weather

对人类生命、生产、生活及其生存环境造成严重影响的天气。例如：台风、暴雨、寒潮、暴雪、大风、沙尘暴、低温、霜冻、高温、干旱、寒露风、干热风、雾、冰雪、雷电等。

［GB/T 27956—2011,定义 3.6］

5.2

zh 雪灾

en snow damage

由于积雪而使作物、树木或草地遭受机械损伤、受冻而造成的灾害。

［QX/T 200—2013,定义 7.5］

5.3

ᠭᠠᠩ ᠤᠨ ᠭᠠᠮᠰᠢᠭ

zh 旱灾

en **drought damage**

某一时段内,由于干旱导致某一地区人类生活和社会经济活动受到严重影响,并发生灾害的现象。

[GB/T 34306—2017,定义 2.5]

5.4

ᠡᠷᠭᠢᠯᠲᠡ ᠶᠢᠨ ᠬᠦᠢᠲᠡᠨ

zh 倒春寒

en **late spring coldness**

初春气温回升较快,在春季后期出现气温较正常年份明显偏低的现象。

[QX/T 377—2017,定义 3.5]

5.5

ᠬᠦᠢᠲᠡᠨ ᠤᠷᠤᠰᠬᠠᠯ

zh 寒潮

en **cold wave**

冬半年引起大范围强烈降温、大风天气,常伴有雨、雪的大规模冷空气活动,使气温在 24 小时内迅速下降达 8℃以上的天气过程。

[QX/T 116—2010,定义 2.4]

5.6

ᠬᠢᠷᠠᠭᠤᠨ
ᠤ
ᠭᠠᠮᠰᠢᠭ

zh 霜冻

en **frost injury**

ᠤᠷᠭᠤᠯᠲᠠ ᠶᠢᠨ ᠤᠯᠠᠷᠢᠯ ᠤᠨ ᠰᠥᠨᠢ ᠶᠢᠨ ᠴᠠᠭ ᠲᠤ ᠬᠥᠷᠥᠰᠥ ᠪᠠ ᠤᠷᠭᠤᠮᠠᠯ ᠤᠨ ᠭᠠᠳᠠᠷᠭᠤ ᠶᠢᠨ ᠲᠤᠯᠠᠭᠠᠨ 0℃ ᠠᠴᠠ ᠳᠣᠷᠣᠭᠰᠢ ᠪᠠᠭᠤᠷᠠᠵᠤ᠂

生长季夜间土壤和植株表面的温度下降到
0℃以下,使植株体内水分形成冰晶,造成植物受
害的短时间低温冻害。

[QX/T 200—2013,定义 7.9]

5.7

ᠬᠥᠯᠳᠡᠭᠦᠨ
ᠤ
ᠭᠠᠮᠰᠢᠭ

zh 冻害

en **freezing injury**

ᠲᠠᠷᠢᠶᠠᠨ ᠤ ᠡᠪᠦᠯᠵᠢᠯᠲᠡ ᠶᠢᠨ ᠬᠤᠭᠤᠴᠠᠭᠠᠨ ᠳᠤ 0℃ ᠠᠴᠠ ᠳᠣᠷᠣᠭᠰᠢ᠂

作物越冬期间,当遇到0℃以下强烈低温或
剧烈变温,作物体内水分冻结而受害,或由于土壤
冻结或水分过多,形成土壤掀耸、冻壳和冻涝使作
物受害的现象。

[QX/T 200—2013,定义 7.10]

5.8

ᠰᠠᠯᠬᠢᠨ
ᠤ
ᠢᠳᠡᠭᠳᠡᠯ

zh 风蚀

en **wind erosion**

裸露半裸露地表面的疏松土壤,沙砾,在风的
作用下,沿着地表风向的下游方向移动的自然
现象。

[QX/T 200—2013,定义 7.19]

5.9

ᠬᠠᠯᠠᠭᠤᠨ

zh 高温

en **high temperature**

日最高气温大于或等于35℃的天气,会对农牧业能源供应,人体健康等造成危害的天气过程。

[QX/T 116—2010,定义2.8]

6 ᠠᠭᠤᠷ ᠠᠮᠢᠰᠬᠤᠯ ᠪᠠ ᠠᠭᠤᠷ ᠠᠮᠢᠰᠬᠤᠯ ᠤᠨ ᠬᠤᠪᠢᠷᠠᠯᠲᠠ 气候与气候变化

6.1

ᠠᠭᠤᠷ ᠠᠮᠢᠰᠬᠤᠯ

zh 气候

en **climate**

表示地球上某一地区大气物理特征的长期平均状态,是该时段各种天气过程的综合表现。

[GB/T 33694—2017,定义3.1]

6.2

ᠠᠭᠤᠷ ᠠᠮᠢᠰᠬᠤᠯ ᠤᠨ ᠬᠤᠪᠢᠷᠠᠯᠲᠠ

zh 气候变化

en **climatic change**

气候平均状态发生改变或者持续较长一段时间(典型的为30年或更长)的气候变动。

[QX/T 377—2017,定义4.5]

6.3

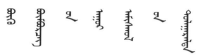

zh **全球气候变暖**

en **global warming**

ᠪᠦᠬᠦ ᠳᠡᠯᠡᠬᠡᠢ ᠶᠢᠨ ᠠᠭᠤᠷ ᠠᠮᠢᠰᠬᠤᠯ ᠤᠨ ᠳᠤᠯᠠᠭᠠᠷᠠᠯᠲᠠ ᠃

全球的平均气温逐渐升高的现象。

6.4

ᠡᠯ ᠨᠢᠨᠣ

zh **厄尔尼诺**

en **El Nino**

ᠡᠺᠸᠠᠲ᠋ᠣᠷ ᠤᠨ ᠳᠤᠮᠳᠠ ᠂ ᠵᠡᠭᠦᠨ ᠨᠣᠮᠣᠬᠠᠨ ᠳᠠᠯᠠᠢ ᠶᠢᠨ ᠭᠠᠳᠠᠷᠭᠤ ᠃

赤道中、东太平洋海表大范围持续异常偏暖的现象。
[QX/T 377—2017,定义 4.12]

6.5

ᠯᠠ ᠨᠢᠨᠠ

zh **拉尼娜**

en **La Nina**

ᠡᠺᠸᠠᠲ᠋ᠣᠷ ᠤᠨ ᠳᠤᠮᠳᠠ ᠂ ᠵᠡᠭᠦᠨ ᠨᠣᠮᠣᠬᠠᠨ ᠳᠠᠯᠠᠢ ᠶᠢᠨ ᠭᠠᠳᠠᠷᠭᠤ ᠃

赤道中、东太平洋海表大范围持续异常偏冷的现象。
[QX/T 377—2017,定义 4.13]

6.6

ᠦᠶᠡᠷᠯᠡᠬᠦ ᠬᠤᠭᠤᠴᠠᠭ᠎ᠠ

zh **汛期**

en **flood period**

ᠨᠢᠭᠡ ᠵᠢᠯ ᠤᠨ ᠳᠣᠲᠤᠷ᠎ᠠ ᠃

一年中江河、湖泊洪水明显集中出现、容易形成洪涝灾害的时期。
[QX/T 377—2017,定义 7.10]

7 ᠵᠠ ᠮᠠᠯ ᠲᠤ ᠣᠷᠴᠢᠨ 生态环境

7.1

ᠠᠭᠠᠷ ᠤᠨ ᠴᠢᠨᠠᠷ

zh 空气质量

en air quality

ᠠᠭᠠᠷ ᠤᠨ ᠪᠣᠬᠢᠷᠳᠤᠯ ᠤᠨ ᠬᠡᠮᠵᠢᠶ᠎ᠡ ᠶᠢ ᠢᠯᠡᠷᠬᠡᠶᠢᠯᠡᠬᠦ ᠬᠡᠮᠵᠢᠭᠳᠡᠯ᠃

用来表征空气污染程度的量。
[QX/T 41—2006,定义 3.1]

7.2

ᠠᠭᠠᠷ ᠤᠨ ᠪᠣᠬᠢᠷᠳᠤᠯ

zh 空气污染

en air pollution

ᠭᠠᠵᠠᠷ ᠤᠨ ᠭᠠᠳᠠᠷᠭᠤ ᠳᠤ ᠣᠶᠢᠷᠠᠬᠠᠨ ᠪᠤᠶᠤ ᠳᠣᠣᠷᠠᠳᠤ ᠳᠠᠪᠬᠤᠷᠭᠠ ᠶᠢᠨ ᠠᠭᠠᠷ ᠮᠠᠨᠳᠠᠯ ᠤᠨ ᠪᠣᠬᠢᠷᠳᠤᠯ᠃

近地面或低层的大气污染。

7.3

ᠠᠭᠠᠷ ᠮᠠᠨᠳᠠᠯ ᠤᠨ ᠠᠭᠠᠷ ᠠᠭᠤᠰᠤᠮᠠᠯ

zh 大气气溶胶

en atmospheric aerosol

ᠰᠢᠩᠭᠡᠨ ᠪᠤᠶᠤ ᠬᠠᠲᠠᠭᠤ ᠮᠦᠬᠦᠯᠢᠭ ᠠᠭᠠᠷ ᠮᠠᠨᠳᠠᠯ ᠳᠤ ᠲᠠᠷᠬᠠᠵᠤ ᠪᠦᠷᠢᠯᠳᠦᠭᠰᠡᠨ ᠬᠠᠷᠢᠴᠠᠩᠭᠤᠢ ᠲᠣᠭᠲᠠᠭᠤᠨ ᠳᠦᠭᠡᠯᠢᠭ ᠰᠢᠰᠲᠧᠮ᠃

液体或固体微粒分散在大气中形成的相对稳定的悬浮体系。
[GB/T 31159—2014,定义 2.1]

7.4

ᠲᠠᠪᠠ ᠲᠠᠢ ᠢᠨᠳᠧᠺᠰ

zh 舒适指数

en comfort index

ᠬᠦᠮᠦᠨ ᠤ ᠪᠡᠶ᠎ᠡ ᠣᠷᠴᠢᠨ ᠤ ᠳᠤᠯᠠᠭᠠᠨ ᠪᠠ ᠴᠢᠭᠢᠭ ᠤᠨ ᠢᠵᠠᠭᠤᠷ ᠨᠦᠯᠦᠭᠡ ᠳᠤ ᠲᠠᠪᠠ ᠲᠠᠢ ᠮᠡᠳᠡᠷᠡᠮᠵᠢ ᠲᠠᠢ ᠪᠣᠯᠬᠤ ᠢᠨᠳᠧᠺᠰ᠃

表征人体受环境温度和湿度综合影响而有舒适感觉的指数。

7.5

zh　植被指数

en　vegetation index

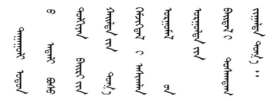

利用卫星不同波段探测数据组合而成,能反映植物生长状况的指数。

[QX/T 381.1—2017,定义5.31]

7.6

zh　有效降水量

en　effective precipitation

自然降水中实际补充到植物根层土壤水分的部分。

[QX/T 381.1—2017,定义3.105]

7.7

zh　大气遥感

en　atmospheric remote sensing

从远处感应大气或其中悬浮粒子辐射或散射的各种电磁波或声波的强度,以确定大气的化学组成、物理状态和运动情况的方法和技术。

7.8

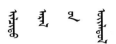

zh 热岛效应

en **heat island effect**

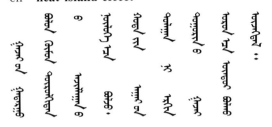

城市因其下垫面和人类活动的影响,气温比其周围地区偏高的现象。

参 考 文 献

[1]　GB/T 20480—2017　沙尘天气等级

[2]　GB/T 20482—2017　牧区雪灾等级

[3]　GB/T 21984—2017　短期天气预报

[4]　GB/T 21986—2008　农业气候影响评价:农作物气候年型划分方法

[5]　GB/T 27956—2011　中期天气预报

[6]　GB/T 31159—2014　大气气溶胶观没测术语

[7]　GB/T 31724—2015　风能资源术语

[8]　GB/T 33694—2017　自动气候站观测规范

[9]　GB/T 33705—2017　土壤水分观测　频域反射法

[10]　GB/T 34306—2017　干旱灾害等级

[11]　GB/T 35224—2017　地面气象观测规范　天气现象

[12]　GB/T 35228—2017　地面气象观测规范　降水量

[13]　GB/T 35229—2017　地面气象观测规范　雪深与雪压

[14]　GB/T 35232—2017　地面气象观测规范　日照

[15]　GB/T 35663—2017　天气预报基本术语

[16]　QX/T 41—2006　空气质量预报

[17]　QX/T 76—2007　高速公路能见度监测及浓雾的预警预报

[18]　QX/T 116—2010　重大气象灾害应急响应启动等级

[19]　QX/T 200—2013　生态气象术语

[20]　QX/T 377—2017　气象信息传播常用用语

[21]　QX/T 381.1—2017　农业气象术语　第1部分:农业气象基础

[22]　全国科学技术名词审定委员会.大气科学名词(第三版)[M].北京:科学出版社,2009

[23]　达巴特尔.汉蒙词典[M].北京:民族出版社,2005

[24]　哈斯巴特尔,斯仁巴图.自然地理词典:蒙语版[M].呼和浩特:内蒙古人民出版社,1985

[25]　内蒙古名词术语委员会.新词术语:蒙语版[M].呼和浩特:内蒙古人民出版社,2005

[26]　内蒙古大学蒙古学研究院蒙古语文研究所.蒙汉词典[M].呼和浩特:内蒙古大学出版社,1999

[27]　拉西东日布.学生蒙古语词典[M].呼和浩特:内蒙古教育出版社,1999

[28]　吴俊峰.汉蒙新华词典[M].呼和浩特:内蒙古人民出版社,2009

[29]　朱炳海等.气象学词典[M].上海:上海辞书出版社,1985

[30]　斯迪.汉蒙气象词汇[M].呼和浩特:内蒙古少年儿童出版社,1998

[31]　特沫若.多功能新汉蒙词典[M].沈阳:辽宁民族出版社,2013

[32]　盛裴轩,毛节泰,李建国,等.大气物理学[M].北京:北京大学出版社,2003

[33]　成都气象学院.气象学[M].北京:农业出版社,1979

[34]　彭安仁.天气学:上册[M].北京:气象出版社,1992

[35]　彭安仁.天气学:下册[M].北京:气象出版社,1994

[36]　中国气象局.中国云图[M].北京:气象出版社,2004

[37]　梅花.学生蒙古语熟语词典[M].呼和浩特:内蒙古教育出版社,2013

[38]　李博.生态学[M].北京:高等教育出版社,2000

[39]　包双龙,巴音巴特尔.学生蒙古语文多功能词典[M].呼和浩特:内蒙古教育出版社,2016

[40]　沈桐立.数值天气预报[M].北京:气象出版社,2003

[41]　彭望璓.遥感概论[M].北京:高等教育出版社,2002

[42]　朱乾根,林锦瑞,寿绍文,等.天气学原理和方法[M].北京:气象出版社,2000

[43]　寿绍文.天气学分析[M].北京:气象出版社,2002

[44]　唐永顺.应用气候学[M].北京:科学出版社,2004

[45]　周诗健,王存忠,俞卫平.英汉汉英大气科学词汇:第二版[M].北京:气象出版社,2012

[46]　嘎日迪.现代蒙语:蒙语版[M].呼和浩特:内蒙古教育出版社,2001

[47]　中国社会科学院语言研究所词典编辑室.现代汉语小词典[M].北京:商务印书馆,1981

[48]　祝之光.物理学:下册[M].北京:高等教育出版社,1987

[49]　缪启龙.现代气候学[M].北京:气象出版社,2009

[50]　顾润源.内蒙古自治区天气预报手册[M].北京:气象出版社,2012

[51]　斯迪.汉蒙气象词语诠释词典[M].呼和浩特:内蒙古少年儿童出版社,2008

[52]　内蒙古教育出版社组织.地理学名词术语[M].呼和浩特:内蒙古教育出版社,2005

[53]　内蒙古教育出版社组织.数学名词术语[M].呼和浩特:内蒙古教育出版社,2004

[54]　内蒙古教育出版社组织.物理学名词术语[M].呼和浩特:内蒙古教育出版社,2004

[55]　内蒙古教育出版社组织.生态学名词术语[M].呼和浩特:内蒙古教育出版社,2006

[56]　内蒙古教育出版社组织.计算机科技名词术语[M].呼和浩特:内蒙古教育出版社,2005

[57]　内蒙古教育出版社组织.生物学名词术语[M].呼和浩特:内蒙古教育出版社,2004

[58]　内蒙古教育出版社组织.化学名词术语[M].呼和浩特:内蒙古教育出版社,2005

[59]　图乌力吉,包勇.最新汉蒙对照哲学社会科学名词术语词典[M].呼和浩特:内蒙古人民出版社,2005

[60]　内蒙古蒙古语言文学历史研究所.二十一卷本辞典:蒙古文[M].呼和浩特:内蒙古人民出版社,2013

[61]　中国气象局.地面气象观测规范[M].北京:气象出版社,2003

[62]　苏日格勒图.蒙古文正字法词典[M].呼和浩特:内蒙古人民出版社,2011

[63]　巴图吉日嘎拉等.中学蒙语语法读本[M].呼和浩特:内蒙古教育出版社,2003

[64]　内蒙古教育出版社.汉蒙对照自然科学名词术语词典[M].呼和浩特:内蒙古教育出版社,1976

[65]　地理课程教材研究开发中心.普通高中课程标准实验教科书地理1-6[M].呼和浩特:内蒙古教育出版社,2010

[66]　中学物理课程教材研究开发中心.普通高中课程标准实验教科书物理1-3[M].呼和浩特:内蒙古教育出版社,2009

[67]　周小刚等.准地转运动理论及其在天气分析和预报中的应用[M].北京:中国气象局气象干部培训学院,2012

[68]　монгол үлсын зАсгийи гАзрын хэрэгжүүлэгч АгентлАг. цАг үүр, орчны хянАлт щинжилгээний зААвАр. щ3. ц. 01. 03. 2014

蒙古文索引

ᠨ

中文索引

英文索引

ICS 07.060

A 47

备案号：70282—2019

中华人民共和国气象行业标准

QX/T 489—2019

降雨过程等级

Grade of rainfall process

2019-09-18 发布

2019-12-01 实施

中 国 气 象 局 发布

前　　言

本标准按照 GB/T 1.1—2009 给出的规则起草。

本标准由全国气象防灾减灾标准化技术委员会(SAC/TC 345)提出并归口。

本标准起草单位:国家气象中心。

本标准主要起草人:鲍媛媛、李勇、康志明、马杰。

引　言

　　我国属复杂的季风气候区,降雨具有阶段性、区域性、过程性、集中性等特点。降雨过程的位置、强度、持续时间在很大程度上影响着山洪、地质灾害、江河流域洪涝、城市内涝等,其准确预报是各级政府调配水资源和防灾减灾的重要依据。

　　本标准旨在统一降雨过程等级标准,促进降雨过程预报服务水平提高,更好地发挥其社会和经济效益。

降雨过程等级

1 范围

本标准规定了降雨过程等级及划分方法。
本标准适用于降雨过程的预报、服务及科学研究。

2 术语和定义

下列术语和定义适用于本文件。

2.1

降雨过程 rainfall process

降雨的发生、发展和结束的全部演变过程。

2.2

降雨量 rainfall

某一时段从天空降落到地面的未蒸发、渗透、流失的雨在水平面上累积的深度。

2.3

日降雨量 daily rainfall

一天24小时内的累积降雨量。

3 单站降雨过程等级

3.1 单站日降雨量等级

单站日降雨量等级以该站日降雨量为划分依据,见表1。

表 1 单站日降雨量等级划分表

等级	日降雨量 mm
小雨	0.1～9.9
中雨	10.0～24.9
大雨	25.0～49.9
暴雨	50.0～99.9
大暴雨	100.0～249.9
特大暴雨	≥250.0

3.2 单站降雨过程等级

单站降雨过程等级为降雨过程中该站日降雨量等级中的最强等级。

4 区域降雨过程等级

4.1 区域日降雨等级

区域可分为省(自治区、直辖市)、跨省(自治区、直辖市)或相当面积的地域范围,区域内站点包括县级以上国家级地面气象观测站和区域自动站。区域日降雨等级划分以单站日降雨量等级为依据,按照区域内达到某等级的站点百分比确定,见表2。若同时满足不同等级标准,则按照最强一级划定区域日降雨等级。

表 2 区域日降雨等级划分表

等级	划分方法
小雨	区域内40%以上站点出现小雨
中雨	区域内有30%以上站点出现中雨
大雨	区域内有20%以上站点出现大雨
暴雨	区域内有10%以上站点出现暴雨
大暴雨	区域内有5%以上站点出现大暴雨
特大暴雨	区域内有5%以上站点出现大暴雨,且有2%以上站点出现特大暴雨

4.2 区域降雨过程等级

区域降雨过程等级为降雨过程中该区域日降雨等级中的最强等级。

参 考 文 献

[1] GB/T 21984—2017 短期天气预报

[2] 《大气科学辞典》编委会.大气科学辞典[M].北京:气象出版社,1994:677,408

────────────

ICS 07.060
A 47
备案号：70283—2019

中华人民共和国气象行业标准

QX/T 490—2019

电离层测高仪技术要求

Technical requirements of ionosonde

2019-09-18 发布　　　　　　　　　　　　　　　2019-12-01 实施

中 国 气 象 局　　发 布

前　言

本标准按照 GB/T 1.1—2009 给出的规则起草。

本标准由全国卫星气象与空间天气标准化技术委员会空间天气监测预警分技术委员会(SAC/TC 347/SC 3)提出并归口。

本标准起草单位:国家卫星气象中心(国家空间天气监测预警中心)。

本标准主要起草人:王云冈、毛田、吕景天。

电离层测高仪技术要求

1 范围

本标准规定了电离层测高仪的组成、功能要求、性能要求、数据处理、数据存储与传输等内容。
本标准适用于电离层测高仪的研制开发、设计生产、设备选型、台站组网建设和验收评价。

2 术语与定义

下列术语和定义适用于本文件。

2.1

电离层测高仪 ionosonde
通过发射扫频无线电波从地面对电离层进行探测的常规设备。
［QX/T 252—2014,定义2.21］

2.2

电离层垂直探测 ionospheric vertical sounding
用电离层测高仪从地面对电离层进行日常观测的技术。
注:这种技术垂直向上发射频率随时间变化的无线电脉冲,在同一地点接收这些脉冲的电离层反射信号,测量出电
　波往返的传递时延,从而获得反射高度与频率的关系曲线。
［QX/T 252—2014,定义2.22］

2.3

虚高 virtual height
在电离层垂直探测中,假定电波以真空光速传播而计算得到的电离层反射面的高度。
［QX/T 252—2014,定义2.23］

2.4

电离图 ionogram
利用电离层测高仪进行电离层垂直探测时获得的无线电波频率与虚高的关系图。
注:改写QX/T 252—2014,定义2.24。

2.5

临界频率 critical frequency
电离层各层能够垂直反射的无线电波的最大频率,通常指寻常波临界频率。
［QX/T 252—2014,定义2.25］

3 组成

通常包括:电离层测高仪主机、天线系统、数据处理系统、数据存储与传输系统等。

4 功能要求

4.1 应自动进行电离层垂直探测,并获得清晰、完整的电离图。

4.2 应自动从电离图中获取 F_2 层临界频率（foF_2）、F_2 层虚高（$h'F_2$）等电离层垂直观测特征参量，应自动反演电离层电子密度剖面。

4.3 应能自动存储电离层垂直观测原始数据、电离图、电离图描迹、电离层垂直观测特征参量、电离层电子密度剖面等产品，并自动传输以上文件。

5 性能要求

5.1 电离层测高仪主机

主要技术性能指标见表1。

表 1 主机主要技术性能指标

参数	指标
峰值功率	$<1\ \text{kW}$
扫频范围	$1\ \text{MHz} \sim 30\ \text{MHz}$
虚高范围	$80\ \text{km} \sim 1000\ \text{km}$
高度分辨	$\leqslant 5\ \text{km}$
扫频方式	频率点数及频率值应可设置，精确到 $0.01\ \text{MHz}$
扫频周期	包含200个频率点的扫频周期应不大于 $300\ \text{s}$
观测时间	应可设置，并采用北斗时间同步

5.2 天线系统

5.2.1 天线系统由发射天线和接收天线组成。

5.2.2 发射天线可使用三角天线或折合偶极子天线等，接收天线可使用三角天线、折合偶极子天线或正交环天线等。

5.2.3 发射天线的尺寸要求：高度不大于30 m，水平部分不大于50 m。

6 数据处理系统

6.1 电离图自动度量

6.1.1 电离层测高仪系统应配备电离图自动度量软件。

6.1.2 电离图自动度量软件能自动从电离图中提取 foF_2、$h'F_2$、F_1 层临界频率（foF_1）、F 层虚高（$h'F$）、E_s 层临界频率（foE_s）、E_s 层虚高（$h'E_s$）、最低频率（$f_{\min}$）、F 层最高频率（f_xI）和电波传播 M 因子等电离层垂直观测特征参量。

6.1.3 在空间天气平静的情况下，电离图自动度量软件应识别的电离图应不少于 90%。

在空间天气平静的情况下，将电离图自动度量软件获取的 foF_2 与人工度量进行比较。自动度量获取的 foF_2 与人工度量的偏差在 $\pm 0.2\ \text{MHz}$ 范围内的应达到 80% 以上。

6.2 电离层电子密度剖面反演

6.2.1 电离层测高仪系统应配备电离层电子密度反演软件。

6.2.2 电离层电子密度反演软件能根据电离图反演得到电离层电子密度剖面。

7 数据存储与传输系统

7.1 电离层测高仪系统应自动存储电离层垂直观测原始数据、电离图以及电离图描迹、电离层垂直观测特征参量、电离层电子密度剖面等。

7.2 原始数据应兼容电离层测高仪的 SBF(Single Block Format)格式。

7.3 电离图应保存有可视化的图形文件,宜采用便携式网络图像格式(PNG)。

7.4 电离层垂直观测特征参量文件中应包含观测时间、台站号、foF_2、$h'F_2$、foF_1、$h'F$、foE_s、$h'E_s$、f_{min}、f_xI 和 M 因子等信息。

7.5 电离层测高仪系统应配备存储不少于 6 年连续观测数据的存储空间。

7.6 电离层测高仪系统应配备数据自动传输软件。

7.7 电离层测高仪数据传输软件应实现电离层测高仪观测数据的实时传输和补传等功能。

8 设备环境适应性要求

8.1 室外设备环境适应性要求

8.1.1 工作电压:交流电 220 V±33 V,50 Hz±3 Hz。

8.1.2 工作温度:−40 ℃~+50 ℃。

8.1.3 相对湿度:小于或等于 100%时正常工作。

8.1.4 抗风能力:瞬时风速不大于 37 m/s 时正常工作,瞬时风速不大于 51 m/s 时不损坏,特殊区域需参考最大风速记录。

8.1.5 其他防御能力:防雷、防盐雾和防沙尘。

8.2 室内设备环境适应性要求

8.2.1 工作电压:交流电 220 V±33 V,50 Hz±3 Hz。

8.2.2 不间断电源:配备功率不小于 5 kW、后备时间不小于 2 h 的不间断电源。

8.2.3 工作温度:−10 ℃~40 ℃。

8.2.4 相对湿度:小于或等于 80%时正常工作。

9 可靠性、可维修性及寿命

9.1 在 24 小时不间断工作情况下,电离层测高仪的平均无故障工作时间(MTBF)应不小于 4000 h。

9.2 电离层测高仪的平均故障修复时间(MTTR)应不大于 6 h。

9.3 电离层测高仪的设计寿命不小于 5 a。

10 技术资料与备件

10.1 电离层测高仪随机应配有完备的技术文档资料,包括使用说明、工作原理图、线路图、操作流程、注意事项以及安装调试方法和维修指南等,以保障设备的正确安装和正常运行。

10.2 电离层测高仪出厂时随机应配有至少 3 份易消耗器件和必要的备件及清单,并配有专用的安装、调试工具和仪表。

参 考 文 献

[1] QX/T 195—2013 电离层垂直探测规范
[2] QX/T 252—2014 电离层术语

————————

ICS 07.060

A 47

备案号：70284—2019

中华人民共和国气象行业标准

QX/T 491—2019

地基电离层闪烁观测规范

Specifications for ground-based ionospheric scintillation observation

2019-09-18 发布

2019-12-01 实施

中 国 气 象 局 发 布

前　言

本标准按照 GB/T 1.1—2009 给出的规则起草。

本标准由全国卫星气象与空间天气标准化技术委员会空间天气监测预警分技术委员会(SAC/TC 347/SC 3)提出并归口。

本标准起草单位:广东省生态气象中心、中国地质大学(武汉)、广州气象卫星地面站。

本标准主要起草人:徐杰、左小敏、黄江、邓玉娇、何全军、赵文化、王捷纯。

地基电离层闪烁观测规范

1 范围

本标准规定了地基电离层闪烁观测的观测站、仪器和探测环境要求,观测业务要求以及定期巡查与维护要求等。

本标准适用于地基电离层闪烁观测业务。

2 规范性引用文件

下列文件对于本文件的应用是必不可少的。凡是注日期的引用文件,仅注日期的版本适用于本文件。凡是不注日期的引用文件,其最新版本(包括所有的修改单)适用于本文件。

QX/T 285—2015 电离层闪烁指数数据格式

3 术语和定义

下列术语和定义适用于本文件。

3.1

电离层 ionosphere

地球大气中高度范围大约在 60 km～1000 km、存在着大量的自由电子、足以显著影响无线电波传播的区域。

[GB/T 31158—2014,定义 2.1]

3.2

电离层闪烁 ionospheric scintillation

无线电波经过电离层时幅度或相位发生快速起伏的现象。

[QX/T 285—2015,定义 3.2]

3.3

地基电离层闪烁观测 ground-based ionospheric scintillation observation

在地面接收穿过电离层传播的卫星信标或外空射电星辐射的无线电波信号幅度和相位的起伏变化,用于研究电离层电子密度不均匀结构及其分布和运动。

4 观测站、仪器和探测环境要求

4.1 观测站的标识和坐标

按照世界气象组织和国务院气象主管机构规定确定地基电离层闪烁观测站区站号,区站号用于探测数据传输和归档。以信号接收天线的基座位置确定地基电离层闪烁观测站的地理经度、纬度,数值精确到 1′,由信号接收天线的基座高度确定天线的海拔高度,精确到 1 m。

4.2 观测仪器

地基电离层闪烁观测仪器包括天线、电离层闪烁接收机、数据处理与存储计算机、电离层闪烁数处理软件和不间断稳压电源五部分。天线在地面接收卫星信标,通过电离层闪烁接收机把无线电波信号幅度和相位的起伏变化传输到数据处理与存储计算机,并利用电离层闪烁数据处理软件解算生成观测数据。其主要技术性能要求与安装连接示意图,遵照附录 A 的表 A.1 和图 A.1 规定。

4.3 探测环境要求

地基电离层闪烁观测的探测环境应满足如下要求:

a) 保持天线场地地面平整,不应存在影响观测质量的遮蔽物,天线各方向障碍物遮挡仰角不大于15°,植物的植株不能与天线及馈线相接触;

b) 应保护电离层闪烁观测仪器工作电磁环境,保证仪器工作波段不受电磁干扰。

5 观测业务要求

5.1 仪器定标

每年定期进行仪器定标测试,测试内容主要为电离层闪烁接收机的功能性能测试,具体定标方法按不同卫星信标类型仪器操作手册进行,宜包含以下内容:

a) 辅助仪器:数据记录计算机,卫星信号模拟器,卫星信号功分器,校标标准仪器;

b) 测试场景:实验室环境,校标场环境;

c) 测试仪器对比:定标前后应对测试仪器状态进行详细检测,并将校标标准仪器同时对同一测试目标进行测量,通过相同卫星信号值输入实现与测量仪器的对比;

d) 测试目的:电离层闪烁接收机的技术性能满足要求,遵照表 A.1 规定。

5.2 观测时制、日界和时界

地基电离层闪烁观测采用世界时(UTC)工作,每日 24 h 连续观测,日界为每日 00 时 00 分—23 时59 分,时界为每小时的 00 分 00 秒—59 分 59 秒。

5.3 观测模式

地基电离层闪烁观测采用自动连续观测模式,日常业务观测每 1 分钟记录一次观测信标的闪烁指数数据。

5.4 操作要求

参照电离层闪烁仪器厂家提供的操作手册执行,主要内容应包括:

a) 仪器设置:通过设置电离层闪烁仪器中相关参数,确定仪器工作信息,包括站点信息、探测内容、观测方式等;

b) 开机工作:开启机器电源,使仪器进入观测前自检程序,如无故障报警将自动进入观测状态;

c) 获取和传输观测数据:仪器正常工作状态下自动获取并存储观测数据,并按预定要求自动传输有关数据;非正常工作状态下,需人工干预;

d) 运行监控:仪器自动运行过程中,工作人员应注意定期监视设备运行状况、闪烁数据完整性以及数据传输情况,并定期对软件系统进行备份。

5.5 资料存储和整编

资料是指电离层闪烁仪器记录的原始数据和相关的闪烁指数数据,资料存储和整编应满足如下要求:

a) 资料存储和整编应符合 QX/T 285—2015 的规定,以文件形式存档,每年应进行整编;

b) 文件整编以时间序列为线索,统计数据起止时间、种类及个数等;

c) 整编后的资料应经过人工检查,按规定归档到国家级气象档案部门,观测站应备份存储历史资料至少 1 年;

d) 由国家级空间天气业务部门对灾害性空间天气事件等典型个例资料进行整编,并应定期对观测站传送的文件内容进行抽查。

6 定期巡查与维护要求

应按下列要求进行:

a) 每周定期巡查检查仪器电源、天线外观、网络通信以及观测站空调运行状况。重点检查观测电离层闪烁观测数据完整性;

b) 每月维护检查仪器采集和通信计算机性能与存储空间情况;

c) 每年维护重点按厂家要求检查电离层闪烁仪器各项工作参数,检测防雷设施和系统的接地电阻,并向有关管理部门提交观测站年度维护工作报告;

d) 年检由国家级空间天气业务部门组织观测站进行仪器软硬件全面检查,进行仪器定标和观测环境检查;

e) 所有定期巡查和维护情况均应记入电离层闪烁观测站定期巡查记录表和电离层闪烁观测仪器维护和故障处理详情列表中,格式参见附录 B 的表 B.1～表 B.3。

附　录　A
（规范性附录）
地基电离层闪烁观测仪器主要技术性能要求

A.1　地基电离层闪烁观测仪器主要技术性能要求

表 A.1　地基电离层闪烁观测仪器主要技术性能要求

设备类型	接收信号	基本观测量	性能要求	观测项目
基于全球导航卫星系统信号的电离层闪烁仪	应至少包含北斗卫星导航系统（Beidou navigation satellite system，BDS）B1、B2 频段，全球定位系统（Global positioning system，GPS）L1、L2 频段，格洛纳斯（Global navigation satellite system，GLONASS）L1、L2 频段	载波相位观测值、伪距、载噪比、时间	接收通道数：不小于 96。 信号捕获灵敏度：BDS B1：−167 dBW；BDS B2：−167 dBW；GPS L1：−170 dBW；GPS L2：−167 dBW；GLONASS L1：−167 dBW；GLONASS L2：−167 dBW。 信号跟踪灵敏度：BDS B1：−178 dBW；BDS B2：−178 dBW；GPS L1：−182 dBW；GPS L2：−176 dBW；GLONASS L1：−176 dBW；GLONASS L2：−176 dBW。 载波相位测量精度：不大于 1% 波长。 伪距测量精度：不大于 0.3 m。 S4 观测精度：优于 0.1。 $\sigma4$ 观测精度：优于 0.05。 S4 指数监控能力：不小于 0.7。 绝对 TEC 的测量精度：0.3 TECU。 相对 TEC 的测量精度：0.03 TECU。 时间同步精度：不大于 0.1 μs。 基本观测量采样率：不小于 50 Hz。 观测量输出时间间隔：从 0.02 s 到 1 min 可调。 S4 和 $\sigma4$ 输出时间间隔：从 1 s 到 1 min 可调。 抗振：不小于 2 g[a]。 应配备具有多径抑制能力的天线。	电离层幅度闪烁指数和相位闪烁指数
基于静止气象卫星信号的电离层闪烁仪	风云二号和风云四号静止气象卫星业务遥测信号（工作频率：1702.5 MHz 和 2290 MHz）	载波相位观测值、信号功率	S4 观测精度：优于 0.1。 $\sigma4$ 观测精度：优于 0.05。 S4 指数监控能力：不小于 0.7 基本观测量采样率：不小于 50 Hz。 抗振：不小于 2 g[a]。 应具备网口、串口等通信接口。	电离层幅度闪烁指数和相位闪烁指数

表 A.1　地基电离层闪烁观测仪器主要技术性能要求(续)

设备类型	接收信号	基本观测量	性能要求	观测项目
基于极轨气象卫星信号的电离层闪烁仪	地球观测系统（Earth observation system，EOS）/美国国家海洋和大气管理局（National Oceanic and Atmospheric Administration，NOAA）/国家极地轨道伴随卫星（National polar—orbiting partnership，NPP）和风云 3 号卫星信号（X 频段：7750 MHz ～ 7850 MHz，8025MHz ～ 8400MHz；L 频段：1698 MHz～1710 MHz）	信号功率	X 波段系统 G/T：不小于 27 dB/K。 L 波段系统 G/T：不小于 12 dB/K。 S4 观测精度：优于 0.1。 S4 指数监控能力：不小于 0.7。 跟踪精度：优于 0.1 倍接收天线波束主瓣宽度。 基本观测量采样率：不小于 50 Hz。 抗振：不小于 2 g [a]。 应具备网口、串口等通信接口。	电离层幅度闪烁指数
注：dBW 是表示功率绝对值的单位，1 dBW＝10×1 g W。				
[a] g 为重力加速度，1 g ≈ 9.8 m/s².				

A.2　地基电离层闪烁观测仪器安装连接示意图

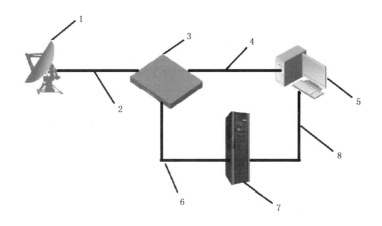

说明：

1——天线，放置于室外；

2——天线馈线，从室外传输卫星信号到室内；

3——电离层闪烁接收机，放置于室内；

4——网线或通信连接线，布设于室内；

5——数据处理与存储电脑，放置于室内；

6——电源连接线，布设于室内；

7——市政供电和不间断稳压电源供电，放置于室内；

8——电源连接线，布设于室内。

图 A.1　地基电离层闪烁观测仪器安装连接示意图

QX/T 491—2019

附　录　B

（资料性附录）

定期巡查与维护表

B.1 定期巡查记录表

表 B.1 电离层闪烁观测站定期巡查记录表

电离层闪烁观测站区站号			
巡查人：		年　月　日	
维护内容		维护结果	故障情况备注
观测计算机检查	操作系统	正常　　　　不正常	
	病毒自动检查情况	无病毒　　　　有病毒	
	应用软件运行	正常　　　　不正常	
	磁盘存储空间	满足　　　　不满足	
	计算机对时（北京标准时）	不超过10秒　　超过10秒	
	观测数据完整性	正常　　　　不正常	
	网络连接	正常　　　　不正常	
	数据通信	正常　　　　不正常	
供电检查	市电检查	正常　　　　不正常	
	稳压电源检查	正常　　　　不正常	
闪烁仪器检查	天线外观检查	正常　　　　不正常	
	通过闪烁仪器指示灯查看工作状态	正常　　　　不正常	
	通过应用软件查看工作状态	正常　　　　不正常	

396

表 B.1 电离层闪烁观测站定期巡查记录表(续)

维护内容		维护结果		故障情况备注
工作环境	机房空调	温度合适	温度不合适	
	机房保洁	清理	未清理	
防雷检查	室外天线接地	正常	不正常	
	室内设备接地	正常	不正常	

B.2 电离层闪烁观测仪器维护详情列表

表 B.2 电离层闪烁观测仪器维护详情列表

电离层闪烁观测站区站号	
维护时间	
维护部位	
维护方法	
维护效果	
维护人	

B.3 电离层闪烁观测仪器故障处理详情列表

表 B.3 电离层闪烁观测仪器故障处理详情列表

电离层闪烁观测站区站号	
故障仪器型号及名称	
故障时间	
故障原因	
处理方法	
处理结果	
维修人	

参 考 文 献

[1] GB/T 31158—2014　电离层电子总含量(TEC)扰动分级

[2] GB/T 33700—2017　地基导航卫星遥感水汽观测规范

[3] QX/T 45—2007　地面气象观测规范　第1部分:总则

[4] QX/T 130—2011　电离层突然骚扰分级

[5] QX/T 195—2013　电离层垂直探测规范

[6] QX/T 252—2014　电离层术语

[7] QX/T 294—2015　太阳射电流量观测规范

[8] 熊年禄,唐存琛,李行健.电离层物理概论[M].武汉:武汉大学出版社,1999

[9] 王劲松,吕建永.空间天气[M].北京:气象出版社,2010

ICS 07. 060
A 47
备案号：70285—2019

中华人民共和国气象行业标准

QX/T 492—2019

大型活动气象服务指南　人工影响天气

Meteorological services guideline for events—Weather modification

2019-09-18 发布

2019-12-01 实施

中 国 气 象 局　发布

前　言

本标准按照 GB/T 1.1—2009 给出的规则起草。

本标准由全国人工影响天气标准化技术委员会(SAC/TC 538)提出并归口。

本标准起草单位:北京市人工影响天气办公室。

本标准主要起草人:丁德平、马新成、黄梦宇、毕凯、何晖、宛霞、黄钰、金永利。

大型活动气象服务指南 人工影响天气

1 范围

本标准提供了大型活动人工影响天气服务任务提出、工作方案制定、技术方案、组织实施、安全管理、保障总结等方面的指导和建议。

本标准适用于大型活动人工影响天气保障服务工作。

2 规范性引用文件

下列文件对于本文件的应用是必不可少的。凡是注日期的引用文件,仅注日期的版本适用于本文件。凡是不注日期的引用文件,其最新版本(包括所有的修改单)适用于本文件。

QX/T 151—2012 人工影响天气作业术语

3 术语和定义

QX/T 151—2012 规定的以及下列术语和定义适用于本文件。

3.1

大型活动 event

单场次参加人数在 1000 人以上,或由国家、地方人民政府组织,具有一定社会影响的政治、经济、体育、文化等活动。

[QX/T 274—2015,定义 2.1]

3.2

大型活动人工影响天气 weather modification for event

为了保障大型活动,采用人工影响天气技术对可能影响大型活动的天气进行干预。

4 总则

4.1 大型活动人工影响天气保障任务通常由大型活动主办方提前 6 个月向有关行政主管部门提出。

4.2 任务下达后按第 5 章、第 6 章编制工作和技术方案,并组织专家对方案进行论证,在组织实施过程中不断修订完善。

4.3 按第 7 章、第 8 章进行组织实施和加强安全管理,保障任务完成后按第 9 章进行总结。

4.4 以下内容对于保障是至关重要的:

    a) 多部门协作的保障机制;

    b) 作业实施方案的演练和检验;

    c) 对人员、作业过程、弹药存储、运输等的安全管理。

5 工作方案制定

5.1 主要内容

包括主要任务、工作机制、机构组成和职责、工作计划、经费安排等。

5.2 主要任务

明确保障的区域、时限、要求及保障存在的可能不确定风险。

5.3 工作机制

建立大型活动人工影响天气保障机制是至关重要的,保障机制由三级决策指挥体系构成:第一级为保障领导小组;第二级为联合指挥中心;第三级为作业方案组、空中作业指挥组、地面作业指挥组、安全监管组和综合保障组等。

5.4 机构组成和职责

5.4.1 人工影响天气保障领导小组由大型活动领导小组、气象、军队、民航、公安、交通、应急等相关部门人员组成,负责统一指导协调大型活动人工影响天气服务保障工作。

5.4.2 联合指挥中心由军队、气象、民航、公安、应急等相关部门人员组成,负责统一指挥协调大型活动人工影响天气联合作业行动。

5.4.3 作业方案组由气象、人工影响天气、航(空)管等相关领域专家及相关人员组成,负责制定联合作业方案。

5.4.4 空中作业指挥组由人工影响天气、军队、航(空)管等相关部门人员组成,负责组织制定作业飞行计划,协调作业空域,指挥空中作业等。

5.4.5 地面作业指挥组由人工影响天气、航(空)管、军队、公安等相关部门人员组成,负责组织指挥地面作业等。

5.4.6 安全监管组由人工影响天气、军队、公安、应急等部门人员组成,负责人工影响天气作业安全的监管工作。

5.4.7 综合保障组由气象、公安、交通、相关企业等部门人员组成,负责运输、装备、后勤等保障工作。

5.4.8 可根据实际情况成立其他工作组,并明确相应职责。

5.5 工作计划

工作计划包括:

a) 筹备阶段:编制技术方案,确定保障机场、作业点、作业装备、物资、人员和安全保障措施,明确进度和完成时间;

b) 演练阶段:明确演练目的、计划安排、参演单位及人员等;

c) 实施阶段:明确保障时间、重要节点、保障机场、作业点、作业装备、探测装备、作业人员、保障单位及人员和相关物资等;

d) 总结阶段:明确总结内容和要求等。

5.6 经费安排

明确大型活动人工影响天气保障所需经费来源和预算安排。

6 技术方案

6.1 保障区域

明确大型活动人工影响天气保障的重点区域和目标区域。

6.2 天气背景分析

分析大型活动举办期间保障区域主要天气类型、系统移动路径和降水概率等特征。

6.3 作业设计

6.3.1 主要内容

包括作业防线设计、飞机和地面作业布局、作业指令、技术试验方案、作业预案、作业实施方案、效果评估等。

6.3.2 作业防线设计

以保障区域为中心,根据保障需求在其外围由远及近设置多道防线,明确各防线功能,根据天气系统移向、移速、影响范围、作业点间距及作业装备性能等要素计算各防线距离,人工消减雨作业防线设计示例参见附录A。

6.3.3 作业布局

宜根据影响保障区域不同来向的天气系统,在作业防线上划分飞机和地面作业区域。

6.3.4 作业方法

根据保障需求明确合适的作业装备、催化剂类型,选择合适的作业时机、作业部位和催化剂量,人工消减雨作业方法示例参见附录B、C和D。

6.3.5 作业指令

大型活动人工影响天气保障任务指令包括:
a) 三号指令为作业预指令,明确保障任务、时段,装备、人员及其到位时间、地点等;
b) 二号指令为进入作业准备状态指令,明确装备和人员作业准备完成时间,进入待命状态,适时启动加密探测计划等;
c) 一号指令为作业指令,明确作业区域和开始时间以及详细实施方案等;
d) 结束指令,明确保障服务结束时间、资料收集归档和提交保障总结等要求。
作业指令由联合指挥中心签批后发布。

6.3.6 技术试验方案

根据保障需求和人工影响天气作业准备情况制定技术试验方案,对相关技术流程进行验证。

6.3.7 作业预案

宜根据天气系统的气候统计特征及飞机、地面作业工具条件制定飞机和地面作业预案。

6.3.8 作业实施方案

主要内容为:

a) 根据天气系统类型和特点选择相应作业预案；

b) 确定具体作业区域和作业装备；

c) 明确具体参加单位及作业实施的时间节点；

d) 明确具体的人员安排。

作业实施方案通过多次演练修订完善。

6.3.9 作业效果评估

依据作业需求,确定作业效果评估方法。

6.3.10 其他方案

针对流动作业点、装备保障、物资配送、安全事故应急及其他实际情况制定相应方案。

7 组织实施

7.1 技术试验

根据试验方案开展前期相关外场试验,完善技术方案。

7.2 演练

7.2.1 在大型活动举行前进行人工影响天气工作方案推演是至关重要的。

7.2.2 根据大型活动人工影响天气工作方案具体要求和作业实施方案,进行工作流程演练。

7.2.3 演练结束后,及时根据演练情况对人工影响天气工作方案进行修订完善。

7.3 实施保障

7.3.1 天气会商

7.3.1.1 根据大型活动人工影响天气保障时间节点,提前 72 h～24 h 组织联合天气会商。

7.3.1.2 确定主要影响天气系统和可能性,给出影响开始与持续时间、影响程度、移向和移速等。

7.3.2 作业条件分析

7.3.2.1 根据 72 h～24 h 天气会商结果,组织作业会商。分析作业条件,包括云雾物理宏微观结构和演变过程特征等。

7.3.2.2 滚动发布作业条件分析,直至保障任务结束。

7.3.3 专家会商

7.3.3.1 根据人工影响天气作业条件组织专家会商。重点确定作业时间、区域、地点、装备、催化剂类型及剂量等,并形成专家意见。

7.3.3.2 根据专家意见起草作业指令按照报批流程上报联合指挥中心。

7.3.4 指令发布

7.3.4.1 提前 72 h～24 h 发布三号指令,人员、装备进入作业准备阶段。

7.3.4.2 提前 24 h～3 h 发布二号指令,人员、装备进入作业待命状态。

7.3.4.3 提前 3 h～0 h 发布一号指令,进入作业状态。

7.3.4.4 保障服务结束后,发布结束指令。

7.3.5 作业实施

根据作业指令实施作业。

7.3.6 效果评估

对整个作业过程进行效果评估。

8 安全管理

8.1 地面作业安全

8.1.1 作业人员安全

8.1.1.1 对作业人员实行备案制度,建立个人档案。

8.1.1.2 作业区内安保管理实施证件管理。

8.1.1.3 对作业人员进行地面作业装备安全理论知识和实际操作培训,保证作业人员熟练掌握操作规程。

8.1.2 作业过程安全

8.1.2.1 对地面作业装备进行检查(复检)和维修,确保地面作业装备安全合格。

8.1.2.2 实施作业应在批准的方位、空域和时限内进行。

8.1.2.3 作业过程中作业人员应佩穿防弹衣等安全措施,不应在作业装备前走动。

8.1.3 弹药存储安全

8.1.3.1 建立地面作业弹药清查每日报告制度。

8.1.3.2 弹药存储地点周边设立 24 h 安全警戒。

8.1.4 弹药运输安全

8.1.4.1 弹药运输选择具有危险品运输资质的运输公司。

8.1.4.2 制定弹药运输路线、车辆应急方案、车辆安全保障方案等并备案,为弹药运输车和物资配送车办理特别通行许可证。

8.1.4.3 按照危险品运输的相关规定办理危险品运输准运证、跨省运输准运证和省内运输准运证。

8.1.5 作业点外围安全

8.1.5.1 建立专人每日巡查值守的警戒值守机制。

8.1.5.2 做好作业点外围清场安保工作。

8.1.6 安全检查

8.1.6.1 在大型活动举行前完成作业点实地安全检查,及时整改发现的问题。

8.1.6.2 每日对作业人员和安保人员在岗情况进行抽查,及时整改发现的问题。

8.2 飞机作业安全

8.2.1 作业机组和飞机

8.2.1.1 对作业机组人员进行备案。

8.2.1.2 对作业飞机和机载作业设备开展安全检查,确保作业飞机安全合格。

8.2.2 机场保障

8.2.2.1 及时受理并申请飞行计划。

8.2.2.2 制定复杂气象条件下的飞机起降指挥方案。

8.2.2.3 对登机人员做好安检工作。

8.2.2.4 确保每次飞行前各种保障车辆按规定部署到位。

8.2.3 航管保障

召开航管协调会,明确飞行计划审批、飞行调配、作业飞机放飞及飞行指挥等相关事宜。

9 保障总结

任务结束后,总结保障活动取得的技术成果、工作经验,形成总结报告。

附　录　A
（资料性附录）
人工消减雨作业防线设计示例

以某大型活动人工消减雨作业防线设计为例,图 A.1 给出了该大型活动三道防线设计示意图。

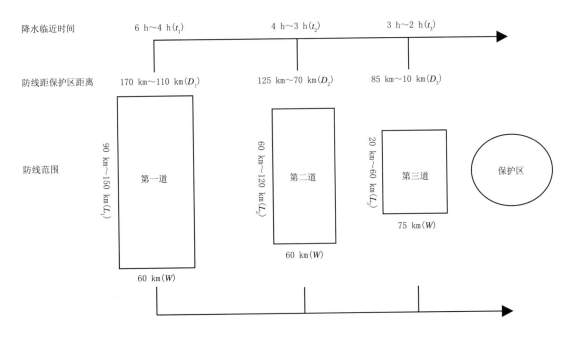

图 A.1　某大型活动人工消减雨三道防线设计示意图

根据对天气系统移速、范围、作业点间距及火箭影响半径等要素的计算,需要在系统距保护区 6 h～4 h(t_1)距离处设置第一道防线;在系统距保护区 4 h～3 h(t_2)距离处设置第二道防线;在系统距保护区 3 h～2 h(t_3)距离处设置第三道防线。防线距保护区距离(D)计算见式(A.1):

$$D = v \times t \quad\quad\quad\quad\quad\quad\quad\quad\quad (A.1)$$

式中:

v ——系统移动速度,单位为千米每小时(km/h);

t ——移至保护区时间,单位小时(h)。

计算步骤如下:

a)　根据雷达回波统计,云系的移动速度 v 为 30 km/h。可计算得到第一道防线距离保护区 170 km～110 km(D_1);第二道防线距保护区 125 km～70 km(D_2);第三道防线距保护区 85 km～10 km(D_3)。

b)　根据每个风向张角为 22.5°,按 30°的张角设置防线,设第一道防线长度为 L_1,则 $L_1 = 170 \text{ km} \times \tan(30°/2) \times 2 \approx 91 \text{ km}$,故第一道防线长度设为 90 km～150 km。设第二道防线长度为 L_2,$L_2 = 125 \text{ km} \times \tan(30°/2) \times 2 \approx 67 \text{ km}$,则该防线设为 60 km～120 km。设第三道防线长度为 L_3,$L_3 = 80 \text{ km} \times \tan(30°/2) \times 2 \approx 43 \text{ km}$,则该防线设为 20 km～60 km。

c)　按照一般降水云回波的宽度 $b = 30$ km,考虑需要两排火箭点作业,所以防线宽度(W)最少宜为 60 km 左右。

附　录　B

（资料性附录）

人工消减雨地面作业间隔和方式

B.1　作业间隔

根据某大型活动人工消减雨三道防线距离作业保护区不同距离,将火箭作业弹道作为线源,其扩散宽度作为保护范围,计算得到不同防线火箭作业影响宽度。根据计算结果,对于第一道防线火箭弹影响宽度约为 9 km 左右,第二道防线火箭弹影响宽度约为 6 km～7 km,第三道防线可以考虑火箭弹影响宽度约为 3 km～4 km。总体上第一道防线间隔作业时间最长,二、三道逐级减少作业间隔,通常第一道防线作业间隔约 30 min,第二道防线 10 min～15 min,第三道 5 min～10 min。

B.2　作业方式

地面作业宜垂直云系移动方向进行。

附　录　C

（资料性附录）

人工消减雨飞机催化作业用量

某大型活动人工消减雨飞机催化作业用量为：

a)　对层状云系（回波强度小于 20 dBz）实施作业时的催化剂用量为：使用 4 根碘化银烟条（含25 g 碘化银每根）连续播撒或以 40 g/s～80 g/s 的速度播撒液氮；

b)　对弱积层混合云系（回波强度 20 dBz～30 dBz）实施作业时的催化剂用量为：使用 8 根碘化银烟条（含 25 g 碘化银每根）连续播撒或以 60 g/s～120 g/s 的速度播撒液氮；

c)　实施暖云催化时，通常使用的播撒剂量为 20 kg/km²～600 kg/km²。

附 录 D
（资料性附录）
人工消减雨地面作业用弹量

某大型活动人工消减雨地面作业用弹量为：

a) 使用火箭对层状云系（回波强度小于 20 dBz）实施作业时，每部火箭每次作业用弹量为 4 枚～8 枚（含 25 g 碘化银每枚）。

b) 使用火箭对弱积层混合云系（回波强度 20 dBz～30 dBz）实施作业时，每部火箭每次作业用弹量为 8 枚～12 枚（含 25 g 碘化银每枚）。

c) 使用火箭对强积层混合云系、积状云系（回波强度大于 30 dBz）实施作业时，每部火箭每次作业用弹量为 12 枚～20 枚（含 25 g 碘化银每枚）。

参 考 文 献

[1]　QX/T 46—2007　地面气象观测规范　第 2 部分:云的观测

[2]　QX/T 274—2015　大型活动气象服务指南　工作流程

[3]　中国气象局科技教育司.飞机人工增雨作业业务规范(试行)[Z],2000

[4]　中国气象局科技发展司.人工影响天气岗位培训教材[M].北京:气象出版社,2003

[5]　北京市气象局,总参气象水文局,中国气象局人工影响天气中心,等.剑出鞘 军地人影共筑阅兵蓝[M].北京:气象出版社,2016

[6]　张蔷,何晖,刘建忠,等.北京 2008 年奥运会开幕式人工消减雨作业[J].气象,2009,35(8):3-15

————————

ICS 07.060

A 47

备案号：70286—2019

中华人民共和国气象行业标准

QX/T 493—2019

人工影响天气火箭弹运输存储要求

Requirements for transportation and storage of rocket shell on weather
modification

2019-09-18 发布

2019-12-01 实施

中 国 气 象 局 发 布

前　言

本标准按照 GB/T 1.1—2009 给出的规则起草。

本标准由全国人工影响天气标准化技术委员会(SAC/TC 538)提出并归口。

本标准起草单位:安徽省人工影响天气办公室、海南省人工影响天气中心、中国气象局上海物资管理处、安徽省公安厅治安总队。

本标准主要起草人:袁野、冯晶晶、黄彦彬、刘伟、许晓东、陈庆、夏晨。

人工影响天气火箭弹运输存储要求

1 范围

本标准规定了人工影响天气火箭弹（简称火箭弹）运输、存储的安全要求。

本标准适用于人工影响天气作业用火箭弹的运输和存储。

2 规范性引用文件

下列文件对于本文件的应用是必不可少的。凡是注日期的引用文件，仅注日期的版本适用于本文件。凡是不注日期的引用文件，其最新版本（包括所有的修改单）适用于本文件。

GB 50016—2014 建筑设计防火规范（2018 年版）

GB 50394 入侵报警系统工程设计规范

GB 50395 视频安防监控系统工程设计规范

GA 838—2009 小型民用爆炸物品储存库安全规范

QX/T 151—2012 人工影响天气作业术语

QX/T 328—2016 人工影响天气作业用弹药保险柜

WJ 9073—2012 民用爆炸物品运输车安全技术条件

3 术语和定义

QX/T 151—2012 界定的以及下列术语和定义适用于本文件。

3.1

火箭弹调运 allocation and transportation of rocket shell

火箭弹在省、市、县级存储库之间的运输。

3.2

作业运输 transportation for weather modification operation

火箭弹在存储库与作业点（包括临时作业点）之间的运输。

3.3

存储库 magazine

存储火箭弹的仓库。

3.4

临时存储库房 temporary storage house

实施人工影响天气作业期间，在作业站点临时存放火箭弹的房间。

4 运输

4.1 基本要求

4.1.1 火箭弹包装箱应堆码整齐、排列紧密、固定牢靠，防止窜动或坠落；其弹轴方向不应与车辆行驶方向平行。

4.1.2 火箭弹不得与化学物品、其他火工品及带静电物品等危及火箭弹安全的物品混装,不应同车携带与火箭弹及作业无关的货物。

4.1.3 装卸人员应经过培训、考核,熟知火箭弹装卸的基本流程和安全注意事项。

4.1.4 装卸时应避开雷电天气、严防明火。应轻拿轻放,避免冲击、敲击、摩擦、磕碰、坠落,不得抛掷、拖拉。

4.1.5 装卸时车辆应熄火、制动,驾驶员不应远离车辆;不应在装卸现场添加燃料或维修车辆。

4.1.6 运输车辆运输过程中应保持安全车速,不应随意停车,因特殊情况需较长时间停车时,应设置警戒带,并采取相应的安全防护措施。

4.1.7 运输过程宜接入人工影响天气物联网系统。

4.2 火箭弹调运

火箭弹调运车辆应符合 WJ 9073—2012 第 4 章规定,并按照民用爆炸物品运输流程实施运输,《民用爆炸物品安全管理条例》第四章给出了相关管理要求。

4.3 作业运输

4.3.1 作业运输应由火箭弹调运车辆或人工影响天气作业车辆实施运输,应按指定路线、时间行驶。

4.3.2 人工影响天气作业车辆应配备静电释放装置,宜配备人工影响天气弹药运输用保险柜。

4.3.3 人工影响天气作业车辆作业运输火箭弹携带量不应超过 20 枚,全车载重不应超过车辆核定载重量的 60%。

5 存储

5.1 基本要求

5.1.1 火箭弹应存储在符合 5.2 要求的存储库或符合 5.3 要求的临时存储库房内,应指定专人管理、看护。

5.1.2 应根据当地气候和存放物品的要求,采取防潮、隔热、通风、防啮齿动物等措施。

5.1.3 无关人员不得进入库房,不得在库房内住宿和进行其他活动。

5.1.4 不得在库房内吸烟和用火,不得把其他容易引起燃烧、爆炸的物品带入库房内。

5.1.5 应建立出入库台账,宜配备设备接入人工影响天气物联网系统。

5.2 存储库

5.2.1 建设要求

存储库应满足以下要求:
a) 选址符合 GA 838—2009 中第 6 章的规定;
b) 外部距离不应小于 100 m;
c) 总平面布局符合 GA 838—2009 中第 8 章的规定;
d) 建筑与结构符合 GA 838—2009 中第 9 章的规定;
e) 消防、电气和防雷措施符合 GA 838—2009 中第 10、11、12 章的规定;
f) 安装入侵报警、周界报警、视频监控等治安防范设施,并符合 GB 50394、GB 50395 的要求。

5.2.2 存储要求

存储应满足以下要求:

a) 存储火箭弹计算药量不得超过库房设计最大存储量,计算药量以梯恩梯为标准,换算方式参见附录 A。

b) 不同型号、不同批次的火箭弹分区存放,并分类标识清楚,不得在库房内存放其他物品。

c) 火箭弹分批成垛堆放,包装标志应朝向工作通道,堆垛与墙的距离不小于 0.9 m,堆垛与堆垛之间的最小距离 0.6 m,堆放高度不大于 1.6 m。行走通道宽度不小于 0.75 m,运输操作通道宽度不小于 1.5 m。

5.3 临时存储库房

5.3.1 建设要求

临时存储库房应满足以下要求:

a) 单层建筑,可采用砖墙承重结构,屋盖为钢筋混凝土结构;

b) 建筑耐火等级不低于 GB 50016—2014 中二级耐火等级;

c) 门为防火防盗门,向外平开,入口处应设有人体静电泄放装置;

d) 窗能开启并应配置铁栅栏和金属网;

e) 安装入侵报警、周界报警、视频监控等治安防范设施;

f) 配备符合 QX/T 328—2016 要求的人工影响天气作业用弹药保险柜。

5.3.2 存储要求

存储应满足以下要求:

a) 火箭弹存储在人工影响天气作业用弹药保险柜内;

b) 火箭弹按保险柜设计规则摆放,存储数量不得超过保险柜设计最大容量;

c) 非作业期间不得存放。

附　录　A

（资料性附录）

现用人工影响天气火箭弹等效梯恩梯当量换算表

表 A.1 给出了目前国内主要使用的各种型号火箭弹单枚等效梯恩梯当量。

表 A.1　现用人工影响天气火箭弹等效梯恩梯当量换算表

生产厂家	火箭弹型号	等效梯恩梯当量 g
西安庆华民用爆破器材股份有限公司	ZBZ-HJ-7	2380
	ZBZ-HJ-7A	2908
	ZBZ-HJ-8A	1840
	ZBZ-HJ-6（Ⅰ）	2200
	ZBZ-HJ-6（Ⅱ）	2200
	ZBZ-HJ-6（Ⅲ）	2200
重庆长安工业(集团)有限责任公司	82 mm 火箭弹	6000
吉林三三零五机械厂	HJD-82	3400
内蒙古北方保安民爆器材有限公司	RYI-6300	1465
	RYI-7100	1535
中国华云气象科技集团公司	HY-T1	2000
江西新余国科科技股份有限公司	BL-1A	890
	BL-1B	980
	BL-2A	510
	BL-3	1800
	BL-4	2880
云南锐达民爆有限责任公司	JFJ-1A	428
	JFJ-3	475
陕西中天火箭技术股份有限公司	WR-98	2630
	WR-1A	1384
	WR-1D	890
	WR-98Z	2540

ICS 07.060
A 47
备案号：70287—2019

中华人民共和国气象行业标准

QX/T 494—2019

陆地植被气象与生态质量监测评价等级

Grade of monitoring and evaluating for terrestrial vegetation meteorology and
ecological quality

2019-09-18 发布

2019-12-01 实施

中 国 气 象 局 发 布

前　言

本标准按照 GB/T 1.1—2009 给出的规则起草。

本标准由全国农业气象标准化技术委员会(SAC/TC 539)提出并归口。

本标准起草单位:国家气象中心、广西壮族自治区气象局、江西省气象局。

本标准主要起草人:钱拴、曹云、延昊、吴门新、程路、徐玲玲、薛红喜、杨鑫、王怀清。

陆地植被气象与生态质量监测评价等级

1 范围

本标准规定了陆地植被生长气象条件和植被覆盖度、植被净初级生产力、植被生态质量的监测评价方法及等级。

本标准适用于全年或生长季陆地植被生长气象条件和植被生态质量的监测评价。

2 术语和定义

下列术语和定义适用于本文件。

2.1

陆地植被生长气象条件 meteorological condition of terrestrial vegetation growth

影响陆地植被生长的热量、水分、日照等气象因子的状况。

2.2

陆地植被生长气象条件指数 meteorological condition index of terrestrial vegetation growth

以光、温、水等气象因子计算的反映气象条件对陆地植被生长有利程度的定量数值。

2.3

归一化差值植被指数 normalized difference vegetation index；NDVI

近红外、红光两个波段的反射率之差除以二者之和。

[GB/T 34814—2017,定义 2.10]

2.4

植被覆盖度 vegetation coverage

植被的冠层垂直投影面积占对应地表面积的百分比。

注：改写 QX/T 183—2013,定义 3.4。

2.5

植被净初级生产力 net primary productivity of vegetation

单位面积植被在某一时间内通过光合作用固定的有机物质减去自养呼吸消耗后剩余的有机物质总量。

注：以碳(C)计,单位为克每平方米(g/m^2)。

2.6

陆地植被生态质量指数 ecological quality index of terrestrial vegetation

基于陆地植被净初级生产力和覆盖度的能够反映陆地生态系统植被功能和覆盖状况的定量数值。

注：其大小主要反映植被生态质量的高低,数值越大表明植被生态质量越好。

3 监测评价方法和等级

3.1 监测评价内容

监测评价内容包括陆地植被生长气象条件和植被净初级生产力、植被覆盖度、植被生态质量四部分。

3.2 陆地植被生长气象条件

3.2.1 热量条件

陆地植被生长热量条件以全年或生长季活动积温的距平百分率表示,计算方法见式(1):

$$\Delta T = (\sum_{j=1}^{n} t_j - \overline{T})/\overline{T} \times 100\% \qquad \cdots\cdots\cdots\cdots(1)$$

式中:

ΔT ——全年或生长季日平均气温大于或等于 0 ℃积温的距平百分率;

n ——该时段参与计算的日平均气温大于或等于 0 ℃的日数;

j ——该时段参与计算的日平均气温大于或等于 0 ℃的日序;

t_j ——该时段第 j 日的平均气温,单位为摄氏度(℃);

$\overline{T}$ ——该时段日平均气温大于或等于 0 ℃积温的常年(对陆地植被,为 10 年或 10 年以上)平均值,单位为摄氏度日(℃·d)。

陆地植被生长热量条件年际对比监测评价等级见表1。

表 1 陆地植被生长热量条件年际对比监测评价等级

全年或生长季日平均气温大于或等于 0 ℃积温距平百分率(ΔT)	监测评价等级
$\Delta T \geq 10\%$	很好
$5\% \leq \Delta T < 10\%$	好
$0 \leq \Delta T < 5\%$	正常偏好
$-5\% \leq \Delta T < 0$	正常偏差
$-10\% \leq \Delta T < -5\%$	差
$\Delta T < -10\%$	很差

3.2.2 水分条件

陆地植被生长水分条件以全年或生长季累计降水量的距平百分率表示,计算方法见式(2):

$$\Delta P = (\sum_{j=1}^{n} p_j - \overline{P})/\overline{P} \times 100\% \qquad \cdots\cdots\cdots\cdots(2)$$

式中:

ΔP ——全年或生长季累计降水量的距平百分率;

n ——该时段日数;

j ——该时段内日序;

p_j ——该时段第 j 日的降水量,单位为毫米(mm);

$\overline{P}$ ——该时段降水量的常年(对陆地植被,为 10 年或 10 年以上)平均值,单位为毫米(mm)。

陆地植被生长水分条件年际对比监测评价等级见表 2。

表 2 陆地植被生长水分条件年际对比监测评价等级

全年或生长季累计降水量距平百分率(ΔP)	监测评价等级
$\Delta P \geq 50\%$	很好
$25\% \leq \Delta P < 50\%$	好

表 2 陆地植被生长水分条件年际对比监测评价等级(续)

全年或生长季累计降水量距平百分率(ΔP)	监测评价等级
$0 \leqslant \Delta P < 25\%$	正常偏好
$-25\% \leqslant \Delta P < 0$	正常偏差
$-50\% \leqslant \Delta P < -25\%$	差
$\Delta P < -50\%$	很差

3.2.3 日照条件

陆地植被生长日照条件以全年或生长季累计日照时数的距平百分率表示,计算方法见式(3):

$$\Delta S = (\sum_{j=1}^{n} s_j - \overline{S})/\overline{S} \times 100\% \quad\quad\quad\quad\quad (3)$$

式中:

ΔS —— 全年或生长季累计日照时数的距平百分率;

n —— 该时段日数;

j —— 该时段内日序;

s_j —— 该时段第 j 日的日照时数,单位为小时(h);

$\overline{S}$ —— 该时段日照时数的常年(对陆地植被,为 10 年或 10 年以上)平均值,单位为小时(h)。

陆地植被生长日照条件年际对比监测评价等级见表 3。

表 3 陆地植被生长日照条件年际对比监测评价等级

全年或生长季累计日照时数距平百分率(ΔS)	监测评价等级
$\Delta S \geqslant 20\%$	很好
$10\% \leqslant \Delta S < 20\%$	好
$0 \leqslant \Delta S < 10\%$	正常偏好
$-10\% \leqslant \Delta S < 0$	正常偏差
$-20\% \leqslant \Delta S < -10\%$	差
$\Delta S < -20\%$	很差

3.2.4 综合气象条件

综合气象条件以陆地植被生长气象条件指数(I)来衡量,计算方法见附录 A,监测评价等级见表 4。

表 4 陆地植被生长气象条件监测评价等级

陆地植被生长气象条件指数(I)	监测评价等级
$I = 1.0$	有利
$0.9 \leqslant I < 1.0$	较有利
$0.7 \leqslant I < 0.9$	基本有利
$0.6 \leqslant I < 0.7$	基本不利
$0.5 \leqslant I < 0.6$	较不利
$I < 0.5$	不利

陆地植被生长气象条件年际对比监测评价计算方法见式（4）：

$$\Delta I = I - \bar{I}$$ ....（4）

式中：

ΔI——全年或生长季陆地植被生长气象条件指数与常年（对陆地植被，为 10 年或 10 年以上）同期的差值；

I ——该时段陆地植被生长气象条件指数；

$\bar{I}$ ——该时段植被生长气象条件指数的常年（对陆地植被，为 10 年或 10 年以上）平均值。

陆地植被生长气象条件年际对比监测评价等级见表 5。

表 5　陆地植被生长气象条件年际对比监测评价等级

陆地植被生长气象条件指数与常年差值（ΔI）	监测评价等级
$\Delta I \geqslant 0.2$	很好
$0.1 \leqslant \Delta I < 0.2$	好
$0 \leqslant \Delta I < 0.1$	正常偏好
$-0.1 \leqslant \Delta I < 0$	正常偏差
$-0.2 \leqslant \Delta I < -0.1$	差
$\Delta I < -0.2$	很差

3.3　陆地植被覆盖度

陆地植被覆盖度估测方法见附录 B，监测评价等级见表 6。

表 6　陆地植被覆盖度监测评价等级

全年或生长季平均陆地植被覆盖度（C）	监测评价等级
$C \geqslant 80\%$	高覆盖
$60\% \leqslant C < 80\%$	较高覆盖
$40\% \leqslant C < 60\%$	中覆盖
$20\% \leqslant C < 40\%$	较低覆盖
$5\% \leqslant C < 20\%$	低覆盖
$C < 5\%$	极低覆盖

植被覆盖度年际对比计算方法见式（5）：

$$\Delta C = C - \bar{C}$$ ....（5）

式中：

ΔC——全年或生长季平均陆地植被覆盖度的平均值与常年（对陆地植被，为 10 年或 10 年以上）同期植被覆盖度平均值的差值；

C ——该时段陆地植被覆盖度的平均值；

$\bar{C}$ ——常年（对陆地植被，为 10 年或 10 年以上）同期陆地植被覆盖度的平均值。

陆地植被覆盖度年际对比监测评价等级见表 7。

表 7　陆地植被覆盖度年际对比监测评价等级

全年或生长季平均陆地植被覆盖度与常年差值（ΔC）	监测评价等级
ΔC≥10％	明显增加
3％≤ΔC<10％	增加
0≤ΔC<3％	持平偏增
−3％≤ΔC<0	持平偏减
−10％≤ΔC<−3％	减少
ΔC<−10％	明显减少

3.4　陆地植被净初级生产力

陆地植被净初级生产力估测方法见附录C，监测评价等级见表8。

表 8　陆地植被净初级生产力监测评价等级

全年或生长季陆地植被净初级生产力（NPP）g/m²	监测评价等级
NPP≥1000	很高
800≤NPP<1000	高
600≤NPP<800	较高
400≤NPP<600	较低
100≤NPP<400	低
NPP<100	很低

陆地植被净初级生产力年际对比计算方法见式（6）：

$$\Delta NPP = (NPP - \overline{NPP})/\overline{NPP} \times 100\% \quad\cdots\cdots(6)$$

式中：

ΔNPP ——全年或生长季植被净初级生产力距平百分率；

NPP ——该时段植被净初级生产力，以碳（C）计，单位为克每平方米（g/m²）；

$\overline{NPP}$ ——常年（对陆地植被，为10年或10年以上）同期植被净初级生产力的平均值，以碳（C）计，单位为克每平方米（g/m²）。

陆地植被净初级生产力年际对比监测评价等级见表9。

表 9　陆地植被净初级生产力年际对比监测评价等级

全年或生长季陆地植被净初级生产力距平百分率（ΔNPP）	监测评价等级
ΔNPP≥10％	明显增加
3％≤ΔNPP<10％	增加
0≤ΔNPP<3％	持平偏增
−3％≤ΔNPP<0	持平偏减
−10％≤ΔNPP<−3％	减少
ΔNPP<−10％	明显减少

3.5 陆地植被生态质量

陆地植被生态质量指数计算方法见附录 D,监测评价等级见表 10。

表 10 陆地植被生态质量监测评价等级

全年或生长季陆地植被生态质量指数(Q)	监测评价等级
$Q \geqslant 80$	优
$60 \leqslant Q < 80$	良
$50 \leqslant Q < 60$	中等偏好
$40 \leqslant Q < 50$	中等偏差
$20 \leqslant Q < 40$	差
$Q < 20$	很差

陆地植被生态质量年际对比以全年或生长季陆地植被生态质量指数的距平百分率表示,计算方法见式(7):

$$\Delta Q = (Q - \overline{Q})/\overline{Q} \times 100\% \quad\cdots\cdots\cdots\cdots\cdots (7)$$

式中:

ΔQ ——全年或生长季陆地植被生态质量指数的距平百分率;

Q ——该时段同期陆地植被生态质量指数;

$\overline{Q}$ ——常年(对陆地植被,为 10 年或 10 年以上)同期陆地植被生态质量指数的平均值。

陆地植被生态质量年际对比监测评价等级见表 11。

表 11 陆地植被生态质量年际对比监测评价等级

全年或生长季陆地植被生态质量指数距平百分率(ΔQ)	监测评价等级
$\Delta Q \geqslant 10\%$	很好
$3\% \leqslant \Delta Q < 10\%$	较好
$0 \leqslant \Delta Q < 3\%$	持平偏好
$-3\% \leqslant \Delta Q < 0$	持平偏差
$-10\% \leqslant \Delta Q < -3\%$	较差
$\Delta Q < -10\%$	很差

QX/T 494—2019

附　录　A

（规范性附录）

陆地植被生长气象条件指数计算方法

陆地植被生长气象条件指数计算方法见式（A.1）：

$$I = \frac{\sum_{i=1}^{N} I_i}{N}$$ ················（A.1）

式中：

I ——全年或生长季陆地植被生长气象条件指数；

N ——该时段包含的旬数；

i ——该时段内旬序；

I_i ——该时段第 i 旬陆地植被生长气象条件指数，采用李比西最小因子定律，计算方法见式（A.2）：

$$I_i = \min(I_{p,i}, I_{t,i}, I_{s,i})$$ ················（A.2）

式中：

$I_{p,i}$ ——该时段第 i 旬陆地植被生长水分条件指数；

$I_{t,i}$ ——该时段第 i 旬陆地植被生长热量条件指数；

$I_{s,i}$ ——该时段第 i 旬陆地植被生长日照条件指数。

其中，$I_{p,i}$ 计算方法见式（A.3）：

$$I_{p,i} = \begin{cases} 1 & p_i \geqslant \overline{p}_i \\ \dfrac{1}{1+4\left(1-\dfrac{p_i}{\overline{p}_i}\right)^2} & 0 \leqslant p_i < \overline{p}_i \end{cases}$$ ················（A.3）

式中：

p_i ——该时段第 i 旬降水量，单位为毫米（mm）；

$\overline{p}_i$ ——该时段第 i 旬降水量的常年值（对陆地植被，为 10 年或 10 年以上历年第 i 旬降水量的平均值），单位为毫米（mm）。

$I_{t,i}$ 计算方法见式（A.4）：

$$I_{t,i} = \begin{cases} 1 & t_i \geqslant \overline{t}_i + 2.0 \\ \dfrac{1}{1+\left(\dfrac{\overline{t}_i - t_i + 2}{t_{\min,i}}\right)^2} & 0 \leqslant t_i < \overline{t}_i + 2.0 \\ 0 & t_i < 0 \end{cases}$$ ················（A.4）

式中：

t_i ——该时段第 i 旬平均气温，单位为摄氏度（℃）；

$\overline{t}_i$ ——该时段第 i 旬平均气温的常年值（对陆地植被，为 10 年或 10 年以上历年第 i 旬平均气温的平均值），单位为摄氏度（℃）；

$t_{\min,i}$ ——该时段第 i 旬历年旬平均气温的最小值，单位为摄氏度（℃）。

其中，$t_{\min,i}$ 计算方法见式（A.5）：

$$t_{\min,i} = \begin{cases} \min(t_{i,1}, t_{i,2}, t_{i,3}, \cdots, t_{i,N}) & t_{\min,i} > 3.0 \\ 3 & t_{\min,i} \leqslant 3.0 \end{cases}$$ ················（A.5）

式中：

$t_{i,1}, t_{i,2}, t_{i,3}, \cdots, t_{i,N}$——该时段第 i 旬历史第 1 年至第 N 年(对陆地植被,$N \geqslant 10$)的历年旬平均气温,单位为摄氏度(℃)。

$I_{s,i}$ 计算方法见式(A.6):

$$I_{s,i} = \begin{cases} 1 & s_i \geqslant \bar{s_i} \\ \dfrac{1}{1+\left[(\bar{s_i}-s_i)/s_{\min,i}\right]^2} & 0 \leqslant s_i < \bar{s_i} \end{cases} \qquad \cdots\cdots\cdots\cdots\cdots(A.6)$$

式中:

s_i ——该时段第 i 旬日照时数,单位为小时(h);

$\bar{s_i}$ ——该时段第 i 旬日照时数的常年值(对陆地植被,为 10 年或 10 年以上历年第 i 旬日照时数的平均值),单位为小时(h);

$s_{\min,i}$——该时段第 i 旬日照时数的历年最小值,单位为小时(h)。

附　录　B

（规范性附录）

陆地植被覆盖度估测方法

以 NOAA/AVHRR、EOS/MODIS、FY-3/MERSI 等卫星归一化差值植被指数（NDVI）为基础，估测陆地植被覆盖度。

月植被覆盖度估测方法见式（B.1）：

$$C_k = \frac{V_k - V_{soil}}{V_{max} - V_{soil}} \times 100\%$$ ·················（B.1）

式中：

C_k　——全年或生长季第 k 月陆地植被覆盖度；

V_k　——该时段第 k 月的 NDVI；

V_{soil}　——像元为纯土壤时的 NDVI，根据我国陆地特点推荐 $V_{soil} = 0.05$；

V_{max}　——像元为全植被覆盖下的 NDVI，根据我国陆地特点推荐 $V_{max} = 0.95$。

全年或生长季平均陆地植被覆盖度计算方法见式（B.2）：

$$C = \frac{\sum_{k=1}^{K} C_k}{K}$$ ·················（B.2）

式中：

C　——全年或生长季平均陆地植被覆盖度；

C_k　——该时段第 k 月陆地植被覆盖度；

K　——该时段包含的月数；

k　——该时段月序。

附　录　C
（规范性附录）
陆地植被净初级生产力估测方法

基于陆地植被光能利用原理,利用 NDVI 和地面气象资料,估测月度陆地植被净初级生产力,见式(C.1)：

$$NPP_k = \varepsilon \times \sigma \times FPAR \times PAR \times (1 - R_{grow}) \times (1 - R_{maint}) \quad\cdots\cdots\cdots\cdots\cdots (C.1)$$

式中：

NPP_k ——全年或生长季第 k 月陆地植被净初级生产力,以碳(C)计,单位为克每平方米(g/m^2)；

ε ——陆地植被所吸收的光合有效辐射转化为有机物的转化率,即光能转化率,以碳(C)计,
单位为克每兆焦(g/MJ)；

σ ——影响光能转化率的因子,反映温度、水分等因子对光合作用的影响；

$FPAR$ ——陆地植被吸收光合有效辐射的比例；

PAR ——陆地植被所利用的光合有效辐射,单位为兆焦每平方米(MJ/m^2)；

R_{grow} ——陆地植被生长呼吸消耗系数；

R_{maint} ——陆地植被维持呼吸消耗系数。

全年或生长季陆地植被净初级生产力计算方法见式(C.2)：

$$NPP = \sum_{k=1}^{K} NPP_k \quad\cdots\cdots\cdots\cdots\cdots (C.2)$$

式中：

NPP ——全年或生长季陆地植被净初级生产力,以碳(C)计,单位为克每平方米(g/m^2)；

NPP_k ——该时段第 k 月陆地植被净初级生产力,以碳(C)计,单位为克每平方米(g/m^2)；

K ——该时段包含的月数；

k ——该时段月序。

附 录 D
（规范性附录）
陆地植被生态质量指数计算方法

陆地植被生态质量指数计算方法见式(D.1)：

$$Q = 100 \times \left(f_1 \times C + f_2 \times \frac{NPP}{NPP_{max}} \right) \quad \cdots\cdots\cdots\cdots (D.1)$$

式中：

Q ——全年或生长季陆地植被生态质量指数；

f_1 ——陆地植被覆盖度的权重系数（根据区域及其植被类型进行调整，全国取 0.5）；

C ——该时段平均陆地植被覆盖度，估测方法见附录 B；

f_2 ——陆地植被净初级生产力的权重系数（根据区域及其植被类型进行调整，全国取 0.5）；

NPP ——该时段陆地植被净初级生产力，估测方法见附录 C；

NPP_{max}——该时段历年同期陆地植被净初级生产力的最大值，即当地最好气象条件下的陆地植被净初级生产力，进行植被生态质量的空间对比时，NPP_{max}为该空间区域范围内最好气象条件下的陆地植被净初级生产力。

参 考 文 献

[1] GB/T 34814—2017 草地气象监测评价方法

[2] GB/T 34815—2017 植被生态质量气象评价指数

[3] QX/T 183—2013 北方草原干旱评估技术规范

[4] QX/T 200—2013 生态气象术语

[5] 方精云,柯金虎,唐志尧,等. 生物生产力的"4P"概念、估算及其相互关系[J].植物生态学报, 2001,25(4):414-419

[6] 陈利军,刘高焕,励惠国.中国植被净第一性生产力遥感动态监测[J].遥感学报,2002,6(2): 129-135

[7] 钱拴,毛留喜,张艳红.中国天然草地植被生长气象条件评价模型[J].生态学杂志,2007,26 (9):1499-1504

[8] 朱文泉,潘耀忠,张锦水.中国陆地植被净初级生产力遥感估算[J].植物生态学报,2007,31 (3):413-424

[9] 程红芳,章文波,陈锋.植被覆盖度遥感估算方法研究进展[J].国土资源遥感,2008,75(1): 13-18

[10] 侯英雨,毛留喜,李朝生,等.中国植被净初级生产力变化的时空格局[J].生态学杂志,2008, 27(9):1455-1460

[11] Lieth H. Modeling the primary productivity of the world[J]. Nature and Resources,1972, 8(2):5-10

[12] Yan H,Wang S Q,Billesbach B,et al. Improved global simulations of gross primary product based on a new definition of water stress factor and a separate treatment of C_3 and C_4 plants [J]. Ecological Modelling,2015(297):42-59

ICS 07.060
A 47
备案号：70288—2019

中华人民共和国气象行业标准

QX/T 495—2019

中国雨季监测指标　华北雨季

Monitoring indices of rainy season in China—Rainy season in North China

2019-09-18 发布　　　　　　　　　　　　　　　　2019-12-01 实施

中 国 气 象 局　发 布

前　言

本标准按照 GB/T 1.1—2009 给出的规则起草。

本标准由全国气候与气候变化标准化技术委员会(SAC/TC 540)提出并归口。

本标准起草单位:国家气候中心、北京市气候中心、内蒙古自治区气候中心、河北省气候中心、天津市气候中心、山西省气候中心。

本标准主要起草人:崔童、孙丞虎、王冀、尤莉、郝立生、杨德江、安炜。

中国雨季监测指标　华北雨季

1　范围

本标准规定了华北雨季的监测指标、判别方法和计算方法。
本标准适用于华北地区雨季的监测、预测、评价和服务。

2　术语和定义

下列术语和定义适用于本文件。

2.1

华北雨季　rainy season in North China
受东亚夏季风向北推进影响,每年7—8月华北地区降水集中的时期。

2.2

日降水量　daily accumulated precipitation
前一日20时到当日20时的累积降水量。
[QX/T 396—2017,定义2.4]
注:单位为毫米(mm)。

2.3

西北太平洋副热带高压脊线位置　the ridge position of the northwestern Pacific subtropical high
西北太平洋500 hPa位势高度场上副热带高压体东西向中心轴线所处的位置。

注:在10°N以北的110°E—130°E范围内,位势高度大于或等于588 dagpm的副热带高压体内纬向风 $u=0$,且 $\frac{\partial u}{\partial y}>0$ 的特征线所在纬度位置的平均值。
[QX/T 395—2017,定义2.3]

2.4

5天滑动累积　5-day moving accumulation
连续要素序列依次以当天及前4天共5个数据为一组求和。
[QX/T 396—2017,定义2.6]

2.5

气候平均值　climatological normal
气候态
常年值
最近连续3个整年代的气象要素平均值。

注:按照世界气象组织(WMO)的相关规定,每年代更新一次,即2011—2020年期间,采用1981—2010年的平均值作为其气候平均值,依此类推。

3　监测区域

包括北京市(京)、天津市(津)、河北省(冀)、山西省(晋)和内蒙古自治区(内蒙古)中部,其监测站点数分别为16站、9站、72站、108站和31站,站点分布参见附录A中图A.1,站点信息参见附录B中表B.1。

注:本标准中将监测区域划分为京津冀监测区、晋监测区、内蒙古监测区三个分区。

4 雨季长度指标

4.1 单站雨季

4.1.1 开始日期

自7月1日开始,当5 d平均的西北太平洋副热带高压脊线位置在25°N以北时:
a) 京津冀和晋监测区:某站5 d滑动累积降水量不小于35 mm,且该5 d内至少有一天日降水量不小于10 mm,则首个日降水量不小于10 mm的日期为该站雨季开始日;
b) 内蒙古监测区:某站5 d滑动累积降水量不小于25 mm,且该5 d内至少有一天日降水量不小于10 mm,则首个日降水量不小于10 mm的日期为该站雨季开始日。

4.1.2 结束日期

结束日期的确定:
a) 京津冀和晋监测区:雨季开始后,某站截至某日,连续10 d中5 d滑动累积降水量均不大于35 mm,则将此日定为雨季结束日;
b) 内蒙古监测区:雨季开始后,某站截至某日,连续10 d中5 d滑动累积降水量均不大于25 mm,则将此日定为雨季结束日。

4.2 分区雨季

4.2.1 开始日期

分区内雨季已经开始的站点累计比例达到或超过该分区所对应的比例阈值时,则将该日定为该分区雨季开始日,各分区雨季开始日阈值见表1。

表 1 华北各分区雨季起讫的站点累计比例阈值

日期	阈值		
	京津冀	晋	内蒙古
开始日	70%	60%	60%
结束日	60%	60%	50%

4.2.2 结束日期

分区内雨季已经结束的站点累计比例达到或超过该分区所对应的比例阈值时,则将该日定为该分区雨季结束日,各分区雨季结束日阈值见表1。

4.3 华北雨季

京津冀、晋和内蒙古三个分区中最早进入雨季的某分区雨季开始日为华北雨季的开始日;最晚结束的某分区雨季结束日为华北雨季的结束日。

4.4 雨季长度

雨季开始日至结束日(含开始日期,不含结束日期)的总天数。

5 雨季强度指标

5.1 雨季降水量

雨季开始日至结束日(含开始日期,不含结束日期)时段内,监测站点累积降水量的平均值。

5.2 雨季降水量等级

5.2.1 标准化

降水量等级由雨季降水量标准化值确定,其计算见式(1):

$$Z = \frac{P - P_0}{S} \qquad\qquad\qquad (1)$$

式中:

Z —— 雨季降水量标准化值;

P —— 某年雨季降水量;

P_0 —— 雨季降水量的气候平均值;

S —— 雨季降水量的气候标准差。

注:气候标准差为最近三个整年代的标准差,计算参见 GB/T 34412—2017 的 7.4.2。

5.2.2 等级划分

降水量等级(I_P)依据雨季降水量标准化值(Z)大小划分为五个等级,见表 2。

表 2 雨季降水量等级

I_P	等级描述	Z
5	显著偏多	$(\infty, 1.5]$
4	偏多	$(1.5, 0.5]$
3	正常	$(0.5, -0.5)$
2	偏少	$[-0.5, -1.5)$
1	显著偏少	$[-1.5, -\infty)$

5.3 雨季综合强度

5.3.1 雨季综合强度指数

华北及各分区雨季综合强度指数(M)计算见式(2):

$$M = \frac{L}{L_0} + \frac{(P/L)/(P_0/L_0)}{2} + \frac{P}{P_0} - 2.5 \qquad\qquad (2)$$

式中:

L —— 某年雨季长度;

L_0 —— 雨季长度的气候平均值;

P —— 某年雨季降水量;

P_0 —— 雨季降水量的气候平均值;

(P/L) —— 某年雨季内平均日降水强度;

（P_0/L_0）——雨季内平均日降水强度的气候平均值。

5.3.2 雨季综合强度等级

雨季综合强度等级（I_C）根据计算得到的综合强度指数（M）划分为五个等级，见表3。

表3 雨季综合强度等级

I_C	等级描述	M
5	强	$(\infty, 1.25]$
4	偏强	$(1.25, 0.375]$
3	正常	$(0.375, -0.375)$
2	偏弱	$[-0.375, -1.25)$
1	弱	$[-1.25, -\infty)$

6 雨季的特殊情况

6.1 特殊情况

在特殊年份，由于降水稀少，使用第4章方法无法确定雨季开始和结束日期，或判断出的雨季开始日期在8月11日以后或结束日期在8月31日以后。在此情况下，用6.2～6.4进行判别。

6.2 开始日期

自7月1日至8月10日，当5 d平均的西北太平洋副热带高压脊线位置在25°N以北时，取5 d滑动累积降水量最大时段中，日降水量首次超过其气候平均值的日期为雨季开始日。

6.3 结束日期

自7月11日至8月31日，5 d滑动累积降水量最大时段中，日降水量最后一次超过其气候平均值的日期次日为雨季结束日。

6.4 空雨季

若某些特殊年份，用上述方法均无法识别雨季开始和结束日期，则定义为空雨季。

QX/T 495—2019

附 录 A
（资料性附录）
华北雨季监测站点分布示意图

图 A.1 给出了华北雨季监测站点分布示意图。

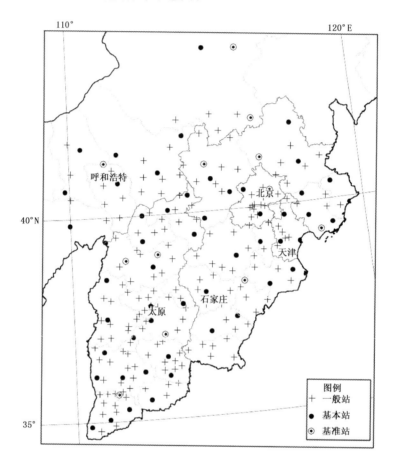

图 A.1 华北雨季监测站点分布示意图

438

附　录　B
（资料性附录）
华北雨季监测站点信息

表 B.1 给出了华北雨季监测站点信息。

表 B.1　华北雨季监测站点信息

序号	省（自治区、直辖市）	站名	站号	序号	省（自治区、直辖市）	站名	站号
1	北京	顺义	54398	35	河北	怀来	54405
2	北京	海淀	54399	36	河北	涿鹿	54408
3	北京	延庆	54406	37	河北	崇礼	54304
4	北京	密云	54416	38	河北	阳原	53492
5	北京	怀柔	54419	39	河北	丰宁	54308
6	北京	密云上甸子	54421	40	河北	围场	54311
7	北京	平谷	54424	41	河北	隆化	54318
8	北京	通州	54431	42	河北	平泉	54319
9	北京	昌平	54499	43	河北	滦平	54420
10	北京	门头沟	54505	44	河北	承德	54423
11	北京	北京	54511	45	河北	兴隆	54425
12	北京	石景山	54513	46	河北	承德县	54430
13	北京	丰台	54514	47	河北	青龙	54436
14	北京	房山	54596	48	河北	秦皇岛	54449
15	北京	朝阳	54433	49	河北	昌黎	54540
16	北京	大兴	54594	50	河北	遵化	54429
17	天津	蓟县	54428	51	河北	迁安	54439
18	天津	天津市	54517	52	河北	玉田	54522
19	天津	武清	54523	53	河北	滦县	54531
20	天津	宝坻	54525	54	河北	唐山	54534
21	天津	东丽	54526	55	河北	唐海	54535
22	天津	天津	54527	56	河北	乐亭	54539
23	天津	北辰	54528	57	河北	廊坊	54515
24	天津	静海	54619	58	河北	霸州	54518
25	天津	塘沽	54623	59	河北	文安	54612
26	河北	康保	53392	60	河北	涞源	53599
27	河北	尚义	53397	61	河北	曲阳	53682
28	河北	张北	53399	62	河北	阜平	53690
29	河北	怀安	53491	63	河北	定州	53696
30	河北	宣化	53498	64	河北	涿州	54502
31	河北	蔚县	53593	65	河北	易县	54507
32	河北	沽源	54301	66	河北	保定	54602
33	河北	张家口	54401	67	河北	安国	54604
34	河北	赤城	54404	68	河北	安新	54605

表 B.1 华北雨季监测站点信息（续）

序号	省（自治区、直辖市）	站名	站号	序号	省（自治区、直辖市）	站名	站号
69	河北	任丘	54610	108	内蒙古	化德	53391
70	河北	河间	54614	109	内蒙古	包头	53446
71	河北	沧州	54616	110	内蒙古	达拉特旗	53457
72	河北	泊头	54618	111	内蒙古	呼和浩特	53463
73	河北	黄骅	54624	112	内蒙古	土默特左旗	53464
74	河北	盐山	54627	113	内蒙古	托克托	53467
75	河北	吴桥	54717	114	内蒙古	和林格尔	53469
76	河北	饶阳	54606	115	内蒙古	卓资	53472
77	河北	深州	54608	116	内蒙古	凉城	53475
78	河北	衡水	54702	117	内蒙古	集宁	53480
79	河北	故城	54707	118	内蒙古	察哈尔右翼	53481
80	河北	井陉	53693	119	内蒙古	兴和	53483
81	河北	平山	53694	120	内蒙古	丰镇	53484
82	河北	新乐	53695	121	内蒙古	东胜	53543
83	河北	石家庄	53698	122	内蒙古	准格尔旗	53553
84	河北	赞皇	53795	123	内蒙古	清水河县	53562
85	河北	辛集	54701	124	内蒙古	锡林浩特	54102
86	河北	宁晋	53796	125	内蒙古	正镶白旗	54204
87	河北	邢台	53798	126	内蒙古	正蓝旗	54205
88	河北	巨鹿	53799	127	内蒙古	多伦	54208
89	河北	南宫	54705	128	内蒙古	太仆寺旗	54305
90	河北	清河	54706	129	山西	右玉	53478
91	河北	威县	54800	130	山西	阳高	53486
92	河北	涉县	53886	131	山西	大同	53487
93	河北	武安	53890	132	山西	大同县	53488
94	河北	邯郸	53892	133	山西	天镇	53490
95	河北	曲周	53893	134	山西	河曲	53564
96	河北	磁县	53897	135	山西	偏关	53565
97	河北	大名	54804	136	山西	左云	53573
98	内蒙古	阿巴嘎旗	53192	137	山西	平鲁	53574
99	内蒙古	镶黄旗	53289	138	山西	神池	53575
100	内蒙古	白云鄂博	53343	139	山西	山阴	53576
101	内蒙古	达茂旗	53352	140	山西	宁武	53577
102	内蒙古	固阳	53357	141	山西	朔州	53578
103	内蒙古	四子王旗	53362	142	山西	代县	53579
104	内蒙古	希拉穆仁	53367	143	山西	怀仁	53580
105	内蒙古	武川	53368	144	山西	浑源	53582
106	内蒙古	察哈尔右翼	53378	145	山西	应县	53584
107	内蒙古	商都	53385	146	山西	繁峙	53585

表 B.1 华北雨季监测站点信息(续)

序号	省(自治区、直辖市)	站名	站号	序号	省(自治区、直辖市)	站名	站号
147	山西	广灵	53590	186	山西	榆社	53787
148	山西	灵邱	53594	187	山西	和顺	53788
149	山西	临县	53659	188	山西	永和	53852
150	山西	保德	53660	189	山西	隰县	53853
151	山西	岢岚	53662	190	山西	大宁	53856
152	山西	五寨	53663	191	山西	吉县	53859
153	山西	兴县	53664	192	山西	交口	53860
154	山西	岚县	53665	193	山西	襄汾	53861
155	山西	静乐	53666	194	山西	灵石	53862
156	山西	娄烦	53669	195	山西	介休	53863
157	山西	原平	53673	196	山西	蒲县	53864
158	山西	忻州	53674	197	山西	汾西	53865
159	山西	定襄	53676	198	山西	洪洞	53866
160	山西	尖草坪	53677	199	山西	临汾	53868
161	山西	阳曲	53678	200	山西	霍州	53869
162	山西	小店	53679	201	山西	武乡	53871
163	山西	五台县	53681	202	山西	沁县	53872
164	山西	盂县	53685	203	山西	长子	53873
165	山西	平定	53687	204	山西	古县	53874
166	山西	柳林	53753	205	山西	沁源	53875
167	山西	石楼	53759	206	山西	安泽	53877
168	山西	方山	53760	207	山西	黎城	53878
169	山西	古交	53763	208	山西	屯留	53879
170	山西	离石	53764	209	山西	潞城	53880
171	山西	中阳	53767	210	山西	长治	53882
172	山西	孝义	53768	211	山西	襄垣	53884
173	山西	汾阳	53769	212	山西	壶关	53885
174	山西	祁县	53770	213	山西	平顺	53888
175	山西	文水	53771	214	山西	乡宁	53953
176	山西	太原	53772	215	山西	稷山	53954
177	山西	清徐	53774	216	山西	万荣	53956
178	山西	太谷	53775	217	山西	河津	53957
179	山西	榆次	53776	218	山西	临猗	53958
180	山西	交城	53777	219	山西	运城	53959
181	山西	平遥	53778	220	山西	曲沃	53961
182	山西	寿阳	53780	221	山西	翼城	53962
183	山西	阳泉	53782	222	山西	侯马	53963
184	山西	昔阳	53783	223	山西	新绛	53964
185	山西	左权	53786	224	山西	绛县	53965

表 B.1 华北雨季监测站点信息(续)

序号	省(自治区、直辖市)	站名	站号	序号	省(自治区、直辖市)	站名	站号
225	山西	浮山	53966	231	山西	晋城	53976
226	山西	闻喜	53967	232	山西	陵川	53981
227	山西	垣曲	53968	233	山西	永济	57052
228	山西	沁水	53970	234	山西	芮城	57053
229	山西	高平	53973	235	山西	夏县	57060
230	山西	阳城	53975	236	山西	平陆	57061

参 考 文 献

[1] GB/T 34412—2017 地面标准气候值统计方法 第7部分:计算方法

[2] QX/T 52—2007 地面气象观测规范 第8部分:降水

[3] QX/T 395—2017 中国雨季监测指标 华南汛期

[4] QX/T 396—2017 中国雨季监测指标 西南雨季

[5] 周诗健,王存忠,俞卫平.英汉汉英大气科学词汇[M].北京:气象出版社,2012

[6] 赵汉光.华北的雨季[J].气象,1994,20(6):3-8

[7] 刘海文,丁一汇.华北汛期的起讫及其气候学分析[J].应用气象学报,2008,19(6):688-696

[8] 张天宇,程炳岩,王记芳,等.华北雨季降水集中度和集中期的时空变化特征[J].高原气象,2007,26(4):843-853

ICS 07.060

A 47

备案号：70289—2019

QX

中华人民共和国气象行业标准

QX/T 496—2019

中国雨季监测指标 华西秋雨

Monitoring indices of rainy season in China—Autumn rain of West China

2019-09-18 发布

2019-12-01 实施

中 国 气 象 局 发布

前　言

　　本标准按照 GB/T 1.1—2009 给出的规则起草。

　　本标准由全国气候与气候变化标准化技术委员会(SAC/TC 540)提出并归口。

　　本标准起草单位：国家气候中心，四川省气候中心、国家气象中心、湖北省气候中心、湖南省气候中心、重庆市气候中心、贵州省气候中心、陕西省气候中心、甘肃省气候中心、宁夏回族自治区气候中心。

　　本标准主要起草人：李多、司东、柯宗建、柳艳菊、马振峰、张顺谦、鲍媛媛、肖莺、吴贤云、唐红玉、周涛、田武文、林纾、郑广芬。

引 言

华西秋雨是我国华西地区秋季连阴雨的特殊天气现象,主要出现在四川、重庆、贵州、甘肃东南部、宁夏南部、陕西南部、湖南西部、湖北西部一带。华西秋雨的降水量虽然少于夏季,但持续的降水也容易引发秋汛。

中国雨季监测指标 华西秋雨

1 范围

本标准规定了华西秋雨监测范围、起止日期、秋雨期长度及强度等指标和计算方法。

本标准适用于华西秋雨的监测、预测、评价和服务等工作。

2 术语和定义

下列术语和定义适用于本文件。

2.1

华西地区 West China

中国境内 25°N—36°N,100°E—111°E 的区域,包括湖北、湖南、重庆、四川、贵州、陕西、宁夏和甘肃 6 省 1 自治区 1 直辖市。

注:根据华西秋雨的区域气候特征,以秦岭为界划分为南北两个气候区(分别简称为南区、北区),其中南区主要包括湖北西部、湖南西部、重庆、四川东部以及贵州北部,北区主要包括陕西南部、宁夏南部和甘肃东南部。

2.2

华西秋雨 autumn rain of West China

一般在秋季出现的华西地区多雨的特殊天气现象。

2.3

秋雨日 day of autumn rainy season

自 8 月 21 日起,某日华西地区监测区内大于或等于 50% 的台站日降雨量大于或等于 0.1 mm,则称为一个秋雨日,否则为一个非秋雨日。

注:华西地区监测站点分布图参见附录 A,监测站点信息参见附录 B。

2.4

气候平均值 climatological normal

气候态

常年值

最近连续 3 个整年代的气象要素平均值。

注:按照世界气象组织(WMO)的相关规定,每年代更新一次,即 2011—2020 年期间,采用 1981—2010 年的平均值作为其气候平均值,依此类推。

3 监测指标

3.1 资料要求

采用华西地区的监测站点每年 8 月 21 日至 11 月 30 日的日平均(20 时—20 时逐日平均)降水资料。

3.2 开始日期

自 8 月 21 日起,若南/北区内连续出现 5 个秋雨日,或连续 5 天中只在第 2~4 天中出现一个非秋雨日,则该区域的华西秋雨开始,并将第一个秋雨日定为该区的华西秋雨开始日期。

南、北两区中,华西秋雨开始最早区的开始日作为华西秋雨的开始日期。

3.3 结束日期

3.3.1 北区结束日期

华西秋雨开始后,至 10 月 31 日前(包含 10 月 31 日)为止的最后一个降雨偏多的时段(连续出现 5 个秋雨日,或连续 5 天中只在第 2~4 天中出现一个非秋雨日)的结束日(即最后一个秋雨日的后一日)定为华西秋雨北区结束日期,表明华西秋雨在北区结束。

3.3.2 南区结束日期

华西秋雨开始后,至 11 月 30 日前(包含 11 月 30 日)为止的最后一个降雨偏多时段(连续出现 5 个秋雨日,或连续 5 天中只在第 2~4 天中出现一个非秋雨日)的结束日(即最后一个秋雨日的后一日)定为华西秋雨南区结束日期,表明华西秋雨在南区结束。

3.3.3 华西秋雨结束日期

在南、北两区中,华西秋雨结束最晚区的结束日作为华西秋雨的结束日期。

3.4 特殊秋雨年

3.4.1 如依据监测指标无法确定华西地区某年华西秋雨的起止日期,但在秋雨监测时段内若有明显的连续降水过程(过程期间秋雨日数占监测时段总天数的比例大于或等于 50%,过程长度大于或等于 10 天且没有连续 5 个非秋雨日)出现,则满足上述标准的第一个连续降水过程的开始日(过程中第一个秋雨日)定为华西秋雨开始日期,最后一个连续降水过程的结束日(过程中最后一个秋雨日的后一日)定为华西秋雨结束日期。

3.4.2 若某年,依据监测指标及 3.4.1 均无法识别华西秋雨的起止日,则认定该年度华西秋雨为空雨季。

3.4.3 若某年从 8 月 21 日之前就已满足华西秋雨开始指标,并且在 8 月底前结束,这种情况被视为非秋雨。若某年从 8 月 21 日之前就已满足华西秋雨开始指标,并且一直持续到 9 月结束,这种情况被视为华西秋雨开始,并将 8 月 21 日后的第一个秋雨日定为华西秋雨开始日期。

3.4.4 若某年华西秋雨一直持续到监测时段的最后一日(北区及其相关行政区为 10 月 31 日,南区及其相关行政区为 11 月 30 日)仍未结束的,则将 10 月 31 日(北区)/11 月 30 日(南区)之前的最后一个秋雨日的后一日定为华西秋雨结束日期。

3.5 秋雨期长度

华西秋雨开始日至结束日之间的总天数(包含开始日,不包含结束日)为华西秋雨期长度(L)。

3.6 秋雨量

华西秋雨期间,监测站点的日平均降水量的累积值为该区域的华西秋雨量(R)。

4 强度指数

4.1 秋雨期长度指数

秋雨期长度指数(I_1)是表征某年华西秋雨期长短的指标,见公式(1):

$$I_1 = \frac{L - L_0}{S_L} \qquad\qquad\qquad \cdots\cdots\cdots\cdots(1)$$

式中：

L ——某年秋雨期长度,单位为天(d)；

L_0 ——秋雨期长度的标准气候值,单位为天(d)；

S_L ——秋雨期长度的标准差,计算见附录C。

4.2 秋雨量指数

秋雨量指数(I_2)是表征某年华西秋雨量多少的指标,见公式(2)：

$$I_2 = \frac{R - R_0}{S_R} \qquad\qquad\qquad \cdots\cdots\cdots\cdots(2)$$

式中：

R ——某年的秋雨量,单位为毫米(mm)；

R_0 ——秋雨量的标准气候值,单位为毫米(mm)；

S_R ——秋雨量的标准差,计算见附录C。

4.3 秋雨综合强度指数

秋雨综合强度指数(I_3)计算见公式(3)：

$$I_3 = 0.3 \times I_1 + 0.7 \times I_2 \qquad\qquad \cdots\cdots\cdots\cdots(3)$$

将秋雨综合强度指数作为划分依据,把华西秋雨强度划分为5个等级,等级划分见表1。

表1 华西秋雨强度等级划分

等级	等级描述	指标范围
1	显著偏弱	$I_3 \leqslant -1.2$
2	偏弱	$-1.2 < I_3 < -0.5$
3	正常	$-0.5 \leqslant I_3 \leqslant 0.5$
4	偏强	$0.5 < I_3 < 1.2$
5	显著偏强	$I_3 \geqslant 1.2$

附　录　A

（资料性附录）

华西秋雨监测站点分布图

图 A.1 给出了华西秋雨监测站点分布图。方框表示北区站点,圆点表示南区站点。

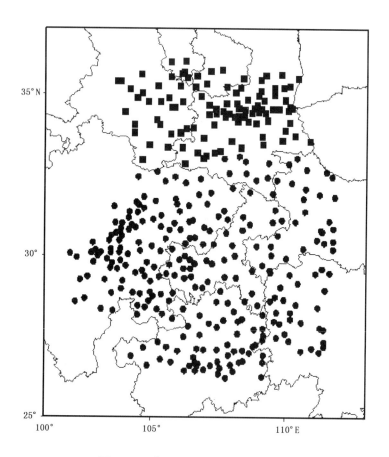

图 A.1　华西秋雨监测站点分布图

附　录　B

（资料性附录）

华西秋雨监测站点信息

表 B.1、表 B.2 分别给出了华西秋雨南区 269 个监测站点和北区 104 个监测站点的信息。

表 B.1　华西秋雨南区监测站点信息

序号	省（自治区、直辖市）	站名	站号	序号	省（自治区、直辖市）	站名	站号
1	湖北省	竹溪	57249	30	湖北省	鹤峰	57543
2	湖北省	郧西	57251	31	湖北省	来凤	57545
3	湖北省	十堰	57256	32	湖南省	安化	57669
4	湖北省	竹山	57257	33	湖南省	凤凰	57740
5	湖北省	房县	57259	34	湖南省	麻阳	57743
6	湖北省	丹江口	57260	35	湖南省	石门	57562
7	湖北省	老河口	57265	36	湖南省	慈利	57564
8	湖北省	巴东	57355	37	湖南省	临澧	57566
9	湖北省	兴山	57359	38	湖南省	花垣	57640
10	湖北省	保康	57361	39	湖南省	保靖	57642
11	湖北省	神农架	57362	40	湖南省	永顺	57643
12	湖北省	南漳	57363	41	湖南省	古丈	57646
13	湖北省	远安	57368	42	湖南省	吉首	57649
14	湖北省	利川	57439	43	湖南省	沅陵	57655
15	湖南省	龙山	57544	44	湖南省	泸溪	57657
16	湖南省	桑植	57554	45	湖南省	辰溪	57658
17	湖南省	张家界	57558	46	湖南省	桃源	57661
18	湖北省	建始	57445	47	重庆市	璧山	57514
19	湖北省	恩施	57447	48	重庆市	沙坪坝	57516
20	湖北省	夷陵区	57453	49	重庆市	江津	57517
21	湖北省	五峰	57458	50	重庆市	巴南	57518
22	湖北省	当阳	57460	51	重庆市	南川	57519
23	湖北省	宜昌	57461	52	重庆市	长寿	57520
24	湖北省	长阳	57464	53	重庆市	涪陵	57522
25	湖北省	宜都	57465	54	湖南省	新晃	57744
26	湖北省	枝江	57466	55	湖南省	芷江	57745
27	湖北省	松滋	57469	56	湖南省	怀化	57749
28	湖北省	咸丰	57540	57	湖南省	溆浦	57752
29	湖北省	宣恩	57541	58	湖南省	洪江	57754

表 B.1 华西秋雨南区监测站点信息(续)

序号	省(自治区、直辖市)	站名	站号	序号	省(自治区、直辖市)	站名	站号
59	湖南省	洞口	57758	93	重庆市	大足	57502
60	湖南省	冷水江	57760	94	重庆市	荣昌	57505
61	湖南省	新化	57761	95	重庆市	永川	57506
62	湖南省	邵阳市	57766	96	重庆市	万盛	57509
63	湖南省	隆回	57767	97	重庆市	铜梁	57510
64	湖南省	新邵	57768	98	重庆市	北碚	57511
65	湖南省	邵阳县	57860	99	重庆市	合川	57512
66	重庆市	巫溪	57345	100	重庆市	渝北	57513
67	重庆市	奉节	57348	101	四川省	广安	57415
68	重庆市	巫山	57349	102	四川省	邻水	57416
69	重庆市	潼南	57409	103	四川省	武胜	57417
70	重庆市	垫江	57425	104	四川省	大竹	57420
71	重庆市	梁平	57426	105	四川省	内江	57503
72	重庆市	万州	57432	106	四川省	隆昌	57507
73	重庆市	丰都	57523	107	四川省	江安	57600
74	重庆市	武隆	57525	108	四川省	合江	57603
75	重庆市	黔江	57536	109	四川省	北川	56194
76	重庆市	彭水	57537	110	四川省	江油	56195
77	重庆市	綦江	57612	111	四川省	绵阳	56196
78	重庆市	酉阳	57633	112	四川省	什邡	56197
79	重庆市	秀山	57635	113	四川省	德阳	56198
80	重庆市	城口	57333	114	四川省	中江	56199
81	重庆市	开县	57338	115	四川省	郫县	56272
82	重庆市	云阳	57339	116	四川省	宝兴	56273
83	四川省	崇州	56181	117	四川省	新津	56276
84	四川省	汶川	56183	118	四川省	天全	56278
85	四川省	绵竹	56186	119	四川省	芦山	56279
86	四川省	温江	56187	120	四川省	名山	56280
87	四川省	都江堰	56188	121	四川省	蒲江	56281
88	四川省	彭州	56189	122	四川省	邛崃	56284
89	四川省	安县	56190	123	四川省	大邑	56285
90	四川省	平武	56193	124	四川省	雅安	56287
91	重庆市	忠县	57437	125	四川省	双流	56288
92	重庆市	石柱	57438	126	四川省	彭山	56289

表 B.1 华西秋雨南区监测站点信息(续)

序号	省(自治区、直辖市)	站名	站号	序号	省(自治区、直辖市)	站名	站号
127	四川省	新都	56290	161	四川省	通江	57320
128	四川省	纳溪	57604	162	四川省	平昌	57324
129	四川省	古蔺	57605	163	四川省	宣汉	57326
130	四川省	叙永	57608	164	四川省	达县	57328
131	四川省	简阳	56295	165	四川省	犍为	56389
132	四川省	金堂	56296	166	四川省	井研	56390
133	四川省	仁寿	56297	167	四川省	眉山	56391
134	四川省	资阳	56298	168	四川省	资中	56393
135	四川省	泸定	56371	169	四川省	荣县	56394
136	四川省	荥经	56373	170	四川省	威远	56395
137	四川省	康定	56374	171	四川省	自贡	56396
138	四川省	汉源	56376	172	四川省	富顺	56399
139	四川省	石棉	56378	173	四川省	冕宁	56474
140	四川省	洪雅	56380	174	四川省	越西	56475
141	四川省	丹棱	56381	175	四川省	马边	56480
142	四川省	夹江	56382	176	四川省	雷波	56485
143	四川省	青神	56383	177	四川省	美姑	56487
144	四川省	峨眉	56384	178	四川省	沐川	56490
145	四川省	乐山	56386	179	四川省	宜宾	56492
146	四川省	峨边	56387	180	四川省	南溪	56493
147	四川省	广汉	56291	181	四川省	屏山	56494
148	四川省	旺苍	57217	182	四川省	兴文	56496
149	四川省	万源	57237	183	四川省	开江	57329
150	四川省	苍溪	57303	184	四川省	射洪	57401
151	四川省	梓潼	57304	185	四川省	蓬溪	57402
152	四川省	阆中	57306	186	四川省	遂宁	57405
153	四川省	三台	57307	187	四川省	乐至	57407
154	四川省	盐亭	57308	188	四川省	安岳	57408
155	四川省	西充	57309	189	四川省	高坪	57411
156	四川省	巴中	57313	190	四川省	渠县	57413
157	四川省	南部	57314	191	四川省	岳池	57414
158	四川省	仪陇	57315	192	贵州省	赫章	56598
159	四川省	蓬安	57317	193	贵州省	威宁	56691
160	四川省	营山	57318	194	贵州省	水城	56693

表 B.1　华西秋雨南区监测站点信息(续)

序号	省(自治区、直辖市)	站名	站号	序号	省(自治区、直辖市)	站名	站号
195	贵州省	桐梓	57606	229	贵州省	习水	57614
196	贵州省	赤水	57609	230	贵州省	道真	57623
197	贵州省	麻江	57828	231	贵州省	正安	57625
198	贵州省	丹寨	57829	232	贵州省	务川	57634
199	贵州省	三穗	57832	233	贵州省	沿河	57636
200	贵州省	台江	57834	234	贵州省	德江	57637
201	贵州省	剑河	57835	235	贵州省	松桃	57647
202	四川省	筠连	56498	236	贵州省	毕节	57707
203	四川省	珙县	56499	237	贵州省	大方	57708
204	四川省	高县	56592	238	贵州省	仁怀	57710
205	四川省	长宁	56593	239	贵州省	岑巩	57735
206	四川省	青川	57204	240	贵州省	江口	57736
207	四川省	广元	57206	241	贵州省	施秉	57737
208	四川省	剑阁	57208	242	贵州省	镇远	57738
209	四川省	南江	57216	243	贵州省	玉屏	57739
210	贵州省	遵义县	57717	244	贵州省	铜仁	57741
211	贵州省	息烽	57718	245	贵州省	万山	57742
212	贵州省	开阳	57719	246	贵州省	纳雍	57800
213	贵州省	绥阳	57720	247	贵州省	黔西	57803
214	贵州省	湄潭	57722	248	贵州省	织金	57805
215	贵州省	凤冈	57723	249	贵州省	修文	57811
216	贵州省	瓮安	57728	250	贵州省	清镇	57813
217	贵州省	余庆	57729	251	贵州省	平坝	57814
218	贵州省	思南	57731	252	贵州省	贵阳	57816
219	贵州省	印江	57732	253	贵州省	福泉	57821
220	贵州省	石阡	57734	254	贵州省	黄平	57822
221	贵州省	雷山	57837	255	贵州省	贵定	57824
222	贵州省	黎平	57839	256	贵州省	凯里	57825
223	贵州省	天柱	57840	257	贵州省	红花岗	57713
224	贵州省	锦屏	57844	258	贵州省	金沙	57714
225	贵州省	白云	57911	259	陕西省	西乡	57129
226	贵州省	龙里	57913	260	陕西省	紫阳	57231
227	贵州省	花溪	57914	261	陕西省	石泉	57232
228	贵州省	乌当	57915	262	陕西省	汉阴	57233

表 B.1 华西秋雨南区监测站点信息（续）

序号	省（自治区、直辖市）	站名	站号	序号	省（自治区、直辖市）	站名	站号
263	陕西省	镇巴	57238	267	陕西省	白河	57254
264	贵州省	都匀	57827	268	陕西省	镇坪	57343
265	陕西省	岚皋	57247	269	陕西省	旬阳	57242
266	陕西省	平利	57248				

表 B.2 华西秋雨北区监测站点信息

序号	省（自治区、直辖市）	站名	站号	序号	省（自治区、直辖市）	站名	站号
1	陕西省	长武	53929	27	陕西省	蓝田	57047
2	陕西省	旬邑	53938	28	陕西省	秦都	57048
3	陕西省	白水	53941	29	陕西省	华县	57049
4	陕西省	黄陵	53944	30	陕西省	潼关	57054
5	陕西省	宜君	53945	31	陕西省	华阴	57055
6	陕西省	黄龙	53946	32	陕西省	洛南	57057
7	陕西省	铜川	53947	33	陕西省	略阳	57106
8	陕西省	蒲城	53948	34	陕西省	凤县	57113
9	陕西省	澄城	53949	35	陕西省	勉县	57119
10	陕西省	合阳	53950	36	陕西省	杨凌	57123
11	陕西省	韩城	53955	37	陕西省	留坝	57124
12	陕西省	陇县	57003	38	陕西省	洋县	57126
13	陕西省	宝鸡	57016	39	陕西省	扶风	57026
14	陕西省	宝鸡县	57020	40	陕西省	眉县	57027
15	陕西省	千阳	57021	41	陕西省	太白	57028
16	陕西省	麟游	57022	42	陕西省	礼泉	57029
17	陕西省	彬县	57023	43	陕西省	永寿	57030
18	陕西省	岐山	57024	44	陕西省	淳化	57031
19	陕西省	凤翔	57025	45	陕西省	周至	57032
20	陕西省	高陵	57040	46	陕西省	泾阳	57033
21	陕西省	三原	57041	47	陕西省	武功	57034
22	陕西省	富平	57042	48	陕西省	乾县	57035
23	陕西省	大荔	57043	49	陕西省	安康	57245
24	陕西省	临潼	57044	50	陕西省	西安	57036
25	陕西省	渭南	57045	51	陕西省	耀县	57037
26	陕西省	华山	57046	52	陕西省	兴平	57038

表 B.2 华西秋雨北区监测站点信息(续)

序号	省(自治区、直辖市)	站名	站号	序号	省(自治区、直辖市)	站名	站号
53	陕西省	长安	57039	79	甘肃省	通渭	53908
54	宁夏	固原	53817	80	甘肃省	崆峒	53915
55	宁夏	西吉	53903	81	甘肃省	庄浪	53917
56	宁夏	六盘山	53910	82	甘肃省	西峰	53923
57	陕西省	汉中	57127	83	甘肃省	镇原	53925
58	陕西省	城固	57128	84	甘肃省	华亭	53927
59	陕西省	泾河	57131	85	甘肃省	崇信	53928
60	陕西省	户县	57132	86	甘肃省	正宁	53935
61	陕西省	佛坪	57134	87	甘肃省	漳县	56091
62	陕西省	宁陕	57137	88	甘肃省	陇西	56092
63	陕西省	柞水	57140	89	甘肃省	岷县	56093
64	陕西省	商县	57143	90	甘肃省	宕昌	56095
65	陕西省	镇安	57144	91	甘肃省	武都	56096
66	陕西省	丹凤	57153	92	甘肃省	文县	56192
67	陕西省	商南	57154	93	甘肃省	甘谷	57001
68	陕西省	山阳	57155	94	甘肃省	秦安	57002
69	陕西省	宁强	57211	95	甘肃省	武山	57004
70	陕西省	南郑	57213	96	甘肃省	天水	57006
71	宁夏	隆德	53914	97	甘肃省	礼县	57007
72	宁夏	泾源	53916	98	甘肃省	西和	57008
73	甘肃省	舟曲	56094	99	甘肃省	清水	57011
74	甘肃省	康乐	52988	100	甘肃省	麦积	57014
75	甘肃省	临洮	52986	101	甘肃省	成县	57102
76	甘肃省	安定	52995	102	甘肃省	康县	57105
77	甘肃省	渭源	52998	103	甘肃省	徽县	57110
78	甘肃省	静宁	53906	104	甘肃省	两当	57111

附　录　C

（规范性附录）

标准差的计算方法

标准差的计算方法见公式(C.1)：

$$\sigma = \left(\frac{1}{n} \sum_{i=1}^{n} (X_i - \overline{X})^2 \right)^{\frac{1}{2}} \qquad\qquad\cdots\cdots\cdots\cdots\cdots\cdots\cdots(C.1)$$

式中：

σ ——标准气候值计算周期内的要素标准差；

n ——样本长度；

X_i ——第 i 年要素值；

$\overline{X}$ ——要素的标准气候值。

参 考 文 献

〔1〕 GB/T 34412—2017 地面标准气候值统计方法

〔2〕 大气科学词典编委会.大气科学词典〔M〕.北京:气象出版社,1994

〔3〕 中国气象局监测网络司.地面气象电码手册〔M〕.北京:气象出版社,1999

〔4〕 中国气象局.地面气象观测规范〔M〕.北京:气象出版社,2003

〔5〕 World Meteorological Organization(WMO). Calculation of Monthly and Annual 30-Year Standard Normals:WCDP-No.10,WMO-TD No.341〔Z〕.WMO,1989

ICS 07.060
A 47
备案号：70290—2019

中华人民共和国气象行业标准

QX/T 497—2019

气候可行性论证规范　数值模拟与
再分析资料应用

Specifications for climatic feasibility demonstration—Application of numerical
simulation and reanalysis data

2019-09-18 发布

2019-12-01 实施

中 国 气 象 局　发布

前　言

本标准按照 GB/T 1.1—2009 给出的规则起草。

本标准由全国气候与气候变化标准化技术委员会(SAC/TC 540)提出并归口。

本标准起草单位:中国气象局公共气象服务中心、北京华新天力能源气象科技中心。

本标准主要起草人:全利红、周荣卫、袁春红、张永山、赵晓栋、王香云。

气候可行性论证规范 数值模拟与再分析资料应用

1 范围

本标准规定了气候可行性论证中数值模拟和再分析资料的应用条件和要求。

本标准适用于规划或建设项目的气候可行性论证。

2 术语和定义

下列术语和定义适用于本文件。

2.1

数值模式 numerical model

用来描述不同类型的大气运动而建立的闭合方程组及其数值求解方法。

2.2

中尺度气象数值模式 mesoscale meteorological numerical model

以中尺度天气系统为预报和模拟对象设计的数值模式。

注:中尺度天气系统一般指水平尺度范围在数百米至两千千米、生命史在数分钟至五天的天气系统。

2.3

计算流体力学模式 computational fluid dynamics model;CFD

数值求解控制流体流动的微分方程,得出流体流动的流场在连续区域上的离散分布,从而近似模拟流体流动情况的模型。

2.4

数值模拟 numerical simulation

依靠电子计算机,利用数值模式得到描述大气运动的各要素的时空分布特征。

2.5

资料融合 data merging

将在空间和时间上互补或冗余的各种观测信息,依据某种优化算法进行组合,产生比单一信息源更精确、更全面、更可靠的估计和判断。

2.6

资料同化 data assimilation

采用一定的最优标准和方法,将不同空间、不同时间、通过不同观测手段获得的观测数据与数值动力模式结合,得到反映真实大气状态的一个最优估算。

2.7

再分析 reanalysis

利用长期一致性观测资料,采用资料同化和数值模式系统,生成长期、连续、具有更高时空分辨率的描述大气状态资料。

2.8

降尺度 downscaling

基于较大时空尺度的天气气候信息,利用数学物理方法,计算得出较小时空尺度的天气气候信息的方法。包括动力降尺度、统计降尺度、动力统计降尺度方法。

3 数值模拟和再分析资料的应用条件

3.1 规划或建设项目所关注区域无气象观测站或观测资料代表性不好,也无现场观测的。

3.2 规划或建设项目所关注区域需要精细的气象要素空间分布特征,但无足够精细的气象观测资料支撑的。

3.3 开展规划或建设项目需要对局地气候影响评估分析的。

4 数值模拟应用的技术要求

4.1 中尺度气象数值模拟

4.1.1 应根据模拟区域地形、气候特征和关注的工程气象参数和极端气象要素(极端气候事件)等,对模拟方案进行比选,确定最优模拟方案,包括设置合适的初边值条件、参数化方案,模拟的起止时间、网格划分等,应同化或融合当地气象观测资料。

4.1.2 应对模拟结果进行验证。如果模拟结果与实际观测结果存在明显差异,应调整模拟方案或对模拟结果进行订正。

4.1.3 订正后的结果仍需与观测结果进行对比,只有当两者量值接近,时空变化规律一致,且不影响模拟结果的时空分布连续性时,才能用于气候可行性论证中。

4.2 计算流体力学模拟

4.2.1 应根据模拟区域下垫面、气候特征和规划或建设项目要求确定模拟情景。

4.2.2 应根据模拟情景确定网格划分方案、初值和边值条件、参数化方案等。

5 再分析资料应用的技术要求

5.1 应用全球环流模式分析得到的再分析资料应进行降尺度处理,并与实测资料对比检验。

5.2 利用再分析资料分析项目区域气候特征时,应针对规划或建设项目所在区域和关注的气象要素进行适用性分析和订正,明确给出适用性分析和订正的过程和结论。适用性分析内容包括相关性、偏差、均方根误差等。

5.3 只有当适用性分析满足统计检验要求时,再分析资料或订正后的结果才能用于气候可行性论证中。

5.4 现有再分析资料不满足规划或建设项目需求并需自制再分析资料时,应同化当地气象观测资料,并说明使用的同化方法、数值模式、同化的观测资料,生成的再分析资料的要素、时空分辨率、时段等信息。对生成的再分析资料进行检验和订正,确保其可靠性。

参 考 文 献

[1] 郑国光.中国气象百科全书[M].北京:气象出版社,2016

[2] 施永年.中尺度气象数值模式[J].计算物理,1992,9(4):745-748

[3] 赵天保,符淙斌,柯宗建,等.全球大气再分析资料的研究现状与进展[J].地球科学进展,2010,25(3):242-254

ICS 07.060
A 47
备案号：70291—2019

中华人民共和国气象行业标准

QX/T 498—2019

地铁雷电防护装置检测技术规范

Technical specifications for inspection of lightning protection system for metro

2019-09-18 发布

2019-12-01 实施

中 国 气 象 局 发 布

前　言

本标准按照 GB/T 1.1—2009 给出的规则起草。

本标准由全国雷电灾害防御行业标准化技术委员会提出并归口。

本标准起草单位：北京市气象灾害防御中心、深圳市气象服务中心、湖北省防雷中心、四川省防雷中心、中铁二院工程集团有限责任公司。

本标准主要起草人：李如箭、李京校、邱宗旭、李国梁、张磊、韩孟磊、黄晟、张翼、郭宏博、段弢、李一丁、陆茂。

地铁雷电防护装置检测技术规范

1 范围

本标准规定了地铁雷电防护装置检测的一般要求、检测方法、检测内容及要求等。

本标准适用于地铁雷电防护装置的检测。

本标准不适用于地铁车辆雷电防护装置的检测。

2 规范性引用文件

下列文件对于本文件的应用是必不可少的。凡是注日期的引用文件,仅注日期的版本适用于本文件。凡是不注日期的引用文件,其最新版本(包括所有的修改单)适用于本文件。

GB/T 21431—2015 建筑物防雷装置检测技术规范

GB 50057—2010 建筑物防雷设计规范

TB/T 2311—2017 铁路通信、信号、电力电子系统防雷设备

3 术语和定义

下列术语和定义适用于本文件。

3.1

地铁 metro;subway

在城市中修建的快速、大运量、用电力牵引的轨道交通。列车在全封闭的线路上运行,位于中心城区的线路基本设在地下隧道内,中心城区以外的线路一般设在高架桥或地面上。

[GB 50157—2013,定义 2.0.1]

3.2

运营控制中心 operation control center;OCC

调度人员通过使用通信、信号、综合监控(电力监控、环境与设备监控、火灾自动报警)、自动售检票等中央级系统操作终端设备,对地铁全线(多线或全线网)列车、车站、区间、车辆基地及其他设备的运行情况进行集中监视、控制、协调、指挥、调度和管理的工作场所,简称控制中心。

[GB 50157—2013,定义 2.0.46]

3.3

车辆段 depot

停放车辆,以及承担车辆的运营管理、整备保养、检查工作和承担定修或架修车辆检修任务的基本生产单位。

[GB 50157—2013,定义 2.0.54]

3.4

停车场 parking lot; stabling yard

停放配属车辆,以及承担车辆的运营管理、整备保养、检查工作的基本生产单位。

[GB 50157—2013,定义 2.0.55]

3.5

站台门 platform edge door

安装在车站站台边缘,将行车的轨道区与站台候车区隔开,设有与列车门相对应、可多极控制开启与关闭滑动门的连续屏障。

[GB 50157—2013,定义 2.0.51]

3.6

总等电位接地端子板 main equipotential earthing terminal board

将多个接地端子连接在一起并直接与接地装置连接的金属板。

[GB 50343—2012,定义 2.0.9]

3.7

局部等电位接地端子板(排) local equipotential earthing terminal board

电子信息系统机房内局部等电位连接网络接地的端子板。

[GB 50343—2012,定义 2.0.11]

3.8

雷电防护装置 lightning protection system;LPS

防雷装置

用于减少闪击击于建(构)筑物上或建(构)筑物附近造成的物质性损害和人身伤亡,由外部防雷装置和内部雷电防护装置组成。

注:改写 GB 50057—2010,定义 2.0.5。

3.9

电涌保护器 surge protective device;SPD

用于限制瞬态过电压和分泄电涌电流的器件。它至少包含有一个非线性原件。

[GB 50057—2010,定义 2.0.29]

4 一般要求

4.1 检测项目

检测项目如下:
a) 接闪器;
b) 引下线;
c) 接地装置;
d) 等电位连接;
e) 电涌保护器(SPD);
f) 防雷类别。

4.2 检测周期和时间

4.2.1 投入使用后的线路应每年检测一次。

4.2.2 新建线路的检测宜在热滑试验之前,其中接地电阻检测应在车站主体结构完成之后且电气设备安装之前进行。

4.2.3 检测宜在冻土解冻后、雷雨季节到来前进行,不应在雷、雨、雪中或雨、雪后立即进行。

5 检测方法

5.1 车站的接地电阻测试方法应符合附录 A 的要求,宜选用大型接地装置测试方法。

5.2 车站内的金属构件、设备、线缆、屏蔽层和各种金属管道线槽与雷电防护装置的等电位连接,应按照 GB/T 21431—2015 第 5.7 条规定测试。

5.3 电涌保护器的检测方法应符合 TB/T 2311—2017 第 7.3.1.1 条及第 7.3.2.1 条要求。

6 检测内容及要求

6.1 防雷类别的确定

地上建筑物防雷类别划分应按照 GB 50057—2010 第 3 章执行。

6.2 地上建筑物的接闪器、引下线

6.2.1 地上建筑物的接闪器、引下线的检测应按照 GB/T 21431—2015 中 5.2、5.3 执行。

6.2.2 下列室外设备应在直击雷保护范围之内:
——冷却塔;
——天线;
——地铁徽标灯;
——摄像机;
——线缆。

保护范围应按 GB 50057—2010 附录 D 计算。

6.3 接地装置

6.3.1 地铁车站接地系统的接地电阻值应符合设计要求,检测方法见 5.1。地铁车站接地系统测试位置示意图参见附录 B。

6.3.2 检查电气、电子总等电位端子板的设置、数量,测量各总等电位端子板的接地电阻值,测量值应符合设计要求。

6.4 等电位连接

6.4.1 等电位连接导线和连接到接地装置的导体的最小截面应符合 GB 50057—2010 表 5.1.2 的规定。

6.4.2 下列金属体可作为等电位连接基准点:
——由综合接地网引出的电气、电子总等电位接地端子板;
——各电子系统机房内的局部等电位接地端子板;
——各变电室的环形接地带;
——照明配电室内的接地母线;
——机电设备预留的接地端子;
——建筑物顶面的电气设备预留接地端子。

6.4.3 等电位连接的过渡阻值的测试采用空载电压 4 V~24 V,最小电流为 0.2 A 的测试仪器进行测量,过渡电阻值一般应小于或等于 0.2 Ω。

6.4.4 电气电子系统等电位连接的检测应符合下列规定:

——电气电子设备与外部防雷装置之间满足间隔距离的要求；

——等电位连接网络形式的连接要求符合 GB 50057—2010 中 6.3.4 第 5、6、7 款的规定。

6.4.5 检查下列位置金属体与防雷装置的等电位连接状况：

——进入车站和变电所的金属管线、其他金属体(不包含走行轨、接触轨及道床内的非指定回路上流动的电流收集网)；

——高架车站、地面车站、车辆段及停车场建筑物顶部金属体。

6.4.6 检测电气电子系统以下部位与等电位连接带(或等电位端子板)之间的连接状况、连接质量、连接导体的材料和尺寸：

——配电柜(盘)内部的 PE 排及外露金属导体；

——UPS 及电池柜金属外壳；

——电子设备的金属外壳；

——设备机架、金属操作台；

——机房内部消防设施、其他配套设施金属外壳；

——线缆的金属屏蔽层；

——光缆屏蔽层和金属加强筋；

——金属线槽；

——配线架；

——防静电地板支架；

——金属门、窗、隔断等。

6.4.7 检测各车站区间下列设备与防雷装置的过渡电阻值：

——声屏障架；

——灯杆；

——摄像机支架；

——天线杆；

——线缆架；

——信号机；

——控制箱；

——电源箱；

——信号箱。

6.5 电涌保护器

6.5.1 检查并记录低压配电系统电涌保护器的安装位置、型号、接线方式、保护模式(相线/地线、相线/中性线/地线)，检查位置见表1。

表 1 低压配电系统电涌保护器检查位置

建筑类型	机房名称
控制中心	0.4 kV 低压开关柜室
	通信设备室、信号设备室、综合监控室、消防控制室、UPS 机房、调度大厅等
	通信设备室、信号设备室、综合监控室、消防控制室等特殊或重要的电子设备机房

表 1 低压配电系统电涌保护器检查位置(续)

建筑类型	机房名称
车辆段和停车场,主要包括列检库、信号楼、停车库、维修库、办公楼、变电所等	各单体内的 0.4 kV 低压开关柜室或总配电室
	通信设备室、信号设备室、综合监控室、消防控制室、UPS 机房、信息管理机房等
	通信设备室、信号设备室、综合监控室、消防控制室等特殊或重要的电子设备机房
高架车站、地面车站、半地下车站、与地上区间相连的第一座地下车站、地面区间变电所、区间风井、主变电所	0.4 kV 低压开关柜室
	通信设备室、信号设备室、车站控制室、自动售检票室、计算机房、UPS 机房、站台门控制室、电扶梯机房、环控电控室、照明配电室、水泵房等防雷箱或配电箱
	通信设备室、信号设备室、综合监控室、车站控制室等特殊或重要的电子设备机房
不与地上区间相连的地下车站	0.4 kV 低压开关柜室
	通信设备室、信号设备室、车站控制室、自动售检票室、计算机房、UPS 机房、站台门控制室、电扶梯机房、环控电控室、照明配电室、水泵房等
	通信设备室、信号设备室、综合监控室、车站控制室等特殊或重要的电子设备机房
区间	摄像机、天线等信号及通信设备的控制箱、电源箱、检修箱
其他	为室外、室内外连通空间内的设备或设施直接配电的配电箱。主要包括室外的冷却塔、空调室外机、维修电源箱、灯具、广告灯箱、徽标等;车站室内外连通空间内的灯具、电梯、扶梯、水泵等;与地上区间连通的第一个地下区间内的配电箱等

6.5.2 低压配电系统 SPD 的检查及测试应符合 TB/T 2311—2017 中 6.2.1 和 7.3.1.1 的规定。

6.5.3 检查并记录专用通信室及公安通信室内如下位置各级 SPD 的安装位置、安装数量、型号、主要性能参数:

　　——有线通信子系统配线架上的避雷子单元;

　　——视频监控子系统柜内连接的各室外摄像机、控制信号线的接口处;

　　——出入口摄像机解码器箱内的视频、控制信号线的接口处;

　　——时钟子系统柜内连接的室外天线和馈线;

　　——广播子系统音频功率放大器输出端;

　　——无线子系统室外天线射频端口。

6.5.4 检查车站、车辆段及停车场内信号机房的防雷分线柜的安装位置、型号。

6.5.5 电信和信号网络 SPD 的检查及测试应符合 TB/T 2311—2017 中 6.2.3 和 7.3.2.1 的规定。

6.6 牵引电源

6.6.1 检查下列位置避雷器安装位置、安装数量、型号、主要性能参数:

　　——地上区间架空接触网,其避雷器设置间距应小于或等于 300 m;

　　——隧道两端的车站牵引电源隔离开关处;

　　——为地上线接触网供电的隔离开关处。

6.6.2 首次检测应检查地上区间架空接触网的架空地线火花间隙设置,其间距应小于或等于 200 m。

6.6.3 检测避雷器、火花间隙接地端的冲击接地电阻,其值应小于或等于 10 Ω。

6.6.4 检查并记录直流馈线及负母线处雷电过电压吸收装置的安装位置、安装数量、型号和主要性能参数。

附　录　A

（规范性附录）

接地装置测试方法

A.1　大型接地装置测试方法

A.1.1　电流—电压表三极法：直线法

电流线和电位线同方向（同路径）放设称为三极法中的直线法，见图 A.1。放线按 A.1.3 的要求，d_{PG} 通常为 0.5～0.6 倍 d_{CG}。电位极 P 应在被测接地装置 G 与电流极 C 连线方向移动三次，每次移动的距离为 d_{CG} 的 5% 左右，若三次测试的结果误差在 5% 以内即可。

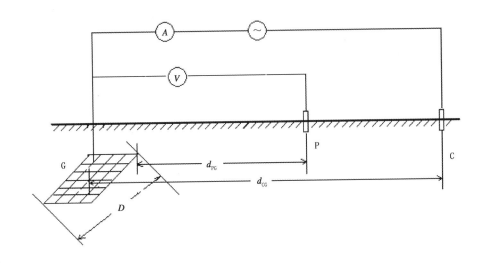

说明：

G ——被试接地装置；

C ——电流极；

P ——电位极；

D ——被试接地装置最大对角线长度；

d_{CG} ——电流极与被试接地装置中心的距离；

d_{PG} ——电位极与被试接地装置边缘的距离。

图 A.1　电流—电压表三极法测试接地阻抗示意图

A.1.2　试验电源的选择

A.1.2.1　宜采用异频电流法测试接地装置的工频特性参数。试验电流频率宜在 40 Hz～60 Hz 范围，标准正弦波波形，电流幅值通常不宜小于 3 A。对于试验现场干扰大的时候可加大测试电流，同时需要特别注意试验安全。

A.1.2.2　如果采用工频电流测试接地装置的工频特性参数，应采用独立电源或经隔离变压器供电，并尽可能加大试验电流，试验电流不宜小于 50 A，并应特别注意试验的安全问题，如电流极和试验回路的看护。

A.1.3 测试回路的布置

按下列要求布置测试回路：

a) 测试接地装置工频特性参数的电流极应布置得尽量远，见图 A.1，通常电流极与被试接地装置中心的距离 d_{CG} 应为被试接地装置最大对角线长度 D 的 4～5 倍；对超大型的接地装置的布线可利用架空线路做电流线和电位线；当远距离放线有困难时，在土壤电阻率均匀地区 d_{CG} 可取 2D，在土壤电阻率不均匀地区可取 3D。

d) 测试回路应尽量避开河流、湖泊、道路口；尽量远离地下金属管路和运行中的输电线路，避免与之长段并行，当与之交叉时应垂直跨越。

c) 电流线和电位线之间都应保持尽量远距离，以减小电流线与电位线之间互感的影响。

A.1.4 电流极和电位极的设置

按下列要求设置电流极和电位极：

a) 电流极的接地电阻值应尽量小，以保证整个电流回路阻抗足够小，设备输出的试验电流足够大；如电流极接地电阻偏高，可采用多个电流极并联或向其周围泼水的方式降阻。

b) 电位极应紧密而不松动地插入土壤中 20 cm 以上。可采用人工接地极或利用不带避雷线的高压输电线路的铁塔作为电流极。

c) 试验过程中电流线和电位线均应保持良好绝缘，接头连接可靠，避免裸露、浸水。

A.1.5 试验电流的注入

试验电流的注入点宜选择单相接地短路电流大的场区里，电气导通测试中结果良好的设备接地引下线处，一般选择在变压器中性点附近或场区边缘。小型接地装置的测试可根据具体情况参照进行。

A.1.6 试验的安全

试验期间电流线不应断开，电流线全程和电流极处应有专人看护。

A.2 一般接地装置测试方法

接地装置面积小于 5000 m² 时，可采用一般接地装置测试方法测接地阻抗，测试仪接线示意图见图 A.2。

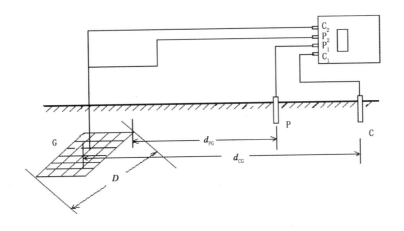

说明：

G ——被试接地装置；

C ——电流极；

P ——电位极；

D ——被试接地装置最大对角线长度；

d_{CG}——电流极与被试接地装置中心的距离；

d_{PG}——电位极与被试接地装置边缘的距离。

图 A.2　接地阻抗测试仪接线示意图

图 A.2 中的仪表是四端子式，有些仪表是三端子式，即 C_2 和 P_2 合并为一，测试原理和方法均相同，即电流—电压表三极法的简易组合式，仪器通常由电池供电，布线的要求参照三极法。

附　录　B

（资料性附录）

地铁地下车站接地系统测试位置示意图

地铁地下车站接地系统测试位置示意图见图 B.1。

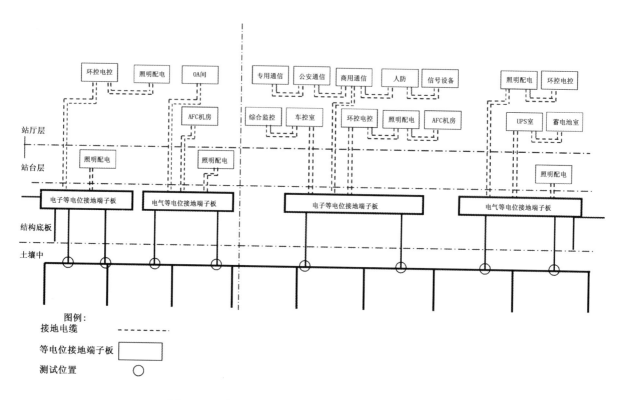

图 B.1　地铁地下车站接地系统测试位置示意图

参 考 文 献

[1] GB/T 17949.1—2000 接地系统的土壤电阻率、接地阻抗和地面电位测量导则 第1部分：常规测量

[2] GB/T 18802.12—2014 低压电涌保护器（SPD） 第12部分：低压配电系统的电涌保护器选择和使用导则（IEC 61643-12:2008,IDT）

[3] GB/T 21714.3—2015 雷电防护 第3部分：建筑物的物理损害和生命危险（IEC 62305-3:2010,IDT）

[4] GB/T 21714.4—2015 雷电防护 第4部分：建筑物内电气和电子系统（IEC 62305-4:2010,IDT）

[5] GB 50157—2013 地铁设计规范

[6] GB/T 50262—1997 铁路工程基本术语标准

[7] GB 50299—1999（2003年版） 地下铁道工程施工及验收规范

[8] GB 50343—2012 建筑物电子信息系统防雷技术规范

[9] GB 50490—2009 城市轨道交通技术规范

[10] CJ/T 236—2006 城市轨道交通站台屏蔽门

[11] CJJ 49—92 地铁杂散电流腐蚀防护技术规程

[12] DL/T 475—2017 接地装置特性参数测量导则

ICS 07.060
A 47
备案号：70292—2019

中华人民共和国气象行业标准

QX/T 499—2019

道路交通电子监控系统防雷技术规范

Technical specifications for lightning protection of road traffic electronic
monitoring systems

2019-09-18 发布   2019-12-01 实施

中 国 气 象 局   发 布

前　言

本标准按照 GB/T 1.1—2009 给出的规则起草。

本标准由全国雷电灾害防御行业标准化技术委员会提出并归口。

本标准起草单位:河南省气象局、河南省气象灾害防御技术中心(河南省防雷中心)、河南省现代防雷有限公司、郑州旭元科技有限公司、河南省电子产品质量监督检验所、河南省漯河市公安局交警支队、福建省莆田市公安局交警支队。

本标准主要起草人:林勇、张永刚、李武强、赵战友、李鹏、张玉桦、傅国庆、程丽丹、杨美荣、张心令、王昆、杜晓宾、田晓毅、王芦、刘合星、冯星辉、邢彦雷、王苏辉、林益民、陈力、王迟。

QX/T 499—2019

道路交通电子监控系统防雷技术规范

1 范围

本标准规定了道路交通电子监控系统防雷的一般要求,机房、外场设备和通信线路的雷电防护。
本标准适用于道路交通电子监控系统的防雷设计。

2 规范性引用文件

下列文件对于本文件的应用是必不可少的。凡是注日期的引用文件,仅注日期的版本适用于本文件。凡不注日期的引用文件,其最新版本(包括所有的修改单)适用于本文件。

GB 50057—2010 建筑物防雷设计规范
GB 50343—2012 建筑物电子信息系统防雷技术规范
GA/T 496—2014 闯红灯自动记录系统通用技术条件
GA/T 497—2016 道路车辆智能检测记录系统通用技术条件
QX/T 190—2013 高速公路设施防雷设计规范

3 术语和定义

下列术语和定义适用于本文件。

3.1

道路交通电子监控系统 road traffic electronic monitoring system

由指挥中心、通信网络和路口控制部分组成的监控体系,包括闯红灯自动记录系统、公路车辆智能监测记录系统、交通电视监视系统、机动车区间测速系统和安全防范报警设备等子系统、线路和外场设备等。

3.2

闯红灯自动记录系统 automatic detecting and recording system for violation of traffic signal

可安装在信号控制的交叉路口和路段上并对指定车道内机动车闯红灯行为进行不间断自动检测和记录的系统,由机动车闯红灯检测单元、图像采集单元、数据处理存储和应用软件单元组成。

[GA/T 496—2014,定义 3.2]

3.3

接地 earth;ground

一种有意或非有意的导电连接,由于这种连接,可使电路或电气设备接到大地或接到代替大地的某种较大的导电体。

注:接地的目的是:a.使连接到地的导体具有等于或近似于大地(或代替大地的导电体)的电位;b.引导入地电流流入和流出大地(或代替大地的导电体)。

注:改写GB/T 17949.1—2000,定义4.1。

3.4

重要机房 important cumputer room

省域级及以上路网收费结算(拆账)中心、路网监控中心、指挥调度中心等的机房。

[QX/T 190—2013,定义3.17]

3.7

人工接地体 artificial earth electrode

为接地需要而埋设的接地体。人工接地体可分为人工垂直接地体和人工水平接地体。

[GB/T 21431—2015,定义3.5]

3.8

共用接地系统 common earthing system

将防雷系统的接地装置、建筑物金属构件、低压配电保护线(PE)、等电位连接端子板或连接带、设备保护地、屏蔽体接地、防静电接地、功能性接地等连接在一起构成共用的接地系统。

[GB 50343—2012,定义2.0.6]

3.9

防雷等电位连接 lightning equipotential bonding

将分开的诸金属物体直接用连接导体或经电涌保护器连接到防雷装置上以减小雷电流引发的电位差。

[GB 50057—2010,定义2.0.19]

3.10

雷击电磁脉冲 lightning electromagnetic impulse

雷电流经电阻、电感、电容耦合产生的电磁效应,包含闪电电涌和辐射电磁场。

[GB 50057—2010,定义2.0.25]

3.11

防雷区 lightning protection zone;LPZ

划分雷击电磁环境的区,一个防雷区的区界面不一定要有实物界面,如不一定要有墙壁、地板或天花板作为区界面。

[GB 50057—2010,定义2.0.24]

3.12

电涌保护器 surge protective device;SPD

用于限制瞬态过电压和分泄电涌电流的器件。它至少含有一非线性元件。

[GB 50057—2010,定义2.0.29]

3.13

外场设备 outfield equipment

置于广场或道路上方及两侧的路况监测设备、气象监测设备、可变情报板、通行信号灯、限速标志等机电(电气、电子)设备。

4 一般要求

4.1 道路交通电子监控系统应根据需要保护和控制雷电电磁脉冲环境的建筑物,从外部到内部划分为不同的防雷区,防雷区的划分参见附录A。

4.2 道路交通电子监控系统所在的建筑物应按照 GB 50057—2010 的规定确定防雷类别,并采取接闪、分流、屏蔽、隔离、防雷等电位连接、共用接地以及合理布线等相应措施进行综合防护,当达不到第三类防雷建筑物的分类要求时,宜按照第三类防雷建筑物的规定采取直击雷和雷击电磁脉冲防护措施。

4.3 道路交通电子监控系统 SPD 的设计和选用应符合 QX/T 190—2013 第8章的规定。

5 机房雷电防护

5.1 机房宜设置在建筑物低层中心部位,其设备应配置在 LPZ1 区之后的后续防雷区内,并与相应的雷电防护区屏蔽体及结构柱留有一定的安全距离。

5.2 机房宜采用金属门窗,金属门窗及机房内的金属隔断等大尺寸金属物应就近接地。

5.3 重要机房应使用金属板门,窗户、墙面应加装金属屏蔽网,网孔尺寸不宜大于 200 mm×200 mm。金属门窗、外墙钢筋网应与建筑物内的结构主筋可靠电气连接。

5.4 机房内应设置截面积不小于 90 mm²、厚度不小于 3 mm 的铜排,沿墙四周设一环型闭合接地汇流排,并与机房预留的局部等电位接地端子板至少两处做可靠连接。

5.5 机房天花板金属龙骨应至少两处与预留的机房等电位连接接地端子板做可靠电气连接。

5.6 机房内安全保护地、屏蔽地、防静电接地、防雷接地等应采用共用接地系统。

5.7 设备的所有外露导电物应与建立的等电位连接网络做等电位连接,等电位连接网络结构应符合 GB 50057—2010 中 6.3.4 的规定。

5.8 出入机房的供电和信号线缆应在入口处做等电位连接,机房内的供电线缆和信号线缆应分别敷设于各自的金属线槽内或金属桥架内,金属线槽和桥架均应全程电气连通。

5.9 重要机房交流电源配电箱处应安装适配的 SPD,其有效保护水平应与被保护设备的耐压水平相适应。

5.10 闯红灯自动记录系统的雷电防护还应符合 GA/T 496—2014 中 4.2 和 4.4 的规定。

5.11 公路车辆智能监测记录系统的雷电防护还应符合 GA/T 497—2016,4.2 和 4.5 的规定。

6 隧道设备雷电防护

6.1 在隧道两端洞口附近各设置一组接地装置,应与隧道洞内的接地体构成联合共用接地系统,工频接地电阻值应不大于 4 Ω。当土壤电阻率大于 1000 Ω·m 时,电阻值可适当放宽。

6.2 隧道两端分别至少设置一组贯穿隧道的等电位连接带,且宜每间隔 50 m 做一次重复接地,可利用支护锚杆作为等电位连接带的连接端子。

6.3 隧道内各区域控制器(箱、屏)及预计安装监控、消防、通风、照明等机电系统设备处预留等电位接地端子板,该等电位接地端子板与隧道结构钢筋网可靠焊接连通。

6.4 隧道内信号与电力线缆在距隧道洞口 100 m 内的位置,宜采取金属桥架布线,并与等电位连接带至少两处连接;供电线缆和信号线缆的敷设间距应符合 GB 50343—2012 表 5.3.4-2 的规定。

6.5 隧道洞口外摄像机金属支撑杆等金属物应就近与隧道共用接地系统相连,若相距较远(20 m 以上)可设置独立接地装置,其冲击接地电阻应不大于 10 Ω。

6.6 隧道洞口外的供电线路应采用金属外护套电力电缆埋地敷设。洞外配电箱内应安装 SPD,其电压保护水平不低于 I 类试验的要求,当达不到要求时,应采用配合协调的后级 SPD,以确保达到要求的有效保护水平。洞内配电箱宜安装 SPD,其电压保护水平不低于 II 类试验的要求。

6.7 洞外监控设备(照度仪、可变限速标志等)、情报板、摄像机等的电源端应分别安装 SPD,其电压保护水平不低于 I 类试验的要求,当达不到要求时,应采用配合协调的后级 SPD,以确保达到要求的有效保护水平。有关信号金属线入线端应分别安装适配的信号线路 SPD。地处多雷区以上的各类网络系统的数据信号线,若长度大于 30 m 且小于 50 m,应在一端终端设备输入口安装适配的 SPD;若长度大于 50 m,应在两端终端设备输入口安装适配的 SPD。

6.8 洞内监控设备(车辆检测器、测速仪、摄像机等)的电源宜安装 SPD,其电压保护水平不低于 III 类试验的要求,有关的信号金属线缆输入端尚应安装适配的信号线路 SPD。

6.9 紧急供电用的 UPS 电源的输入端宜安装 SPD,其电压保护水平不低于 II 类试验的要求。UPS 直流输入端宜安装符合直流电压要求的 SPD。

6.10 隧道设备雷电防护参见附录 B。

7 外场设备雷电防护

7.1 道路交通电子监控系统沿线外场机电系统设备宜利用自身的金属构架或在其顶部安装接闪器进行直击雷防护,其保护范围按滚球半径 60 m 计算,处于 GB 50057—2010 中直击雷保护范围内的可不做接闪措施。

7.2 宜利用外场机电系统设备的金属支撑构件作为引下线。

7.3 宜优先利用外场设备的混凝土基础钢筋作为接地装置,冲击接地电阻值应不大于 10 Ω,当达不到要求时,应增设人工接地体,人工接地体宜采用辐射状。

7.4 相邻的机电系统设备应将其接地装置相互连接。

7.5 外场机电系统设备的供电及信号线缆宜穿金属管或采用带屏蔽层的线缆埋地敷设,电缆屏蔽层和外部屏蔽体应两端接地。

7.6 外场机电系统设备配电箱宜安装 I 类试验的 SPD,其保护水平应与被保护设备耐压水平相适应,当达不到要求时,应采用配合协调的后级 SPD,以确保达到要求的有效保护水平。信号、控制端口应安装适配的信号电涌保护器。

7.7 视频检测单元、智能补光单元、储存管理单元等所有的金属构件应就近与预留的等电位接地端子板可靠电气连接。

7.8 低压电力电缆从变压器至配电室应全程埋地敷设。

7.9 机电系统设备由 TN 交流配电供电时,供电线路应采用 TN-S 系统。

7.10 供电线路的电源过电压保护应采用分级保护。在变压器低压侧、低压配电室(柜)、楼内(层)配电室(井)、机房交流配电屏(箱)、开关电源交流屏、用电设备配电柜及精细用电设备端口,使用相应的 SPD 做分级保护。

7.11 电子抓拍系统 SPD 安装位置参见附录 C。

8 通信系统雷电防护

8.1 进入建筑物内的各类通信线缆应埋地引入。具有金属护套的线缆引入时,应将金属护套接地;无金属外护套的电缆宜穿钢管埋地引入,并在入口处与接地装置可靠电气连接。

8.2 光纤雷电防护措施如下:

　　a) 通信传输光缆应采用直埋敷设方式,直埋光缆的金属护套在接头处应集中接地。应将光缆的金属护套或加强芯接地。

　　b) 进入机房光缆末端的金属屏蔽层,加强芯或铠装层应与光纤数字配线架的等电位连接带连通。光端机电源端应加装适配的 SPD。

8.3 金属线缆雷电防护措施如下:

　　a) 用于长距离传输的通信金属线缆,宜采用屏蔽线缆或穿金属管埋地敷设,埋地深度宜不小于 0.7 m。

　　b) 在多雷区、强雷区当金属线缆采取埋地方式时,在其上方 30 cm 左右宜平行敷设避雷线(排流线),排流线宜每间隔 200 m 做一组人工接地体,其冲击接地电阻值应不大于 30 Ω。

　　c) 进入机房的通信金属线缆应采用直埋或缆沟方式引入,且应采用铠装线缆或穿钢管保护,且不宜与供电线缆同管槽入室。

d) 建筑物内的金属线缆宜敷设于金属桥架(管、槽)内,桥架(管、槽)全程应电气贯通,其两端和穿越不同防雷区交界处应可靠接地。

e) 建筑物内的信号线缆与供电线缆不宜同管槽平行敷设。

f) 通信系统总配线架(MDF)应就近接地,且应在总配线架(MDF)处安装适配的信号线路 SPD。未接入总配线架(MDF)的金属信号线缆中的空线对应做接地处理。

g) 无线通信的天馈系统中的馈线金属屏蔽层应在线缆两端分别就近接地。若长度大于 60 m 时,在其中心部位应将金属外护层再接地一次。户外馈线桥架、线槽的始末两端亦应与邻近的等电位连接端子连通。

h) 地处多雷区以上的各类网络系统的金属数据信号线,若长度大于 30 m 且小于 50 m,应在一端终端设备输入口安装适配的 SPD;若长度大于 50 m,应在两端终端设备输入口安装适配的 SPD。

附　录　A

（资料性附录）

道路交通电子监控系统防雷区划分示意图

图 A.1 给出了道路交通电子监控系统防雷区的划分。

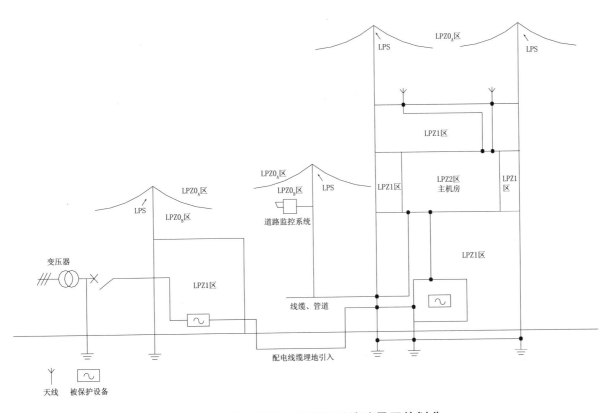

图 A.1　道路交通电子监控系统防雷区的划分

QX/T 499—2019

附　录　B
（资料性附录）
隧道机电设备雷电防护图

图 B.1 给出了隧道机电设备雷电防护图。

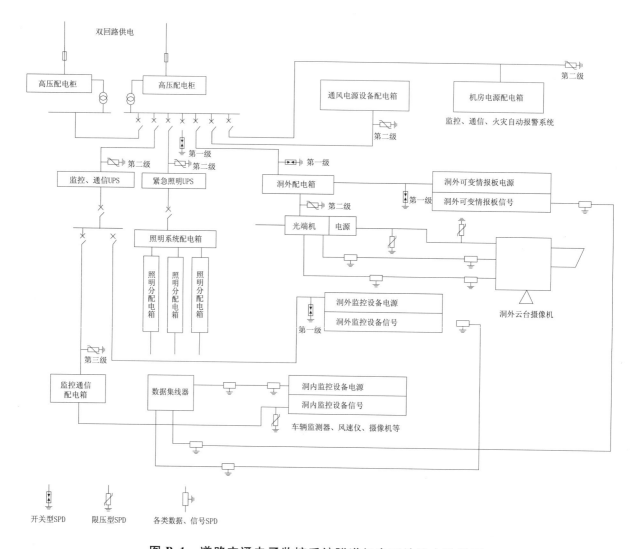

图 B.1　道路交通电子监控系统隧道机电系统雷电防护图

484

附 录 C

（资料性附录）

电子抓拍系统 SPD 安装位置

图 C.1 和图 C.2 分别给出了电子抓拍系统电源系统 SPD 和信号线路 SPD 的安装位置。

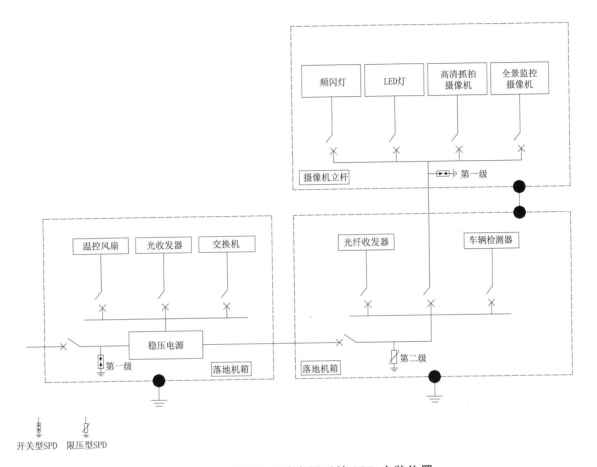

图 C.1 电子抓拍系统电源系统 SPD 安装位置

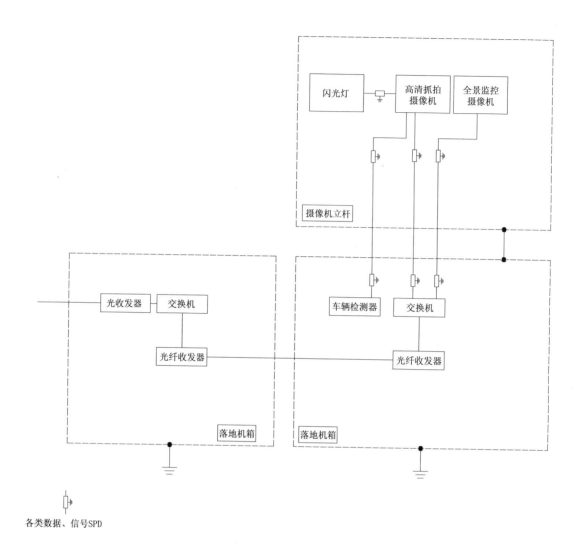

图 C.2　电子抓拍系统信号线路 SPD 安装位置

参 考 文 献

[1] GB/T 17949.1—2000 接地系统的土壤电阻率、接地阻抗和地面电位测量导则 第 1 部分：常规测量

[2] GB/T 21431—2015 建筑物防雷装置检测技术规范

[3] QX 2—2016 新一代天气雷达站防雷技术规范

ICS 07.060
A 47
备案号：70311—2019

中华人民共和国气象行业标准

QX/T 500—2019

避暑旅游气候适宜度评价方法

Evaluation method of climate suitability for the cool summer tourism

2019-09-30 发布 2020-01-01 实施

中 国 气 象 局 发 布

前　言

本标准按照 GB/T 1.1—2009 给出的规则起草。

本标准由全国气象防灾减灾标准化技术委员会(SAC/TC 345)提出并归口。

本标准起草单位:中国气象局公共气象服务中心。

本标准主要起草人:慕建利、李菁、黄蔚薇、吴普、白静玉、王静。

避暑旅游气候适宜度评价方法

1 范围

本标准规定了避暑旅游气候适宜度的评价和等级划分方法。

本标准适用于中低海拔地区(海拔低于 2500 m)避暑旅游气候条件评价。

2 术语和定义

下列术语和定义适用于本文件。

2.1

避暑旅游 cool summer tourism

夏季以目的地凉爽舒适气候为主要吸引物和动机,适宜开展旅行游览活动。

2.2

避暑旅游气候适宜度 cool summer tourism climate suitability

描述夏季旅游目的地气候舒适度和高影响天气对避暑旅游影响程度的综合指标。

2.3

避暑旅游气候舒适度 cool summer tourism climate comfortability

夏季在不必借助任何避暑装备和设施的情况下,受到气温、湿度和风速等气候因子的综合影响,健康人体感受到的舒适程度。

2.4

体感温度 feel like temperature

人体在气温、风速、湿度等因子共同影响下所感受到的温度。

2.5

避暑旅游高影响天气 cool summer tourism high impact weather

夏季对避暑旅游活动造成明显不利影响或危及人体健康和人身安全的天气,包括暴雨、高温、大风、雷暴。

2.6

有效避暑旅游时段 effective cool summer tourism hours

夏季室外旅游活动时,气温对旅游活动有明显影响的时段。

3 等级划分

避暑旅游气候适宜度(L)是由避暑旅游气候舒适度和避暑旅游高影响天气影响度构成的综合指标,将避暑旅游气候适宜度(L)划分为 4 个等级,详见表 1。

表 1　避暑旅游气候适宜度等级划分表

级别	级别名称	划分指标	等级说明
1级	很适宜	$L\geqslant20$	气候条件很适宜避暑旅游
2级	适宜	$15\leqslant L<20$	气候条件适宜避暑旅游
3级	较适宜	$5\leqslant L<15$	气候条件较适宜避暑旅游
4级	不适宜	$L<5$	气候条件不适宜避暑旅游

4　等级指标计算

避暑旅游气候适宜度（L）等级指标计算方法见式(1)。

$$L = 100 \times (B - M) \quad\quad\quad\quad (1)$$

式中：

L ——避暑旅游气候适宜度；

B ——避暑旅游气候舒适度，计算方法参见附录 A；

M——避暑旅游高影响天气影响度，计算方法参见附录 B。

附　录　A
（资料性附录）
避暑旅游气候舒适度

避暑旅游气候舒适度计算以体感温度等级划分为基础,公式(A.1)～(A.3)计算避暑旅游气候舒适度,公式(A.4)计算体感温度。

$$B = \frac{B_O}{B_{max}} \quad\quad\quad\quad \cdots\cdots\cdots\cdots (A.1)$$

$$B_O = \sum_{i=1}^{4} r_i \times R_i \quad\quad\quad \cdots\cdots\cdots\cdots (A.2)$$

$$r_i = \frac{D_i}{N} \quad\quad\quad\quad\quad \cdots\cdots\cdots\cdots (A.3)$$

$$T_s = \begin{cases} T + \dfrac{15}{T_a - T_i} + \dfrac{V_{RH} - 70}{15} - \dfrac{V-2}{2} & T \geqslant 28\ ℃ \\[2ex] T + \dfrac{V_{RH} - 70}{15} - \dfrac{V-2}{2} & 17\ ℃ < T < 28\ ℃ \\[2ex] T - \dfrac{V_{RH} - 70}{15} - \dfrac{V-2}{2} & T \leqslant 17\ ℃ \end{cases} \quad \cdots\cdots\cdots\cdots (A.4)$$

式中:

B ——避暑旅游气候舒适度;

B_O ——均一化前避暑旅游气候舒适度;

B_{max} ——评价时期内全国城镇级站点 B_O 的最大值;

i ——体感温度等级,等级划分见表 A.1;

r_i ——不同体感温度等级 i 发生的频率;

R_i ——不同体感温度等级 i 的影响权重,1 级、2 级、3 级、4 级的权重分别为 60%、30%、10%、0%;

D_i ——不同体感温度等级 i 发生的时刻次数;

N ——评价时期内参与统计的总时刻次数;

T_s ——体感温度值,单位为摄氏度(℃);

T ——有效避暑旅游时段内时刻气温值,单位为摄氏度(℃);

T_a ——日最高气温值,单位为摄氏度(℃);

T_i ——日最低气温值,单位为摄氏度(℃);

V_{RH} ——有效避暑旅游时段内时刻相对湿度值,单位百分比(%);

V ——有效避暑旅游时段内时刻风速值,单位为米每秒(m/s)。

体感温度等级划分见表 A.1。

表 A.1　体感温度等级划分

体感温度等级(i)	体感温度(T_s)/℃
1 级	$22 \leqslant T_s \leqslant 24$
2 级	$20 \leqslant T_s < 22$ 或 $24 < T_s \leqslant 25$
3 级	$18 \leqslant T_s < 20$ 或 $25 < T_s \leqslant 28$
4 级	$T_s < 18$ 或 $28 < T_s$

附　录　B
（资料性附录）
避暑旅游高影响天气影响度

B. 1　避暑旅游高影响天气影响度计算方法

$$M = 4 \times \sum\nolimits_{j=1}^{4} M_j \times R_j \qquad\cdots\cdots\cdots\cdots\cdots\cdots\text{(B. 1)}$$

式中：

M ——避暑旅游高影响天气影响度；

j ——各高影响天气，1、2、3、4 分别为暴雨、高温、大风、雷暴；

M_j——各高影响天气 j 影响度；

R_j——各高影响天气 j 权重，暴雨、高温、大风、雷暴的权重分别为 45%、30%、15%、10%。

B. 2　暴雨影响度计算方法

$$M_1 = \frac{M_{O1}}{M_{1\max}} \qquad\cdots\cdots\cdots\cdots\cdots\cdots\text{(B. 2)}$$

$$M_{O1} = \sum\nolimits_{p=1}^{3} r_p \times R_p \qquad\cdots\cdots\cdots\cdots\cdots\cdots\text{(B. 3)}$$

$$r_p = \frac{D_p}{N_1} \qquad\cdots\cdots\cdots\cdots\cdots\cdots\text{(B. 4)}$$

式中：

M_1 ——暴雨影响度；

M_{O1} ——均一化前暴雨影响度；

$M_{1\max}$——评价时期内全国城镇级站点暴雨影响度的最大值；

p ——暴雨影响等级，1 级、2 级、3 级分别为暴雨、大暴雨、特大暴雨；

r_p ——各暴雨影响等级 p 的发生频率；

R_p ——各暴雨影响等级 p 影响权重，1 级、2 级、3 级的权重分别为 20%、30%、50%；

D_p ——各暴雨影响等级 p 发生的日数；

N_1 ——评价时期内所有日数。

B. 3　高温影响度计算方法

$$M_2 = \frac{M_{O2}}{M_{2\max}} \qquad\cdots\cdots\cdots\cdots\cdots\cdots\text{(B. 5)}$$

$$M_{O2} = \sum\nolimits_{h=1}^{3} r_h \times R_h \qquad\cdots\cdots\cdots\cdots\cdots\cdots\text{(B. 6)}$$

$$r_h = \frac{D_h}{N_2} \qquad\cdots\cdots\cdots\cdots\cdots\cdots\text{(B. 7)}$$

式中：

M_2 ——高温影响度；

M_{O2} ——均一化前高温影响度；

$M_{2\max}$ ——评价时期内全国城镇级站点高温影响度的最大值；

h ——高温影响等级，1级、2级、3级高温区间分别为[35 ℃，37 ℃)、[37 ℃，40 ℃)、[40 ℃，+∞)；

r_h ——各高温影响等级 h 区间的发生频率；

R_h ——各高温影响等级 h 影响权重，1级、2级、3级的权重分别为10%、30%、60%；

D_h ——各高温影响等级 h 发生的日数；

N_2 ——评价时期内所有日数。

B.4 大风影响度计算方法

$$M_3 = \frac{M_{O3}}{M_{3\max}} \quad\cdots\cdots\cdots\cdots\cdots\cdots (B.8)$$

$$M_{O3} = \sum_{w=1}^{3} r_w \times R_w \quad\cdots\cdots\cdots\cdots\cdots\cdots (B.9)$$

$$r_w = \frac{D_w}{N_3} \quad\cdots\cdots\cdots\cdots\cdots\cdots (B.10)$$

式中：

M_3 ——大风影响度；

M_{O3} ——均一化前大风影响度；

$M_{3\max}$ ——评价时期内全国城镇级站点大风影响度的最大值；

W ——大风影响等级，1级、2级、3级分别为风力5级和6级、7级和8级、9级及以上；

r_w ——各大风影响等级 w 的发生频率(逐日最大风速)；

R_w ——各大风影响等级 w 影响权重，1级、2级、3级的权重分别为10%、40%、50%；

D_w ——各大风影响等级 w 发生的日数；

N_3 ——评价时期内所有日数。

B.5 雷暴影响度计算方法

$$M_4 = \frac{M_{O4}}{M_{4\max}} \quad\cdots\cdots\cdots\cdots\cdots\cdots (B.11)$$

$$M_{O4} = r_4 \quad\cdots\cdots\cdots\cdots\cdots\cdots (B.12)$$

$$r_4 = \frac{D_4}{N_4} \quad\cdots\cdots\cdots\cdots\cdots\cdots (B.13)$$

式中：

M_4 ——雷暴影响度；

M_{O4} ——均一化前雷暴影响度；

$M_{4\max}$ ——评价时期内全国城镇级站点雷暴影响度的最大值；

r_4 ——雷暴的发生频率；

D_4 ——雷暴日数；

N_4 ——评价时期内所有日数。

参 考 文 献

[1] GB/T 27963—2011 人居环境气候舒适度评价

[2] GB/T 28591—2012 风力等级

[3] GB/T 28592—2012 降水量等级

[4] QX/T 152—2012 气候季节划分

[5] QX/T 228—2014 区域性高温天气过程等级划分

[6] 沈福,吕长虹,龚建福.酒泉地区人体舒适度指数初探及预报[J].甘肃气象,2002,3:34-35

[7] 于永中,吕云风,陈泓,等.冬服保暖卫生标准及服装保暖问题的探讨[J].卫生研究,1978 (4):361-375

[8] 丁一汇.高等天气学[M].北京:气象出版社,2005

[9] 查瑞波,孙根年,董治宝,等.青藏高原大气氧分压及游客高原反应风险评价[J].生态环境学报,2016,25(1):92-98

[10] 吴普,周志斌,慕建利.避暑旅游指数概念模型及评价指标体系构建[J].人文地理,2014(3):128-134

ICS 07.060
A 47
备案号：70312—2019

中华人民共和国气象行业标准

QX/T 501—2019

高空气候资料统计方法

Statistical method for upper-air climate data

2019-09-30 发布
2020-01-01 实施

中 国 气 象 局 发布

前　言

本标准按照 GB/T 1.1—2009 给出的规则起草。

本标准由全国气象基本信息标准化技术委员会(SAC/TC 346)提出并归口。

本标准起草单位:国家气象信息中心。

本标准主要起草人:廖捷、王蕙莹、江慧、远芳、周自江、陈哲、胡开喜、李庆雷。

高空气候资料统计方法

1 范围

本标准规定了高空气候资料统计采用的观测数据、统计时段、统计时次、统计层次、统计项目和统计方法,并给出了有关非观测项目的计算公式。

本标准适用于全球或区域高空气候值、标准气候值、临时气候值的统计,也适用于历年高空气候资料年、月、旬、候值的统计。

2 术语和定义

下列术语和定义适用于本文件。

2.1

累年统计值 multi-year statistics

基于历年观测和统计资料计算的统计值。

注1:包括多年平均值、极值等。

注2:改写 GB/T 34412—2017,定义3.1。

2.2

气候值 climate normals

至少包含连续30年期间的气象要素累年统计值。

[GB/T 34412—2017,定义3.2]

2.3

标准气候值 standard climate normals

世界气象组织规定的30年期间的气象要素累年统计值。

注:30年通常指1901年—1930年、1931年—1960年、1961年—1990年……

[GB/T 34412—2017,定义3.3]

2.4

临时气候值 provisional climate normals

在不满足标准气候值或气候值的统计要求的时段内连续10年及其以上的气象要素累年统计值。

注:改写 GB/T 34412—2017,定义3.4。

2.5

规定等压面 specified isobaric surface

高空气象观测站进行观测和数据整理的气压层。

2.6

规定高度层 specified height level

高空气象观测站进行观测和数据整理的高度层。

2.7

合成风 synthetic wind

利用某一年某一时段或多年平均的纬向风分量和经向风分量合成的风。

2.8

质量控制 quality control

观测记录达到所要求质量的操作技术和活动。

[QX/T 123—2011,定义 2.2]

3 观测数据

3.1 观测数据处理

参加统计的观测数据应做质量控制。若对流层顶高度缺测或错误,可采用压高公式重新计算对流层顶高度。若某一规定等压面层、对流层顶要素缺测或错误,可利用邻近上、下层的观测数据进行垂直内插重新计算缺测要素。参与重新计算的观测数据应为质量控制后的数据。

计算标准气候值时,宜对温度、温度露点差以及位势高度等进行质量控制后的观测数据进行均一性检验。当被检验序列为非均一的观测数据时,宜先对序列进行均一性订正,再对订正后的数据进行整体统计,并提供订正后的统计值。

3.2 辅助信息

参加统计的观测数据的辅助信息至少应包括台站名称、台站号、台站位置、观测仪器、观测时制、观测时间和观测规范的沿革数据等,内容应完整准确。如经均一性订正后再进行统计,应提供断点时间、订正量等订正信息。

4 统计时段和统计时次

4.1 统计时段

统计时段遵循如下规定:
——候:5 日为 1 候,一个月分为 6 候,第 6 候为 26 日至当月最后一天;
——旬:10 日为 1 旬,一个月分为 3 旬,第 3 旬为 21 日至当月最后一天;
——月:按公历法,一个月由 28 天～31 天组成,一年分为 12 个月;
——年:按公历法,一年由 365 天或 366 天组成,为 1 月 1 日至 12 月 31 日。

4.2 统计时次

按世界时 00 时、12 时分别进行年(月、旬、候)统计值和累年统计值的计算。统计时,应将气球施放时间为世界时 00 时前后 3 小时的观测数据统一到世界时 00 时,将气球施放时间为世界时 12 时前后 3 小时的观测数据统一到世界时 12 时。

5 统计层次

计算年(月、旬、候)统计值时,统计层次包括规定等压面、对流层顶和规定高度层。对流层顶指对流层与平流层之间的过渡层。第一类对流层顶位于 150 hPa～500 hPa(含),第二类对流层顶位于 40 hPa～150 hPa(含),观测过程中对两类对流层顶的选取方法参见常规高空气象观测规范。

计算气候值(含标准气候值)和临时气候值时,统计层次包括规定等压面、对流层顶和厚度层。

厚度层包括地面至 700 hPa(含),700 hPa～400 hPa(含),400 hPa～300 hPa(含),300 hPa～200 hPa(含),200 hPa～100 hPa(含),100 hPa～50 hPa(含),50 hPa～30 hPa(含),30 hPa～10 hPa(含)。

当测站地面层所有气压记录均不高于 700 hPa(或测站高度在 2800 m 以上)时,地面至 400 hPa 为第一层;当测站地面层有一部分气压记录不高于 700 hPa 时,第一层统计值赋以特殊标记。

可利用 L 波段雷达秒级探空资料计算垂直高分辨率临时气候值。参与统计的等压面包括地面层,1000 hPa～700 hPa 之间每 20 hPa 为一层;700 hPa～300 hPa 之间每 40 hPa 为一层;300 hPa～100 hPa 之间每 20 hPa 为一层;100 hPa～30 hPa 之间每 10 hPa 为一层;30 hPa～10 hPa 之间每 2 hPa 为一层;10 hPa～0 hPa 之间每 1 hPa 为一层。

6 统计项目

年(月、旬、候)统计值和气候值统计项目见附录 A。垂直高分辨率临时气候值只统计等压面各要素的平均值和标准差。200 hPa 及其以上的数据不参加温度露点差、水汽压、相对湿度、比湿等要素相关项目的统计。部分统计项目为非观测要素,可由观测要素计算获得,计算公式见附录 B。

部分统计项目的单位及精度要求见表 1。风速档级分为 10 档,不同高度的风速档级与风速大小的对应关系见表 2。风向分为 17 个方位,风向方位与风向角度的对应关系见表 3。对流层顶高度分为 13 级,级别与位势高度的对应关系见表 4。

表 1 部分统计项目的单位及精度

项目名称	单位名称	单位符号	精度
气压	百帕	hPa	0.1
位势高度	位势米	gpm	1.0
温度	摄氏度	℃	0.1
温度露点差	摄氏度	℃	0.1
水汽压	百帕	hPa	0.1
相对湿度		以百分率(%)表示	1.0
比湿	克每克	g/g	1.0
大气密度	千克每立方米	kg/m³	1.0
风速	米每秒	m/s	0.1
风向	度	°	0.1

表 2 风速档级与风速大小对照表

档级	风速大小 m/s	
	地面至 700 hPa(含)	700 hPa～0 hPa
1	0	0
2	(0,5]	(0,10]
3	(5,10]	(10,20]
4	(10,15]	(20,30]
5	(15,20]	(30,40]

表 2　风速档级与风速大小对照表（续）

档级	风速大小 m/s	
	地面至 700 hPa(含)	700 hPa～0 hPa
6	(20,25]	(40,50]
7	(25,30]	(50,60]
8	(30,35]	(60,70]
9	(35,40]	(70,80]
10	大于 40	大于 80

表 3　风向方位与风向角度对照表

风向方位	风向方位符号	风向角度 。
北	N	[349,360],[0,11]
北东北	NNE	[12,33]
东北	NE	[34,56]
东东北	ENE	[57,78]
东	E	[79,101]
东东南	ESE	[102,123]
东南	SE	[124,146]
南东南	SSE	[147,168]
南	S	[169,191]
南西南	SSW	[192,213]
西南	SW	[214,236]
西西南	WSW	[237,258]
西	W	[259,281]
西西北	WNW	[282,303]
西北	NW	[304,326]
北西北	NNW	[327,348]
静风	C	角度不定,其风速小于或等于 0.3 m/s

注 1:风向是指风的来向,风向角度以正北方位为 0°,顺时针旋转一周为 360°。
注 2:当风向角度不是整数时,四舍五入取整。

表 4　对流层顶高度级别与位势高度对照表

对流层顶高度级别	位势高度 gpm
1	小于 7000
2	$[7000,8000)$
3	$[8000,9000)$
4	$[9000,10000)$
5	$[10000,11000)$
6	$[11000,12000)$
7	$[12000,13000)$
8	$[13000,14000)$
9	$[14000,15000)$
10	$[15000,16000)$
11	$[16000,17000)$
12	$[17000,18000)$
13	大于或等于 18000
注:当位势高度不是整数时,四舍五入取整。	

7　统计方法

7.1　年(月、旬、候)统计值

7.1.1　月(旬、候)平均值

月(旬、候)平均值的统计见式(1):

$$\overline{X_1} = \frac{1}{n_1} \times \sum_{i=1}^{n_1} X_{1,i} \qquad\qquad \cdots\cdots\cdots\cdots\cdots(1)$$

式中:

$\overline{X_1}$ ——某要素在指定时次、指定层次的某年某月(旬、候)平均值;

$X_{1,i}$ ——该时次该层次包含的该年该月(旬、候)的要素记录值(缺测和错误记录不参加统计),i 取
　　　　值为 $1,2,\cdots,n_1$,n_1 表示该年该月(旬、候)要素记录次数。

对于月平均值,当该月无效(缺测和错误)记录值超过 15 个时,不计算平均值。

对于旬平均值,当该旬无效(缺测和错误)记录值超过 2 个时,不计算平均值。

对于候平均值,当该候无效(缺测和错误)记录值超过 1 个时,不计算平均值。

7.1.2　年平均值

年平均值的统计见式(2):

$$\overline{X_2} = \frac{1}{12} \times \sum_{i=1}^{12} X_{2,i} \qquad\qquad \cdots\cdots\cdots\cdots\cdots(2)$$

式中：

$\overline{X_2}$ ——某要素在指定时次、指定层次的某年年平均值；

$X_{2,i}$ ——该时次该层次包含的该年该要素的逐月平均值，i 取值为 $1,2,\cdots,12$，当发生某月的月值无效（缺测和错误）时，不计算年平均值。

7.1.3 极值

指定时次、指定层次的某年（月、旬、候）极值从该年（月、旬、候）最高（最低）值中挑出，并记录极值出现的日期以及参与统计的样本数。

7.2 累年统计值

7.2.1 通则

规定等压面、厚度层以及两类对流层顶的统计项目的累年平均值采用历年平均值计算。对流层顶各级高度的累年统计项目以及两类对流层顶的出现频率采用定时观测数据直接统计。

气候值（含标准气候值）和临时气候值统计的有效数据量应满足：

——历年连续缺失数据比例不超过十分之一；

——总的缺失数据比例不超过六分之一。

示例：

当某月值数据在 30 年期间缺失不超过 5 个且无连续 3 年缺失时，可计算该月的月标准气候值。

7.2.2 累年年（月、旬）平均值和标准差

累年各年（月、旬）平均值和标准差的计算见式（3）和式（4）：

$$\overline{X_3} = \frac{1}{n_3} \times \sum_{i=1}^{n_3} X_{3,i} \qquad\qquad\cdots\cdots\cdots\cdots\cdots\cdots(3)$$

$$S_3 = \sqrt{\frac{1}{n_3-1}\Big[\sum_{i=1}^{n_3}(X_{3,i} - \overline{X_3})^2\Big]} \qquad\qquad\cdots\cdots\cdots\cdots\cdots\cdots(4)$$

式中：

$\overline{X_3}$ ——累年年（月、旬）平均值；

$X_{3,i}$ ——第 i 年的年（月、旬）平均值，i 取值为 $1,2,\cdots,n_3$，n_3 表示资料年数；

S_3 ——累年年（月、旬）平均值的标准差，取一位小数。

标准差统计应满足的有效数据量和平均值统计应满足的有效数据量一致。

7.2.3 某级高度对流层顶的累年平均温度

某级高度对流层顶的累年平均温度的统计见式（5）：

$$\overline{X_4} = \frac{1}{n_4} \sum_{i=1}^{n_4} X_{4,i} \qquad\qquad\cdots\cdots\cdots\cdots\cdots\cdots(5)$$

式中：

$\overline{X_4}$ ——某级高度对流层顶的累年平均温度；

$X_{4,i}$ ——某级高度对流层顶的温度记录值，i 取值为 $1,2,\cdots,n_4$，n_4 表示对流层顶在该级高度出现的次数（温度缺测不参加统计）。

7.2.4 累年平均频率

月频率的累年平均值的统计见式（6）：

$$\overline{X_5} = \frac{1}{n_5} \times \sum_{i=1}^{n_5} X_{5,i} \qquad\qquad \cdots\cdots\cdots\cdots\cdots(6)$$

式中：

$\overline{X_5}$ ——月频率的累年平均值；

$X_{5,i}$ ——第 i 年的月频率，i 取值为 $1,2,\cdots,n_5$，n_5 表示资料年数。

年频率的累年平均值的统计见式(7)：

$$\overline{X_6} = \frac{1}{12} \times \sum_{i=1}^{12} X_{6,i} \qquad\qquad \cdots\cdots\cdots\cdots\cdots(7)$$

式中：

$\overline{X_6}$ ——年频率的累年平均值；

$X_{6,i}$ ——第 i 月的月频率的累年平均值，i 取值为 $1,2,\cdots,12$。

7.2.5 对流层顶在某级高度出现频率

对流层顶各级高度见表4。对流层顶在某级高度出现频率的统计见式(8)：

$$F_0 = (n_0/N_0) \times 100\% \qquad\qquad \cdots\cdots\cdots\cdots\cdots(8)$$

式中：

F_0 ——对流层顶在某级高度出现的频率；

n_0 ——对流层顶在该级高度出现的次数；

N_0 ——对流层顶出现的总次数。

7.2.6 各类对流层顶单独出现和同时出现频率

第一类、第二类对流层顶单独出现和同时出现频率的统计见式(9)～式(12)：

$$F_1 = (m_1/N) \times 100\% \qquad\qquad \cdots\cdots\cdots\cdots\cdots(9)$$
$$F_2 = (m_2/N) \times 100\% \qquad\qquad \cdots\cdots\cdots\cdots\cdots(10)$$
$$F_3 = (m_3/N) \times 100\% \qquad\qquad \cdots\cdots\cdots\cdots\cdots(11)$$
$$N = m_1 + m_2 + m_3 \qquad\qquad \cdots\cdots\cdots\cdots\cdots(12)$$

式中：

F_1 ——第一类对流层顶单独出现的频率；

m_1 ——第一类对流层顶单独出现的次数；

N ——第一类、第二类对流层顶单独出现和同时出现的总次数；

F_2 ——第二类对流层顶单独出现的频率；

m_2 ——第二类对流层顶单独出现的次数；

F_3 ——第一类、第二类对流层顶同时出现的频率；

m_3 ——第一类、第二类对流层顶同时出现的次数。

7.2.7 累年极值

累年各月极端最高、最低值从历年月极值中挑选，并记录极值出现的日期。累年各月平均最高、最低值从历年月平均值中挑选，并记录平均最高、最低值出现的月份和年份。

7.3 特殊处理

当某一时次的地面气压小于某一规定等压面的气压时，应将该时次地面气压层至该规定等压面的所有层的该年(月、旬、候)的各项目统计值标记为参考平均值。

统计等压面最大风速的风向方位时，如果最大风速出现不止一个，且存在多个风向方位，则不记风向，而是记风向方位个数。

附　录　A

（规范性附录）

统计项目

表 A.1 给出了年（月、旬、候）统计值的统计项目。表 A.2 给出了气候值（含标准气候值）和临时气候值的统计项目。

表 A.1　年（月、旬、候）统计值统计项目

层次类型	要素	统计项目
等压面	位势高度	年（月、旬、候）平均位势高度（地面气压）及记录次数
		年（月、旬、候）位势高度（地面气压）极端最高值及出现日期
		年（月、旬、候）位势高度（地面气压）极端最低值及出现日期
	温度	年（月、旬、候）平均温度及记录次数
		年（月、旬、候）温度极端最高值及出现日期
		年（月、旬、候）温度极端最低值及出现日期
	湿度	年（月、旬、候）平均温度露点差及记录次数
		年（月、旬、候）温度露点差极端最高值及出现日期
		年（月、旬、候）温度露点差极端最低值及出现日期
		年（月、旬、候）平均水汽压
		年（月、旬、候）平均比湿
		年（月、旬、候）平均相对湿度
	大气密度	年（月、旬、候）平均大气密度
	风	年（月、旬、候）平均风速和记录次数
		年（月、旬、候）极端最大风速及最大风速之风向方位
		年（月、旬、候）纬向平均风速
		年（月、旬、候）经向平均风速
		年（月、旬、候）合成风的风向、风速
对流层顶	气压	年（月、旬、候）平均气压
	位势高度	年（月、旬、候）平均高度
	温度	年（月、旬、候）平均温度
	湿度	年（月、旬、候）平均温度露点差
	风	年（月、旬、候）平均风速
		年（月、旬、候）纬向平均风速
		年（月、旬、候）经向平均风速
		年（月、旬、候）合成风的风向、风速
规定高度层	风	年（月、旬、候）平均风速
		年（月、旬、候）纬向平均风速
		年（月、旬、候）经向平均风速
		年（月、旬、候）合成风的风向、风速

QX/T 501—2019

表 A.2　气候值(含标准气候值)和临时气候值统计项目

层次类型	要素	统计项目
等压面	位势高度	累年年(月、旬)位势高度(地面气压)的平均值、标准差及记录次数
		累年各月位势高度(地面气压)极端最高值及出现日期
		累年各月位势高度(地面气压)极端最低值及出现日期
		累年各月位势高度(地面气压)平均最高值
		累年各月位势高度(地面气压)平均最低值
	温度	累年年(月、旬)温度的平均值、标准差及记录次数
		累年各月温度极端最高值及出现日期
		累年各月温度极端最低值及出现日期
		累年年(月)温度平均最高值
		累年年(月)温度平均最低值
		累年各月地面层温度大于0℃记录次数和温度记录次数
	湿度	累年年(月、旬)温度露点差的平均值、标准差及记录次数
		累年各月温度露点差极端最高值及出现日期
		累年各月温度露点差极端最低值及出现日期
		累年年(月、旬)比湿的平均值、标准差及记录次数
		累年各月比湿极端最高值及出现日期
		累年各月比湿极端最低值及出现日期
	大气密度	累年年(月、旬)大气密度的平均值、标准差及记录次数
		累年各月大气密度极端最高值及出现日期
		累年各月大气密度极端最低值及出现日期
		累年各月大气密度平均最高值及出现日期
		累年各月大气密度平均最低值及出现日期
	风	累年年(月)风速的平均值、标准差及统计年数
		累年年(月)极端最大风速及其风向方位
		累年各月各方位(方位是指风向方位,下同)风速的平均值、标准差及记录次数
		累年各月各方位极端最大风速
		累年各月各方位风向出现频率及累年各月风向记录次数
		累年各月各档级别风速出现频率及累年各月风速记录次数
		累年各月纬向风速的平均值、标准差及记录次数
		累年各月经向风速的平均值、标准差及记录次数
		累年各月合成风的风向、风速
对流层顶	位势高度	累年各月(旬)第一类、第二类对流层顶高度的平均值、标准差及记录次数
		累年各月(旬)对流层顶各级高度出现频率及对流层顶记录次数

表 A.2 气候值(含标准气候值)和临时气候值统计项目(续)

层次类型	要素	统计项目
对流层顶	温度	累年各月(旬)第一类、第二类对流层顶温度的平均值、标准差及记录次数
		累年各月(旬)对流层顶各级高度的温度的平均值、标准差及记录次数
	出现频率	累年各月(旬)第一类、第二类对流层顶单独出现及同时出现频率及对流层顶记录次数
厚度层	风	累年各月各方位风速的平均值、标准差及统计年数(或记录次数)
		累年各月各方位极端最大风速
		累年各月各方位极端最小风速
		累年各月各方位风向频率及风向记录总次数

附 录 B

（规范性附录）

非观测项目的计算公式

B.1 水汽压

水汽压 E 即温度等于露点温度时的饱和水汽压，计算公式见式(B.1)：

$$E = \begin{cases} E_w & t_d \geqslant -10\,℃ \\ E_i & t_d \leqslant -40\,℃ \\ [(40.0 + t_d) \times E_w - (10.0 + t_d) \times E_i]/30 & -40\,℃ < t_d < -10\,℃ \end{cases} \quad \cdots\cdots\cdots\cdots(B.1)$$

饱和水汽压的计算公式见式(B.2)和(B.3)：

$$\lg E_w = 10.79574 \times (1 - T_0/T) - 5.028 \times \lg(T/T_0) +$$
$$1.50475 \times 10^{-4} \times [1 - 10^{-8.2969 \times (T/T_0 - 1)}] +$$
$$0.42873 \times 10^{-3} \times [10^{4.76955 \times (1 - T_0/T)} - 1] + 0.78614 \quad \cdots\cdots\cdots\cdots(B.2)$$

$$\lg E_i = -9.09685 \times (T_0/T - 1) - 3.56654 \times \lg(T_0/T) +$$
$$0.87682 \times [1 - T/T_0] + 0.78614 \quad \cdots\cdots\cdots\cdots(B.3)$$

式中：

E ——水汽压，单位为百帕(hPa)；

E_w ——纯水平水面饱和水汽压，单位为百帕(hPa)；

E_i ——纯水平冰面饱和水汽压，单位为百帕(hPa)；

t_d ——露点温度，单位为摄氏度(℃)；

T_0 ——水的三相点温度，取 273.16，单位为开尔文(K)；

T ——绝对温度，单位为开尔文(K)。

B.2 相对湿度

相对湿度 U 指空气中水汽压与相同温度下饱和水汽压的百分比。计算公式见式(B.4)：

$$U = (E/E_w) \times 100\% \quad \cdots\cdots\cdots\cdots(B.4)$$

式中：

U ——相对湿度，以百分率(%)表示。

B.3 露点温度

在已知相对湿度情况下，采用式(B.2)和式(B.4)求出水汽压后，露点温度计算公式见式(B.5)：

$$t_d = \frac{b \times \lg \dfrac{E}{E_0}}{a - \lg \dfrac{E}{E_0}} \quad \cdots\cdots\cdots\cdots(B.5)$$

式中：

b ——系数，取 243.92；

E_0 ——0 ℃时的饱和水汽压，取 6.1078，单位为百帕(hPa)；

a ——系数,取 7.69。

B.4 比湿

比湿 q 即空气中水汽质量与湿空气质量之比。比湿计算公式见式(B.6):

$$q = 0.622 \times E/(P - 0.378 \times E) \qquad \cdots\cdots\cdots\cdots\cdots\cdots(B.6)$$

式中:

q ——比湿,单位为克每克(g/g);

P ——气压,单位为百帕(hPa)。

B.5 大气密度

大气密度计算公式见式(B.7):

$$\rho = \frac{1.276}{1 + 0.00366 \times t}\left(\frac{P - 0.378E}{1000}\right) \qquad \cdots\cdots\cdots\cdots\cdots\cdots(B.7)$$

式中:

ρ ——大气密度,单位为千克每立方米(kg/m^3);

t ——温度,单位为摄氏度(℃)。

B.6 纬向风和经向风

纬向风和经向风的计算公式见式(B.8)和式(B.9):

$$u = V \times \sin\theta \qquad \cdots\cdots\cdots\cdots\cdots\cdots(B.8)$$
$$v = V \times \cos\theta \qquad \cdots\cdots\cdots\cdots\cdots\cdots(B.9)$$

式中:

u ——纬向风,单位为米每秒(m/s);

V ——水平风速,单位为米每秒(m/s);

θ ——水平风向,单位为度(°);

v ——经向风,单位为米每秒(m/s)。

B.7 合成风

B.7.1 规定等压面、对流层顶和规定高度层合成风

对某一规定等压面、对流层顶和规定高度层,某一年某一时段或多年平均的合成风由对应统计时段的平均风速和平均风向计算。合成风的计算见式(B.10)～式(B.12):

$$V_h = \sqrt{u_h^2 + v_h^2} \qquad \cdots\cdots\cdots\cdots\cdots\cdots(B.10)$$

$$\alpha = \arctan(u_h/v_h) \times 180/\pi \qquad \cdots\cdots\cdots\cdots\cdots\cdots(B.11)$$

$$\theta_h = \begin{cases} 0 & (u_h = 0, v_h \leqslant 0) \\ 90 & (u_h < 0, v_h = 0) \\ 270 & (u_h > 0, v_h = 0) \\ 180 + \alpha & (v_h > 0) \\ 360 + \alpha & (u_h > 0, v_h < 0) \\ \alpha & (u_h < 0, v_h < 0) \end{cases} \qquad \cdots\cdots\cdots\cdots\cdots\cdots(B.12)$$

QX/T 501—2019

式中：

V_h ——某一年某一时段或多年平均的合成风风速；

u_h ——某一年某一时段或多年平均的纬向风分量；

v_h ——某一年某一时段或多年平均的经向风分量；

α ——角度参数，单位为度（°）；

π ——圆周率，取 3.1415926…；

θ_h ——某一年某一时段或多年平均的合成风风向。

B.7.2 厚度层合成风

B.7.2.1 计算条件

各厚度层合成风是表示从地面到某一高度之间，或者某两个高度之间的整个气层内的平均矢量风。厚度层合成风用厚度层内各规定等压面的风矢量加权平均计算。首先基于式（B.13）和式（B.14）计算厚度层合成风的纬向风分量 u_h 和经向风分量 v_h，再基于式（B.10）~式（B.12）计算合成风的风速 V_h 和风向 θ_h。某厚度层顶层气压小于记录终止气压时，不计算该厚度层合成风。

当某规定等压面有风向风速记录而高度缺测时，并且高度连续缺测层小于或等于两层时，宜以最邻近层的实测资料用压高公式对高度进行插补。若邻近层为规定等压面层且实测资料缺测，该层高度不做插补。高度缺测且未插补的中间规定等压面不参加厚度层风的计算。

B.7.2.2 计算公式

某一厚度层合成风的纬向分量 u_h 和经向分量 v_h 计算分别见式（B.13）和式（B.14）：

$$u_h = \frac{u_1 \times (H_2 - H_1) + \sum_{i=2}^{n-1} u_i \times (H_{i+1} - H_{i-1}) + u_n \times (H_n - H_{n-1})}{2 \times (H_n - H_1)}$$

$$\cdots\cdots\cdots\cdots\cdots\cdots(B.13)$$

$$v_h = \frac{v_1 \times (H_2 - H_1) + \sum_{i=2}^{n-1} v_i \times (H_{i+1} - H_{i-1}) + v_n \times (H_n - H_{n-1})}{2 \times (H_n - H_1)}$$

$$\cdots\cdots\cdots\cdots\cdots\cdots(B.14)$$

式中：

i ——厚度层内规定等压面的层次序号；

u_i ——厚度层内第 i 个规定等压面（由低层向高层顺序排列）纬向风，单位为米每秒（m/s）；

v_i ——厚度层内第 i 个规定等压面（由低层向高层顺序排列）经向风，单位为米每秒（m/s）；

H_i ——厚度层内第 i 个规定等压面（由低层向高层顺序排列）的位势高度，单位为位势米（gpm）；

n ——厚度层内规定等压面的数量。

参 考 文 献

[1] GB/T 31724—2015 风能资源术语

[2] GB/T 34412—2017 地面标准气候值统计方法

[3] GB/T 35226—2017 地面气象观测规范 空气温度和湿度

[4] QX/T 37—2005 气象台站历史沿革数据文件格式

[5] QX/T 65—2007 地面气象观测规范 第21部分:缺测记录的处理和不完整记录的统计

[6] QX/T 123—2011 无线电探空资料质量控制

[7] 中国气象局.常规高空气象观测业务规范[M].北京:气象出版社,2010

[8] BS 1339-3:2004 Humidity. Guide to the measurement of humidity

[9] World Meteorological Organization. General meteorological standards and recommended practices,WMO Technical Regulations,WMO-No. 49[M]. Geneva,1988

ICS 07.060

A 47

备案号：70313—2019

中华人民共和国气象行业标准

QX/T 502—2019

电离层闪烁仪技术要求

Technical requirements of ionospheric scintillation monitor

2019-09-30 发布

2020-01-01 实施

中 国 气 象 局 发布

前　言

本标准按照 GB/T 1.1—2009 给出的规则起草。

本标准由全国卫星气象与空间天气标准化技术委员会(SAC/TC 347)提出并归口。

本标准起草单位:国家卫星气象中心(国家空间天气监测预警中心)。

本标准主要起草人:毛田、于超、王云冈、单海滨。

电离层闪烁仪技术要求

1 范围

本标准规定了电离层闪烁仪的组成、功能要求、性能要求、设备环境适应性要求等内容。

本标准适用于电离层闪烁仪的研制开发、设计生产、设备选型、台站组网建设和验收评价。

注:本标准中电离层闪烁仪包括基于全球导航卫星系统信号的电离层闪烁仪、基于静止气象卫星信号的电离层闪烁仪、基于极轨气象卫星信号的电离层闪烁仪三类。

2 规范性引用文件

下列文件对于本文件的应用是必不可少的。凡是注日期的引用文件,仅注日期的版本适用于本文件。凡是不注日期的引用文件,其最新版本(包括所有的修改单)适用于本文件。

QX/T 285—2015 电离层闪烁指数数据格式

3 术语和定义

下列术语和定义适用于本文件。

3.1

电离层闪烁 ionospheric scintillation

无线电波信号经过电离层时幅度或相位发生快速起伏的现象。

注:改写 QX/T 285—2015,定义 3.2。

3.2

幅度闪烁指数 amplitude scintillation index

S_4

穿越电离层的无线电波信号在一定时间间隔内幅度变化的指数。

注:改写 QX/T 285—2015,定义 3.4。

3.3

相位闪烁指数 phase scintillation index

σ_φ

穿越电离层的无线电波信号在一定时间间隔内相位变化的指数。

注:改写 QX/T 285—2015,定义 3.5。

3.4

[电离层]电子总含量 total electron content;TEC

[电离层]电子柱含量

[电离层]电子积分含量

电子密度沿高度的积分。

[QX/T 252—2014,定义 2.27]

4 组成

通常电离层闪烁仪包括:电离层闪烁接收机、天线、电离层闪烁数据处理软件、数据处理与存储计算机和不间断稳压电源五部分。

5 功能要求

5.1 电离层闪烁仪应具备以下功能：
- a) 应自动获取世界时制观测时间的年、月、日、时、分、电离层闪烁信标来源、卫星号、卫星仰角、卫星方位角、电离层 350 km 单层模型穿刺点经纬度、幅度闪烁指数、相位闪烁指数、修正幅度闪烁指数、信噪比；
- b) 应具备实时自动化对时、接收、解算、存储、传输和图形化界面显示的能力；
- c) 应能够存储不少于 1 年的观测和产品数据。

5.2 基于全球导航卫星系统的电离层闪烁仪应具备电离层 TEC 的解算能力。

5.3 电离层闪烁仪数据储存格式应按照 QX/T 285—2015 执行。

6 性能要求

6.1 基于全球导航卫星系统信号的电离层闪烁仪

主要技术指标见表 1。

表 1 基于全球导航卫星系统信号的电离层闪烁仪主要技术指标

性能	要求
接收信号	应至少包含全球定位系统(GPS) L1、L2，格洛纳斯(GLONASS) L1、L2，北斗卫星导航系统(BDS) B1、B2
接收通道数	≥ 96
信号捕获灵敏度	GPS L1：−170 dBW；GPS L2：−167 dBW；GLONASS L1：−167 dBW；GLONASS L2：−167 dBW；BDS B1：−167 dBW；BDS B2：−167 dBW
信号跟踪灵敏度	GPS L1：−182 dBW；GPS L2：−176 dBW；GLONASS L1：−176 dBW；GLONASS L2：−176 dBW；BDS B1：−178 dBW；BDS B2：−178 dBW
载波相位测量精度	≤ 1% 波长
伪距测量精度	≤ 0.3 m
S_4 观测精度	优于 0.1
σ_φ 观测精度	优于 0.05
绝对 TEC 的测量精度	0.3 TECU
相对 TEC 的测量精度	0.03 TECU
S_4 监控能力	≥ 0.7
时间同步精度	≤ 0.1 μs
基本观测量数据	载波相位观测值、伪距、载噪比、时间
采样率	≥ 50 Hz
观测量输出时间间隔	从 0.02 s 到 1 min 可调
S_4 和 σ_φ 输出时间间隔	从 1 s 到 1 min 可调
抗振	≥ 2 g[a]
其他	应配备具有多径抑制能力的天线
注:dBW 是表示功率绝对值的单位,1 dBW＝10×1 g W;TEC 的测量精度单位为 TECU,1 TECU＝1×10¹⁶ m⁻²。	
[a] g 为重力加速度,1 g ≈ 9.8 m/s²。	

6.2 基于静止气象卫星信号的电离层闪烁仪

主要技术指标见表 2。

表 2　基于静止气象卫星信号的电离层闪烁仪主要技术指标

性能	要求
接收信号	风云二号气象卫星(FY-2)和风云四号气象卫星(FY-4)业务遥测信号
工作频率	1702.5 MHz、2290 MHz
S_4 观测精度	优于 0.1
σ_φ 观测精度	优于 0.05
S_4 监控能力	$\geqslant 0.7$
基本观测量数据	载波相位观测值、信号功率
基本观测量采样率	$\geqslant 50$ Hz
抗振	$\geqslant 2\ g^a$
	应具备网口、串口等通信接口
^a g 为重力加速度，$1\ g \approx 9.8\ \mathrm{m/s^2}$。	

6.3 基于极轨气象卫星信号的电离层闪烁仪

主要技术指标见表 3。

表 3　基于极轨气象卫星信号的电离层闪烁仪主要技术指标

性能	要求
接收信号	地球观测系统(EOS)/NOAA 卫星(NOAA)/国家极轨轨道运行环境卫星(NPP)和风云三号气象卫星(FY-3)信号
工作频率	X 频段：7750 MHz～7850 MHz，8025 MHz～8400 MHz L 频段：1698 MHz～1710 MHz
天线 G/T	X 频段：$\geqslant 27$ dB/K L 频段：$\geqslant 12$ dB/K
S4 观测精度	优于 0.1
S4 监控能力	$\geqslant 0.7$
跟踪精度	优于 0.1 倍接收天线波束主瓣宽度
基本观测量数据	信号功率
基本观测量更新率	$\geqslant 50$ Hz
抗振	$\geqslant 2\ g^a$
其他	应具备网口、串口等通信接口
^a g 为重力加速度，$1\ g \approx 9.8\ \mathrm{m/s^2}$。	

7 设备环境适应性要求

7.1 室外设备环境适应性要求

见表 4。

表 4 室外设备环境适应性要求

项目	要求
探测环境	场地宽阔平坦,其附近无高大遮蔽物,无强电磁干扰源
工作温度	−40 ℃～ ＋80 ℃
相对湿度	小于或等于100%
抗风能力	平均风速大于或等于30 m/s
其他防御能力	防沙尘、防盐雾、防雷、防水和防霉

7.2 室内设备环境适应性要求

见表 5。

表 5 室内设备环境适应性要求

项目	要求
供电电源	交流电 220 V（＋22 V，−33 V），50 Hz±3 Hz
工作温度	0 ℃～＋40 ℃
相对湿度	小于或等于100%
其他防御能力	防盐雾、防雷、防水和防霉

8 可靠性、可维修性及寿命

8.1 电离层闪烁仪的平均无故障工作时间应大于5000 h;

8.2 电离层闪烁仪应尽量采用模块化结构以便维修。在确定故障原因及备用件齐全的条件下,电离层闪烁仪的平均故障修复时间应小于1 h。

8.3 设备的设计寿命应大于5年。

9 技术资料与备件

9.1 电离层闪烁仪随机应配有完备的技术文档资料,包括使用说明、工作原理图、线路图、操作流程、注意事项以及安装调试方法和维修指南等,以保障设备的正确安装和正常运行。

9.2 电离层闪烁仪出厂时随机应配有至少3份易消耗器件和必要的备件及清单,并配有专用的安装、调试工具和仪表。

参 考 文 献

[1]　QX/T 252—2014　电离层术语

————————

ICS 07.060

A 47

备案号：70314—2019

中华人民共和国气象行业标准

QX/T 503—2019

气象专用技术装备功能规格需求书
编写规则

Rules for drafting the functional requirements specifications for specified
meteorological technical equipment

2019-09-30 发布   2020-01-01 实施

中 国 气 象 局   发 布

前　言

本标准按照 GB/T 1.1—2009 给出的规则起草。

本标准由全国气象仪器与观测方法标准化技术委员会(SAC/TC 507)提出并归口。

本标准起草单位:中国气象局气象探测中心、长春气象仪器研究所有限责任公司。

本标准主要起草人:张明、莫月琴、张月清、田艳、陈瑶、任晓毓、周凯、霍涛。

气象专用技术装备功能规格需求书编写规则

1 范围

本标准规定了编写气象专用技术装备功能规格需求书(简称需求书)的基本规则、结构、内容要求和表述规则。

本标准适用于需求书的编写。

2 规范性引用文件

下列文件对于本文件的应用是必不可少的。凡是注日期的引用文件,仅注日期的版本适用于本文件。凡是不注日期的引用文件,其最新版本(包括所有的修改单)适用于本文件。

GB/T 1.1—2009 标准化工作导则 第1部分:标准的结构和编写

GB/T 2900.13—2008 电工术语 可信性与服务质量

GB/T 4208—2017 外壳防护等级(IP代码)

GB/T 6587—2012 电子测量仪器通用规范

GB/T 18268.1—2010 测量、控制和实验室用的电气设备 电磁兼容性要求 第1部分:通用要求(IEC 61326-1:2005,IDT)

GB/T 20000.1—2014 标准化工作指南 第1部分:标准化和相关活动的通用术语

GB/T 31162—2014 地面气象观测场(室)防雷技术规范

GB/T 37467—2019 气象仪器术语

3 术语和定义

GB/T 2900.13—2008、GB/T 20000.1—2014和GB/T 37467—2019界定的以及下列术语和定义适用于本文件。

3.1

气象专用技术装备 specified meteorological technical equipment

专门用于气象领域的装备、仪器、仪表、消耗器材及相应软件系统的统称。

3.2

功能规格需求书 functional requirements specification

规定气象专用技术装备的功能、性能等要求,指导其研制、生产、测试和评定的技术文件。

4 基本规则

4.1 命名

需求书统一命名为:"××××功能规格需求书"(××××为装备名称)。装备名称应与中国气象局的相关要求一致。

4.2 一般要求

编写需求书是通过规定明确而无歧义的条款,指导气象专用技术装备的研制、生产、测试和评定。

需求书应符合下列要求：
- ——内容完整；
- ——表述清楚、准确；
- ——术语与相关标准保持一致；
- ——充分考虑最新技术水平；
- ——为未来技术发展提供框架；
- ——能充分表达设备使用方的需求；
- ——能被设备制造方和未参加需求书编制的专业人员所理解；
- ——能准确反映气象专用技术装备的技术和业务应用要求；
- ——具有满足气象专用技术装备所需的系统性；
- ——每项要求都能够实施。

4.3 编制深度

需求书的编制深度应满足下列要求：
- ——能充分反映设备的特点、参数；
- ——选用的设备参数能满足应用需求和技术水平；
- ——指标的确定有科学的论证。

5 结构

5.1 层次划分

需求书宜包含但不限于封面、编写说明、目次、正文、附录、参考文献。其中正文部分宜包括下列内容：
- ——标题；
- ——原理与组成；
- ——功能；
- ——测量性能；
- ——机电性能；
- ——可靠性；
- ——维修性；
- ——测试性；
- ——互换性；
- ——设计寿命；
- ——环境适应性；
- ——电磁兼容；
- ——安全性；
- ——软件；
- ——检定与校准；
- ——外观和结构；
- ——材料；
- ——安装；
- ——运输、包装和标识；

——配套。

5.2 表述规则

需求书的表述应符合下列规则：
a) 层次划分采用章、条、段、列项形式。章是基本单元，是构成需求书的基本框架。章下可设条，条是对章的细分，条下可再设条，但不宜超过四层，条下可设段或列项。
b) 各层次的编写应符合 GB/T 1.1—2009 的 5.2.3～5.2.6 的要求。
c) 在编制具体需求书时，可根据实际情况对 5.1 的内容进行增减。

6 内容

6.1 封面

封面应有气象专用技术装备的名称和"功能规格需求书"字样，并有版本号、编写单位和日期。命名规则按照 4.1 的要求执行。封面编排式样参见附录 A。

6.2 编写说明

简要说明需求书规定的装备对象、内容、要求、目的、历史版本、编写单位和编写人员等。说明气象专用技术装备的用途，编写需求书依据的文件、标准或规范等。

6.3 目次

以"目次"为标题，其所列内容包括层次编号、标题及所在页码等，页码应与文中条文标题的位置一致。目次中的章和附录顶格起排，第 1 层次的条向后缩一个汉字起排，第 2 层次的条再缩一个汉字起排，条可列到第 1 层次或第 2 层次。标题与页码之间用"……"连接，标题换行时顶格排。页码右对齐。

6.4 正文内容

6.4.1 标题

描述需求书的名称，命名规则按照 4.1 的要求执行。

6.4.2 原理与组成

6.4.2.1 概述

简要说明气象专用技术装备的原理和结构特点，给出装备的组成及其各部分之间的关系。一般包含硬件和软件两个部分。

6.4.2.2 硬件

根据产品组成简要说明各部分及外围设备、配套设备的名称和作用。

6.4.2.3 软件

简要说明软件名称、组成及各部分的作用以及软件与硬件之间的关系。

6.4.3 功能

根据装备的测量原理和业务应用需求规定装备的功能要求，宜包含但不限于如下项目：

a) 测量的气象要素；

b) 瞬时观测值的采样、计算和储存方法；

c) 数据处理方法；

d) 数据显示和打印；

e) 数据接口和信号传输；

f) 供电方式和电源适应性；

g) 时钟走时误差；

h) 故障检测和报警；

i) 数据质量控制；

j) 技术要求规定的其他功能。

根据不同气象专用技术装备的技术特点和业务需求,上述内容可以进行增减和调整。

6.4.4 测量性能

6.4.4.1 对于气象要素测量装备应提出所测各气象参数,以及为保证这些参数所设置其他参数的技术指标要求,宜包括：

a) 测量/探测范围；

b) 分辨力；

c) 允许误差；

d) 稳定性；

e) 传感器的测量阈值；

f) 传感器的时间常数、阻尼特性；

g) 整机连续工作时间；

h) 采样周期或时间间隔；

i) 平均/平滑方式和时段；

j) 观测时制,赋时方法和时钟误差等。

6.4.4.2 对于未列出的装备参数,应根据测量原理提出相应的技术参数和要求,如：

a) 温度测量仪器防辐射罩的通风性能和造成的辐射误差；

b) 测云仪能够测量的云种(类)、云层数和误报率；

c) 雨量测量仪器的雨强适应范围；

d) 能见度仪对于不同大气粒子的参数修正；

e) 天气现象测量仪器对被测天气变量和现象的判别准确率或误判率；

f) 辐射测量仪器的温度响应、方向响应、倾斜响应、零点漂移和光谱适应范围,太阳跟踪装置技术指标等；

g) 信号传输和通信装备的传输波特率和误码率；

h) 下投探空仪的降落伞阻尼特性和下降速度；

i) 遥感设备的参数反演和计算数学模型；

j) 气溶胶质量浓度设备的气密性和流量；

k) 基于业务应用需要的其他技术参数等。

6.4.4.3 如性能指标目前还达不到理想要求,可用"可达到的准确度"和"要求的准确度"两种指标,体现目前可以达到的和将来要求达到的,或直接在需求书中分成不同等级。

6.4.4.4 根据不同气象专用技术装备的技术特点和业务需求,上述内容可以进行增减和调整。

6.4.5 机电性能

对于机电类气象装备,应提出相关参数的技术指标和要求,主要包括:

a) 整机和分系统(必要时)的电源功耗;

b) 蓄电池的续航时间;

c) 有线传输的阻抗、带宽、速率和时间间隔;

d) 无线传输的发射频率、功率、频谱、脉冲宽度和天线方向性图;

e) 无线传输的接收机、有线传输的终端设备的灵敏度、带宽和实际接收效果;高频传输的输入输出阻抗、驻波比和馈线损耗;

f) 具有跟踪、定位功能的装备,应规定跟踪性能的技术参数,主要包括:

    1) 天线形式,尺寸,天线增益,波瓣宽度,副瓣电平,天线极化方式和天线方向性图;

    2) 跟踪体制、范围、速度和加速度,扫描方式和最低工作仰角;

    3) 自动跟踪响应时间;

    4) 方位、仰角测量和距离定位的分辨力和允许误差。

根据不同气象专用技术装备的技术特点和业务需求,上述内容可以进行增减和调整。

6.4.6 可靠性

装备的可靠性指标用平均故障间隔时间 MTBF(Mean Time Between Failure)表示。

6.4.7 维修性

可提出维修可达性,设置关键参数的测试点,提供维修手册等要求。

必要时,可提出装备维修性的定量要求,给出平均修复时间 MTTR,同时说明维修等级。

注:维修等级包括现场维修、维修机构维修和返厂维修等。

6.4.8 测试性

通过测试点的设置、自诊断、自校准、故障检测和隔离等提出测试性要求。必要时,提出装备的测试性设计。

6.4.9 互换性

提出关键部件的互换性要求,通常规定更换后应保持技术指标规定的功能、测量性能不变,并应说明更换时是否需要重新校准和调整。

6.4.10 设计寿命

根据计算依据和方法,提出装备的设计寿命。

6.4.11 环境适应性

6.4.11.1 环境适应性应以装备在整个寿命周期的使用、运输、贮存、安装、架设所处的环境(主要包括气候环境、机械环境、生物环境以及特殊环境)条件为依据,制定环境试验的应力条件,给出具体的环境参数。

6.4.11.2 气候环境包括高温、低温、低气压、沙尘和淋雨等,具体参数或要求如下:

——高温、低温工作条件和储运条件的极限值;

——湿热工作条件和储运条件的湿度极限值和相应温度,若提出交变湿热的要求应给出循环数;

——根据 GB/T 4208—2017 的要求,给出外壳防护等级;

——淋雨对应的降雨强度极限值及淋雨时间；

——抗风能力；

——对于空基探测仪器，低气压条件应给出相应的温度，其他装备可只给出低气压的极限值。

6.4.11.3 机械环境包括振动、冲击、倾斜跌落、运输等，必要时，给出具体参数。

6.4.11.4 生物环境要求分装备对生物环境的适应性要求和装备对化学条件的适应性要求。其中，装备对生物环境的适应性要求包括防霉菌、鼠咬、蚁啃及昆虫造成的采样通道阻塞和对采样环境的破坏等。

装备对化学条件的适应性要求包括腐蚀性气体、酸雨腐蚀等。

6.4.11.5 根据装备的使用环境，给出特殊环境要求，包括盐雾、凝露、滴水、溅水、太阳辐射等要求。必要时，给出特殊环境参数的具体数值。对于有特殊环境或恶劣自然环境使用要求的装备，如在沙漠、海岛、洋（湖）面，高原、极寒地区等使用的设备，提出在实际环境中应符合的具体要求。

6.4.11.6 气候环境和机械环境的环境参数要求，应根据装备的实际情况，按照 GB/T 6587—2012 的表 1 中的规定，确定分组并根据不同分组给出具体参数。

6.4.11.7 在制定装备的环境要求时，应针对其实际应用的场合，考虑诱导环境因素对环境条件的叠加效应，适当提高/增大环境应力参数。

6.4.11.8 根据不同气象专用技术装备的技术特点和业务需求，具体的环境参数和要求可进行增减和调整。

6.4.12 电磁兼容

装备的电磁兼容包括定性要求和定量要求，其中：

a) 定性要求主要包括下列内容：

    1) 装备本身各组合、部件之间不应有相互干扰的现象；

    2) 不应影响装备使用场合仪器设备的正常工作；

    3) 装备在使用场合的电磁环境下应能正常工作。

b) 定量要求包括装备的电磁发射特性和抗外界干扰能力的要求，均应给出具体的数值描述。主要包括：

    1) 根据装备使用的电磁环境和使用地点的仪器设备的电磁接收和发射水平，分别给出装备的电磁发射和接收特性参数；

    2) 静电放电抗扰度、射频电磁场辐射抗扰度、电快速瞬变脉冲群抗扰度、浪涌（冲击）抗扰度、电压短时中断和电压变化抗扰度等参数，根据装备的使用环境，在 GB/T 18268.1—2010 的表 1、表 2 和表 3 中选取，发射限值按照 GB/T 18628.1—2010 的 7.2 的要求选取。

6.4.13 安全性

6.4.13.1 接触电流应符合 GB/T 6587—2012 中 5.8.1 要求。

6.4.13.2 介电强度应符合 GB/T 6587—2012 中 5.8.2 要求。

6.4.13.3 保护接地应符合 GB/T 6587—2012 中 5.8.3 要求。

6.4.13.4 装备的防雷要求，应根据其使用环境和安装架设场地的情况选择技术指标，且技术指标符合 GB/T 31162—2014 的要求。

6.4.14 软件

6.4.14.1 初始化和参数设置

提出装备开机后应完成的初始化和需要设置的参数，包括台站经纬度、海拔高度等。必要时，提出软件的开机自检和自校准功能。

6.4.14.2 装备运行控制

应提出控制的项目、方法和要求,同时提出对装备状态进行监控的要求。状态监控包括整机和分系统的监控,应明确各类/级监控的允许误差或其他技术指标。必要时,应提出软件的扩展功能和人机界面要求等。

6.4.15 检定和校准

提出装备所测气象参数检定/校准周期、方法和量值传递的要求,校准/检定接口,测量参数修正、调整或设置的指令和方法。

6.4.16 外观和结构

包括:

a) 提出装备的表面质量、涂覆层及表面处理的要求。

b) 对于野外使用的装备,提出防辐射、防雨、防尘、密封的要求。

c) 必要时,应提出与使用环境颜色协调的要求。

d) 提出装备的结构形式要求。

注:结构形式主要包括机械结构、部件之间的相互位置及连接形式、部件的安装位置和方向等。

e) 对于大型装备,提出采用积木式、易拆卸和便于安装、维护的结构要求等。

f) 对于野外使用的装备或野外架设部分,应提出机械强度要求。

注:机械强度包括整体强度、各种部件的强度和部件之间的连接强度等。

g) 提出装备的形状、外形尺寸、框架结构、重心位置和高度及其重量要求等。

6.4.17 材料

包括:

a) 对装备各部分的材料性能提出要求;

b) 必要时,提出装备各部分采用的具体材料,给出材料耐老化性能、抗腐蚀性能、导电性能和环保性能等具体参数要求。

6.4.18 安装

包括:

a) 提出装备安装、调试的方法和工作所需的场地、设施及对周围环境的要求;

b) 对于测量要素的准确度与方向和水平有关的装备,应提出装备具有调整方向和水平的部件或设置,以满足要求;

c) 对于由电缆连接测量传感器和主机的装备,应提出电缆长度、接插件的可靠性及其防水、防腐、抗磨、抗拉和屏蔽要求等。

6.4.19 运输、包装和标识

包括:

a) 提出装备出厂包装要求,包括包装形式、箱体、衬垫材料和固定方式要求等。同时,可以提出运输方式和注意事项。

b) 对于车载装备,应提出对载车和车内仪器、设备布置及其固定、防振要求等。必要时,给出车内仪器、设备布置图和安装、固定的方法。

    c)   提出装备在包装和标识上的要求,包括生产信息、安全提示和放置方向要求等。

6.4.20　配套

配套包括装备本身的安装设施、配套仪器、设备、备份件等。配套仪器、设备和备份件应规定数量及测量性能和功能要求。必要时,提出具体的产品型号和备份件的尺寸和数量。

6.5　附录

对于某些要求,若需要解释和说明,且内容较多,不便在正文中列出时,可用附录的形式置于正文的后面。附录以 A、B、C……顺序编号,应在正文中以"详见附录*"等语句引出,前后对应。

6.6　参考文献

需求书中,技术条款采用了标准、文件、论文、资料、书籍中的条款和内容时,应以参考文献的形式列出放在正文的附录的后面。采用的标准应给出名称、代号、年号;文件应说明发布单位、文件名称、发布时间;论文、资料和书籍应说明名称、作者、出版单位和出版时间。

附　录　A
（资料性附录）
需求书封面编排式样

需求书封面编排式样见图 A.1。

×××××

功能规格需求书
（版本号）

编制单位名称
×××××年××月

图 A.1　需求书封面编排式样

参 考 文 献

［1］ GB/T 7714　文后参考文献著录规则
［2］ GB/T 15834　标点符号用法
［3］ JJF 1001－2011　通用计量术语及定义

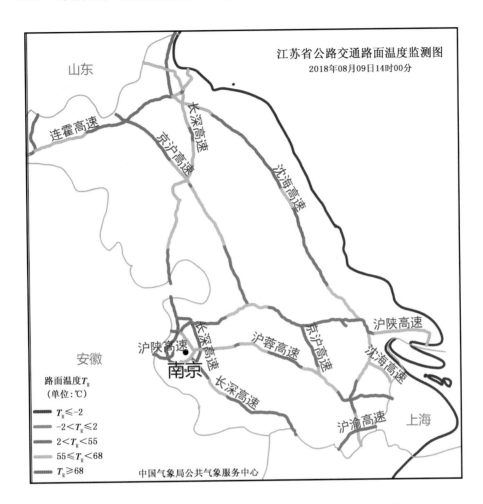

图 A.1　江苏省公路交通路面温度监测服务图形产品

表 B.1　能见度对公路交通影响的分级颜色标示

划分指标	颜色标示
$V > 500.0$ m	RGB(130,130,130)
200.0 m $< V \leqslant 500.0$ m	RGB(255,252,48)
100.0 m $< V \leqslant 200.0$ m	RGB(255,183,38)
50.0 m $< V \leqslant 100.0$ m	RGB(255,106,25)
$V \leqslant 50.0$ m	RGB(254,19,12)

注 1: V 指能见度。

注 2:RGB 是日常工作中电脑显示的色值体系,CMYK 是印刷的色值体系,两者在色彩的显示上是有区别的,这里印刷的示例颜色只是参考色彩,在实际工作中应以表中的 RGB 色值为准。

表 B.2 小时累计降雨量对公路交通影响的分级颜色标示

划分指标	颜色标示
$R<10.0$ mm	RGB(130,130,130)
10.0 mm$\leqslant R<15.0$ mm	RGB(61,186,61)
15.0 mm$\leqslant R<30.0$ mm	RGB(96,184,255)
30.0 mm$\leqslant R<50.0$ mm	RGB(0,0,255)
$R\geqslant50.0$ mm	RGB(250,0,250)
注:R 指小时累计降雨量。	

表 B.3 风力对公路交通影响的分级颜色标示

划分指标	颜色标示
平均风不大于 5 级($W<8.0$ m/s)且阵风不大于 7 级($G<13.9$ m/s)	RGB(130,130,130)
平均风 5 级~6 级(8.0 m/s$\leqslant W<13.9$ m/s)或阵风 7 级(13.9 m/s$\leqslant G<17.2$ m/s)	RGB(255,252,48)
平均风 7 级(13.9 m/s$\leqslant W<17.2$ m/s)或阵风 8 级(17.2 m/s$\leqslant G<20.8$ m/s)	RGB(255,200,33)
平均风 8 级(17.2 m/s$\leqslant W<20.8$ m/s)或阵风 9 级~10 级(20.8 m/s$\leqslant G<28.5$ m/s)	RGB(255,121,77)
平均风不小于 9 级($W\geqslant20.8$ m/s)或阵风不小于 11 级($G\geqslant28.5$ m/s)	RGB(255,77,115)
注:W 指平均风风力,此处平均风指 2 分钟平均风速;G 指阵风风力。	

表 B.4 气温对公路交通影响的分级颜色标示

划分指标	颜色标示
$T\leqslant-4$ ℃	RGB(59,137,255)
-4 ℃$<T\leqslant4$ ℃	RGB(43,213,255)
4 ℃$<T<35$ ℃	RGB(130,130,130)
35 ℃$\leqslant T<40$ ℃	RGB(255,221,0)
$T\geqslant40$ ℃	RGB(255,162,0)
注:T 指气温。	

表 B.5　路面温度对公路交通影响的分级颜色标示

划分指标	颜色标示
$T_R \leqslant -2$ ℃	RGB(33,44,255)
-2 ℃$<T_R \leqslant 2$ ℃	RGB(59,160,255)
2 ℃$<T_R<55$ ℃	RGB(130,130,130)
55 ℃$\leqslant T_R<68$ ℃	RGB(252,178,28)
$T_R \geqslant 68$ ℃	RGB(255,79,15)
注:T_R 指路面温度。	

表 B.6　路面状况对公路交通影响的分类颜色标示

路面状况类型	颜色标示
干燥	RGB(130,130,130)
潮湿	RGB(82,202,75)
积水	RGB(0,102,0)
霜	RGB(33,196,199)
雪	RGB(6,156,238)
冰	RGB(128,65,157)

全国公路交通能见度监测服务产品

2014 年第 1 期

中国气象局公共气象服务中心　　　　　2014 年 01 月 31 日 08 时

　　2014 年 1 月 31 日 08 时，河南东部、安徽中部、江苏大部、浙江北部、湖北中南部、江西北部等地能见度不足 500 米，局部地区能见度不足 200 米（图 1）。上述地区的低能见度天气将对交通运输造成不利影响。

审图号：GS（2019）2793号

图 1　全国公路交通能见度监测图

图 C.1　全国公路交通能见度监测服务图文产品

表 1　暴雨诱发中小河流洪水、山洪和地质灾害气象风险预警区域级别、含义和颜色

级别	级别含义	表征颜色	颜色 RGB 值	颜色示例
Ⅰ级	风险很高	红色	255,0,0	
Ⅱ级	风险高	橙色	255,126,0	
Ⅲ级	风险较高	黄色	255,250,0	
Ⅳ级	有一定风险	蓝色	0,102,255	

注:RGB 是日常工作中电脑显示的色值体系,CMYK 是印刷的色值体系,两者在色彩的显示上是有区别的,这里印刷的示例颜色只是参考色彩,在实际工作中应以表中的 RGB 色值为准。

表 A.1　底图基础信息表

图形范围	要素大类	要素小类	颜色 RGB 值	符号设置	符号示意
全国	境界	国界	52,52,52	粗细:0.67 mm	
			170,170,170	粗细:1.76 mm	
		省级行政境界	102,102,102	粗细:0.25 mm	
		地市级行政境界	104,104,104	粗细:0.18 mm	
	水系及名称注记	河流	17,186,238	粗细:0.18 mm	
		河流名称	0,143,215	字体:Arial 字号:七号	长江
	居民地及名称注记	首都	230,0,0	大小:2.12 mm	★
		省级政府驻地	156,156,156	大小:2.12 mm	⊙
		省级政府驻地名称	0,0,0	字体:微软雅黑 字号:六号	石家庄
省或区域	境界	省级行政境界	117,117,117	粗细:0.53 mm	
		地市级行政境界	78,78,78	粗细:0.42 mm	
	水系及名称注记	河流	17,186,238	粗细:0.24 mm	
		河流名称	0,143,215	字体:Arial 大小:七号	长江
	居民地及名称注记	省级政府驻地	64,64,64	大小:2.15 mm	◉
		地市级政府驻地	255,255,255	大小:1.85 mm	◎
		省级政府驻地名称	64,64,64	字体:宋体 大小:三号	成都
		地市级政府驻地名称	64,64,64	字体:宋体 大小:四号	保定

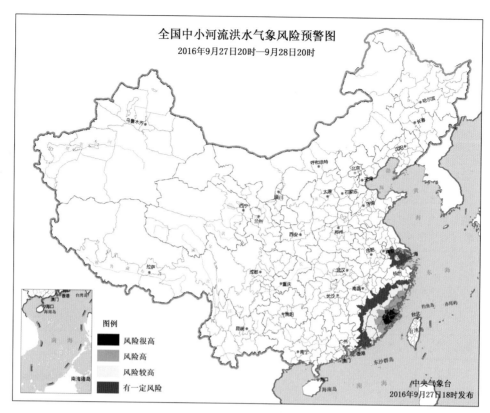

审图号:GS(2019)2709 号

注:图中要素输出时按表 A.1 规定设置,但按实际版面调整了图片大小,因此,图中显示的要素大小和粗细有所变化。

图 B.1 全国中小河流洪水气象风险预警图形示意图

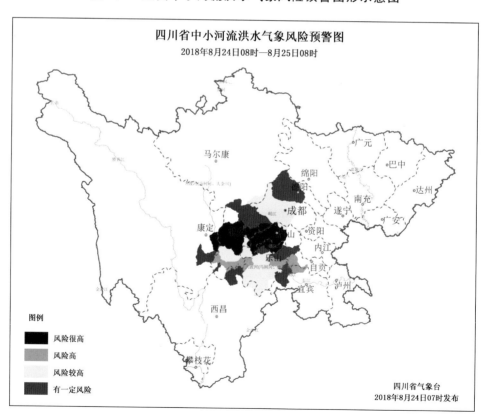

注:图中要素输出时按表 A.1 规定设置,但按实际版面调整了图片大小,因此,图中显示的要素大小和粗细有所变化。

图 B.2 省级中小河流洪水气象风险预警图形示意图

表 2 非职业性一氧化碳中毒气象条件预警信号图标

级别颜色	预警图标	防御指南
橙	煤气中毒 橙 CO POISONING	(1)医院加强值班,及时救治来诊人员; (2)学校、幼儿园、车站等使用燃煤燃炭取暖的公共场所做好室内通风; (3)燃煤取暖和使用炭火人员注意保持室内通风,夜间睡前将炉火熄灭。
红	煤气中毒 红 CO POISONING	(1)政府及卫生管理部门按照职责做好非职业性一氧化碳中毒事件的预防、应急和抢险工作; (2)医院适时启动应急响应机制,加强值班、值守,及时救治来诊人员; (3)学校、幼儿园、车站等使用燃煤燃炭取暖公共场所做好室内通风; (4)燃煤取暖和使用炭火人员注意保持室内通风,夜间睡前将炉火熄灭,严防一氧化碳中毒。

QX/T 487—2019 暴雨诱发的地质灾害气象风险预警等级

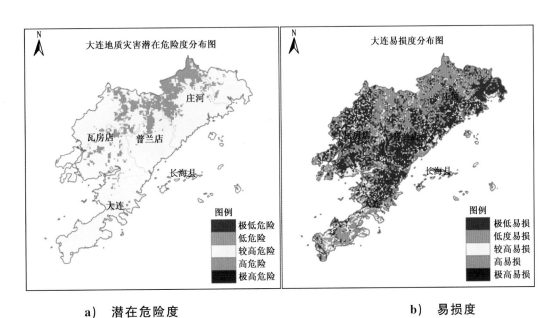

a) 潜在危险度　　　　　　　　b) 易损度

图 B.1 大连地质灾害潜在危险度和易损度分布

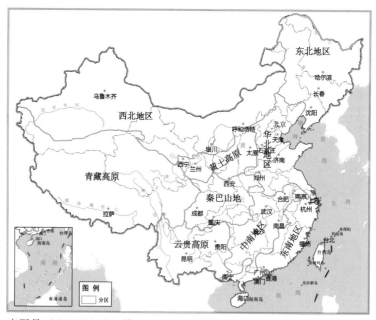

审图号：GS(2019)5188号

图C.1 地质灾害气象风险预警分区

QX/T 508—2019 大气气溶胶碳组分膜采样分析规范

表B.2 样品清单与表征

滤膜材质＿＿＿＿ 滤膜直径＿＿mm 滤膜有效沉积面积＿＿cm² 滤膜数量＿＿张			
序号	样品编号	样品颜色目视深浅描述	滤膜样品照片编号 （另附照片）
1		⬭⬭⬭⬭⬭⬭⬤	
2		⬭⬭⬭⬭⬭⬤⬤	
3		⬭⬭⬭⬭⬭⬤⬤	
4		⬭⬭⬭⬭⬤⬤⬤	
5		⬭⬭⬭⬭⬤⬤⬤	
6		⬭⬭⬭⬭⬤⬤⬤	
7		⬭⬭⬭⬭⬤⬤⬤	
8		⬭⬭⬭⬭⬤⬤⬤	
9		⬭⬭⬭⬭⬤⬤⬤	
10		⬭⬭⬭⬤⬤⬤⬤	